普通高等教育 电气工程/自动化 系列教材

传感器原理及应用技术

陈荣保　编著
费敏锐　主审

U0379542

机 械 工 业 出 版 社

本书共由 13 章组成。具体内容包括传感器的基本概念、基本结构与功能，电阻式传感器、电感式传感器、电容式传感器、压电式传感器、磁敏式传感器、光电式传感器、热电式传感器、成像与图像传感器、生物与化学传感器、辐射与波式传感器等传统传感器，微机电系统（MEMS）、集成传感器、智能传感器和网络传感器等新型传感器以及传感信号处理技术的基本知识。

本书可作为普通高校自动化、机器人、测控技术与仪器、电子与通信、电气工程及其自动化、化工、热工等专业的教材，也可供从事相关专业的技术人员、维护维修人员和管理人员参考。

本书配有电子课件，欢迎选用本书作为教材的老师登录 www.cmpedu.com 注册下载，或发邮件至 jinacmp@163.com 索取。

图书在版编目（CIP）数据

传感器原理及应用技术/陈荣保编著. —北京：机械工业出版社，2021.12（2025.1 重印）
普通高等教育电气工程自动化系列教材
ISBN 978-7-111-69710-7

Ⅰ. ①传…　Ⅱ. ①陈…　Ⅲ. ①传感器–高等学校–教材
Ⅳ. ①TP212

中国版本图书馆 CIP 数据核字（2021）第 244951 号

机械工业出版社（北京市百万庄大街 22 号　邮政编码 100037）
策划编辑：吉　玲　　　　　责任编辑：吉　玲　韩　静
责任校对：潘　蕊　刘雅娜　封面设计：张　静
责任印制：邓　博
北京盛通数码印刷有限公司印刷
2025 年 1 月第 1 版第 4 次印刷
184mm×260mm · 19.25 印张 · 490 千字
标准书号：ISBN 978-7-111-69710-7
定价：59.00 元

电话服务　　　　　　　　　　网络服务
客服电话：010-88361066　　机　工　官　网：www.cmpbook.com
　　　　　010-88379833　　机　工　官　博：weibo.com/cmp1952
　　　　　010-68326294　　金　书　网：www.golden-book.com
封底无防伪标均为盗版　　机工教育服务网：www.cmpedu.com

前　言

传感器及其应用技术发展至今，已经广泛地渗透到各行各业，除了在工业领域占据着重要地位外，还在科学研究、教育教学、数据融合与挖掘、农业生产、国防建设、航空航天、生物医药、环境治理、能源开发、地球气象、建筑、交通、灾害评估等诸多领域发挥重要作用。

传感器是能够感知被测对象，依照物理、化学、影像等原理、规则，转换成可用数据的元件、部件、模块、IC 或变送器的统称。传感器是实现自动控制的必要条件和前置设备，是构成自动控制系统不可缺少的硬件单元，更是决定自动化水平的关键之一。

本书作者数十年来始终从事检测与控制领域的科研、教学工作和工程项目，在传感器及其应用技术领域积累了大量资料、经验和工程能力。针对可撰写内容十分丰富的传感器，本书主要侧重传感器原理及应用技术，总结和概括了各类传感器，包括电阻式传感器、电感式传感器、电容式传感器、压电式传感器、磁敏式传感器、光电式传感器、热电式传感器、成像与图像传感器、生物与化学传感器、辐射与波式传感器等传统传感器，微机电系统（MEMS）、集成传感器、智能传感器、网络传感器等新型传感器，以及传感信号处理的基本知识。内容涉及物理、化学、影像和电、光、磁、机械、集成电路、通信、智能体（传感器）和信号处理基本算法等领域。并列举了实际应用。

本书分为 13 章：

第 1 章：绪论。介绍了传感器的基本知识和结构，传感器的发展、现状、分类及其发展趋势，以及传感器性能指标、误差处理。

第 2 章：电阻式传感器。全面介绍了输出信号为"电阻"的三类传感器（热电阻式传感器、电位器式传感器和应变式传感器）的基本概念、原理、电路、误差分析及其应用。

第 3 章：电感式传感器。全面介绍了输出信号为"电感"的三类传感器（自感式传感器、互感式传感器和电涡流式传感器）的基本概念、原理、电路、误差分析及其应用。

第 4 章：电容式传感器。全面介绍了输出信号为"电容"的三类传感器（变极距式传感器、变面积式传感器和变介电常数传感器）的基本概念、原理、电路、误差分析及其应用。

第 5 章：压电式传感器。全面介绍了基于压电效应的传感器（压电传感器和超声波传感器）的基本概念、原理、电路、误差分析及其应用。

第 6 章：磁敏式传感器。全面介绍了关于"磁场"和"磁敏"系列的敏感元件和传感器（磁敏电阻、磁电传感器、霍尔传感器、磁敏二极管和磁敏晶体管）的基本概念、原理、电路、误差分析及其应用。

第 7 章：光电式传感器。全面介绍了关于"光学"和基于"光电效应"的敏感元件和传感器(光敏电阻、光电管、光电二极管、光电晶体管、光电池、光电码盘、光栅传感器和光纤传感器)的基本概念、原理、电路、误差分析及其应用。

第8章：热电式传感器。全面介绍了关于"温度"和输出为电势类信号的传感器(热电势式传感器、红外传感器和非接触式温度计)的基本概念、原理、电路、误差分析及其应用。

第9章：成像与图像传感器。全面介绍了关于"成像"技术和CCD成像传感器的基本概念、原理、电路、误差分析及其应用。

第10章：生物、化学传感器。全面介绍了"生物+化学+医学"的三类传感器(化学传感器、生物传感器和生物医学传感器)的基本概念、原理、电路、误差分析及其应用。

第11章：辐射与波式传感器。全面介绍了关于"电磁波谱和射线"的传感器(核辐射式传感器、紫外传感器和微波型传感器、激光传感器和雷达探测技术)的基本概念、原理、电路、误差分析及其应用。

第12章：新型传感器。介绍了紧跟最新科学技术的四类传感器(MEMS传感器、集成传感器、智能传感器和网络传感器)的基本概念、原理、电路、误差分析及其应用。

第13章：传感信号处理技术。介绍了关于传感器"信号处理"的相关技术和方法，包括基本抗干扰方法、基本算法处理、软测量技术、虚拟仪器与虚拟传感器、多传感器数据融合技术、大数据与数据挖掘。

附录中附上了金属铂热电阻、金属铜热电阻和铂铑$_{10}$-铂(S)的分度表。

本书注重对"传感器原理"的介绍，省略了传感器检测原理方面的详细演算过程以及传感器"内部制作、安装、维护、保养"等内容；增加了新型传感器等的介绍。"应用技术"的介绍尽可能涉及"温度、压力、流量、物位、成分分析、生物医学、机器人"等领域的应用。许多传感器书籍中"检测技术"涉及的传感器装置、仪器仪表的"结构、选择、注意事项"等内容全部省略，读者(尤其是本科生和研究生)在实际工程应用时可参阅相关书籍、文献和对应产品手册，预先做好相应准备工作。更深一步者可参阅"现代传感技术"。

下表是本书在教学课时上的安排建议，供参考。

章	32课时—2学分	40课时—2.5学分	48课时—3学分	随课实验	拓展实验
第1章	2	4	4	√	
第2章	4	5	5	√	
第3章	4	4	5	√	
第4章	2	3	3	√	
第5章	2	3	3	√	
第6章	3	3	3	√	
第7章	4	6	6	√	
第8章	3	4	4		4
第9章	2	2	4		4
第10章	1	1	2		6
第11章	1	1	2		6
第12章	2	2	3		6
第13章	2	2			6

　　本书由合肥工业大学陈荣保撰写，由上海大学费敏锐教授主审。合肥工业大学电气与自动化工程学院部分历届研究生参与了本书部分素材的搜集工作。

　　在本书撰写过程中，采纳了费敏锐教授的许多宝贵意见和建议，得到了同行、历届研究生的热情支持与帮助，也得到了出版社的大力支持。在书中参考了同行和专家的文献、课件、图片及网上部分资料，在此作者一并表示感谢！

　　在教学过程中若需要电子课件和经验交流，可与出版社联系，或与作者联系：CRBWISH@126.com。

　　由于传感器涉猎面宽、内容丰富，授课教师在讲授过程中，可根据授课对象，期望对内容予以拓展、丰富或缩减。

　　对于书中存在的笔误、撰写错误或不妥之处，在此表示歉意。希望广大读者指出，不吝赐教，以便再版时予以更正和补充。

陈荣保

目　　录

前言
第1章　绪论 ……………………………… 1
　1.1　概述 ……………………………… 1
　1.2　传感器及应用技术基础知识 ……… 2
　　1.2.1　传感器基础知识 …………… 2
　　1.2.2　应用技术基础概念 ………… 6
　1.3　传感器系统的硬件构成与运行要求 …… 10
　　1.3.1　传感器系统的硬件构成 …… 11
　　1.3.2　传感器系统的运行要求 …… 11
　1.4　传感器的基本特性 ……………… 16
　　1.4.1　传感器基本性能指标 ……… 16
　　1.4.2　静态特性 …………………… 17
　　1.4.3　动态特性 …………………… 18
　1.5　误差分析与处理 ………………… 19
　　1.5.1　基本概念 …………………… 19
　　1.5.2　系统误差处理 ……………… 21
　　1.5.3　随机误差处理 ……………… 23
　　1.5.4　粗大误差处理 ……………… 25
　　1.5.5　渐变误差处理 ……………… 25
　　1.5.6　测量不确定度基本概念和方法 …… 25
　　1.5.7　标准化工作 ………………… 26
　1.6　传感器技术的发展趋势 ………… 28
　　1.6.1　传感器发展的特征 ………… 28
　　1.6.2　传感器发展重点 …………… 29
　　1.6.3　传感器主要应用领域 ……… 30
　本章小结 ……………………………… 31
　思考题与习题 ………………………… 32
第2章　电阻式传感器 ………………… 34
　2.1　热电阻式传感器 ………………… 34
　　2.1.1　金属热电阻式传感器 ……… 34
　　2.1.2　半导体热敏电阻 …………… 38
　2.2　电位器式传感器 ………………… 42
　　2.2.1　接触式电位器传感器 ……… 43

　　2.2.2　非接触式电位器传感器 …… 46
　　2.2.3　非线性电位器传感器 ……… 47
　2.3　应变式传感器 …………………… 48
　　2.3.1　基本概念 …………………… 48
　　2.3.2　金属应变式传感器 ………… 49
　　2.3.3　半导体应变式传感器 ……… 54
　　2.3.4　应变式传感器应用 ………… 55
　本章小结 ……………………………… 60
　思考题与习题 ………………………… 62
第3章　电感式传感器 ………………… 64
　3.1　自感式传感器 …………………… 64
　3.2　互感式传感器 …………………… 71
　3.3　电涡流式传感器 ………………… 75
　本章小结 ……………………………… 81
　思考题与习题 ………………………… 82
第4章　电容式传感器 ………………… 83
　4.1　基本概念及原理 ………………… 83
　4.2　电容式传感器类型 ……………… 84
　4.3　电容式传感器特点与应用事项 … 86
　4.4　测量电路 ………………………… 88
　4.5　电容式传感器应用 ……………… 92
　拓展知识：节流装置 ………………… 97
　本章小结 ……………………………… 99
　思考题与习题 ………………………… 99
第5章　压电式传感器 ………………… 101
　5.1　基本概念及压电效应 …………… 101
　5.2　压电元件传感器 ………………… 105
　5.3　超声波传感器 …………………… 111
　本章小结 ……………………………… 117
　思考题与习题 ………………………… 117
第6章　磁敏式传感器 ………………… 119
　6.1　磁敏电阻 ………………………… 119
　6.2　磁电传感器 ……………………… 121

6.3　霍尔传感器 ……………………… 124
6.4　磁敏二极管和磁敏晶体管 ………… 130
本章小结 …………………………………… 132
思考题与习题 ……………………………… 132

第7章　光电式传感器 ……………… 134
7.1　概述 …………………………………… 134
7.2　光电效应及光电元件 ……………… 136
　　7.2.1　内光电效应与光电元件 ……… 137
　　7.2.2　光生伏特效应与光电元件 …… 141
　　7.2.3　外光电效应与光电元件 ……… 145
　　7.2.4　光电元件实例应用 …………… 148
7.3　光电码盘 ……………………………… 152
　　7.3.1　码盘及光电码盘结构 ………… 153
　　7.3.2　误差分析与码制转换 ………… 154
　　7.3.3　光电码盘应用 ………………… 155
7.4　光栅传感器 …………………………… 157
　　7.4.1　光栅与传感器结构 …………… 157
　　7.4.2　莫尔条纹 ……………………… 158
　　7.4.3　莫尔条纹辨向和数字细分 …… 159
　　7.4.4　光栅传感器应用 ……………… 159
7.5　光纤传感器 …………………………… 160
　　7.5.1　光纤及其传光原理 …………… 160
　　7.5.2　光纤传感器的组成、特性与
　　　　　　分类 …………………………… 161
　　7.5.3　光纤传感器特点 ……………… 165
　　7.5.4　光纤传感器应用 ……………… 165
　　7.5.5　分布式光纤传感器 …………… 169
　　7.5.6　光纤光栅传感器 ……………… 171
本章小结 …………………………………… 172
思考题与习题 ……………………………… 173

第8章　热电式传感器 ……………… 174
8.1　热辐射基本知识 ……………………… 174
　　8.1.1　辐射概念 ……………………… 174
　　8.1.2　辐射体分类 …………………… 175
　　8.1.3　黑体辐射定律 ………………… 177
　　8.1.4　辐射体温度表示 ……………… 178
8.2　热电势式传感器 ……………………… 179
　　8.2.1　热电偶测温原理 ……………… 180
　　8.2.2　热电偶基本定律 ……………… 182
　　8.2.3　热电偶种类、结构与安装 …… 184
　　8.2.4　热电偶测量误差与补偿 ……… 188
　　8.2.5　热电偶应用 …………………… 192
8.3　红外传感器 …………………………… 192
　　8.3.1　红外辐射与基本特征 ………… 193

8.3.2　红外传感器组成、分类与性能
　　　　　参数 …………………………… 193
　　8.3.3　红外光子传感器 ……………… 195
　　8.3.4　红外热敏传感器 ……………… 196
　　8.3.5　红外测温传感器应用 ………… 198
8.4　非接触式温度计 ……………………… 199
本章小结 …………………………………… 202
思考题与习题 ……………………………… 203

第9章　成像与图像传感器 ………… 205
9.1　概述 …………………………………… 205
9.2　图像参数与色彩 ……………………… 206
9.3　图像传感器与成像技术 ……………… 207
　　9.3.1　CCD成像技术 ………………… 207
　　9.3.2　其他成像技术 ………………… 209
9.4　三维图像传感器与成像技术 ……… 216
　　9.4.1　机器人视觉与双目立体视觉
　　　　　系统 …………………………… 216
　　9.4.2　结构光法 ……………………… 217
　　9.4.3　飞行时间法 …………………… 218
9.5　图像传感器应用 ……………………… 219
本章小结 …………………………………… 220
思考题与习题 ……………………………… 221

第10章　生物、化学传感器 ………… 222
10.1　化学传感器 ………………………… 222
　　10.1.1　化学传感器定义与特点 …… 222
　　10.1.2　化学传感器原理与分类 …… 223
　　10.1.3　气敏传感器 ………………… 223
　　10.1.4　离子敏传感器 ……………… 226
　　10.1.5　湿敏传感器 ………………… 227
　　10.1.6　化学传感器应用 …………… 228
10.2　生物传感器 ………………………… 230
　　10.2.1　生物传感器原理结构与特点 … 230
　　10.2.2　生物传感器分类 …………… 232
　　10.2.3　生物传感器应用 …………… 234
10.3　生物医学传感器 …………………… 236
本章小结 …………………………………… 238
思考题与习题 ……………………………… 238

第11章　辐射与波式传感器 ………… 239
11.1　核辐射式传感器 …………………… 239
　　11.1.1　核辐射基本概念 …………… 239
　　11.1.2　核辐射传感器 ……………… 240
　　11.1.3　核辐射传感器应用 ………… 242
　　11.1.4　核辐射传感器应用防护 …… 244
11.2　紫外传感器 ………………………… 245

11.2.1 紫外线基本概念 ·············· 245
11.2.2 紫外探测技术 ·············· 246
11.2.3 紫外成像技术 ·············· 247
11.2.4 紫外传感器应用 ·············· 247
11.3 其他波谱传感器 ·············· 249
11.3.1 微波型传感器 ·············· 249
11.3.2 激光传感器 ·············· 251
11.3.3 雷达探测技术 ·············· 253
本章小结 ····························· 254
思考题与习题 ······················· 255

第 12 章　新型传感器 ·············· 256
12.1 微机电系统(MEMS) ·············· 256
12.1.1 MEMS 基本概念 ·············· 256
12.1.2 MEMS 基本物理效应 ·············· 257
12.1.3 MEMS 应用 ·············· 258
12.1.4 MEMS 陀螺仪与机器人运动
感知 ·············· 260
12.2 集成传感器 ·············· 262
12.3 智能传感器 ·············· 264
12.3.1 智能传感器基本概念 ·············· 264
12.3.2 智能传感器特性和特点 ·············· 265
12.3.3 智能传感器应用 ·············· 267
12.4 网络传感器 ·············· 267

12.4.1 网络适配标准与平台 ·············· 268
12.4.2 网络传感器应用 ·············· 271
本章小结 ····························· 274
思考题与习题 ······················· 274

第 13 章　传感信号处理技术 ·············· 276
13.1 基本抗干扰方法 ·············· 276
13.2 基本算法处理 ·············· 278
13.3 软测量技术 ·············· 281
13.4 虚拟仪器与虚拟传感器 ·············· 283
13.5 多传感器数据融合技术 ·············· 283
13.5.1 多传感器数据融合基本原理 ······ 284
13.5.2 多传感器数据融合层次 ·············· 284
13.5.3 融合算法和融合结构 ·············· 286
13.6 大数据与数据挖掘 ·············· 287
本章小结 ····························· 288
思考题与习题 ······················· 289

附录 ····································· 290
附录 A　Pt100 热电阻分度表(ITS-90) ····· 290
附录 B　Cu100 热电阻分度表(ITS-90) ····· 293
附录 C　S 型(铂铑₁₀-铂)热电偶分度表
(ITS-90) ·············· 294

参考文献 ······························· 299

第 **1** 章

绪 论

1.1 概述

随着现代社会科学技术的发展，已越来越显见传感器技术的重要性。在一定的程度上，传感器技术与各行各业、各学科的发展密不可分。换句话说，传感器技术的发展水平是体现现代化科学技术水平的主要标志之一。

传感器是智能自动化的关键环节。在现代化生产过程中，需用各种传感器来监视和控制生产过程的各个参量，使整个生产处于最佳状态或正常状态。若配置高性能传感器，能使自动化过程更具有准确、快捷、高效等优点。特别是传感器与计算机结合，使传感器具备了"智能"功能。如果没有传感器，现代化生产就会失去基础。现在传感器广泛应用于工业、农业、国防、航空航天、生物医学、新型材料、交通、民生，甚至是身心健康等各个行业；而在智慧能源、智慧交通、智慧教育、智能家居、智能制造、智慧诊疗和智慧政务等高新领域，传感器更是无所不在。传感器已形成面向整个社会的知识链、数据链和产业链。

现代信息社会已经越来越体现出"人机"环境、"智能"环境、"虚拟现实"环境等构成的全球化信息发展特征，人们越来越清醒地认识到制约社会发展的主要因素之一是传感器技术，例如机械打孔深度精密加工，就取决于传感器的测量精度，是毫米级还是微米级精度，甚至更高精度？再如码垛机器人垛放货物的定位精度；又如医疗手术机器人如果没有精确定位就会造成重大医疗事故。因此，传感器技术已经提升为现代科学技术的前沿技术，与计算机技术和通信技术一起成为信息社会的三大支柱。

传感器技术的核心功能如同人的感官（五官：视觉、触觉、味觉、听觉和嗅觉），如图 1-1 所示。图 1-1 中的"传感器"感知被测对象的变化过程（渐缓变化、交替变化、脉冲变化等）、变化特征（递增、递减、方向等）或变化状态，获取被测对象变化的程度（大小、极限），滤除依附的不相干成分（如噪声），得到具有置信度的被测对象变化数据。

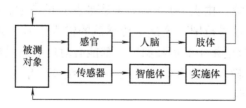

图 1-1　人与传感器 & 信息系统对应关系图

1.2 传感器及应用技术基础知识

1.2.1 传感器基础知识

1. 传感器的定义

根据 GB/T 7665—2005《传感器通用术语》，传感器（transducer/sensor）的定义为：能感受被测量并按照一定的规律转换成可用输出信号的器件或装置。通常由敏感元件和转换元件组成。当传感器输出为规定的标准信号时，则称为变送器（transmitter）。

传感器定义表明：

1）传感器是测量装置（元器件），是一个实体，用于完成指定测量任务；测是一个过程（感应感知被测量），量是一个结果（输出可用信号）。

2）它的输入量是某一被测对象（能被感受）的变化量，可能是物理量，也可能是化学量、生物量等，见表 1-1。

3）它的输出量是某种物理量，这种物理量要便于传输、转换、处理、显示等，这种物理量可以是气信号（化工行业应用较多）、光、电量，但主要是电量。

4）输出输入有对应关系，并具有一定的精确程度。

传感器输出的标准信号是电信号，即直流电流 0~10mA（对应直流电压 DC 0~5V），或4~20mA（对应直流电压 DC 1~5V）。

表 1-1　被测对象类型和相关内容

模式	类　型	内　　　容	备　　注
被测对象	电学量/磁学量	电流、电压、功率、相位、工频、磁导率、磁化、磁滞/磁滞回线等	电气测试范畴
	过程量/热工量	温度、热量、热流、温度场、温度梯度、温度分布、温度上下限等	非电磁范畴
	机械量	速度/加速度、力、位移、角度、振动系列、尺寸等	
	光学量	光通量、光通道、光强、光能量、色彩、图像等	
	成分量/生物量	物性成分、介质成分、物质成分、化学成分含量等	
	状态量	信号运行状态、特征值、上下限值、极限值等	
	"人"	语音、姿态、特征、表情、健康状况、运动状况、脑力及脑电波等	人体范畴

2. 传感器运行要求

表 1-1 中被测对象涉及的内容包含在各行各业、各种环境中，对传感器运行有较高的要求，核心要求有三个：安全、可靠和长久连续运行，归纳如下：

1）能测量各种被测对象，由表 1-1 可知，对需要测量的参数，均能有适配传感器。

2）能覆盖被测参数的信号范围，这是指传感器的输入信号，如温度，无论是测量绝对温度点的低温，还是测量核电站中的极高温度，都能有对应的测量传感器或测量方法。

3）能满足不同类型的输入或输出信号形式，如连续变化信号、交替变化信号、脉冲信号、脉动信号、断续信号等。

4）能适应各种测量环境，尤其是"露天"环境，如工业、农业、国防、生态、地貌等被测对象大多是在"露天"中。

5）能超出被测对象的变化范围上限/下限值，如测量蛟龙号的下潜深度和水压。

6）能在传感器设计运行寿命年限中安全、连续、可靠运行，简单说就是不出故障。

7）能抵抗外在恶劣生产环境、恶劣生态环境对传感器的干扰、侵蚀和破坏，如化工、冶炼、矿产、农垦、海域环境等，又如雷电环境。

8）能按照要求滤除各种噪声信号、输出具有置信度的可用（标准）信号，如通过硬件电路、专用模块和集成电路、数字滤波和软件算法等来实现。

9）能具有"远程"组网的功能，现今物联网、传感网以及大数据、云计算都有智能、通信和网络的功能要求，也体现出传感器的发展趋势。

3. 传感器的组成

根据上述对传感器的要求，按照传感器测量原理、工作和信号转换过程，传感器由敏感元件、转换元件、转换电路和电源模块组成，如图1-2所示。

1）敏感元件（sensing element），传感器中直接感受或感应被测量部分，直接感受被测量，并输出与被测量成确定关系的物理量。

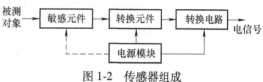

图 1-2 传感器组成

2）转换元件（transducing element），传感器中能够将敏感元件感受或感应的被测量转换成适于传输或测量的电信号部分，敏感元件的输出就是它的输入，转换成某一电路参量。

3）转换电路（transducing circuit），将转换元件输出的电路参量接入转换电路，转换成与被测信号对应的有效电信号。

4）电源模块（power supply module），传感器除部分敏感元件属于"自发电"外，均需要电源。电源是传感器不可缺少的配置，在后续讲授过程中不再特别强调。

除了电源，传感器的三项组成部分有时会合二为一，即敏感元件输出电信号，就可以直接进入转换电路，如半导体敏感元件（热敏电阻、压敏电阻、光敏电阻……），感知对象变化后，直接转换成电阻值变化，选用直流电桥转换电路获得电信号。有的传感器将三项组成部分合为一个，如电位器传感器，敏感元件、转换元件和转换电路共为一体。

有一个特例，如热电偶，假如热电偶的输出在不考虑误差或精度要求不高的场合下，可以直接驱动动圈式指示仪（磁电系指针指示仪）显示实测温度，不需要电源。

在现代传感技术中，也有传感器由四大部分组成，就是增加"标准信号源"作用到被测对象，被测对象反映出来的状态信息再通过"敏感元件"感知。如超声波探伤，需要先输出已知超声波信号作用于被测对象，再通过敏感元件感知对象变化；还有近红外图像传感器中的近红外光源、电感传感器和磁电传感器中的励磁线圈等，都是先提供已知测量条件再进行测量的。

4. 传感器的知识环节

根据传感器的定义、要求和传感器的组成，细化传感器的功能流程，如图1-3所示。图1-3是传感器对被测对象进行数据采集、处理和转换的流程示意图，其中包括了两大知识环节，被测对象+"敏感元件+转换+电路"与被测对象+"①+②+③"。

第一个知识环节：被测对象+"敏感元件+转换+电路"是基于传感器的组成，敏感元件获取被测对象的变化值，转换

图 1-3 传感器功能细化流程示意图

成可供电路处理的数据形式，通过"误差"处理后形成可用信号输出。这一环节体现了典型传感器的技术体系，涉及传感器的工作原理、信号转换与处理、电信号输出等硬件型知识。

第二个知识环节：被测对象+"①+②+③"是传感器实现功能流程中的信号形式和由这个信号形式体现出来的新增内容，这一环节正在逐步完善传感器的功能流程，包含的内容见表1-2。表1-2中：

"①"隶属于敏感元件，是为获取被测对象的信号而必须明确的测量方式和传感器的安装方式，是选择传感器的关键点。

"②"是敏感元件输出一种能够通过"转换"输出为电信号的信号形式，如电、声、光、磁、位移等，这些信号形式表明了"敏感元件"已经成功地获取了被测对象的信息数据；表1-2中对应的"组合式"，已经不再是简单的直接式与间接式的组合，建模计算和智能计算已经使组合方式提高到新的层次；另外，"组合式"中还包括对测量信号的自校准。

"③"是传感器为后续设备提供可用的信号形式，其智能传感器、网络传感器以及无线信号传输方式已经成为传感技术的当下趋势，"代码信号"模式也成为必然。

表1-2 "①+②+③"知识环节和相关内容

模式	类型		内容		备注
①	测量方式	接触式测量	传感器的敏感元件与被测对象变化体良好连接，保证敏感元件的信号输出变化值直接就是被测对象的变化		**这是获得"有效"信号的关键**
		非接触式测量	传感器的感应元件与被测对象变化体不连接，感应元件通过特定介质(热场、声场、磁场、光等)感测被测对象变化		
	安装方式	需电源	粘贴型、焊接型、固定型、组合型	有线信号	传感器大小、信号要求及能耗
		无需电源	保护型、损耗型、分离型等	无线信号	
②	数据获取方法	直接式	能够直接获取、通过电路处理并进行数据传递的方法		
		间接式	通过计算、换算、比对、查表等方式		
		组合式	**直接式与间接式组合，还包括"智能"处理**		智能/网络传感器
③	直接信号输出		能够直接进入到下一级环节的信号模式，如标称电压、频率等		
	标准信号输出		按照变送器模式输出标准信号(如0～10mA、4～20mA)		
	代码信号输出		若传感器以网络化模式构筑传感系统，则以相应通信代码按指定协议输出		智能/网络传感器

5. 传感器的分类

上述传感器的9个要求，可以通过传感器的分类体现出来。掌握不同的传感器分类，有利于对传感器进行选择和应用。

传感器的分类可以依照工程设计的顺序：①明确被测参数；②根据被测参数所在测控系统中需要发挥的作用和功能选择传感器(功效与应用)；③分析被测参数如何能被测量到(安装)；④明确传感器要不要外接电源(布局)；⑤判定该传感器的环境适应能力(制作材料)；⑥对传感器的输出输入关系进行后续电路设计和数据处理(原理)。

(1) 按照传感器可测对象或检测技术分类

按照可测对象不同，分为过程类参数测量应用(温度检测、压力检测、流量检测、物位检测)，运动类参数测量应用(位移、速度、振动、力、重量、尺寸等)，光学类参数测量应用(光强、光通、光通量、色彩色谱、图像)，成分类参数测量应用(氧含量、酸碱度、液体成分、气体成分），状态类参数测量应用等。本书在介绍传感器原理的过程中，以课例、应用和习题方式展现传感器的检测技术。

（2）按照所选传感器需要发挥的作用分类

传感器在测量系统所发挥的作用不尽相同，有计量用、诊断用、分析用、识别用、监视用、定位用、控制用等，将这些作用归类到传感器中，可分为结构类、算法类、智能类和网络类四类传感器。

1）结构类传感器，主要有电阻式、电容式、电感式、压电式、热电式、磁电式、光电（元件）式等传感器，这类传感器一般输出为模拟信号。

2）算法类传感器，主要是传感器的输出信号需要一定的计算，如光电码盘式传感器、光纤传感器、光栅传感器、红外传感器（测距）、超声波传感器（液位测量、时差法流量测量）等，这类传感器能够输出数字量信号，后置电路直接与数字逻辑电路相连，甚至可以与智能电路（单片机）连接。

3）智能类传感器则是需要智能芯片介入的传感器，如图像传感器、音频传感器、光纤光栅类传感器、超声波传感器（多普勒效应）、红外传感器（温度场测绘）等，这类传感器涉及的是数字化信号（ADC），可以通过平面显示技术进行可视化显示。

4）网络类传感器，也是属于集成式传感器，其输出的信号是符合某种通信协议的信号代码，与其他网络传感器共同构成网络测控平台。

（3）按照安装（传感器与被测对象之间的接触关系）类型分类

按照安装类型不同，分为接触式测量传感器和非接触式测量传感器，两种类型决定了传感器原理和实现手段不一样，传感器的结构和信号处理不一样，传感器的安装方式不一样，如体温表和红外测温仪。

（4）按照传感器与电源之间的关系分类

按照传感器与电源的关系不同，分为供电类传感器和自发电传感器。光电、磁电和热电式传感器无须外接电源，但更多的传感器需要外接电源；传感器若要高品质运行，绝对需要高品质电源。

（5）按照传感器的制作材料分类

按照制作材料不同，分为半导体传感器、陶瓷传感器、石英传感器、光导纤维传感器、金属传感器、有机材料传感器、高分子材料传感器等。这种分类可以根据材料特性判断出传感器的原理和特性，也为传感器在运行过程中反映运行环境对传感器的要求。

（6）按照传感器的原理分类

按照原理不同，分为电阻式、电容式、电感式、压电式、热电式、光电式、磁电式、生物式、波谱式等，还有智能式、网络式等；本书按照传感器原理的分类进行讲授。这种分类有利于研究、设计传感器，有利于对传感器的工作原理进行阐述。

交流与思考

【问题01】 下面几种温度测量，可采用什么样的测量方法？

①人的体温测量？②电热水器水温测量？③空调用室温测量？④电源柜中电力开关温度测量？

【解答思路】 ①体温；②水温；③气温；④器件内温。

【问题02】 智能家居中如何获得上述四类温度，并构成家庭温度测控体系？

【解答思路】 ②③④信号可以有线传输，①就需要修改测量方法，并确定传输信号类型；再拓展：家庭不局限于1间房间，家庭成员也非一人，还有冰箱中冷冻和冷藏温度……

1.2.2 应用技术基础概念

传感技术的应用领域非常广泛，可测量的被测对象也不仅仅局限于表1-1中所示。不同领域中所涉及的被测对象有着自身的物理和化学特性，以传感器的适配性而言，还需要掌握与"被测对象"相关的基础知识。

1. 温度及其基本概念

温度标志着物质内部大量分子无规则运动的剧烈程度，即物体冷热的程度，与自然界中的各种物理和化学过程相联系。温度越高，表示物体内部分子热运动越剧烈。

温度的测量是以热平衡为基础的，通过接触式测量和非接触式测量方法实现测量任务。

接触式温度测量，是温度敏感元件与被测对象良好接触，经过一定时间的传导、对流交换热量，达到热平衡，元件输出信号为被测对象的真实温度。由于敏感元件必须与被测对象接触，在接触过程中就可能破坏被测对象的温度场分布，从而造成测量误差；在接触过程中，介质若有腐蚀性，则对敏感元件有损伤，会影响敏感元件的可靠性和工作寿命。

非接触式温度测量，是温度敏感部件（元件）不与被测对象接触，而是通过辐射能量进行热交换，由辐射能的大小来推算被测物体的温度。测得的温度值是被测对象的表现温度。由于敏感部件不与被测物体接触，不破坏原有的温度场，尤为适用运动状态的被测物体；非接触式温度测量的精度一般不高，传感器结构较为复杂，价格昂贵。

温度的数值表示方法称为温标（温度标尺），它规定了温度读数的起点（即零点）以及温度的单位。温标包括经验温标、热力学温标和国际温标，各类温度计的刻度均由温标确定。建立温标必须具备三个条件：①固定的温度点（基准点）；②测温仪器（确定测温质和测温量）；③温标方程（内插公式）。

经验温标是由特定的测温质和测温量所确定的温标，是借助于一些物质的物理量与温度之间的关系，用实验方法得到的经验公式来确定温度值的标尺，因此有局限性和任意性。目前普遍使用的经验温度是华氏温标和摄氏温标。1714年德国人华伦海特（Fahrenheit）在沸点和冰点之间等分为180份，每份为1华氏度（1°F），即华氏温标；1742年瑞典人摄尔塞斯（Celsius）规定水的冰点和沸点之间等分为100份，每份为1摄氏度（1℃），即摄氏温标。

经验温标具有三要素：①选择某种测温物质，确定它的测温属性［例如汞（俗称水银）的体积随温度变化］；②选定固定点，对于水银温度计，若选用摄氏温标，则以冰的正常熔点定为0℃，水的正常沸点定为100℃；③进行分度，即对测温属性随温度的变化关系作出规定（摄氏温标规定0~100℃间等分为100小格，每一小格为1℃）。选择不同测量物质或不同测温属性所确定的经验温标并不严格一致。

热力学温标是建立在热力学第二定律基础上的最科学的温标，是由开尔文（Kelvin）根据热力学定律提出来的，因此又称开氏温标。它的符号是T，单位是开尔文（K）。热力学温度的起点为绝对零度，所以它不可能为负值，且冰点是273.15K，沸点是373.15K。请注意水的冰点和三相点是不一样的，两者相差0.01K。

国际温标，1927年第七届国际计量大会决定采用国际温标，它具有3个基本特点：

①尽可能接近热力学温标；②复显精度高并能确保量值的统一；③用以复现的标准温度计使用方便，性能稳定。经过 1948 年、1968 年和 1990 年多次修改，最终以 1990 年国际温标(ITS-90)为标准，即从 1990 年 1 月 1 日开始在全世界范围内采用 1990 年国际温标，简称 ITS-90，我国从 1994 年 1 月 1 日开始全面实施。

ITS-90 定义了一系列温度的固定点，测量和重现这些固定点的标准仪器以及计算公式，例如水的三相点为 273.16K(0.01℃)等。

1) 符号：T，单位为开尔文(K)，K 的定义为水的三相点温度的 1/273.16。用与冰点 273.15K 的差值表示的热力学温度称为摄氏温度，符号为 t，单位为摄氏度(℃)；即 $t = T - 273.15$，并有 1℃ = 1K。摄氏度(℃)是由国际温标重新定义的，是以热力学温标为基础的。ITS-90 国际温标定义了国际开尔文温度 T_{90} 和国际摄氏度 t_{90}，其间关系如同 T 和 t 一样，即

$$t_{90} = T_{90} - 273.15 \tag{1-1}$$

2) 定义固定温度点，ITS-90 国际温标的定义固定温度点是利用一系列纯物质各相间可复现的平衡状态或蒸气压所建立起来的特征温度点。这些特征温度点的温度指定值是由国际上公认的最佳测量手段测定的。

3) 复现固定温度点的方法。

ITS-90 国际温标把温度分为 4 个温区，4 个温区的范围和使用的标准测温仪器分别如下：

① 0.65~5.0K 间为 ^{3}He 或 ^{4}He：蒸气压温度计；

② 3.0~24.5561K 间为 ^{3}He 或 ^{4}He：定容气体温度计；

③ 13.8033K~961.78℃ 间：铂电阻温度计；

④ 961.78℃ 以上：光学或光电高温计。

ITS-90 国际温标确定的 4 个温区，是按照 4 类标准测温仪器的可测温度范围来确定的。①和②属于超低温区，④为高温区，③所示的温度范围实际上包含了超低温区、低温区、常压温区和中温区，一般通过制冷介质产生的温区归属到超低温区，通过常规加热手段得到的温度归属中温区，如较多的工业炉温等。自然界中气温范围包含低温和常压温区。

在水冰点以上(0$^+$℃)的温度使用摄氏度单位(℃)，在水冰点以下(0$^-$℃)的温度使用热力学温度单位(K)。随着测量技术的不断提升，961.78℃ 以上的标准测温仪器也将会得到完善。

2. 流量及其基本概念

流量是一个特别的介质，从介质形态来说，有气体流量、液体流量和颗粒型流量(应用较少，一般不测)；从介质特性来说，有体积流量、质量流量和重量流量(有重力加速度效应，一般不测)；从介质流动状态来说，有层流、紊流和旋涡流；从流量测量的输出来说，必须包括瞬时流量和累积流量。

体积流量是单位时间内流体介质流经开放堰槽或封闭管道(一定截面积)的体积量。若单位为 L/s，称为瞬时体积流量；若单位为 L/h，称为累积体积流量。

质量流量是单位时间内流体介质流经开放堰槽或封闭管道(一定截面积)的质量。若单位为 kg/s，称为瞬时质量流量；若单位为 kg/h，称为累积质量流量。

流量测量过程中，还涉及流体介质的物理和化学特性，关联到各种相关测量方法。

(1) 体积流量测量方法

1) 容积法。在单位时间内以标准固定体积对流动介质连续不断地进行度量，以排出流

体固定容积数来计算流量。容积法受流体的流动状态影响小,适用于测量高黏度、低雷诺数的流体。

2)速度法。先测出管道内的平均流速,再乘以管道截面积求得流体的体积流量。速度法具有较宽的使用条件,可用于各种工况下的流体的流量检测,利用平均流速计算流量,管路条件的影响大,流动产生的涡流以及截面上流速分布不对称等都会给测量带来误差。

(2)质量流量测量方法

1)直接法。利用检测元件或效应,使输出信号直接反映质量流量。

2)间接法。用两个检测元件分别测出两个相应参数,通过运算获取流体的质量流量。

3. 压力及其基本概念

在工程测试中常称的压力,实际上就是"压强"。在工程中统称介质(包括气体或液体)垂直均匀地作用于单位面积上的力称为压力,又称压强。压力测量传感器主要用来测量气体或液体压力,也称压力表或压力计。

压力的大小常用两种表示方法,即绝对压力和表压力。绝对压力是从绝对真空算起的,指作用在物体表面积上的总压力;而表压力是表示物体受到超出大气压力的压力大小,把绝对压力低于大气压力的情况称为负压或真空。一般负压用表压力表示,而真空度用绝对压力表示。各压力之间的关系如图1-4所示。

压力测量单位因应用领域差异而有所不同,在国际单位制中,压力测量单位是导出单位,单位名称为帕斯卡(Pa),1Pa为$1N/m^2$(牛顿每平方米),其他单位还有:工程大气压(atm)、巴(bar)、毫米水柱(mmH_2O)、毫米汞柱(mmHg)等,见表1-3。

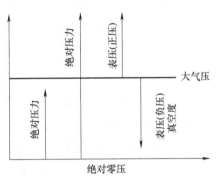

图1-4 各压力之间关系图

表1-3 压力单位及其换算表

单位	Pa	bar	atm	mmH_2O	mmHg
Pa	1	1×10^{-5}	0.98692×10^{-5}	1.01971×10^{-1}	0.75006×10^{-2}
bar	1×10^5	1	0.986923	1.450442×10^4	0.75006×10^3
atm	1.01325×10^5	1.01325	1	1.03323×10^4	0.76×10^3
mmH_2O	0.980665×10	0.980665×10^{-4}	0.96784×10^{-4}	1	0.73556×10^{-4}
mmHg	1.333224×10^2	1.333224×10^{-3}	1.3158×10^{-3}	1.35951×10	1

液压和气压的测压敏感元件是弹性元件,当测压范围不同时,选用的弹性元件也不一样,常用的几种弹性元件的结构如图1-5所示。弹性元件测量压力的相似处均是在被测压力作用下,弹性元件的自由端产生一定方向的与压力成函数关系的位移,再将位移信号转换成电信号。本书有不少应用实例都是采用弹性元件的。

1)弹簧管式弹性元件,单圈弹簧管是弯成圆弧形的金属管子,它的截面做成扁圆形或椭圆形,如图1-5a所示;这种单圈弹簧管自由端位移较小,测压范围较宽,可测量高达1000MPa的压力。为了增加自由端的位移,可以制成多圈弹簧管,如图1-5b所示。

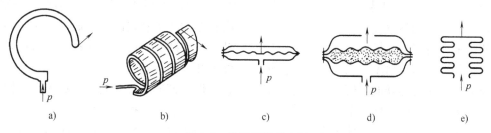

图 1-5 弹性元件示意图

2）薄膜式弹性元件，根据其结构不同分为膜片和膜盒。薄膜式测压范围比弹簧管式要小。图 1-5c 为膜片式弹性元件，它是由金属或非金属材料做成的具有弹性的一张膜片（有平膜片与波纹膜片两种形式），在压力作用下能产生变形。有时也可以由两张金属膜片沿周边对焊成一薄壁盒子，内充液体（例如硅油），称为膜盒，如图 1-5d 所示。

3）波纹管式弹性元件，是一个周围为波纹状的薄壁金属筒体，如图 1-5e 所示。它易于变形，而且位移很大，常用于微压与低压的测量（一般不超过 1MPa）。

4. 物位及其基本概念

液位、料位和两种介质相界面的总称为物位。在容器中液体介质的高低叫液位，容器中固体或颗粒状物质的堆积高度叫料位，两种密度不同且不相容的液体介质之间的界面叫相界面。通过物位的测量，可以正确获知容器设备中所储物质的体积或质量；监视或控制容器内的介质物位，使它保持在工艺要求的高度，或对它的上、下限位置进行报警，以及根据物位来连续监视或控制容器中流入与流出物料的平衡，如饮水机的水箱水位。

5. 机械量及其基本概念

机械运动是各种复杂运动的基本形式，表征这些机械运动的物理参数统称为机械量。机械量涉及的参数很多，见表 1-4，本书较多的应用均会涉及机械量。

表 1-4 机械量归纳表

机械量	实 际 内 容
力	拉力、推力、张力、扭力、扭矩、转矩等
振	振幅、振频、振动相位、减振器等
动	匀速、变速、瞬时速度、线性加速度；角速度、角加速度；转速等
尺	固体、箱体等的几何尺寸，有长、宽、厚、薄等
移	物体的直线性位移和角位移
秤	物体的重量、质量等
度	物体外观和机械特性，有圆度、椭圆度、硬度、光洁度、镜面度、抗拉强度等

机械量中的"振动"信号，包括两个含义：一个是被测对象本身是个振动体，通过传感器测出其振幅、振频、振动加速度等；另一个是被测对象作用于已知特性的振动体，再对振动体测量、比较。

1）振动传感器是一种能感受机械运动振动的参量（振动速度、频率、加速度等）并转换成可用输出信号的传感器。一般来说振动传感器在机械接收原理方面，有相对式、惯性式两种。这类传感器在书籍中有实例介绍。

2）基于机械谐振技术，利用谐振元件把被测参量转换为频率信号的传感器，又称频率式传感器。当被测参量发生变化时，振动元件的固有振动频率随之改变，通过相应的测量电路，就可得到与被测参量成一定关系的电信号。谐振式传感器的优点是体积小、重量轻、结构紧凑、分辨率高、精度高以及便于数据传输、处理和存储等。

通常谐振式传感器的敏感元件可称为谐振敏感元件、谐振敏感单元、谐振敏感结构或谐振子。按谐振元件的不同，谐振式传感器可分为振弦式传感器、振筒式传感器、振梁式传感器、振膜式传感器和石英晶体谐振式传感器等。谐振式传感器主要用于测量压力，也用于测量转矩、密度、加速度和温度等。

6. 光学量及其基本概念

光学量的应用越来越普及、越来越重要，其中包括光通量、照度、光强、亮度等。在传感器应用中，涉及光学量，还需要了解光源、光学镜头等。光信号是把光源（发光体）、光学透镜及其光路形成一个有机单元，输出传感器敏感元件能接收的可用光信号。

光通量指人眼所能感觉到的辐射功率，它等于单位时间内某一波段的辐射能量和该波段的相对视见率的乘积；光通量用符号 Φ 表示，单位为流明（lm）。

照度是反映光照强度的一种物理量，其物理意义是照射到单位面积上的光通量，照度的单位是勒克斯（lx），$1lx = 1lm/m^2 = 1cd \times sr/m^2$。

发光强度表示光源在单位立体角内光通量的多少，单位是坎德拉（cd）。

亮度是指发光体（反光体）表面发光（反光）强弱的物理量，人眼从一个方向观察光源，在这个方向上的光强与人眼所"见到"的光源面积之比，定义为该光源单位的亮度，即单位投影面积上的发光强度。

7. 成分量及其基本概念

成分量是物质（包括混合物和化合物）的成分、含量，主要用于实验室的成分分析和用于工业生产过程的介质分析。近来环保类、食品类、气象类以及医学类等介质分析和含量测量越来越得到重视。

介质成分主要有生产过程介质分析和介质自身物性分析，按照介质分析涉及的领域，有气象、地质、环保、介质特性分析、化工成分分析、公安及其安全性质分析、生物医学分析等。成分分析的结果一般以含量、浓度、百分比方式表示，另外还有化学中的克分子浓度、克当量浓度等方式表示；有些场合在标准体积下，也可以用重量单位，如在标准 1kg 中某个成分含量多少 g 或 mg。如果所分析的对象含量较小，达到百万级，则用 10^{-6} 或 $10^{-4}\%$（即 ppm）表示。

分析工艺过程中被分析对象的化学成分及结构的介质是生产过程介质，有气体分析、液体分析、浓度分析和固体分析等；分析物理性质的介质是物性介质，以水为例，其物性有湿度、水分、黏度、密度、酸碱度等。

1.3 传感器系统的硬件构成与运行要求

由图 1-1 可知，若缺乏传感器，任何对于被测对象的控制都是开环的、主观的，甚至是无依据的。传感器是一种实体型测量装置，它是实现自动测量和自动控制的首要环节。在实际运行过程中，是一个整体（传感系统）参与数据采集、处理和传送，并要求这个整体安全、可靠、适应环境，并易于安装、维护。

1.3.1　传感器系统的硬件构成

依据图 1-2 和图 1-3，传感器的硬件传感系统归纳如图 1-6 所示。

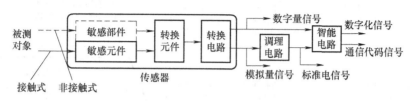

图 1-6　传感系统结构示意图

图 1-6 中的电源系统根据实际需求实施，不再加入。图中传感系统有四种输出类型：

1）数字量信号包括脉冲信号、脉动信号和断续信号，是以人们熟悉的数字形式输出的信号，如频率、转速、计数等。

2）模拟量信号主要是指交直流型的电压或电流信号，如果也包括断续信号，这类信号主要就是故障跟踪类，在所有自动化系统中需要倍加关注。

3）通过调理电路输出标准电信号，即直流电流 0~10mA（对应电路电压 DC 0~5V），或 4~20mA（对应电路电压 DC 1~5V），此时传感系统也称为变送器。

4）数字化信号是以一定权值表示的数码值，如二进制数。通信代码信号指符合某种指定协议的通信代码，由此可以构成网络传感器；其通信代码信号可以是有线信号输出，也可以是无线信号输出；如果整个传感系统集成在一个模块或集成电路上，就成为集成传感器。

1.3.2　传感器系统的运行要求

1. 安全性

任何一个被测对象，自有自身的理化特性，有参数的变化范畴，还有参数适应的运行环境，嵌入一个检测系统，相当于被测对象增加了"额外"负载，这可能会产生两大负面影响。

1）被测参数影响到检测系统，使检测系统不能正确感知到参数的变化。

如高温测量，温度场可能会迫使检测系统也达到高温值，检测系统必然就无法运行；而一旦检测系统被迫达到高温场温度，即被损坏，若烧毁，又影响高温环境。为防止出现类似事故，就必须为检测系统增加防范措施，这又增加了检测系统的复杂性。

如振动测量，检测系统的敏感元件若与振动体接触式连接，则敏感元件也随振动体一起振动；振动对于传感器实体结构有显著影响，结构松动必将导致检测系统受损。

在野外，高压、化工、医药、潮湿、强电磁场等参数的测量均有类似状况。

2）检测系统影响到被测参数或被测参数的环境，使被测对象发生变化或被测对象变化引发运行环境的变化。有许多参数具有易燃易爆易腐蚀特性，如通过电气检测系统检测油品，会给油品带来安全隐患，电气检测系统中的电气元件可能产生的电弧更是重大危险源。

安全性在各行各业已经越来越受到广泛关注，某些国家在安全性方面已经做了许多工作，并发布了相关标准，如图 1-7 所示。

国际电工委员会（IEC）对于防触电保护等级（IEC60536）的要求如下：

- Class Ⅰ：标有 ⏚ 标志的必须接地的设备。
- Class Ⅱ：标有 ▣ 标志的不必接地的设备。

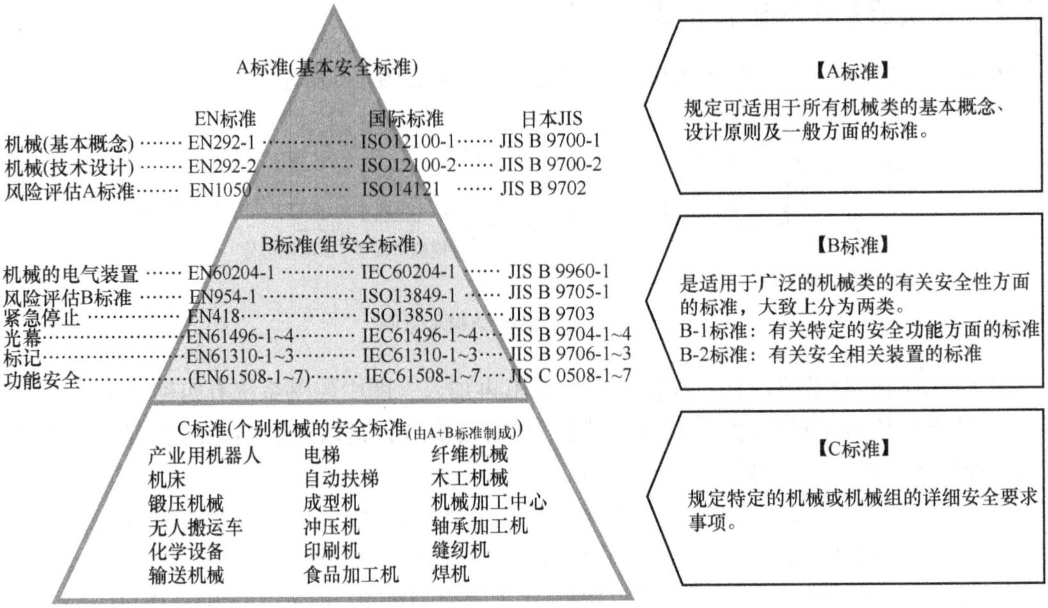

图 1-7 安全性标准简介

表 1-5 为传感器的壳体防护要求。

表 1-5 传感器壳体防护要求

类型	用　途	概　要
1	室内使用	对限定量落下的灰尘进行防护
2	室内使用	对限定量落下的水滴进行限量防护
3	室外使用	对伴有雨、雨夹雪和风的粉尘和因表面结冰造成的损害进行防护
3R	室外使用	对雨、雨夹雪和因表面结冰造成的损害进行防护
3S	室外使用	对伴有雨、雨夹雪和风的粉尘和结冰时外部结构物的操作进行防护
4	室内及室外使用	对有风的粉尘、雨、飞沫、喷水及表面结冰造成的损伤进行防护
4X	室内及室外使用	对腐蚀、有风的粉尘、雨、飞沫、喷水及表面结冰造成的损伤进行防护
5	室内使用	对堆积、落下的粉尘及滴下的非腐蚀性液体进行防护
6	室内及室外使用	洒水及需要短时间浸入一定深的水中时的防水及对表面结冰造成的损害进行防护
6P	室内及室外使用	洒水及需要长时间浸入一定深的水中时的防水及对表面结冰造成的损害进行防护
12/12K	室内使用	对循环粉尘、下落灰尘及滴下的非腐蚀性液体进行防护
13	室内使用	对灰尘、水的飞沫及非腐蚀性冷却剂进行防护

　　国际标准关于安全的定义是免除危害和公害，避免伤害残损、破坏和损失。它的内容是多方面的，隶属于"过程测量和控制仪表"的传感器安全中，包括：①保证仪表和控制系统本身不至于使采用它的过程不安全和保证过程不至于使仪表和控制系统本身不安全；②保证仪表和控制系统不至于形成危及环境的条件，同时也考虑不受过程的环境影响（如闪电、雷电等）；③保证仪表和控制系统在受人处理和操作时是安全的。

　　安全性要求中还有详细的防火、防爆、防腐、防雷要求，国家颁布了大量技术规范和各类防范规定、标准及细则，其中主要涉及危险介质、危险场所和防腐防火防爆要求，严禁任何导致燃烧、爆炸、腐蚀现象的情况发生。

（1）危险介质

传感系统在运行中所能接触到的"危险"介质可以分成三大类型：腐蚀介质、易燃介质和易爆介质；一般有毒性的介质往往是这三类介质之一或兼有；这些"危险"介质（见表1-6）基本上可以归纳到化工、煤炭、炼油等行业，因为这些介质在一定的压力或温度条件下，会由于自身的理化特性而发生燃烧或爆炸。通常具有某一类危险介质时，就必须采取相关的防范措施；而较多的"危险"介质往往具有强腐蚀性、易燃和易爆特性，尤其是易燃易爆。

（2）危险场所

危险场所：由于存在着易燃易爆性气体、蒸气、液体、可燃性粉尘或者可燃性纤维而具有引起火灾或者爆炸危险的场所。GB 3836.14—2014《爆炸性环境 第14部分：场所分类 爆炸性气体环境》用类别、区域和组别三层概念来说明危险场所的划分。

第一类危险场所：含有可燃性气体或蒸气的爆炸性混合物的场所，称为Q类场所。

① Q-1级：在正常情况下能形成爆炸性混合物的场所；

② Q-2级：在正常情况下不能形成爆炸性混合物，仅在不正常情况下才能形成爆炸性混合物的场所；

③ Q-3级：在不正常情况下，只能在局部地区形成爆炸性混合物的场所。

第二类危险场所：含有可燃性粉尘或纤维混合物的场所，称为G类场所。

第三类危险场所：火灾危险场所，称为H类场所。

表1-6 部分"危险"介质

介质类型	举 例	介质类型	举 例
无机酸	硫酸、盐酸、硝酸、磷酸、碳酸、氯酸等	碱和氢氧化钠	氢氧化钠、氢氧化钾等
有机酸	甲酸、丙酸、醋酸、丁酸、乙醇酸等	元素、气体类	氧、磷、钠、二氧化硫等
盐	硝酸盐、硫酸盐、氯化盐、高锰酸钾等	烃及石油产品	甲烷、苯、硝化甘油、油类等
醇、酯类	甲醇、乙醇、甲醛、乙醛、甲醚、丙酮等	其他	海水、盐水

（3）防爆仪表

电气类仪表中处于危险场所接触危险介质的，通常只有传感器。

GB 3836.1—2010《爆炸性环境 第1部分：设备通用要求》规定了防爆电气设备分为两大类：Ⅰ类：煤矿井下用电气设备；Ⅱ类：工厂用电气设备。Ⅱ类工厂用电气设备又分为8种类型：隔爆型、增安型、本质安全型、正压型、冲油型、充砂型、无火花型和防爆特殊型。对于电动防爆仪表，通常采用隔爆型、增安型、本质安全型三种。

（4）防腐措施

腐蚀是材料在环境的作用下引起的破坏或变质，金属和合金的腐蚀主要是化学或电化学作用引起的破坏，有时还同时包含机械、物理或生物作用。对于非金属，腐蚀一般缘由直接的化学作用或物理作用（如氧化、溶解、溶胀等）。

针对腐蚀引起的破坏，工业自动化仪表主要采取的措施是与腐蚀介质接触部件选用防腐蚀材料，或者采用隔离技术。主要体现在仪表制作和安装过程中，必须严格按照规定处理。

（5）防雷措施

雷电是不可避免的自然现象，雷电时所产生的强大的空间电磁场通过磁场空间中的线缆耦合进高瞬态脉冲电压，对于电气设备的影响可以说是毁灭性的。

安装在现场的传感器如果是在露天野外环境，必须进行雷电防护。电涌保护设备（surge protect device，SPD）可以保护设备免于潜在的高瞬态电压的破坏性影响的攻击。SPD 的作用是把一个电涌电流瞬间分散到大地，不带任何残余的电压呈现在设备终端上。一旦电涌电流衰减，SPD 自动恢复正常，进入接受下一个电涌的准备状态。

在实际应用中，还有一些防护措施，如采用气体放电管、齐纳二极管、金属氧化物变阻器、熔丝、电路断路器和多级混杂电路等。这些防护器件要具体分析实际状况后慎重选用。

2. 环境适应性

根据安全性要求，传感系统要求具有较强的环境适应能力。环境适应所指的"环境"不是常态环境（常温常压），而是对传感系统具有"干扰"能力、影响采集数据、甚至会损坏传感系统的特定环境。

1）高温环境会对传感器造成涂覆材料熔化、焊点开化、弹性体内应力发生结构变化等问题。高温环境下工作的传感器通常采用耐高温传感器；另外必须有隔热、水冷或气冷等装置。

2）粉尘、潮湿会对传感器造成短路的影响。在此环境条件下应选用密闭性很高的传感器。不同的传感器其密封的方式是不同的，其密闭性存在着很大差异。常见的密封方式有充填或涂覆密封胶、橡胶垫机械紧固密封、焊接（氩弧焊、等离子弧焊）和抽真空充氮密封。

从密封效果来看，焊接密封为最佳，充填或涂覆密封胶为最差。对于室内干净、干燥环境下工作的传感器，可选择涂胶密封的传感器，而对于在潮湿、粉尘性较高的环境下工作的传感器，应选择膜片热套密封或膜片焊接密封、抽真空充氮密封的传感器。

3）在腐蚀性较高的环境下，如潮湿、酸性会对传感器造成弹性体受损或产生短路等影响，应选择外表面进行过喷塑或不锈钢外罩，抗腐蚀性能好且密闭性好的传感器。

4）电磁场对传感器输出紊乱信号的影响。在此情况下，应对传感器的屏蔽性进行严格检查，看其是否具有良好的抗电磁能力。

5）易燃、易爆不仅会对传感器造成彻底性的损害，而且还给其他设备和人身安全造成很大的威胁。因此，在易燃、易爆环境下工作的传感器对防爆性能提出了更高的要求：在易燃、易爆环境下必须选用防爆传感器，这种传感器的密封外罩不仅要考虑其密闭性，还要考虑到防爆强度，以及电缆线引出头的防水、防潮、防爆性等。

特定环境参数说明了传感器对于环境及配接的要求，包括工作温度范围、温度误差、温度漂移、热滞后、抗潮湿、抗介质腐蚀、抗电磁干扰能力、抗冲振要求、输入输出阻抗、电源要求、馈线及安装方式等。传感器的环境参数指标对于传感器的安装使用范围有着决定性的作用，对能否使用某个传感器有着决定性的作用。

3. 可靠性

可靠性的要求就是传感器在运行过程中不发生故障，或在有效运行周期内不出故障。可靠性是指元器件、装置在规定的时间内、规定的条件下，具有规定功能的概率。

1）可靠度。可靠度描述了元器件、装置在某一时刻前正常工作的可能性，它与时间有关。在实际数据统计中近似为

$$R(t) = \frac{n(t)}{n} \tag{1-2}$$

式中，$n(t)$ 表示试验开始后，到时间 t 仍未失效的元器件、装置数；n 表示进行试验的总的元器件、装置数。

2）失效率。失效是指元器件、装置失去规定的功能。失效率指元器件、装置在特定条件下，在时间 t 之前失效的可能性，它是寿命这一变量的分布函数

$$F(t) = \frac{n - n(t)}{n} = 1 - R(t) \tag{1-3}$$

3）失效密度。指元器件、装置在时间 t 内的单位时间内失效发生的概率（可能性）。

$$f(t) = \frac{\mathrm{d}F(t)}{\mathrm{d}t} \approx \frac{\Delta F(t)}{\Delta t} \tag{1-4}$$

在实际数据统计中近似为

$$f(t) = \frac{-\Delta n(t)}{n\Delta(t)} \tag{1-5}$$

式中，$\Delta n(t)$ 表示在 t 时刻附近，Δt 时间间隔内失效的器件数，失效密度用来描述器件失效的可能性在 $0 \sim +\infty$ 的整个时间轴上的分布情况。

可靠性的经典定义着重强调四个方面：概率（元器件、装置特性变化的随机性，只能根据大量实验和实际应用进行统计分析）、性能要求（即指技术判据。性能变化是绝对的，关键是允许变化范围大小）、使用条件（包括环境条件和工作状态）和工作时间（元器件、装置在一小时内保持规定性能）。若其他条件不变，时间越长则可靠性越低。

4）故障率。故障率也可称为瞬间失效率，指在 t 时刻尚未失效的元器件、装置在单位时间内失效的概率，用来描述 t 时刻仍正常工作的元器件、装置失效的可能性。其表达式为

$$\lambda(t) = \frac{-\Delta n(t)}{n(t)\Delta(t)} \tag{1-6}$$

在实际数据统计中它的近似值为

$$\lambda(t) \approx \frac{-\Delta n(t)}{n(t)\Delta(t)} \frac{n}{n(t)} = \frac{f(t)}{R(t)} \tag{1-7}$$

是比较常用的特征函数。

4. 长久性

传感器仅仅满足安全和可靠是远远不够的，其实质目的和作用是要真实地再现被测对象的特性或特征，而且是长久的、无限时的。换句话说，传感系统不仅要高可靠，不出故障，而且要求采集数据实时、准确，运行寿命长。

寿命是指元器件、装置失效前的工作时间，寿命是一个随机变量。

平均寿命是寿命的均值，表示元器件、装置能够正常工作的平均时间。其求解表达式为

$$m = \int_0^{+\infty} t \cdot f(t)\,\mathrm{d}t \tag{1-8}$$

5. 易安装维护性

各类传感器的安装位置应安装在能正确反映其性能的位置，便于调试和维护的地方；要符合传感器供应商的安装要求。

原则上传感器的敏感元件必须与被测对象良好连接（或敏感部件安装在最靠近被感知对

象点的位置），安装的同时，要考虑易维护（传感器的常规维护，包括易读数、易拆卸与更换）、细防护（外接因素尽可能不干扰传感器）、不阻碍（不安装在行人过道附近或交通工具频繁使用区域）、无盲点（不遗漏工艺参数）及有专人（专业技术人员）。

1.4 传感器的基本特性

任何传感器得到的数据均有误差，该数据能不能得到认可，需要有置信度，最常规的方法是将获得的测量数据绑定一个精度等级。精度是传感器的重要性能指标之一。传感器的性能指标主要取决于误差的形成及其误差特性，从误差形成的维持时间以及影响效果，传感器的性能指标必然关联到静态特性和动态特性。

传感器的静态特性是传感器在信号输入时稳定运行后其输出信号与输入信号呈现的函数关系，而动态特性则是传感器在信号输入时其输出信号的反应与输入信号呈现的函数关系。前者是传感器稳定状态下的输出输入关系，后者是传感器的输出跟随输入变化的能力。

精度及其精度等级的获取也是建立在完整的数据处理理论体系基础上，对应于传感器数据溯源，涉及引发测量误差的传感器特性、误差分析、不确定度估算、补偿以及提高数据置信度（或提升精度等级）的数据处理方法等。下面主要介绍与传感器可信数据相关的基本性能指标、静态特性、动态特性和误差分析等。

1.4.1 传感器基本性能指标

传感器的基本性能指标有精度、稳定性、影响系数和传感器的输出输入关系。

1. 测量范围与量程

传感器所能测量到的最小输入量与最大输入量之间的范围称为传感器的测量范围。传感器测量范围的上限值与下限值的代数差称为量程。

2. 精度

精度是精确度的简称，用 A 表示，一般用传感器在满量程中各点测量时最大的绝对误差 Δe_{max}（测量值与真实值的差）与该传感器量程 S 的比值来表示，这种比值称为相对于满量程的百分误差。若求相对误差，则是某点测量的绝对误差与该点的真实值之比，两者不能混为一谈。

前者反映的是传感器相对于量程的最大误差率，后者是相对于某测量点的误差率。

与精（确）度有关的指标有两个：精密度和正确度。精（确）度就是精密度和正确度两者的总和，即传感器给出接近于被测真值的能力。

精度 A 的计算公式为

$$A = \frac{\Delta e_{max}}{S} \times 100\% \tag{1-9}$$

1）精密度。传感器表示值的不一致程度。即对某一稳定的被测量在相同的规定工作条件下，由同一测量者用同一传感器在相当短的时间内连续重复测量多次，得到其测量结果的不一致程度。

2）正确度。表示值有规律地偏离真值大小值的程度。

精度等级是指在规定的工作条件下，为符合一定的计量要求，使误差保持在规定极限以内的传感器的等级、级别。通常去掉式(1-9)中的百分号"%"，即为精度值，一般有0.01级、0.02级、0.05级、0.1级、0.2级、0.5级、1.0级、1.5级、2.5级及4.0~5.0级。

> **【实例01】**　某温度计的刻度为-50~+150℃，其测量满量程 S 为测量上限与测量下限之差，即：
>
> $$S=(量程上限)-(量程下限)=(+150℃)-(-50℃)=200℃(温度计的精度等级为1.5级)。$$

3. 稳定性

稳定性是指在规定的工作条件保持恒定时，在规定时间内传感器性能保持不变的能力。

理想情况是不论什么时候，传感器的特性参数都不随时间变化。但实际上，随着时间的推移，大多数传感器的特性会发生改变。这是因为敏感元件或构成传感器的部件，其特性会随时间发生变化，从而影响了传感器的稳定性。稳定性一般以室温条件下经过一规定时间间隔后，传感器输出与起始标定时输出之间的差异来表示，称为稳定性误差。稳定性误差可用相对误差表示，也可用绝对误差来表示，还可用精密度数值和观测时间长短表示。

4. 影响系数

影响系数是传感器性能的重要指标。由于传感器实际工作条件要比标准工作条件差很多，此时影响量的作用可以用影响系数来表示。它是示值变化与影响量变化之间的比值。

5. 传感器输出-输入特性

传感器的输出-输入关系分为静态特性和动态特性。

1.4.2　静态特性

传感器的静态特性反映了传感器在长期运行下的稳定性、精确性和可靠性，特别是传感器输出与输入关系的特性变化率。

静态误差就是传感器稳定运行时传感器的输出与设定参数的偏离值，反映了传感器静态输出-输入关系特性，由灵敏度、灵敏限、分辨率、线性度、时滞、量程等特性表示。

1. 灵敏度 σ 与灵敏限

σ 表示传感器在达到稳定后对被测参数变化的敏感程度，常以传感器输出增量 δ_{OUT} 与被测参数输入增量 δ_{IN} 之比来表示，即

$$\sigma=\frac{\delta_{OUT}}{\delta_{IN}} \tag{1-10}$$

传感器的灵敏度可用增加放大系统的放大倍数来提高。

传感器的灵敏(度)限，是指传感器所能感受并开始发生动作的被测输入量的最小变化量，即当传感器的输入量从零不断增加时，在传感器示值发生可察觉的极微小变化时，此时对应的输入量的最小变化值就是灵敏限，小于该值的区域就是传感器的死区，就是不会引起传感器输出的输入值最大变化范围。

2. 线性度

线性度是传感器的输出-输入曲线与一条直线的吻合程度。

传感器的静态特性是在静态标准条件下，利用一定精度等级的校准设备，对传感器进行往复循环测试，得出输出-输入特性(列表或画曲线)。通常希望这个特性(曲线)为线性，这会为标定和数据处理带来方便。但实际传感器的输出与输入特性一般接近线性，对比理论直

线有偏差，如图 1-8 所示。实际曲线与其两个端点连线（称为理论直线）之间的偏差称为传感器的非线性误差。取其中最大值与输出满度值之比作为评价线性度（或非线性误差）的指标。

$$\delta = \frac{\Delta_{max}}{S} \times 100\% \qquad (1\text{-}11)$$

式中，δ 为线性度（即非线性误差）；Δ_{max} 为最大非线性绝对误差；S 为输出满度值。

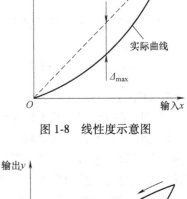

图 1-8　线性度示意图

3. 时滞

时滞也称迟滞、变差、时滞回线。在某一个时间内，外界常规条件不变（温度、湿度不变及无振动）的情况下，同一个传感器对被测参量进行量程的正行程和反行程测量时，在某一个测量点上的正、反行程测量值可能会不一致，产生一个差值，如图 1-9 所示。

设量程为 S，$\Delta_{max} = y_j - y_i$，按式（1-11）计算。

造成时滞的原因很多，例如传动机构间存在的缝隙和摩擦力、弹性元件的弹性滞后等。在设计和制造传感器时，必须减小时滞数值。时滞越小，其输出的重复性和稳定性越好。

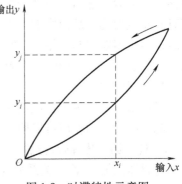

图 1-9　时滞特性示意图

4. 重复性

重复性也叫重复度，是仪表输出输入的 N 次正向（反向）变化曲线的吻合程度。即仪表的输入量在同一方向变化（增加或减少）时，在全量程内连续进行重复测量所得到的输出-输入特性曲线不一致的程度，如图 1-10 所示。产生不一致的原因与产生迟滞现象的原因相同。多次重复测试的曲线越重合，说明该仪表重复性越好，使用时误差越小。

正向重复性计算：

$$\delta = \frac{\Delta m_1}{S} \times 100\% \qquad (1\text{-}12)$$

反向重复性计算：

$$\delta = \frac{\Delta m_2}{S} \times 100\% \qquad (1\text{-}13)$$

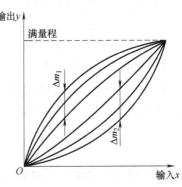

图 1-10　重复性特性示意图

1.4.3　动态特性

传感器的动态特性，是输入量随时间变化时，传感器由于内部的惯性和滞后，不能及时响应而产生动态误差。传感器能测量动态信号的能力用动态特性来表示，动态特性不仅影响传感器自身的输出，还直接影响到后续电路的调节质量，所以传感器的动态特性是很重要的。

动态特性中输出量与输入量的关系不是一个定值，而是时间的函数。动态特性是传感器在动态工作中所呈现的特性，它决定传感器测量快变参数的精度，通常用过渡过程时间（时域）和极限频率（频域）来概括表示。过渡过程时间是指给传感器一个阶跃性输入，从阶跃输入开始到传感器输出信号进入，并不再超出对最终稳定值规定的允许误差范围时的时间间隔。极限频率是指传感器的有效工作频率，在该频率内传感器动态误差不超过允许值。

动态特性可以用微分方程和传递函数来描述，但通常以典型输入信号（阶跃、单位脉冲、正弦信号等）所产生相应的输出（阶跃响应 $h(t)$、冲激响应 $w(t)$、频率响应等）来表示。

传感器是具有纯滞后的一阶惯性环节，其传递函数为

$$G_S(s) = \frac{K_S}{T_S s + 1} e^{-\tau s} \tag{1-14}$$

式中，K_S 为传感器的放大倍数；T_S 是传感器的响应时间；τ 是传感器的反应时间或滞后时间。良好的动态特性，就是能够实现 $T_S \to 0$、$\tau \to 0$，即传感器的影响因素可以忽略。

每一个（类）成型传感器都有良好的动态特性，选用关键在于是否与被测对象适配，在于实时跟随输入变化的能力。对于过程参量，动态特性的要求较低；对于运动参量，对象变化率较高，传感器的选择就要倍加关注。

1.5 误差分析与处理

1.5.1 基本概念

1. 测量与测试

测量是将被测量与一个作为测量单位的标准量进行比较得出比值的过程，测量结果可以在一定精确度内重复实现，以获得需要的量值。完整的测量过程应包含被测量（测量对象的特定量）、测量单位（简称单位，是以定量表示同种量的量值而约定采用的特定量）、测量方法（即测量理论、测量及计量器具、测量条件的总和）和测量精度（测量结果与真值的一致程度）四个要素。

测试是具有试验性质的测量，或者可以认为是测量与试验的综合。其基本任务是获得有用的信息。测试是借助专门的设备、仪器或测试系统，通过适当的试验方法、必需的信号分析和数据处理，根据测得的信号研究对象有关的信息内涵，最后将结果显示或输出的过程。

2. 等精度测量与非等精度测量

1）等精度测量：在测量过程中，决定测量精度的全部因素或条件不变。例如，由同一个人，用同一台仪器（工具、电路），在同样的环境中，以同样的原理方法测量同一个量。这种方法多用于成型传感器的应用方式。

2）非等精度测量：在测量过程中，决定测量精度的全部因素或条件会根据对象特性、测量要求和测试目标全部或部分改变。由于不等精度测量的数据处理比较麻烦，因此一般用于重要的科研实验中的高精度测量。

3. 单位制与基准

单位制是相应给定量制而建立的一组单位，其包括一组选定的基本单位和由定义公式、因数等确定的导出单位。单位制随基本单位的不同选择而不同，选定基本单位后，可以按一定关系由它们构成一系列导出单位。

基准即计量基准，是计量基准器具的简称，指用以复现和保存计量单位量值，经国家技术监督局批准，作为统一全国量值最高依据的计量器具。

计量基准分为国家计量基准(主基准)、国家副计量基准和工作计量基准三类。国家计量基准是一个国家内量值溯源的终点，也是量值传递的起点，具有最高的计量学特性。国家副计量基准是用以代替国家计量基准的日常使用和验证国家计量基准变化的计量基准。一旦国家计量基准损坏，国家副计量基准可用来代替国家计量基准。工作计量基准主要是用以代替国家副计量基准的日常使用的计量基准。

4. 误差与真值

测量误差是测量结果与被测量真值之间的差异，一般表示为

$$误差 = 测得值 - 真值 \tag{1-15}$$

真值是一个物理量在一定条件下所呈现的客观大小或真实数值，又称为理论值或定义值。它在一定条件下是客观存在的，但要确切给出真值大小却十分困难。真值一般分为理论真值、约定真值和相对真值三种。

理论真值仅存在于纯理论之中，如三角形内角之和恒为180°，一个整圆周角为360°等。约定真值一般指由国家设立的尽可能维持不变的实物标准或基准，以法令的形式指定其所体现的量值，如指定国际千克原器的质量为1kg，光在真空中1/299792458s的时间间隔内所行进路程的长度为1m等。相对真值指满足规定精确度要求的用来代替真值使用的量值。

5. 误差的分类

误差分类很多，一般是根据实际需求、来源分析或处理过程进行分类的，见表1-7。

按照传感系统的误差分析来看，最主要的分类就一个，就是按照误差发生的规律、特点和性质分类，分为系统误差、随机误差和粗大误差。误差分析和处理最基本的分类原则只有一个：按照误差计算公式分类，分为绝对误差、相对误差和引用误差。

1) 绝对误差：测量值与真值的偏差，计算时有时也强调正偏差和负偏差。

2) 相对误差：该测量点的绝对误差与该点被测量的真值之比。相对误差只有大小和符号，且量纲一般用百分数来表示。相对误差也常用来衡量测量的相对准确程度，相对误差越小，测量精确度越高。

3) 引用误差：在一个量程内的最大绝对误差与测量范围上限之比。对于有一定测量范围的测量仪器或仪表，计算得到的绝对误差和相对误差都会随测量点的改变而改变，因此往往还采用其测量范围内的最大误差来表示该测量仪器的误差，这就是引用误差的概念。

表1-7 误差分类

分类类型	内容
按数学表达式分类	绝对误差、相对误差、引用误差
按误差出现规律分类	系统误差、随机误差、粗大误差、渐变误差
按误差来源分类	工具误差、方法误差
按使用条件分类	基本误差、附加误差
按测量速度分类	静态误差、动态误差
按与被测量关系分类	定值误差、累计误差
按误差处理或计算分类	测试误差、范围误差、标准误差、算术平均误差、或然误差、正态误差
其他	零位误差(又叫加和误差)、灵敏度误差(又叫倍率误差)等

6. 误差来源

误差的来源是多方面的，是复杂多样的，所有因素都可能产生测量误差。在进行测量和

计算结果时，要对误差来源进行全面分析，力求做到不遗漏。引发误差的主要因素包括：

（1）测量装置误差

测量装置误差主要包括标准量具误差、传感器误差和附件误差。

标准量具误差是以固定形式复现标准量值的器具，如标准量块、标准砝码等，它们本身体现的量值，不可避免地都存在误差。这些误差反映到测量结果中形成测量装置误差。

传感器误差包括设计时采用近似原理所造成的误差、组成传感器的零部件制造误差和安装引入的固定误差；包括传感器出厂时标定不准确带来的标定误差、读数分辨力有限引发的读数误差、指针指示表盘的刻度误差、数字化传感器的量化误差、传感器内部噪声引起的误差以及元器件老化、疲劳及环境变化造成的稳定性误差、传感器响应滞后引起的动态误差等。

附件误差是传感器所带附件和附属工具所产生的误差。

（2）测量方法误差

由于测量方法不完善、测量所依据的理论不严密或采用近似公式等原因所引起的误差。较为典型的就是局部电路欧姆定律和全电路欧姆定律的选用。

（3）测量环境误差

由于各种环境因素与规定标准不一致而造成的误差。通常，测量仪器在规定的工作条件下所具有的误差称为基本误差，超出此条件的误差称为附加误差。

测量环境对传感器的影响，还会使传感器产生零位漂移。

（4）测量人员误差

由于测量者主观因素，如技术熟练程度、生理与心理因素、固有习惯等引起的误差统称为人员误差。即使在同一条件下使用同一台仪器进行重复测量，也可能得出不同的结果。

7. 误差分析的意义

误差作为计量学研究的一个重要分支，对推动测量科学的发展起到了积极作用。误差分析的目的在于对生产实践和测量过程中的误差进行认真研究，正确地认识误差的性质，分析产生误差的原因，合理地使用测量仪器和测量方法，科学地计算测量数据，在一定的条件下得到更接近于真值的数据，进而减小或消除误差。

1.5.2 系统误差处理

系统误差是指在相同条件下多次测量同一量时，误差的大小和符号保持不变，或与某一参数成函数关系的有规律误差。它主要是由于测量工具或传感器本身，以及测量者对传感器使用不当等原因所造成的有规律的误差。这类误差能够消除、抵消、补偿等。

1. 系统误差的产生原因

系统误差的产生原因较为复杂，或是某个原因引起，或是多因素综合影响。主要原因有：

1）传感器和测量系统以及测量方式本身不够完善，甚至传感器所依据的工作原理本身的不够完善而引起的误差。例如，传感器本身的质量问题；由于测量方法的不正确，用平均值电压表测量已经有了波形畸变的正弦电压的有效值而引起的误差等。

2）由于传感器的安装、布置及调整不当引起的误差；测量时环境条件（如温度、湿度、电源等）偏离传感器规定的工作条件而引起的误差；操作人员的经验及技术水平的限制带来的系统误差。

2. 系统误差的发现方法

由于系统误差对测量精度影响比较大,必须消除系统误差的影响,才能有效地提高测量精度。发现系统误差的方法有以下几种。

1)实验对比法。实验对比法是改变产生系统误差的条件进行不同条件的测量,以发现系统误差,这种方法能发现不变的系统误差。如一台测量仪表存在固定的系统误差,即使进行多次测量也不能发现。只有用更高一级精度测量仪表测量,才能发现这台仪表的系统误差。

2)剩余误差观察法。剩余误差观察法是根据测量列的各个剩余误差大小和符号的变化规律,直接由误差数据或误差曲线图形来判断有无系统误差,这种方法主要适用于发现有规律变化的系统误差。若剩余误差大体上是正负相间,且无显著变化规律,则无根据怀疑存在系统误差;若剩余误差符号有规律地逐渐由负变正,再由正变负且循环交替重复变化,则存在周期性系统误差;若剩余误差有规律地递增或递减,且在测量开始与结束时误差符号相反,则存在线性系统误差;若剩余误差具有一定量值且交替重复变化,则应怀疑同时存在线性系统误差和周期性系统误差。

3)剩余误差校核法。将测量列中前面 K 个剩余误差相加,后面$(n-K)$个剩余误差相加(若 n 为偶数,取 $K=n/2$;若 n 为奇数,取 $K=(n+1)/2$),两者相减得

$$\Delta = \sum_{i=1}^{k} \nu_i - \sum_{i=k+1}^{n} \nu_i \tag{1-16}$$

式中,若两部分的差值 Δ 显著不为零,则认为测量列存在系统误差。

4)计算数据比较法。对同一量测量得到多组数据,通过计算数据比较,判断是否满足偶然误差条件,以发现系统误差。

5)不同公式计算标准误差比较法。对等精度测量,可用不同公式计算标准误差,通过比较以发现系统误差。

3. 系统误差的抑制与补偿

当发现系统具有系统误差后,需要减小系统误差,或按照误差的产生规律进行补偿。

系统误差是一种有规律的误差,故可以采用修正值或补偿校正的方法来减小或消除。在一个测量系统中,测量的准确度由系统误差来表征。系统误差越小,则表明测量准确度越高。具体可采取以下行之有效的方法。

1)引入更正值法。这种方法是预先将传感器的系统误差检定出来或计算出来,做出误差表或误差曲线,然后取与误差数值大小相同而符号相反的值作为更正值,将实际测量值加上相应的更正值,就可得到被测量的实际值。这时的系统误差不是被完全消除了,而是大大被削弱了,因为更正值本身也是有误差的。

2)替换法。在相同测量条件下,用可调的标准量具代替被测量接入传感器,然后调整标准量具,使传感器的输出值与被测量接入时相同,则此时标准量具的数值即等于被测量。

3)零位式测量法。零位式测量法的优点是测量误差主要取决于参加比较的标准量具的误差,而标准量具的误差是可以做得很小的。这种方法必须用指零仪表(例如,用电位差计测量电压时,要使用检流计)指零,而且要求指零仪表有足够的灵敏度。

4)补偿法。在测量过程中,由于某个条件的变化或仪表某个环节的非线性特性等会引入变化的系统误差。此时常在测量系统中采取补偿措施,以便在测量过程中自动消除系统误

差。如用热电偶测量温度时，其参比端温度的变化会引起系统误差变化，减小或消除系统误差的较好方法是在测量系统中加冷端补偿器，可以起到自动补偿作用。

5) 抵消法。这种方法要求进行两次测量，以使两次读数时出现的系统误差大小相等、符号相反，取两次测量值的平均值，作为测量结果，即可消除系统误差。

1.5.3　随机误差处理

随机误差是指在相同条件下多次重复测量同一量时，误差或大或小，或正或负，其大小和符号按照统计规律变化、或符合正态分布的误差。由于测量过程中许多独立的、微小的、偶然的因素所引起的综合效果，故随机误差又称偶然误差。随机误差不能也无法消除，只能尽量减小。

正态分布的特性如图 1-11 所示。通过对测量数据的统计处理，能在理论上估计其对测量结果的影响，并具有如下的统计特点：①对称性。随机误差可正可负，但绝对值相同的正、负误差出现的次数相同，或者是概率密度分布曲线 $f(\delta)-\delta$ 对称于纵轴。②抵偿性。相同条件下，当测量次数 $n \to \infty$ 时，全体误差的代数和为零，也即 $\lim\limits_{n \to \infty} \sum\limits_{i=1}^{n} \delta_i = 0$，或者说，正误差与负误差是相互抵消的。③单峰性。绝对值小的误差出现的次数多，绝对值大的误差出现的次数少。④有界性。绝对值很大的误差几乎不出现。

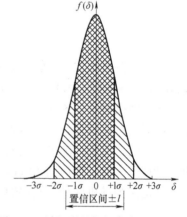

图 1-11　随机误差的概率密度分布曲线

根据概率论中心极限定理知：大量的、微小的及独立的随机变量之和服从正态分布。严格的理论证明，可以得到图 1-11 所示的概率密度分布曲线数学表达式为

$$f(\delta) = \frac{1}{\sigma\sqrt{2\pi}} \exp\left(\frac{-\delta^2}{2\sigma^2}\right) \tag{1-17}$$

以测量值 x 作为随机变量，如果它遵从正态分布，它的概率密度 $f(x)$ 可由下式表示：

$$f(\delta) = \frac{1}{\sigma\sqrt{2\pi}} \exp\left[-\frac{1}{2}\left(\frac{x-x_0}{\sigma}\right)^2\right] \tag{1-18}$$

式中，被测量真值 x_0 及标准误差 σ 为测量值的正态分布中的两个特征量。由于多种原因，任何被测物理量的真值是无法得到的，只能通过多次反复的测量，求取其真值的估计值，并估计其误差的大小。

对于等精度无限测量列来说，当测量次数 $n \to \infty$ 时

$$x_0 = \lim_{n \to \infty}\left(\frac{\sum\limits_{i=1}^{n} x_i}{n}\right) \tag{1-19}$$

对于有限列测量，算术平均值 $\bar{x}$ 是这组测量数据的最佳估计值，它可由下式计算：

$$\bar{x} = \frac{\sum\limits_{i=1}^{n} x_i}{n} \tag{1-20}$$

24

在未知 x_0 的情况下，对于有限测量列，可以利用算术平均值 $\bar{x}$ 代替真值 x_0，用测量偏差或残余误差 $\nu_i = x_i - \bar{x}$ 代替测量误差 $\delta_i = x_i - x_0$。

有限次测量的标准误差计算公式为

$$\sigma = \sqrt{\frac{1}{n-1}\sum_{i=1}^{n}\nu_i^2} = \sqrt{\frac{1}{n-1}\sum_{i=1}^{n}(x_i-\bar{x})^2} \tag{1-21}$$

由图 1-11 可知，σ 值越小，曲线形状越陡，随机误差的分布越集中，测量精度越高；反之，σ 值越大，曲线形状越平坦，大误差出现的概率相应大些，因而测量精度也低。

由于测量次数有限，因此 $\bar{x}$ 与 x_0 仍有一定误差。可以证明，算术平均值的标准偏差 $\bar{\sigma}$ 是测量值的标准偏差 σ 的 $1/\sqrt{n}$ 倍，即

$$\sigma_x = \frac{\sigma}{\sqrt{n}} = \sqrt{\frac{\sum_{i=1}^{n}(x_i-\bar{x})}{n(n-1)}} \tag{1-22}$$

工程上，测量次数不可能无穷大，当 $n>10$ 以后，测量值的算术平均值 $\bar{x}$ 的标准差 σ_x 随 n 增加而下降得很慢。因此，实际上取 $n>10$ 已足够。

在研究随机变量的统计规律时，不仅要知道它在哪个范围取值，而且要知道它在该范围内取值的概率。这就是置信区间和置信概率的概念。

置信区间定义为：随机变量取值的范围，用符号 $\pm l$ 表示。由于标准误差 σ 是正态分布的重要特征，为此，置信区间常以 σ 的倍数来表示，即 $\pm l = \pm z\sigma$，式中，z 称之为置信系数，置信概率定义为随机变量 (ξ) 在置信区间 $(\pm l)$ 内取值的概率，用下列符号表示：

$$\phi(z) = P\{|\xi| \leqslant z\sigma\} = \int_{-l}^{+l} f(\xi)\,\mathrm{d}\xi \tag{1-23}$$

把置信区间及置信概率两者结合起来称之为置信度。置信水平表示随机变量在置信区间以外取值的概率，又称之为显著水平，记为

$$a(z) = 1 - \phi(z) = P\{|\xi| > z\sigma\} \tag{1-24}$$

正态分布的置信区间与置信概率如图 1-11 所示。显然，置信区间越宽，置信概率越大，随机误差的范围也越大，对测量精度的要求越低。反之，置信区间越窄，置信概率越小，误差的范围也变小，对测量精度的要求变高。

设置信区间为：$\pm l = \pm z\sigma$，则置信概率为

$$\phi(z) = P\{|\delta| \leqslant z\sigma\} = \int_{-z\sigma}^{+z\sigma} f(\delta)\,\mathrm{d}\delta = \int_{-z\sigma}^{+z\sigma} \frac{1}{\sigma\sqrt{2\pi}}\exp\left(\frac{-\delta^2}{2\sigma}\right)\mathrm{d}\delta$$

$$= \frac{2}{\sigma\sqrt{2\pi}}\int_{0}^{+z\sigma}\exp\left(\frac{-\delta^2}{2\sigma}\right)\mathrm{d}\delta \tag{1-25}$$

变量置换，令 $\delta = z\sigma$，则 $\mathrm{d}\delta = \sigma\mathrm{d}z$，积分限 $0\sim z\sigma$ 变为 $0\sim z$，故有

$$\phi(z) = \frac{2}{\sqrt{2\pi}}\int_{0}^{z}\exp\left(-\frac{z^2}{2}\right)\mathrm{d}z \tag{1-26}$$

函数 $\phi(z)$ 又称为拉普拉斯函数，它是置信系数 z 的函数。当 $z=1$ 时，$\phi(z) = 0.6827$，说明在 $\delta = \pm\sigma$ 范围内的概率为 68.27%；当 $z=3$ 时，$\phi(z) = 0.9973$，说明 $\delta = \pm 3\sigma$ 范围内的概率为 99.73%，超出 $\delta = \pm 3\sigma$ 的概率为 0.27%，即发生的概率很小，所以通常评定随机误差时，可以 $\pm 3\sigma$ 为极限误差。

1.5.4 粗大误差处理

粗大误差是由某种过失引起的明显与事实不符的误差，也称过失误差、反常误差，其测量值为坏值。主要是由于操作不当、读数、记录和计算错误、测试系统的突然故障、环境条件的突然变化等疏忽因素而造成的误差。一旦出现粗大误差而作为有效数据处理，将会造成极大的误差。因此在出现粗大误差时，必须予以甄别和剔除。

一般情况下都不能及时确知哪个测量值是坏值，此时必须根据统计法加以判别。统计判别法的准则很多，有格拉布斯准则、拉依达准则（或 3σ 准则）等。

1. 格拉布斯准则

格拉布斯准则也是根据正态分布理论，但它考虑了测量次数 n 以及标准偏差本身有误差的影响等。理论上较严谨，使用也较方便。

格拉布斯准则：凡残余误差大于格拉布斯鉴别值的误差被认为是粗大误差，数学表示式为

$$|v_i| = |x_i - \bar{x}| > [g(n,a)]\sigma \tag{1-27}$$

式中，$[g(n,a)]\sigma$ 为格拉布斯准则的鉴别值。$g(n,a)$ 为格拉布斯准则判别系数，它和测量系数 n 及置信水平 a 有关。

2. 拉依达准则（3σ 准则）

拉依达准则即 3σ 准则是最常用也是最简单的判别粗大误差的准则。

假设一组等精度测量结果中，某次测量值 x_i 所对应的残差 v_i 满足

$$|v_i| = |x_i - \bar{x}| > 3\sigma \tag{1-28}$$

则 v_i 为粗大误差，x_i 为坏值，应剔除不用。式中标准差 $\sigma = \sqrt{\dfrac{\sum\limits_{i=1}^{n} v_i^2}{(n-1)}}$，是以正态分布和误差概率 $P = 0.9973$ 为前提的。

1.5.5 渐变误差处理

渐变误差也称趋势误差（即在数据中存在的趋势项），是指随时间作缓慢变化的、其变化周期超过设备测量周期、记录周期或使用周期的测试误差。渐变误差在一定程度上隶属于系统误差，对渐变误差进行单一的分析，就是要强调渐变误差非常容易被忽略，特别是在称量过程中不能忽视。

发现渐变误差的方法比较简单，可以在自然环境温度差异较大时进行，如夏天和冬天，两者的数据不吻合时，就存在渐变误差，传感器漂移就由此产生，可参照系统误差处理方法。

1.5.6 测量不确定度基本概念和方法

一个完整的测量结果包含被测量的估计值及表征其分散性的参数两个部分。分散性参数即为测量不确定度，它包括所有的不确定度分量，除不可避免的随机影响对测量结果的贡献外，还包括由系统效应引起的分量，如一些与修正值和参考测量标准有关的分量等，均对分散性有所贡献。

测量不确定度用来表示测量结果的质量高低。不确定度越小，测量结果的质量越高，则使用价值越大；反之，不确定度越大，测量结果的质量越低，使用价值越小。因此，首先要

正确理解测量不确定度的基本概念，正确掌握测量不确定度的表示与评定方法。

1) 标准不确定度。以标准差形式表示测量结果的不确定度，一般用符号 μ 来表示。对于不确定度的各个分量，通常加下标表示，如 μ_i 等。

2) 不确定度的 A 类评定。A 类评定方法指用统计分析的方法，对样本观测值的不确定度进行评定。不确定度的 A 类评定有时又称为 A 类不确定度评定。

3) 不确定度的 B 类评定。用不同于统计分析的其他方法，对不确定度进行评定。不确定度的 B 类评定，有时又称为 B 类不确定度评定。

4) 合成标准不确定度。当测量结果是由若干个其他量的值求得时，测量结果的合成标准不确定度等于这些量的方差或协方差加权之和的正二次方根。其中，权的系数由测量结果随着这些量变化的情况而定。合成标准不确定度用符号 μ_i 表示。

5) 扩展不确定度。规定为测量结果取值区间的半宽度，该区间包含合理地赋予被测量值分布的大部分。扩展不确定度有时也称为展伸不确定度或范围不确定度。

6) 包含因子。为获得扩展不确定度，对合成不确定度所乘的倍数称为包含因子。包含因子有时也称覆盖因子，其取值一般为 2~3。

7) 自由度。计算总和中的独立项个数，即总和的项数减去其中受约束数的项数。由于标准差的信赖程度与自由度密切相关，自由度越大，标准差越可信赖。因此，自由度的大小直接反映了不确定度的评定质量。合成标准不确定度的自由度称为有效自由度。

8) 置信概率。与置信区间或统计包含区间有关的概率值。当测量值服从某一分布时，落于某区间的概率 P 即为置信概率。置信概率是介于 $(0,1)$ 之间的数，常用百分数来表示。在不确定度评定中，置信概率也称置信水准或包含概率。

9) 测量不确定度与误差的关系。测量不确定度和误差是误差理论中两个重要概念，它们具有相同点，都是评价测量结果质量高低的重要指标，但是它们之间也有明显的差别，应当注意区分。

从定义上讲，误差是测量结果与真值之差，以真值或约定真值为中心；而测量不确定度是以被测量的估计值为中心。因此，误差是理想概念，难以准确定量；而不确定度是反映人们对测量认识不足的程度，可以定量评定。

从分类上，误差可分为系统误差、随机误差和粗大误差，但由于各误差间并不存在绝对界限，因此在分类判别和误差计算时不易准确掌握。而测量不确定度不按性质分类，只是按评定方法分为 A 类和 B 类评定，两类评定方法不分优劣，按实际情况的可能性加以选用，便于评定计算。

不确定度与误差间是有很大联系的。误差是不确定度的基础，确定不确定度首先要研究误差的性质、规律，只有这样才能更好地估计不确定度分量。但不确定度内容不能包罗，更不能取代误差理论的所有内容。

客观地说，不确定度是对经典误差理论的一个深入补充，是现代误差理论的内容之一，已经具有较为完善的理论体系，在此仅介绍基本概念。

1.5.7 标准化工作

从电气的角度分析传感器的标准化，涉及两个层面的内容。其一就是传感器的标准电信号输出，即直流电流 0~10mA（对应电路电压 DC 0~5V），或 4~20mA（对应 DC 1~5V）。另外一个层面是传感器输出的数值准确性，如 0~100kg 测量量程、传感器输出 4~20mA，50kg

输入时的传感器线性输出是否就是 12mA？这就涉及传感器的标定和校准，也是属于传感器的标准化工作。

任何一种传感器在装配完后都必须按设计指标进行全面严格的性能鉴定。使用一段时间（中国计量法规定一般为一年）或经过修理后，也必须对主要技术指标进行校准试验，以便确保传感器的各项性能指标达到要求。

传感器的标定和校准是标准计量部门（及其厂家）的专业行为，其数据具有法律效果。

1. 标定

传感器标定就是利用精度高一级的标准器具对传感器进行定度的过程，从而确立传感器输出量和输入量之间的对应关系。同时也确定不同使用条件下的误差关系。

为了保证各种被测量量值的一致性和准确性，很多国家都建立了一系列计量器具（包括传感器）检定的组织、规程和管理办法。我国由国家计量局、中国计量科学研究院和部、省、市计量部门以及一些企业的计量站进行制定和实施。国家技术监督局制定和发布了力值、长度、压力、温度等一系列计量器具规程，并于 1985 年 9 月公布了《中华人民共和国计量法》。

标定过程如图 1-12 所示。将已知的被测量作为待标定传感器的输入，同时用输出量测量环节将待标定传感器的输出信号显示出来（待标定传感器本身包括后续测量电路和显示部分时，标定系统也可不要输出量测量环节）；对所获得的传感器输入量和输出量进行处理和比较，从而得到一系列表征两者对应关系的标定曲线，进而得到传感器的性能指标。

一般标定装置有力标定装置、压力标定装置、位移标定装置、温度标定装置和应变标定装置等。工程测量中传感器的标定，应在与其使用条件相似的环境下进行。为获得高的标定精度，应将传感器及

图 1-12 标定过程

其配用的电缆（尤其像电容式传感器、压电式传感器等）、放大器等测试系统一起标定。根据系统的用途，传感器的输入可以是静态的，也可以是动态的。因此传感器的标定有静态标定和动态标定两种。

传感器的静态标定针对传感器稳态状态的运行过程，用于检验测试传感器的静态特性指标，如线性度、灵敏度、滞后和重复性等。根据传感器的功能，静态标定首先需要建立静态标定系统，其次要选择与被标定传感器的精度相适应的一定等级的标定用仪器设备。

各种传感器的标定方法不同，常用力、压力、位移传感器标定。

在进行静态校准和标定后还需要进行动态标定，以便确定它们的动态灵敏度、固有频率和频率响应范围等。动态标定时，需有一标准信号（如周期函数、瞬变函数等）对它激励。周期函数有正弦波、三角波等，常用正弦波；瞬变信号有阶跃波、半正弦波等，常用阶跃波。用标准信号激励后得到传感器的输出信号，经分析计算、数据处理，便可决定其频率特性，即幅频特性、阻尼和动态灵敏度等。动态标定装置主要有振动标定装置等。

2. 校准

传感器属于检测系统中的关键部件，若传感器灵敏度出现问题，则检测结果会大打折扣，严重时可能引起监测不及时或误差而引发重大事故，故传感器的校准是至关重要的工作。

传感器的校准是指给传感器加上一个标准的被测量，然后调整传感器的某些部件（或软

件参数），使得传感器的输出与被测量准确对应。如称重传感器，定期通过高精度的砝码对传感器的量程进行校准。

1.6 传感器技术的发展趋势

作为信息时代前沿的传感器技术，不仅关联着科学技术的先进性，也始终跟随着科学技术的发展，与时俱进。科学技术带动着传感器技术的发展，传感器技术的发展也促进着科学技术的进步，因此传感器技术的发展趋势包括以下几个方面。

1.6.1 传感器发展的特征

1. 高性能

高性能是传感器的品质，是传感器长期可靠运行的保证，包括高灵敏度、高精度、无迟滞性、工作寿命长、高响应速率、抗环境影响、互换性、低成本、宽测量范围、易调节、线性、可重复性、抗老化、抗干扰和高强度等。

2. 高环境适应

由于各行各业各领域均需要传感器，也具有涉及极限参数要求的跟踪和安全防护，因此需要传感器在任何场合"任劳任怨"长期运行，并不受安装环境和监控对象的各种干扰，可靠运行。

3. 微型化

随着微电子工艺、微机械加工和超精密加工等先进制造技术的发展，传感器必然向以微机械加工技术为基础、仿真程序为工具的微结构技术方向发展。它不仅仅是尺寸的缩微与减小，而是一种具有新机理、新结构、新作用和新功能的高科技微型系统。这不仅对传感器的原理实现是一个持久的挑战，对传感器的材料选型、制作技术、安装方式、信号接口也提出了更高要求，同时还涉及低功耗技术、集成技术和通信技术。

4. 低功耗化

降低能耗是传感器应用最为关键的节点和瓶颈，传感器需要全天候24h运行，绝大多数传感器需要外接电源。虽然现有电源模块技术发展很快，但如果采用电源模块，其分量重、尺寸大与"微型化"形成矛盾；如果采用外接电源，就需要电源线路。按照传感器技术的发展，选用电源模块应该是趋势，则尽可能降低传感器的能耗。

5. 集成化

集成化分为传感器自身集成化和传感器与后续电路集成化。前者是集成在同一芯片上，使传感器的检测参数由点到面到体多维图像化，甚至能加上时序，变单参数检测为多参数检测；后者是将传感器与调理、补偿等电路集成化（也包括微型集成模块），使传感器由单一的信号变换功能，扩展到具有放大、运算、补偿等作用的多功能。

集成化也是针对微型化和低功耗的重要技术手段。将传感器的敏感元件、转换元件及其后续电路构成微小电路模块或集成电路，不仅能保护硬件构成，也能减小传感器尺寸，降低传感器的热效应和能耗，更有利于非接触式传感器的安装。

6. 智能化

任何传感器得到的被测对象信息，都是有误差的，需要及时处理；得到的被测对象信息，都是要实时输出的。如果传感器仍然配置固定的电路来处理，将无法提升传感器的技术水平,对于一些复杂参数,如波谱信号、语音信号、图像信号,需要智能化算法处理。随着智能技术的发展,智能传感器必将成为未来传感器类型之一,因而它具有以下特征:

1)能够对信息进行处理、分析和调节,对所测数值及误差进行补偿;能够进行逻辑思考和结论判断,对非线性信号进行线性化处理,借助于软件滤波器滤波数字信号。

2)具有自诊断和自校准功能,智能检测工作环境。

3)完成多传感器与多参数混合测量,进一步拓宽探测与应用领域。

4)能够方便地实时处理所探测到的大量数据,并根据需要存储。

5)具有通信接口,通过此接口与其他智能设备进行通信连接和交换信息。

7. 网络化

现代科技的发展,提升了各行各业的技术要求;几乎所有应用体系都不再局限于一个单一的传感器信号,也不局限于本参数点的单一变化。大数据平台的建设,更需要数据相关的信息补充和完善,由此各点的传感数据通过网络不再孤立。

传感器网络化是当前国际上备受关注的、由多学科高度交叉的新兴前沿研究热点领域,是对 21 世纪产生巨大影响力的技术之一。可以预见,无线传感器网络将无处不在,将完全融入我们的生活。

8. 多功能化

多功能包含三个内容:①一个传感器具有多参数检测功能;②一个节点具有多传感器;③新增功能。

9. 可嵌入式

基于上述的趋势性发展,具备其特征的传感器应用需求不再是刚性模式,可以对需要关注的重要参数实行在其周边灵活嵌入单参数点多传感器的自组网络布局,通过传感器的动静态建模、特性分析、全量程量化、概率计算等完成被测参数的数据库建设。同理对应用系统中的其他参数通过可增删式嵌入/撤去传感器完成对关注参数的完备监控。

10. 标准化

传感器最重要的发展趋势是形成产业链,这已经形成发展和建设理念,更在国际工业 4.0 和中国制造 2025 发展的目标中担负重要角色。而成为产业链中的各传感器,标准化建设必然是传感器的"标准"发展,如标准的接口、安装、信号、电源、通信协议等。

1.6.2 传感器发展重点

传感器的发展重点,是根据我国传感器技术的现状和水平,需要加强、补漏和关注的几个方面,并不全面。而实质内容就是要发展我们国家真正的传感器工业。

1. 光电传感器技术

随着光电科技的飞速发展,光电传感器已成为各种光电检测系统中实现光电转换的关键元件,并在传感器应用中占据着重要的地位,其中在非接触式测量领域更是扮演着无法替代的角色。光电传感器工作时,光电器件负责将光能(红外辐射、可见光及紫外辐射)信号转换为电学信号。光电元件不仅结构简单,而且具有响应快、可靠性强等优势,在自动控制、智能控制等方面应用前景十分广阔。此外,光电传感器除了对光学信号进行测量,还能够对引起光源变化的构件或其他被测量进行信息捕捉,再通过电路对转换的电学信号进行放大和输出。

2. 生物化学传感器技术

生物化学传感器包括生物功能物质的分子识别部分和转换部分，前者识别被测物质，当生物化学传感器的敏感膜与被测物接触时，敏感膜上的某种生化活性物质就会从众多化合物中挑选出适合于自己的分子，并与之产生作用，使其具有选择识别的能力；后者是由于细胞膜受体与外界发生了共价结合，通过细胞膜的通透性改变，诱发了一系列的电化学过程，而这种变换得以把生物功能物质的分子识别转换为电信号。

生物化学传感器中，医学类传感器是主要应用领域之一；机器人中感知传感器之嗅觉传感器(如电子鼻)也是主要应用领域之一，较为典型的如气敏传感器。

3. 无线传感器网络技术

作为物联网中的传感网已经获得市场的极大关注和广泛推广，成为对 21 世纪产生巨大影响力的技术之一，也是国际前沿热点研究领域。其无线传感节点被部署在监测区域内，该节点通过自组织的方式在监测区域内组成无线网络，"组团"完成实时监测和采集网络分布区域内各种检测对象的信息，并将这些信息(预处理后)通过无线方式发送到用户终端(离线处理、云处理)，以实现指定范围内的目标检测与跟踪。

4. 接近觉传感器

接近觉(包含测距)传感器在机器人实现目标的识别、定位、跟踪以及运动中的避障等功能中发挥着重要作用。它是一种非接触的测量元件，用来感知测量范围内是否有物体存在。机器人利用接近觉传感器，可以感觉到近距离的对象物或障碍物，能检测出物体的距离、相对倾角甚至对象物体的表面状态，不仅可以避撞，也可实现无冲击接近和抓取操作，比视觉系统和触觉系统简单，应用更为广泛。

1.6.3 传感器主要应用领域

传感器的应用领域很宽广，下面介绍的是近期发展较快的几个领域，不仅表明传感器的发展是长期的，同时也是与时俱进的。

1. 传感器在智能穿戴设备上的应用

近几年各种智能穿戴设备风生水起，智能手环、腕表甚至是智能服装的形式多种多样。实质上电子式穿戴设备的不同功能取决于选用不同的传感器。如众所周知的手机记录走路的功能，离不开陀螺仪(测量角速度)和加速度传感器，两者结合还可以监测人体睡眠；能定位的手环，内置有定位芯片；专用运动手表，能定位、测距、计时以及进行相关计算等。

2. 传感器在机械加工中的应用

在机械加工中，薄膜传感器已用于监测刀具切削过程中的温度和切削力；若采用沉积技术和微机电 MEMS 技术，在刀具内嵌入薄膜微传感器进行测力，可以直接测取刀具工作情况，准确、有效、可靠。切削加工系统配置安装有传感器和执行元件的智能化刀具，是未来加工智能化的发展方向，在刀具上嵌入的微传感器是实现刀具切削力智能监测的有效方法。

机械加工不仅在于刀具切削，还有曲面加工、受力分析、热效应计算以及直流溅射、光刻、腐蚀和化学蒸发沉积技术等，另外还可将光纤传感器网络嵌入到结构中，实时检测结构中各种力学参数、损坏情况及进行系统评估，实现测试的实时化。

3. 传感器在智能家居中的应用

智能家居与普通家居相比，不仅具有传统的居住功能，还兼备网络家电、电器自动化，并提供全方位的人机信息交互功能。在居家安全与便利方面，有安防监视、火灾烟雾检测、可燃和有毒气体检测等；在楼宇安全方面，能监控门窗的开关状态，也能识别门的开关与否，同时监听烟雾警报以及门铃。在居家节能与健康环境方面，有光线明亮检测、温湿度控制、空气质量等；精确检测空气质量的传感器，可监测损害健康的甲醛、苯、一氧化碳等十几种气体及家中的温湿度，并实时显示，等等。

4. 传感器在智能交通中的应用

没有传感器绝没有智能交通，要实现驾驶人的五官功能，各类传感器需要协同发挥作用。例如采用多目标雷达传感器与图像传感器的技术已经在智能交通领域形成主角，传感器配合视频，在视频图像中同时获取车辆的速度、距离、角度等信息，有效地监控道路状况。

随着智能城市的兴起，车流量雷达、2D/3D 多目标跟踪雷达也逐渐普及起来。作为系统"眼睛"的传感器，实时搜集道路交通状况，以便更好地调度汽车流量；未来车辆排放法规、燃油的效能将成为智能交通行业的驱动力，而传感器亦将在这些领域发挥作用。

在电动车电池内部嵌入一种薄膜热电偶传感器，实时测量电池温度。如聚酰亚胺嵌入式薄膜热电偶安装在电池电解液内部，不影响电池装配过程和环境，可监控电池内部热生成率。

5. 在航空航天领域的应用

航空航天领域需要的传感器类型越来越多，包括生产部门、组装部门、发射部门、研究部门、应用部门等，均建立在完备传感器体系的基础上。未来太空和平开发和去外星球居住，需要建立人类生存环境，大气压力、氧含量、温湿度、二氧化碳利用、水循环系统等一系列参数均需要传感器支持。

6. 传感器在智能工厂中的应用

在智能制造的传感器应用领域，不同行业间的差距非常大。目前在高端制造领域、特种制作材料领域，需要能耐高温高压的高品质传感器。

7. 传感器在识别领域中的应用

基于传感器的信号（尤其是图像信号）开展一系列的对象特征识别研究，越来越覆盖到工业、农业、物流、民生、交通、仓储等许多领域，从较早的条形码识别，到计算机字体和手写字体识别、汽车牌照和人脸识别；以"人"为研究对象，识别技术会更加深入。

本章小结

本章主要展现传感器技术知识体系所需要的基本概念和相应范畴，其中电路部分（包括电工电路、模拟电路、数字电路）、传感器特性部分、误差分析与处理等方面的知识是学习本课程的前期基础课程，在本节不再展开。依据图 1-13 所示传感器知识体系，将全面展开以"原理"分类的各个传感器、针对"非电磁信号"进行检测的全面介绍。

本章以知识体系为框架，强调传感器的基本概念、测量方法、电路匹配、误差分析及其应用，应用模式分为三种方式：课例（提示性解题）、应用（简单介绍）和习题。

传感器的误差分析在本课程中是一个极其重要的部分，但此类知识大家之前应该学过，在此必须强调测量中误差的存在，但在课程讲授过程中，按照工业领域的应用，不一定所有传感器都进行误差分析。如老百姓现在对于电子秤的使用，对称量的误差往往会因为是"电脑的""工商部门校准的"等理念而忽视，但称量误差依然存在。还有些测量，本身也不要求多高的精度要求，如饮水机的水温必须达到 100℃吗？假设电热水器水温设置为 40℃，差 ±0.5℃甚至误差再大些行吗？

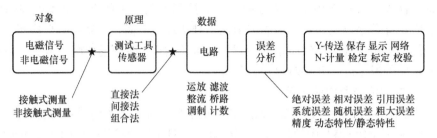

图 1-13　传感器知识体系

传感器的趋势仅仅是一个观念和愿望,是一种按照现在的技术对已知未来的期望,没有固定框架,只有一个要求:与时俱进!传感器的技术提高有助于科学技术的进步,科学技术的进步同样也使得检测技术有了提高,再次促进传感器发展。

传感器知识体系是一个框架式示意,学习者可根据所学专业、应用场合、系统要求进行深化完善,形成各自的特点。

思考题与习题

1-1　掌握各节基本概念、定义;掌握特性分析、误差处理;明确传感器的重要性。

1-2　通过举例阐述传感器技术是现代信息社会的前沿技术。

1-3　依照人的五官功能,试用具体传感器来替代,实现电五官功能。

1-4　如何理解表 1-1 中的"加黑"部分?

1-5　分别阐述图 1-4 中绝对压力、表压和负压的功能与作用。

1-6　为什么要强调传感器测量的安全性?

1-7　按照传感器的发展趋势,举例说明哪些趋势更具先进性。

1-8　试举例说明识别技术在今后的发展趋势,有没有新的传感器应用领域?

1-9　0.5 级 0~300℃和 1.0 级 0~100℃温度计测量 50℃,选哪个温度计测量精度高?

1-10　等精度测量某传感器输出电流值(mA)分别为 10.05、10.11、10.08、10.12、10.06、9.98、10.02、10.15、9.99、10.11,求取算术平均值和标准差。

1-11　取 1-10 题数据,使用 3σ 准则判断其中有无粗大误差?

1-12　补充题:简要列出测量不确定度中 A 类标准不确定度的评价公式和 B 类评价方法。

1-13　思考题:识别人脸微表情特征,简单介绍需要完成哪些工作。

1-14　设计题:实验室拟建设一个低水温(不大于 50℃)电热水器的过程控制装置,按照众所周知的热水机(或开水器、或饮水器等)简单要求,设计结构如图 1-14 所示。现不考虑其他因素(如自然降温、安全保护等),分析考虑以下问题(写出解题思路):

① 水温测量可以选用什么传感器(可网查)?

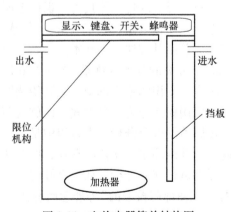

图 1-14　电热水器简单结构图

② 水温可测量的上限、下限和量程各为多少？

③ 温度传感器安装在出口处或加热器附近吗？为什么？

④ 分析这类加热器对于水温的测量误差要求。

⑤ 如果在出口处和加热器附近各安装一个同一型号温度传感器，如何进行数据处理？

⑥ 设定进水流量始终等于出水流量，则水温的降温过程取决于出水流量。请根据出水流量调整加热功率，保证出水口的温度基本上维持在(或尽可能快地达到)设定温度点，即没有出口流量时不加热，若出水流量渐大，则加热速度也随之加快。

第 **2** 章

电阻式传感器

　　将被测对象的变化转换成电阻值变化的传感器称为电阻式传感器，此类传感器的原理较为完善，实现技术较为成熟，应用实例较多。

　　电阻式传感器指随对象变化引起电阻值变化的传感器，主要有三大类，见表 2-1。

表 2-1　电阻式传感器

被测参数	传感器类型	接触式测量	非接触式测量	应用
温度	热电阻式	金属热电阻式	半导体热敏电阻	温度、热场、热流介质
位移	电位器式	机械式电位器	光电电位器	直线位移、角位移、压力、角度等
力	应变式	金属应变片式	半导体压敏电阻	机械力、重力、张力、液位、液压等

　　温度、位移和力是人们较为熟悉的参数，本章在定义、结构、原理、特征、测量电路误差和应用等方面进行介绍。

　　金属热电阻式传感器除了作为传感器测量温度外，其受温度影响导致电阻变化的原理也是许多传感器和传感器电路的误差来源，如在本章中是机械式电位器和应变片式传感器的温度误差来源。

2.1　热电阻式传感器

　　基于导体或半导体电阻值随温度变化而变化这一特性，将温度参数变化转换成电阻值变化的传感器称为热电阻式传感器。此类传感器主要有金属热电阻式传感器和半导体热敏电阻传感器。

2.1.1　金属热电阻式传感器

1. 概念、结构、特点与类型

　　金属热电阻是利用金属的电阻值随温度变化而变化这一特性进行温度测量的，是中低(含超低)温区最常用的一种接触式测量温度传感器。

　　金属热电阻由热电阻体(温度测量敏感元件：感温元件)、保护套、绝缘套管和接线盒等部件组成，如图 2-1 所示。热电阻体的主要材料有铂和铜，另外还有镍、铁和铑铁合金等。应用较多的是金属铂热电阻(传感器)和金属铜热电阻(传感器)。

　　制作感温元件的金属材料应具有如下特点：①电阻温度系数大，以提高热电阻的灵敏度；②电阻率尽可能大，以在相同的灵敏度下减小电阻体的尺寸；③热容量要小，以提高热电阻的响应速度；④在测温范围内，材料的理化性能保持稳定；⑤易于提纯、加工，成本低。

图 2-2 所示的保护外套仅仅是一种示意，根据不同要求和应用场合，保护外套的形状是不一样的。但保护外套必须实现四大功能：①保护套管顶端必须与被测温度点良好连接，通过传导、对流，达到热平衡；②接线盒实现信号传递；③易于安装而不影响或不破坏测量环境；④保护套材料不被测温介质和测温环境侵蚀、破损。

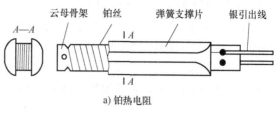

a) 铂热电阻

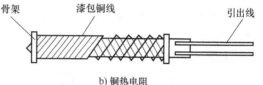

b) 铜热电阻

图 2-1　金属热电阻测温元器件结构图

金属热电阻传感器的结构类型有四种：

1）通用型。如图 2-2 所示，也是最常用的一种结构。

2）铠装型。图 2-2 中的"保护套管"形同铠甲，可以弯曲；其外径为 $\phi2\sim\phi8\text{mm}$。与通用型结构相比，体积小、内部无空气隙、热惯性与测量滞后小；耐振、抗冲击；能弯曲、易安装。

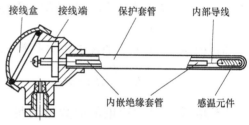

图 2-2　金属热电阻传感器结构组成示意图

3）薄膜型。由特殊处理的电阻丝材料绕制成薄膜形状，可紧贴在被测温度体端面，能更正确和快速地反映被测端面的实际温度，适用于测量轴瓦和其他机件的端面温度。

薄膜铂热电阻作为新一代的温度测量感温元件，形状薄而细长（长度 1.6mm、宽度 3μm、厚度 0.6mm），测温范围宽（$-196\sim1000℃$，最高达到 1250℃），长期稳定性好（在元件极限温度工作超过 1000h 后，其电阻值的变化<0.02%），标称阻值可达到 Pt10000Ω，机械性能好，抗震、抗振动等机械性能明显优于绕丝类铂热电阻元件。目前工业用薄膜铂热电阻可测量各种生产过程中 $-79\sim600℃$ 范围内的液体、蒸气和气体介质及固定表面等温度。

4）隔爆型。隔爆型热电阻通过特殊结构的接线盒，把其外壳内部爆炸性混合气体因受到火花或电弧等影响而发生的爆炸局限在接线盒内，在生产现场不会引起爆炸。隔爆型热电阻可用于 Bla~B3c 级区内具有爆炸危险场所的温度测量。

2. 测温原理

（1）金属铂热电阻传感器

金属铂热电阻的电阻值 R_t 和温度 t 之间的关系式为

$-200\sim0℃$ $\qquad\qquad R_t = R_0\left[1 + At + Bt^2 + C(t-100)t^3\right]$ $\qquad$ (2-1)

$0\sim850℃$ $\qquad\qquad R_t = R_0(1 + At + Bt^2)$ $\qquad\qquad$ (2-2)

式中，A、B、C 为系数，$A = 3.96847\times10^{-3}/℃$，$B = -5.847\times10^{-7}/℃^2$，$C = -4.22\times10^{-12}/℃^4$。

由原理公式可知，在温度可测区域中，电阻与温度呈现非线性特性。

当 $t = 0℃$ 时，$R_t = R_0$，铂热电阻的型号就按 0℃ 时的 R_0 命名，按照 90 国际标准，R_0 取 100Ω，即 Pt100；附录 A 是关于 Pt100 的分度表。按照传感器低功耗的发展要求，在应用市场已经有 Pt1000 的应用。热电阻值相对于 Pt100 铂热电阻的分度表中的数值乘 10。

金属铂热电阻理化特性稳定、抗氧化性强、互换性和复现性好；精度较高，稳定性和耐高压性也较佳。不仅适宜 1000℃ 以内测温用，还可作为标准测温仪。

（2）金属铜热电阻传感器

金属铜热电阻的电阻值和温度之间的关系式为

$$-50\sim150℃ \qquad\qquad R_t = R_0(1+\alpha t) \qquad\qquad (2\text{-}3)$$

式中，温度系数 $\alpha = (4.25\sim4.28)\times10^{-3}/℃$。

式（2-3）显然是典型的线性公式，在测温范围内，测量精度为 1 级。

铜热电阻的型号为 Cu100，附录 B 为 Cu100 的分度表（ITS）。与铂热电阻相比，铜热电阻的线性特性好，易于提纯加工、价格便宜、复现性好；其最大的缺点是易氧化，限定了不高的测温范围和需在无水或无腐蚀环境下应用。

3. 测量电路、误差处理

测量电阻最经典的电路是直流电桥，如图 2-3 所示。取 $R_4 = R_t$，已知 R_1、R_2、R_3，给定直流输入电压 U_i，就可计算出 $U_o = f(R_t)$。

通过推导，可以得到直流电桥的平衡条件为

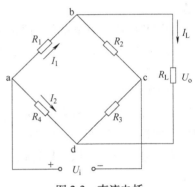

$$R_4 = \frac{R_1}{R_2}R_3(=R_t) \qquad (2\text{-}4)$$

直流电桥 4 个桥臂电阻的数值满足式（2-4），则 $U_o = 0$，此时与输入电压 U_i 的大小无关。同理，选取 Pt100，设温度为 0℃ 时，$R_t = R_0 = 100\Omega$；R_0 与 R_1、R_2、

图 2-3　直流电桥

R_3 也满足式（2-4）的条件，传感器输出为 0。工程上一般设计为 $R_1 = R_2(=1k\Omega)$，$R_3 = R_0 = 100\Omega$，则 $U_o = 0$。

【问题 01】　传感器测量温度前，测量电路需要调零。直流电桥在 4 个桥臂电阻满足一定取值时，能实现 $U_o = 0$，此时 4 个桥臂电阻取值关系称为直流电桥的平衡条件。试推导出该平衡条件。

【提示】　电桥上半段和下半段均为分压电路，可分别求取 U_b 和 U_d，再计算 $U_o = U_b - U_d$。

当温度变化时，$R_t \neq R_0$，电桥平衡条件被破坏，$U_o \neq 0$，后置差分运算放大器（建议选用集成单电源仪用放大器），就可将 U_o 转换成后续电路所需要的电压。

【问题 02】　若工程上选择直流电桥桥臂电阻，按平衡条件取值，即 $R_3 = R_0$ 时，U_i 取为 DC 5V，问分别选用 Pt10、Pt100、Pt1000，图 2-3 中的 I_2 各为多少？若选 1/8W 的 R_3，能否满足要求？

用于金属热电阻传感器的直流电桥，基本结构如图 2-3 所示，实际应用电路如图 2-4 所示，图中的三种接线方式取决于不同的应用，也考虑到电桥电路在应用时选择不当而产生的线缆额外电阻影响测量精度。

图 2-4c 是四线制接法，四个电阻都是引线电阻和接触电阻，热电阻的两端各连接两根

导线。其目的在于完全消除引线的电阻误差，只适用于实验室精密测量。

由式(2-3)可知，温度场温度升高(一般温度场高于测量电路环境)时，信号线缆的电阻必然增加，如图 2-4a 与 b 中的"r"；"二线制"就是作为传感器 R_t 的两端连接线接入桥路一个桥臂；"三线制"就是传感器 R_t 的两端连接线分别接入桥路相邻两个桥臂，同时也增加了公共连接线。

三线制接法多用于工业测量，这是由于温度现场与测量电路之间的距离较长，由式(2-3)可知增加的线缆电阻"r"不能被忽略。三线制接法中，"r"分派到相邻桥臂，由式(2-4)可知增加的"r"被抵消，如果用二线制接法，就会产生明显的测量误差。当温度现场与测量电路之间的距离较近，甚至就在一个环境中，如"智能家居"，就可用二线制接法。

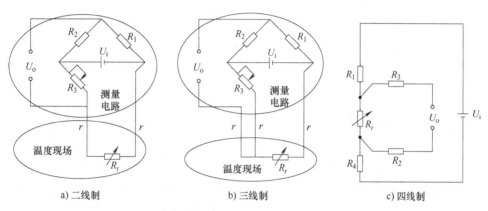

a) 二线制　　　　　　　　　b) 三线制　　　　　　　　　c) 四线制

图 2-4　金属热电阻测量电桥电路

4. 应用

金属铂热电阻传感器具有很好的复现性，除作为标准测温仪表外，还被广泛应用于工业测温领域；钢铁、石油化工的各种工艺过程；纤维等工业的热处理工艺；食品工业的各种自动装置；空调、冷冻工业；宇航和航空、物化设备及恒温槽等。

> 【问题 03】　有一个水温控制工程，已安装 Pt100，若采用二线制电路，U_i 为 DC 5V，如何在现场完成电路调零和调满度？

金属热电阻传感器还有延伸应用，如测量流量、介质成分等。

> 【实例 01】　如图 2-5 所示，如何通过两个 Pt100 完成流量测量？

图 2-5 所示也叫热式流量计，或热扩散式流量计。热扩散技术是一种在苛刻条件下性能优良、可靠性高的技术。当两个传感元件被置于流体中时，其中一个(R_{t2})被加热，另一个(R_{t1})感应介质温度，R_{t1} 与 R_{t2} 之间的温差与介质流速和介质性质有关。无流量时温差较大，随着流量增加，被加热的传感元件冷却，温差减小。流体流速直接影响热扩散的程度。

> 【实例 02】　如图 2-6a 所示，利用金属热电阻测量真空度。

在环境温度恒温(或有补偿)时，把加热铂丝置于被测介质相连通的玻璃管内，未抽真空时，铂热电阻所产生的热量和玻璃管内介质导热而散失的热量相平衡，此时得到一个热电阻值 R_{t1}。抽真空时，真空度逐渐升高，玻璃管内的气体慢慢趋于稀薄，铂丝温度的散失率变小，热电阻值增大为 R_{t2}，$R_{t2}-R_{t1}$ 的大小反映了玻璃管内的真空度。这种方法可测到 $133.322×10^{-5}$ Pa。

【实例03】 如图2-6b所示，利用金属热电阻测量流量和气体成分。

把加热铂丝 R_{t1}（已知 R_{t1}）置于被测介质相连通的玻璃管内，被测气体流量流经玻璃管，由于每一种气体具有对应的导热系数，因此根据测得的热电阻值 R_{t2} 对管内气体介质成分比例变化进行检测；若不考虑气体介质成分，可以根据 R_{t2} 大小计算出玻璃管内气体流速。

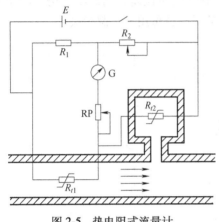

图 2-5　热电阻式流量计

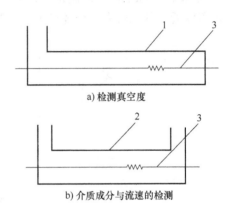

a) 检测真空度

b) 介质成分与流速的检测

图 2-6　热电阻式气体压力与介质流量测量
1—连接玻璃管　2—流通玻璃管　3—铂丝

2.1.2　半导体热敏电阻

1. 概念与结构

半导体热敏电阻是利用半导体的电阻值随温度显著变化的特性制成、由金属氧化物和化合物按不同的配方比例烧结而成的一种热敏元件，其灵敏度比金属热电阻高十几倍以上。图2-7所示是热敏电阻的部分结构形状，这些测温元器件，引出线直接焊接到电路板上，因此热敏电阻测量的是温度场，或靠近温度源，属于非接触式测量。

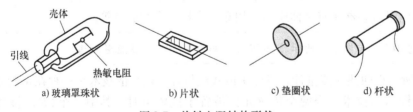

a) 玻璃罩珠状　　　　b) 片状　　　　c) 垫圈状　　　　d) 杆状

图 2-7　热敏电阻结构形状

热敏电阻主要由热敏探头、引线、壳体构成，除图2-7所示的做成二端器件外，也有构成三端或四端的。二端和三端器件为直热式，即直接由电路中获得功率；四端器件则是旁热式的。根据不同的要求，热敏电阻可做成不同的结构形状。

2. 原理、类型与特性

热敏电阻分为负温度系数（NTC），正温度系数（PTC）和临界温度系数（CTR）三类，其温度特性曲线如图2-8所示。

NTC型热敏电阻具有很高的负温度系数。负温度系数热敏电阻是用锰(Mn)、钴(Co)、镍(Ni)、铜(Cu)、铝(Al)等金属氧化物(具有半导体性质)或碳化硅(SiC)等材料采用陶瓷工艺制成的。其电阻值与温度变化成反比关系，即当温度升高时，电阻值随之减小，广泛应用于电冰箱、空调、微波炉、电烤箱、复印机、打印机等家电及办公产品中，作温度检测、温度补偿、温度控制、微波功率测量及稳压控制用。

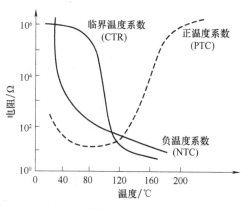

图 2-8　热敏电阻温度特性曲线图

PTC型热敏电阻的阻值随温度升高而增大，且有斜率最大的区域。正温度系数热敏电阻由钛酸钡(BaTiO$_3$)、锶(Sr)、锆(Zr)等材料制成，属直热式热敏电阻。常温下，其电阻值较小，仅有几欧姆~几十欧姆；当流经它的电流超过额定值时，其电阻值能在几秒内迅速增大至数百欧姆甚至数千欧姆以上，广泛应用于彩色电视机消磁电路、电冰箱压缩机起动电路及过热或过电流保护等电路中，还可用于电驱蚊器和卷发器、电热垫、取暖器等小家电中。

CTR型热敏电阻也具有负温度系数，但在某个小温度范围(临界温度)内电阻值急剧下降，曲线斜率在此区段特别陡，灵敏度极高，主要用作温度开关。

热敏电阻具有温度特性和伏安特性，以NTC热敏电阻为例。

(1) 温度特性

NTC型热敏电阻在较小的温度范围内，电阻-温度特性关系式可以表示为

$$R_T = R_0 e^{B\left(\frac{1}{T} - \frac{1}{T_0}\right)} = R_0 e^{B\left(\frac{1}{273+t} - \frac{1}{273+t_0}\right)} \tag{2-5}$$

式中，R_0、R_T分别表示热敏电阻在绝对温度T_0(介质的起始温度)、T(介质的变化温度)时的阻值；T_0、T的单位为K；t_0、t分别表示介质的起始温度和变化温度(℃)；B为热敏电阻材料常数，一般为2000~6000K，其大小通过下式计算：

$$B = \frac{\ln\left(\dfrac{R_T}{R_0}\right)}{\left(\dfrac{1}{T} - \dfrac{1}{T_0}\right)} \tag{2-6}$$

一般取20℃和100℃时的电阻R_{20}和R_{100}，$T = 373K$、$T_0 = 293K$代入式(2-6)计算B值

$$B = 1365\ln\left(\frac{R_{20}}{R_{100}}\right)$$

将B值及$R_0 = R_{20}$代入式(2-5)就确定了NTC热敏电阻的温度特性，如图2-9a所示。热敏电阻在其本身温度变化1℃时，电阻值的相对变化量为

$$\alpha = \frac{1}{R_T} \cdot \frac{dR_T}{dT} = -\frac{B}{T^2} \tag{2-7}$$

B和α值是表征热敏电阻材料性能的两个重要参数，热敏电阻的电阻温度系数比金属丝的高很多，所以它的灵敏度很高。

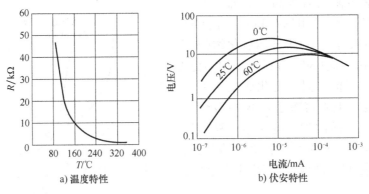

图 2-9　NTC 型热敏电阻特性

（2）伏安特性

在稳定情况下，通过热敏电阻的电流 I 与其两端的电压 U 之间的关系如图 2-9b 所示。当流过热敏电阻的电流很小时，不足以使之加热。电阻值只决定于环境温度，伏安特性是直线，遵循欧姆定律，主要用来测温。

当电流增大到一定值时，流过热敏电阻的电流使之加热，本身温度升高，出现负阻特性。因电阻减小，即使电流增大，端电压反而下降。其所能升高的温度与环境条件（周围介质温度及散热条件）有关。当电流和周围介质温度一定时，热敏电阻的电阻值取决于介质的流速、流量、密度等散热条件。可用它来测量流体速度和介质密度。

（3）热敏电阻的线性化

由于 NTC 型热敏电阻是烧结型半导体，特性参数有较大的离散性，热电特性呈严重非线性，影响了热敏电阻的性能指标，尤其是测量精度。应用时，在热敏电阻配置的转换电路前对热敏电阻特性线性化显得非常重要。图 2-10 所示是对原 NTC 型热敏电阻的非线性温度曲线通过对热敏电阻串并联后得到的线性化曲线。图 2-11 所示是几种电阻串并联后的热电特性曲线。

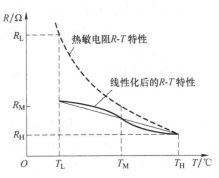

图 2-10　热敏电阻线性化曲线图

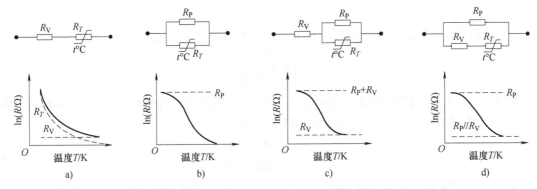

图 2-11　热敏电阻串并联及热电特性曲线

3. 特点、应用及测量电路

热敏电阻的优点：①灵敏度较高，其电阻温度系数要比金属大 10~100 倍以上，能检测出 10^{-6}℃的温度变化；②工作温度范围宽，常温器件适用于-55~315℃，高温器件适用温度高于 315℃（目前最高可达到 2000℃），低温器件适用于-273~55℃；③体积小，能够测量其他温度计无法测量的空隙、腔体及生物体内血管的温度；④使用方便，电阻值可在 0.1~100kΩ 间任意选择；⑤易加工成复杂的形状，可大批量生产；⑥稳定性好、过载能力强。

热敏电阻的缺点：复现性和互换性较差，量程范围中存在严重非线性。

由于半导体热敏电阻有独特的性能，在应用方面，不仅可以作为测量元件（如测量温度、流量、液位等），还可以作为控制元件（如热敏开关、限流器）和电路补偿元件，热敏电阻广泛用于家用电器、电力工业、通信、军事科学、宇航等各个领域，发展前景极其广阔。

（1）热敏电阻传感器测温

热敏电阻传感器结构简单、价格低廉。没有外面保护层的热敏电阻应用在干燥的地方；密封的热敏电阻不怕湿气的侵蚀，可以使用在较恶劣的环境中。

由于热敏电阻阻值较大，其连接导线的电阻和接触电阻可以忽略，因此热敏电阻传感器可以在长达几千米的远距离测量温度中应用，测量电路多采用直流电桥。

（2）热敏电阻传感器用于温度的补偿

热敏电阻传感器可在一定的温度范围内对某些元器件温度进行补偿。例如，动圈式指针指示仪中带动指针的可转动线圈由铜线绕制而成。温度升高，电阻增大，引起温度误差；若将 NTC 型热敏电阻与锰铜丝电阻并联后再与线圈串联，则可抵消因温度变化产生的误差。在晶体管电路、对数放大器中，多采用热敏电阻组成补偿电路补偿温度引起的漂移误差。

（3）热敏电阻传感器的过热保护

在小电流场合，把热敏电阻传感器直接串入负载中，防止过热损坏以保护器件；在大电流场合，用于对继电器、晶体管电路等的保护。不论大小电流，热敏电阻都与被保护器件紧密结合在一起，从而使两者之间充分进行热交换，一旦过热，热敏电阻则起保护作用。例如，在电动机的定子绕组中嵌入突变型热敏电阻（如图 2-8 中 CTR）传感器并与继电器串联，当电动机过载时，定子电流增大，引起发热；当温度大于突变点时，CTR 电路中的电流可以由几毫安突变为几十毫安（CTR 电阻从几十 kΩ 降到几百 Ω），继电器动作，从而实现过热保护。

【实例 04】 简述热导式气体分析仪工作原理。

热导式气体分析仪是一种物理式气体分析仪表。基本原理是在热传导过程中，不同的气体由于热传导率（气体导热系数）的差异，其热传导的速率也不同。当被测混合气体的组分的含量发生变化时，利用热传导率的变化，通过特制的传感器热导池，将其转换为热敏电阻阻值的变化，从而达到测量待测组分的含量的目的。热导式气体分析仪常用于分析混合气体中 H_2、CO_2、NH_3、SO_2、Cl_2、He 等组分的百分含量。

热导式气体分析仪的核心部件是热导池，其作用是把多组分混合气体的平均热导率的大小转化为电阻值的变化。按结构分为直通式、对流式、扩散式和对流扩散式。图 2-12 所示的是直通式示意图。

热导式气体分析仪应用很广，测量范围也很宽，在工业中主要应用于：①锅炉燃烧过程中，分析烟道气中 CO_2 的含量；②测定合成氨厂中的循环气中 H_2 的含量；③分析硫酸及磷肥生产流程气体中 SO_2 的含量；④测定空气中 H_2 和 CO_2 的含量及特殊气体中 H_2 的含量；⑤测量 Cl_2 生产流程中 Cl_2 的含氢量，确保安全生产；⑥测定制氢、制氧过程的纯氢中的氧和纯氧中的含氢量；⑦测定化工生产中，碳氢化合物中 H_2 的含量等。

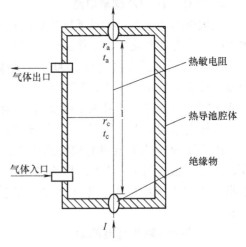

图 2-12　热导池结构示意图

【实例 05】 热敏电阻传感器测量液位。

给安装在容器内一定高度的表面密封 NTC 热敏电阻传感器施加一定的加热电流，热敏电阻表面温度将高于周围的空气温度，此时它的阻值较小；当容器内液面高于其安装高度时，液体将带走它的热量，使之温度下降、阻值升高。根据热敏电阻阻值变化，获知液面是否低于设定值。汽车油箱油位报警传感器就是实例，在汽车中还用于测量油温、冷却水温等。

【实例 06】 热敏电阻传感器测量温度场温度；金属热电阻传感器测量指定点温度。

在机器人体内安装热敏电阻，即可检测机器人体内温度和运行环境温度；若安装接触式金属热电阻传感器，则通过接触式测量可直接测取指定监测对象的真实温度。

2.2　电位器式传感器

电位器是可变电阻器的一种，通常由电阻体与转动或滑动系统组成。当电阻体的两个固定端点之间外加一个工作电压时，通过转动或滑动系统改变触点在电阻体上的位置，在动触点与固定端点之间便可得到一个与动触点位置成一定关系的电压。作为电路的元器件，电位器的作用就是调节电压（含直流电压与信号电压）和电流的大小。

电位器式传感器是将机械位移（已知有限位移范围）通过电位器转换为与之成一定函数关系的电阻或电压输出的传感器，当可位移（位移范围有限）机械的位移特征符合电位器中的转动（角位移）或滑动（线位移）特征时，将位移机械与电位器的转动或滑动系统良好连接，电位器就成为可测量位移的传感器。

电位器式传感器的机械特点和电气特点反映了电位器的特点：

1）优点。结构简单、尺寸小、精度高、重量轻、输出信号大、性能稳定。

2）缺点。要求输入能量大、电刷与电阻元件之间容易磨损。

3）符合度。也叫符合性，它是指电位器的实际输出函数特性和所要求的理论函数特性之间的符合程度。

4）分辨率。也叫分辨力，对线绕电位器来讲，当动触点每移动一圈时，输出电压不连续地发生变化，这个变化量与输出电压的比值为分辨率。

5）性能参数。有标称阻值、额定功率、分辨率、滑动噪声、阻值变化特性、耐磨性、零位电阻及温度系数等。

电位器式电阻传感器分为线绕式和非线绕式两大类，线绕电位器是最基本的电位器式传感器。线绕电位器式传感器有直线位移型传感器（图 2-13a）、角位移型传感器（图 2-13b）和非线性型传感器（图 2-13c），其中直线位移型和角位移型均为线性传感器。

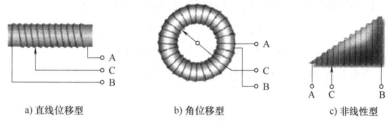

a) 直线位移型 　　　　b) 角位移型 　　　　c) 非线性型

图 2-13　电位器式传感器类型

非线绕式电阻传感器则是在线绕电位器的基础上，对电阻元件的形式和工作方式进行扩展，其包括薄膜电位器、导电塑料电位器和光电电位器等。

2.2.1　接触式电位器传感器

由图 2-13 中转换出图 2-14 所示的电位器式传感器结构原理图。机械位移时，带动电位器触点位移，改变了 C 点对于电位参考点 B 的电阻，实现非电量（位移）到电量（电阻值或电压值）的转换。设在 AB 之间有效电位器导线长度为 L，则对应的电阻 R 为

$$R = \rho \frac{L}{S} \qquad (2\text{-}8)$$

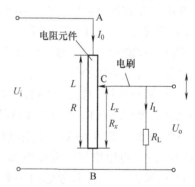

图 2-14　电位器式传感器结构原理图

式中，ρ 是铜电阻率；S 是导线截面积；L 为导线长度。

某线性机械位移长度不大于 L，该电位器式传感器直接感知机械位移 L_x，得到了 R_x 值为

$$R_x = \rho \frac{L_x}{S} \qquad (2\text{-}9)$$

在 AB 两端输入电压 U_i 作用下，得到与位移成函数关系的电压信号输出 U_o。

因此电位器式传感器是敏感元件，也是转换元件，更是转换电路。由此可以得到对应的转换函数。不考虑负载，有电位器式传感器空载时的输出端电压为

$$U_o = \frac{U_i}{R} R_x \qquad (2\text{-}10)$$

对应线性电位器：

$$U_o = \frac{U_i}{L} L_x \qquad (2\text{-}11)$$

电位器电阻灵敏度：

$$k_R = \frac{R}{L} = \frac{R_x}{L_x} \qquad (2\text{-}12)$$

电位器电压灵敏度：

$$k_V = \frac{U_i}{L} = \frac{U_o}{L_x}$$ (2-13)

若考虑电位器的负载 R_L，由于负载电阻 R_L 与电位器输出端电阻 R_x 并联，使带负载的输出电压 U_L 小于空载时的输出电压 U_o。得到负载时的输出电压为

$$U_L = \frac{R_L // R_x}{R + R_x - R_L // R_x} U_i = \frac{R_L R_x}{R_L R + R_x R - R_x^2} U_i$$ (2-14)

令 $K = R_x / R$ 为分压系数，$a = R / R_L$ 为负载系数，则有

空载：

$$U_o = K U_i$$ (2-15)

负载：

$$U_L = \frac{K U_i}{1 + \alpha K (1 - K)}$$ (2-16)

由此可见，对于线性电位器传感器，空载下输出电压 U_o 正比于分压系数 K，正比于输出端电阻 R_x。即输出电压 U_o 与机械位移量 L_x 是线性关系。但在负载下，输出电压 U_L 与输出端电阻 R_x 呈非线性关系，且小于空载输出电压 U_o。

在电位器式传感器应用中，由于电位器的触点移动时产生摩擦，成为误差的主要来源：

1）机械抖动。电位器内部触点在制作和组装时是比较紧凑紧密的，但机械位移存在抖动。实际位移测量时，机械抖动会逐渐破坏电位器的机械结构，引发测量误差。这类误差在应用时属于首先考虑的问题，必须严谨审核被测量的机械位移的抖动特性。

2）位移分辨率。式(2-8)中的 L 实际上是为电阻丝绕线如线圈般平整紧密绕制（见图 2-13a）后的几何长度（$L = nd$），d 为绕线直径，即在 L 几何长度中可绕制的圈数 n；设每一圈绕线的基本电阻为 Δr，则 $R = n \Delta r$。电阻电位器的阻值变化取决于触点移动，触点每接触一圈绕线，电阻增加 Δr，电阻增加实质就是 Δr 跳跃递增，此直接影响到位移分辨率。

3）机械误差。若不考虑电阻丝的耐磨特性，抖动和分辨率是测量精度的机械误差来源。

4）温度效应。由式(2-3)表明环境温度变化会引发电位器式传感器在没有位移测量时会出现阻值变化，或在位移测量过程阻值变化中，会包含因环境温度而增加的热电阻 ΔR_t。在实际位移测量过程中，要克服温度误差，需要同时测量环境温度，为测量进行温度补偿。

【问题 04】　许多教材均有介绍电位器式传感器测量移动物体的加速度是一个成功应用，但本书不建议选用，为什么？

【提示】　加速度属于刚性物体的速度对时间做功，与移动物体连接在一起的电位器触点会加剧与电位器电阻丝的摩擦，并不可避免会产生机械移动加速时的机械抖动，对电位器传感器造成损伤，导致测量精度不高，而且电位器传感器不适于测量快速变化量，故不建议选用。

【实例 07】　如图 2-15、图 2-16 所示，电位器传感器测量气体或液体压力。

电位器式压力传感器如图 2-15 所示。弹性膜盒敏感元件的内腔，通入被测气体或流体介质，在介质压力作用下，膜盒硬中心产生弹性位移，推动连杆上移，使曲柄轴带动电位器的触点在电位器绕组上滑动，输出一个与被测压力成比例的电压信号；该信号可远传。

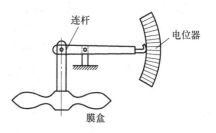

图 2-15　电位器式压力传感器 1

同理可分析图 2-16 弹簧管电位器式压力传感器的工作原理。

【实例 08】　如图 2-17 所示，电位器浮子式传感器测量油箱或水箱液位。

图 2-17 中的浮标随油位上下移动，带动连杆至触点转动，按已知系数换算成油位或油量显示。同理适用于水箱的水位、水量及其非挥发和腐蚀性液体介质。

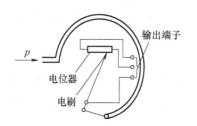

图 2-16　电位器式压力传感器 2

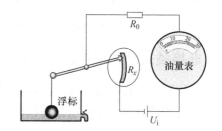

图 2-17　电位器油量传感器

【实例 09】　选用图 2-13a、b 进行机器人位移测量。

机器人系统有不少应用是基座固定式多轴机械臂，因载荷因素，运动速率不快。如搬运等操作，精度要求不高，就可以选用线性电位器作为位移感知传感器。

【问题 05】　在相邻两个半成品生产线之间需要配置搬运机械臂，完成半成品零件从一个生产线搬运到另一生产线。搬运机械臂在两个生产线之间的搬运角度为 $100°$，不考虑臂爪动作，臂爪到位后等候 10s；搬运电动机速度已由变频器设定。现采用电位器传感器完成搬运机械臂的测控流程图。

【提示】　选定角位移电位器传感器（阻值自定，阻值建议千欧以上），完成电位器触点与搬运机械臂连接；设定起始电阻 R_0 和到位电阻 R_{100}，$R_0 < R_x < R_{100}$。加电起动时调整搬运电动机按 R_0 对位，然后电动机正向搬运，测量并判断 R_x 是否达到 R_{100}，达到 R_{100} 时电动机停止，等 10s；然后电动机反向返回，测量并判断 R_x 是否达到 R_0，达到 R_0 时电动机停止，等 10s；再循环。

测量位移或角位移的实例较多，例如频度不高的机械位移、三维仓库的仓位定位等，还有智能家居也增加了不少这方面的应用，如窗帘启闭、阳台的雨棚、窗户的开度等。为减少被测量体机械抖动对传感器的影响，已有较多电位器传感器的触点与被测物体之间通过拉绳来连接。

电位器式传感器在应用时，若非特殊要求，建议选用线性线绕电位器。应用时一定要克

服传感器的缺点(分辨率低、耐磨性差、寿命较短等);或选择下列类型的电位器传感器:

1)薄膜电位器传感器。薄膜电位器的结构与精密线绕电位器大致相仿,由基体、电阻膜带、电刷、转轴和导电环等组成。电阻膜带起着线绕电位器中绕组的作用,是电位器的电阻元件,它是在基体上喷涂或蒸镀具有一定形状的电阻膜带而形成的。薄膜电位器的电刷通常采用多指电刷,以减小接触电阻,提高工作的稳定性。根据在基体上喷涂材料的不同,薄膜电位器可分为合成膜电位器和金属膜电位器两类。

2)导电塑料电位器传感器。导电塑料电位器由塑料粉及导电材料粉(合金、石墨、炭黑等)压制而成,又被称为实心电位器,线性度为 0.1% 和 0.2%。其优点是耐磨性较好、寿命较长、电刷允许的接触压力较大(几十克至几百克),适用于振动、冲击等恶劣条件下工作,阻值范围大,能承受较大的功率;其缺点是温度影响较大、接触电阻大、精度不高。

3)导电玻璃釉电位器传感器。导电玻璃釉电位器又称金属陶瓷电位器,是以合金、金属氧化物或难溶化合物等为导电材料,以玻璃釉粉为黏合剂,混合烧结在陶瓷或玻璃基体上制成的。导电玻璃釉电位器的优点为耐高温性、耐磨性好,有较宽的阻值范围,电阻湿度系数小且抗湿性强。导电玻璃釉电位器的缺点是接触电阻变化大,不易保证测量的高精度。

2.2.2 非接触式电位器传感器

光电电位器是一种非接触式电位器,即无触点电位器,它克服了接触式电位器的缺点,用光束代替常用的电刷。光电电位器由薄膜电阻带、光电导层和导电极等部分组成,其结构如图 2-18 所示。

在氧化铝基体上沉积一层硫化镉(CdS)或硒化镉(CdSe)的光电导层,这种半导体光电导材料,在无光照情况下,暗电阻很大,相当于绝缘体;而当受一定强度的光照射时,它的明电阻很小,相当于良导体,其暗电阻与明电阻之比可达 $10^5 \sim 10^8$。

光电电位器利用半导体光电导材料的这种性质,在光电导层上分别沉积薄膜电阻带和金属导电极,薄膜电阻带是电位器的电阻元件,相当于精密线绕电位器的绕组,或者相当于薄膜电位器中的电阻膜带,它有两个电极引出端 1、2,在其上加工作电压 U_o;而金属导电极相当于普通电位器的导电环,作为电位器的输出端(电极 3)而输出信号电压 U_L。

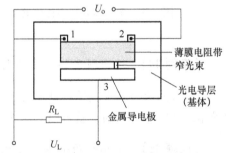

图 2-18 光电电位器结构原理图

薄膜电阻带和金属导电极之间形成一间隙,这样,当无光束照射在间隙的光电导材料上时,薄膜电阻带与金属导电极之间是绝缘的,没有电压输出,$U_o = 0$。当有一束经过聚焦的窄光束照射在光电导层的间隙上时,该处的明电阻就变得很小,相当于把薄膜电阻带和金属导电极接通,类似于电刷头与电阻元件相接触的情况,这时,金属导电极输出与光束位置相应的薄膜电阻带电压,负载电阻 U_L 上便有电压输出。如果光束位置移动,就相当于电刷位置移动,输出电压 U_L 也相应变化。

光电电位器的优点很多,由于它完全无摩擦,不存在磨损问题,它的精度、寿命、分辨率和可靠性都很高,阻值范围宽($500\Omega \sim 15M\Omega$)。目前光电电位器的工作温度范围比较窄($<150℃$),输出电流小,输出阻抗较高。另外,光电电位器需要照明光源和光学系统,其结构较复杂,体积和重量较大。随着集成光路器件的发展,可以将有源和无源的光学器

件(分路器、调制器、耦合器、偏振器、干涉仪、光源、光检测器等)集成在一个光路芯片上,制成集成光路芯片,使光学系统的体积和重量大大减小,这就是集成光电子技术。这样,光电电位器结构复杂的缺点已逐渐得以克服。目前已广泛应用于工业自动化设备、工程机械、纺织机械、造纸印刷机械、石化设备、国防工业等自动控制设备的水平和旋转角度的测量,也适用于拉丝机等作张力传感器。

【实例10】　非接触式电位器测量角度及应用于机器人。

非接触式电位器的典型应用之一是无触点角度传感器,集成有光电系统和可逆计数器。一般安装在可旋转装置(如机器人关节处)中减速机的输入端。

减速机是一种由封闭在刚性壳体内的齿轮传动、蜗杆传动、齿轮-蜗杆传动所组成的独立部件,常用作原动件与工作机之间的减速传动装置。减速机也称为减速器或者齿轮箱(具有多组传动比),把电动机、发动机或其他高速运转的动力通过减速机的输入轴上的齿数少的齿轮到啮合输出轴上的大齿轮,来达到减速的目的,大小齿轮的齿数之比就是传动比。

减速比,即减速装置的传动比,是传动比的一种,是指减速机构中瞬时输入速度与输出速度的比值,如输入转速为 1500r/min,输出转速为 25r/min,则减速比为 60∶1。

无触点角度传感器与电动机、发动机或其他高速运转的转轴连接在一起,安装在减速机输入端,用于测量减速机的输出端旋转角度。设定正向旋转时,传感器的计数器递增计数,反向则递减。一般旋转一圈,计数器有 n 个脉冲输出,假设 $n=20$。

以减速比 60∶1 为例,减速机输入旋转 60 圈(角度传感器计数器输出 $60n=1200$),其输出端正好旋转 1 圈,后置设备旋转 360°。折算到角度传感器的 1200 个脉冲值,每两个脉冲间隔恰好是减速机输出端旋转 0.3°。

2.2.3　非线性电位器传感器

电位器的电刷位移时,其输出电压(或电阻)与电刷行程之间存在非线性函数关系的电位器叫作非线性电位器,又叫函数电位器;如图 2-13c 所示。非线性函数可以是对数函数、指数函数、三角函数或其他任意函数,因此函数电位器可用来满足控制系统中的特殊要求。

常用的非线性线绕式电位器有变骨架式、变节距式和分路电阻式等。

1. 变骨架式电位器传感器

变骨架式电位器是利用改变骨架高度或宽度的方法来实现非线性函数特性,在理论上可以实现所要求的许多函数特性。由于结构和工艺上的原因,为保证强度,骨架的最小高度不能太小,特性曲线斜率也不能过大,否则骨架高度很大或骨架坡度太高。若坡度角太大,绕制时容易产生倾斜和打滑,从而产生误差,这就要求特性曲线斜率变化不能太大。为减小坡度可采用对称骨架;为减小具有连续变化特性的骨架制造和绕制困难,也可对特性曲线采用折线逼近,从而将骨架设计成阶梯形。

2. 变节距式电位器传感器

变节距式非线性线绕电位器也称为分段绕制的非线性线绕电位器,用改变节距的方法来实现所要求的非线性特性。

3. 分路(并联)电阻式电位器传感器

并联电阻式电位器可理解为多量程的应用,很广泛,是在同样长度的线性电位器全行程上分成若干段,段之间引出抽头,通过对每一段并联适当阻值的电阻,使得各段的斜率达到所需的大小。在每一段内，电压输出是线性的（图 2-19 中的虚线 2），而电阻输出是非线性的（图 2-19 中的点画线 1）。图 2-19 中，曲线 3 为要求的特性。

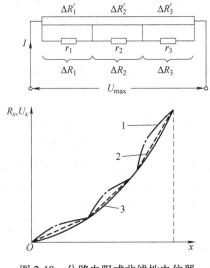

图 2-19　分路电阻式非线性电位器

若仅知要求的各段电压变化 ΔU_1、ΔU_2 和 ΔU_3，那么根据允许通过的电流 I 确定 ΔR_1、ΔR_2 和 ΔR_3；或确定最大斜率段电阻为 ΔR_3（无并联电阻时）压降为 ΔU_3，由欧姆定律计算出电流 I，再通过 ΔU_1、ΔU_2 和电流 I 分别计算出 ΔR_1、ΔR_2。

2.3　应变式传感器

应变式传感器是力学量测量型传感器。当"力"作用时，承受该力的机械体（如容器底部、机械梁、受力面等）会发生位移性机械形变，应变式传感器根据其机械形变测量出"力"。"力"属于机械量，包括机械力、牵引力、重力、液（气）压力、张力、风力等，在航空航天、舰船桥梁、楼宇厂房、气象潮汐、称量吊装、动力、基建等领域应用广泛。

2.3.1　基本概念

应变式传感器是根据弹性敏感元件产生的与压力成正比的应变（位移），通过电量变化的大小反映出被测物理量的大小。根据应变片的材料不同，应变式传感器可分为金属应变式传感器和半导体应变式（压阻）传感器。

式（2-8）两边取对数：

$$\ln R = \ln \rho + \ln L - \ln S \tag{2-17}$$

对式（2-17）两边微分：

$$\frac{\mathrm{d}R}{R} = \frac{\mathrm{d}\rho}{\rho} + \frac{\mathrm{d}L}{L} - \frac{\mathrm{d}S}{S} \tag{2-18}$$

式中，$\mathrm{d}R/R$ 为电阻相对变化；$\mathrm{d}\rho/\rho$ 为电阻率相对变化；$\mathrm{d}L/L$ 为金属丝长度相对变化，用 ε 表示，则 $\varepsilon = \mathrm{d}L/L$ 为金属丝长度方向上的应变（轴向或纵向应变）；$\mathrm{d}S/S$ 为截面积相对变化。

由 $S = \pi r^2$ 推导出：

$$\frac{dS}{S} = 2 \times \frac{dr}{r} \tag{2-19}$$

式中，dr/r 为金属丝半径的相对变化，即径向（或横向）应变为 ε_r。

由材料力学知：

$$\varepsilon_r = -\mu\varepsilon \tag{2-20}$$

式中，μ 为材料的泊松比。

$$\frac{dR}{R} = \frac{d\rho}{\rho} + \frac{dL}{L}(1+2\mu) = \frac{d\rho}{\rho} + \varepsilon(1+2\mu) \tag{2-21}$$

d 改为 Δ：

$$\frac{\Delta R}{R} = \frac{\Delta L}{L}\left(1 + 2\mu + \frac{\frac{\Delta\rho}{\rho}}{\frac{\Delta L}{L}}\right) = K_s\varepsilon \tag{2-22}$$

可以得出金属丝电阻的相对变化与金属丝的伸长或缩短之间存在比例关系。比例系数 K_s 称为金属应变丝的灵敏系数。

按照应变片的工作温度分类，可分为低温应变片（<20℃）、常温应变片（20~60℃）、中温应变片（60~300℃）和高温应变片（>300℃）。按照应变片的用途分类，可分为一般用途应变片和特殊用途应变片（水下、疲劳寿命、抗磁感应、裂缝扩展等）。由式（2-21）可知，应变片传感器分为金属应变片传感器和半导体应变片传感器。

对于金属应变片，对象作用时，电阻率基本不变，则 $\frac{dR}{R} = \varepsilon(1+2\mu)$。

对于半导体应变片（压阻元件），对象作用时，几乎不发生形变，则 $\frac{dR}{R} = \frac{d\rho}{\rho}$。

2.3.2 金属应变式传感器

1. 概念、结构、特点与类型

金属应变式传感器的核心元件是金属应变片，当应变片在外力作用下发生机械变形时，其电阻值将发生变化，这种现象称为金属的电阻应变效应。

金属应变式传感器一般由敏感栅、引线、基片和覆盖层组成；（基片和覆盖层含黏结剂）；其类型有金属丝式（结构如图2-20所示）、金属箔式和薄膜式三种。

应变片传感器组成部分所选用的材料将直接影响应变片的性能：

1）敏感栅：由金属细丝绕成栅形。电阻应变片的电阻值为 60Ω、120Ω、200Ω 等多种规格，以 120Ω 为常用。应变片栅长大小关系到所测应变的准确度。应变片测得的应变大小是应变片栅长和栅宽所在面积内的平均轴向应变量。

2）引线：从应变片敏感栅中引出的细金属线。对引线材料的性能要求高、电阻率低、电阻温度系数小、抗氧化性能好、易于焊接。

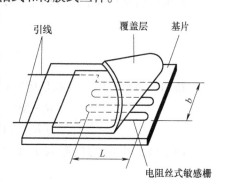

图 2-20 金属丝式应变片结构

3）基片：用于保持敏感栅、引线的几何形状和相对位置；覆盖层既可保持敏感栅和引线的形状和相对位置，还可保护敏感栅。

4）黏结剂：用于将敏感栅固定于基底上，并将盖片与基底粘贴在一起。使用金属应变片时也需将应变片基底粘贴在构件表面某个方向和位置上。

金属应变式传感器的优点主要有：①精度高、测量范围广；②频率响应较好；③结构简单、尺寸小、重量轻；④可在中低温、高速、高压、强烈振动、强磁场及核辐射和化学腐蚀等恶劣条件下正常工作；⑤易于实现小型化、固态化；⑥价格低廉、品种多样、便于选择。其缺点有：非线性、输出信号微弱、抗干扰能力较差。因此只能测量一点或金属敏感栅范围内的平均应变，不能测量应力场中应力梯度的变化，不能用于过高温度场合下的测量；输出信号线需要采取屏蔽措施。

2. 原理、测量电路与分辨率

由图 2-21 所知，有效 L 范围内的敏感栅（应变金属丝）会产生轴向（或纵向）应变。图 2-21 中，F 方向为轴向，受 F 作用，金属丝长度拉伸，得到了 Δl；同时半径缩小了 Δr；电阻增加了 ΔR。

电阻应变片的信号输出是电阻值，测量电阻的典型电路是直流电桥，如图 2-22 所示。R_L 为负载电阻，求得电桥的输出电压为

$$U_L = \frac{U_i(R_1R_4 - R_2R_3)}{(R_1+R_2)(R_3+R_4) + \frac{1}{R_L}[R_1R_2(R_3+R_4) + R_3R_4(R_1+R_2)]} \tag{2-23}$$

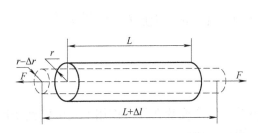

图 2-21　金属电阻丝应变效应

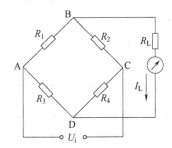

图 2-22　金属应变片测量电桥

由直流电桥平衡条件得到 $U_L = 0$，若电桥的负载电阻 R_L 为无穷大，则简化式（2-23）后得

$$U_L = \frac{U_i(R_1R_4 - R_2R_3)}{(R_1+R_2)(R_3+R_4)} \tag{2-24}$$

电桥四个桥臂电阻均可能是应变片，故实际电桥的应用输出电压为

$$U_L = U_i \frac{(R_1+\Delta R_1)(R_4+\Delta R_4) - (R_2+\Delta R_2)(R_3+\Delta R_3)}{(R_1+\Delta R_1+R_2+\Delta R_2)(R_3+\Delta R_3+R_4+\Delta R_4)} \tag{2-25}$$

当四个桥臂电阻均相等为 R 时称为等臂电桥，但受力变形产生的变化率不一定一致，故

$$U_L = U_i \frac{R(\Delta R_1+\Delta R_4-\Delta R_2-\Delta R_3) - \Delta R_1\Delta R_4 - \Delta R_2\Delta R_3}{(2R+\Delta R_1+\Delta R_2)(2R+\Delta R_3+\Delta R_4)} \tag{2-26}$$

一般情况下 ΔR 很小，即 $R \gg \Delta R$，略去式（2-26）中的高阶微量，并根据式（2-22）得到

$$U_L = \frac{U_i}{4}\left(\frac{\Delta R_1}{R} - \frac{\Delta R_2}{R} - \frac{\Delta R_3}{R} + \frac{\Delta R_4}{R}\right) = \frac{U_i K}{4}(\varepsilon_1 - \varepsilon_2 - \varepsilon_3 + \varepsilon_4) \qquad (2-27)$$

式中，K 为桥臂电阻之比。

对于等臂电桥，$K=1$，则电桥输出的灵敏度取决于桥臂应变片数量，即一个桥臂连接应变片，称为单臂电桥；相邻桥臂连接应变片，称为差动半桥；四个桥臂全部连接应变片，称为差动全桥；其中应变率一致，如图 2-23 所示。随着应变片数量增加，灵敏度成倍增加。

单臂电桥：

$$U_L = \frac{U_i}{4}\frac{\Delta R}{R} = \frac{U_i}{4}\varepsilon \qquad (2-28)$$

差动半桥：

$$U_L = \frac{U_i}{2}\frac{\Delta R}{R} = \frac{U_i}{2}\varepsilon \qquad (2-29)$$

差动全桥：

$$U_L = U_i\frac{\Delta R}{R} = U_i\varepsilon \qquad (2-30)$$

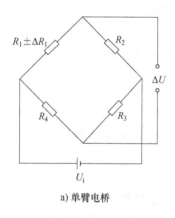
a）单臂电桥

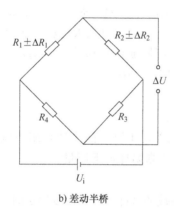
b）差动半桥

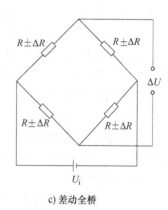
c）差动全桥

图 2-23 金属应变片传感器测量电路

3. 误差特性和补偿

金属应变片应用时的误差来源主要来自于横向效应、机械滞后、灵敏系数、零点漂移和温度效应五个误差特性。

1）横向效应。由于敏感栅的两端为半圆弧形的横栅，测量应变时构件的轴向应变 ε 使敏感栅电阻发生变化，横向应变 ε_r 也将使敏感栅半圆弧部分的电阻发生变化。应变片的这种既受轴向应变影响，又受横向应变影响而引起电阻变化的现象称为横向效应，如图 2-24 所示。

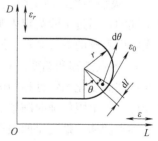
图 2-24 敏感丝横向效应

横向灵敏系数与轴向灵敏系数之比为横向效应系数 H：

$$H = \frac{K_{Sr}}{K_S} \qquad (2-31)$$

式（2-31）表明，r 越小、L 越大，则 H 越小。即敏感栅越窄、基长 L 越长的应变片其横

向效应引起的误差越小。除了将敏感栅变窄、基长 L 变长（如图 2-25a 所示），还有的敏感栅直接用折线（如图 2-25b 所示），或干脆采用金属箔式应变片（如图 2-25c 所示）。

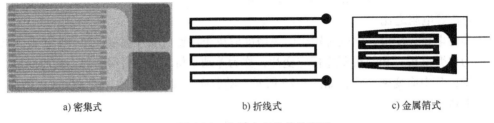

a）密集式　　　　　　　b）折线式　　　　　　c）金属箔式

图 2-25　金属应变片其他类型

金属箔式应变片的工作原理基本和丝式应变片相同。它的电阻敏感元件不是金属丝栅，而是通过光刻、腐蚀等工序制成的薄金属箔栅，故称箔式电阻应变片。金属箔的厚度一般为 0.003~0.010mm，它的基片和盖片多为胶质膜，基片厚度一般为 0.03~0.05mm。

金属箔式应变片和丝式应变片相比较，有如下优点：

① 金属箔栅很薄，因而它所感受的应力状态与试件表面的应力状态更为接近；当箔材和丝材具有同样的截面积时，箔材与粘接层的接触面积比丝材大，使它能更好地和试件共同工作；箔栅的端部较宽，横向效应较小，因而提高了应变测量的精度。

② 箔材表面积大，散热条件好，可通过较大电流、输出较大信号，提高测量灵敏度。

③ 箔栅的尺寸准确、均匀，能制成任意形状，特别是为制造应变花和小标距应变片提供了条件，从而扩大了应变片的使用范围。

④ 便于成批生产。

金属箔式应变片的缺点如下：

① 电阻值分散性大，有的相差几十欧，故需要作阻值调整，生产工序较为复杂，因引出线的焊点采用锡焊，因此不适于高温环境下测量。

② 价格也较高。

2）机械滞后。应变片粘贴在被测试件上，当温度恒定时，其加载特性与卸载特性不重合，称为机械滞后。产生原因是应变片在承受机械应变后，内部会产生残余变形，使敏感栅电阻发生少量不可逆变化。这是因为在制造或粘贴应变片时，敏感栅受到不适当的变形或者黏结剂固化不充分。机械滞后还与应变片所承受的应变量有关，加载时的机械应变越大，卸载时的滞后也越大。所以在应用之前对试件预先加/卸载若干次，减少因机械滞后而产生的实验误差。

3）灵敏系数。将电阻应变丝做成电阻箔式应变片后，其电阻的应变特性与金属单丝时是不同的。通过试验测定表明，在很大范围内具有很好的线性关系；应变片的灵敏系数恒小于实际电阻丝的灵敏系数，原因就是在应变片中存在着横向效应。

4）零点漂移和蠕变。对于粘贴好的应变片，当温度恒定且不承受应变时，其电阻值随时间增加而变化的特性称为应变片的零点漂移。如果在一定温度下，使应变片承受恒定的机械应变，其电阻值随时间增加而变化的特性称为蠕变。

零点漂移和蠕变是两项衡量应变片特性对时间稳定性的指标，在长时间测量中其意义更为突出。实际上蠕变中包含零点漂移，它是一个特例。

5）温度效应。用作测量应变的金属应变片，希望其阻值仅随应变变化而不受其他因素的影响，实际上应变片阻值受温度影响很大。温度来源有三：①敏感栅通工作电流时发热；②被测对象自身温度因接触式测量而传导给敏感栅；③测量环境温度影响到敏感栅。三者均使金属敏感栅产生热阻效应，其增加的额外电阻耦合到应变片的阻值中，带来测量误差，又称为热输出。除了热阻效应，因金属应变片传感器是接触式测量，敏感栅材料与被测对象粘贴机械（构件）部位的线膨胀系数也不尽相同。

设环境或构件温度变化 Δt 时，由式(2-3)可推导出应变片产生的附加应变电阻为

$$\Delta R_t = R_t - R_0 = R_0 \alpha \Delta t \tag{2-32}$$

附加应变：

$$\varepsilon_t = \frac{\Delta R_t}{R_0} = \alpha \Delta t \tag{2-33}$$

设 β_{Fe} 为构件材料线膨胀系数，β_S 敏感栅材料线膨胀系数。由于敏感栅材料和被测构件材料两者线膨胀系数不同，当 Δt 存在时，引起应变片的附加应变为

$$\varepsilon_t = (\beta_{Fe} - \beta_S) \Delta t \tag{2-34}$$

附加应变电阻：

$$\Delta R_M = R_0' K_S (\beta_{Fe} - \beta_S) \Delta t \tag{2-35}$$

式中，K_S 为应变片灵敏系数；R_0 是敏感栅热阻效应时 $0℃$ 对应的电阻；R_0' 是敏感栅的初始电阻，有 60Ω、120Ω、200Ω 等多种规格，以 120Ω 最为常用。由此因温度形成的附加电阻：

$$\Delta R = \Delta R_t + \Delta R_M = R_0 \alpha \Delta t + R_0' K_S (\beta_{Fe} - \beta_S) \Delta t \tag{2-36}$$

$$\varepsilon_e = \varepsilon_t + \varepsilon_M = \alpha \Delta t + K_S (\beta_{Fe} - \beta_S) \Delta t \tag{2-37}$$

式(2-36)是不受外力作用时，温度变化 Δt 时应变片的温度效应。式(2-37)是不受外力作用时，温度变化 Δt 时应变片的热输出。

对应应变片温度效应的误差补偿方法主要有自补偿法和电路补偿法。

(1) 自补偿法

自补偿法有单丝自补偿法和双丝组合自补偿法。根据应变片在式(2-37)中的特性参数进行"抵消"型配置，使其热输出为0，即

$$\alpha + K_S (\beta_{Fe} - \beta_S) = 0 \tag{2-38}$$

每一种构件的线膨胀系数都为确定值，可以在有关的材料手册中查到。

在选择应变片时，若应变片的敏感栅是用单一的合金丝制成，并使其电阻温度系数和线膨胀系数满足式(2-38)的条件，即可实现温度自补偿。具有这种敏感栅的应变片称为单丝自补偿应变片。单丝自补偿应变片的优点是结构简单，制造和使用都比较方便，但它必须在具有一定线膨胀系数材料的试件上使用，否则不能达到温度自补偿的目的。

双丝组合式自补偿法是由两种不同电阻温度系数（一种正值、一种负值）的材料串联组成敏感栅（见图2-26a），在设定的温度范围内及在已知材料的构件上实现温度补偿。这种应变片的自补偿条件要求粘贴在某种试件上的两段敏感栅随温度变化而产生的电阻增量大小相等、符号相反，即 $(\Delta R_1) + (-\Delta R_2) = 0$。

(2) 电路补偿法

通过电路补偿的方法是比较灵活和有效的，双丝组合式自补偿法在应用时有一定的限制。

采用电桥测量应变时，使用两个同规格应变片（如图2-26b 中的 R_1 和 R_2），R_1（称为工作应变片）贴在被测试件的表面，R_2（称为补偿应变片）贴在与被测试件材料相同的补偿块上，如图2-26c 所示。测量前电桥调节到平衡条件：$R_4(R_1 + \Delta R_{1t}) = R_3(R_2 + \Delta R_{2t})$，取 $R_3 = R_4$，则 $\Delta R_{1t} = \Delta R_{2t}$；在工作过程中，工作应变片感受应变，电桥将产生相应输出电压。

54

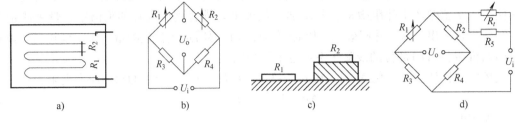

图 2-26　应变片误差温度补偿方法

采用电桥测量实现补偿，需满足三个条件：

1）R_1 和 R_2 的特性一模一样，同一批号，即电阻温度系数、线膨胀系数、应变灵敏系数和初始电阻值均相同。

2）粘贴补偿片的构件和粘贴工作片的试件的材料相同，即两者线膨胀系数相等。

3）两应变片处于同一温度环境中。

图 2-26d 所示的是采用热敏电阻进行补偿。具有负温度系数的热敏电阻 R_t 与应变片处在相同的温度下，当应变片的灵敏度随温度升高而下降时，热敏电阻 R_t 的阻值下降，使电桥的输入电压随温度升高而增加，从而提高电桥输出电压。合理选择分流电阻 R_5 的值，可以使应变片灵敏度下降对电桥输出的影响得到很好的补偿。

2.3.3　半导体应变式传感器

半导体应变式传感器是利用压阻元件和微电子技术制成的，由单晶硅材料构成的压阻元件在受到应力作用后，其电阻率发生明显变化，这种现象被称为压阻效应。

对压阻元件：

$$\frac{\mathrm{d}R}{R} = \frac{\mathrm{d}\rho}{\rho} = \pi\sigma = \pi E\varepsilon \tag{2-39}$$

式中，π 为压阻系数；E 为弹性模量；σ 为应力；ε 为应变。式(2-39)表明半导体压阻传感器的工作原理是基于压阻效应。

半导体应变片的结构如图 2-27 所示。按照材料类型分类，可分为 P 型硅应变片、N 型硅应变片、PN 互补型应变片；按照特性分类，可分为灵敏系数补偿型应变片和非线性补偿型应变片；按照材料的化学成分分类，可分为硅、锗、磷化镓等应变片。

与金属应变片相比，半导体应变片的优点是尺寸、横向效应、机械滞后都较小，灵敏系数极大，因而输出也大，可以不需要放大器而直接与记录仪器相连，使得测量系统简化，在温度影响较小的场合直接采用恒压源电桥电路（如图 2-28a 所示）。但缺点是测量较大应变时非线性严重；电

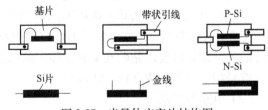

图 2-27　半导体应变片结构图

阻值和灵敏系数的温度稳定性差，灵敏系数随受拉或受压而变，且分散度大，一般为 3%~5%，因而使测量结果有 3%~5% 的误差；在考虑温度影响时，选用恒流源电桥电路（如图 2-28b 所示）。

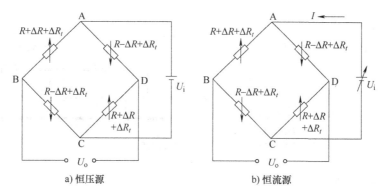

a) 恒压源　　　　　　　b) 恒流源

图 2-28　半导体应变片测量电桥电路

图 2-28a 中，假设四个扩散电阻的起始阻值都相等且为 R，当应力作用时，对臂两个电阻阻值增加，增加量为 ΔR，另一对臂两个电阻的阻值减小，减小量为 $-\Delta R$；由于有温度影响，使每个电阻都有 ΔR_t 的变化量，则电桥输出：

$$U_o = U_i \frac{\Delta R}{R + \Delta R} \tag{2-40}$$

图 2-28b 中，假设四个扩散电阻的起始阻值都相等且为 R，温度影响下电桥左右两个支路的电阻相等（$R_{ABC} = R_{ADC} = 2R + 2R_t$），则支路电流相等（$I_{ABC} = I_{ADC} = I/2$），则电桥输出：

$$U_o = U_{BD} = \frac{I}{2}(R + \Delta R + \Delta R_t) - \frac{I}{2}(R - \Delta R + \Delta R_t) = I\Delta R \tag{2-41}$$

温度对半导体应变片的影响很大，图 2-28 中虽假设四个电阻的起始阻值都相等且为 R，但其阻值与温度系数不一致，一般串联电阻 R_S（起调零作用）和并联负温度系数热敏电阻 R_P（起补偿作用）来解决，如图 2-29 所示。

灵敏度温度漂移是由半导体压阻系数随温度做反向变化而引起的，其温度系数为负值。一般将多个二极管 VD 串联在电桥的电源回路中（如图 2-29 所示），电源采用恒压源；当温度升高时二极管正向压降减小，电桥电压增大，使输出也增大。只要计算出所需串入电桥电源回路中二极管的个数，便可达到补偿的目的。

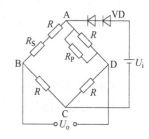

图 2-29　温度漂移补偿

2.3.4　应变式传感器应用

电阻应变式传感器一般由弹性敏感元件、电阻应变片、转换电路和外壳组成，可根据具体测量要求设计成多种结构形式。弹性敏感元件受到所测量的力而产生变形，并使附着其上的应变片一起变形；转换电路将变形后的应变片电阻值转换为电信号输出，从而可以测量力、压力、扭矩、位移、加速度和温度等多种物理量。

【**实例 11**】　称重是应变片应用极为普及的一个领域，如图 2-30 所示。

电阻应变式称重系统（如图 2-30 所示）称重原理：弹性体（敏感元件、悬臂梁）在外力（被测物品）作用下产生弹性变形，使粘贴在其表面的电阻应变片（转换元件）也随同产

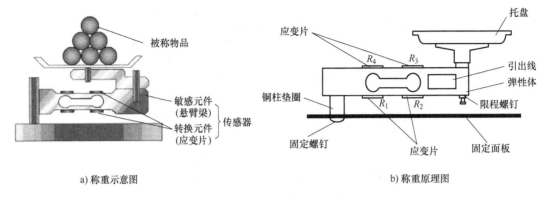

a) 称重示意图　　　　　　　　　　　　　　　　b) 称重原理图

图 2-30　电阻应变式称重系统

生变形，它的阻值发生变化(增大或减小)，经相应的测量电路转换为电信号(电压或电流)输出，再经专门电路完成信号数字化及智能处理，实现就地数字显示和远程信号传送等功能。

【问题 06】　参考悬臂梁作用，还有哪些领域适用？起重机、汽车吊车、基建……

【实例 12】　力测量是应变片应用的主要领域之一，图 2-31 所示为悬臂梁测力应用。

图 2-31a 为悬臂梁的示意图，受力点的应用之一可以认为是称重；图 2-31b 是等强度悬臂梁示意图。等强度梁弹性元件是一种特殊形式的悬臂梁。梁的固定端宽度为 b_0，自由端宽度为 b，梁长为 l，梁厚为 h。力 F 作用于梁端三角形顶点上，梁内各断面产生的应力相等，故在梁上粘贴应变片时位置要求不严格。等强度悬臂梁的应变率为

$$\varepsilon = \frac{6lF}{b_0 h^2 E} \tag{2-42}$$

式中，E 是悬臂梁弹性模量。

图 2-31c 是等截面悬臂梁示意图，应变率为

$$\varepsilon = \frac{6lF}{bh^2 E} \tag{2-43}$$

若悬臂梁的两端固定(如图 2-31d 所示)，梁中部受力，参考式(2-42)或式(2-43)，则

$$\varepsilon = \frac{3lF}{4bh^2 E} \tag{2-44}$$

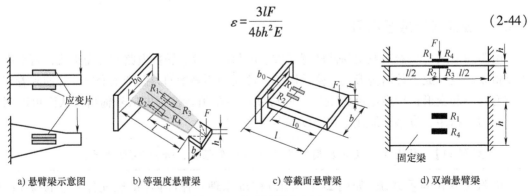

a) 悬臂梁示意图　　　b) 等强度悬臂梁　　　c) 等截面悬臂梁　　　d) 双端悬臂梁

图 2-31　悬臂梁测力应用

【实例13】 力测量是应变片应用的主要领域之一，图2-32所示为柱式和环式弹性体测力原理。

图2-32所示的是外力 F 作用于实心柱（图2-32a 左）或空心柱（图2-32a 右）和薄壁圆环（图2-32c）上，根据这两种弹性体的应变测出 F。图2-32b 表明柱式弹性体应变片的粘贴方法和电桥接线方法。

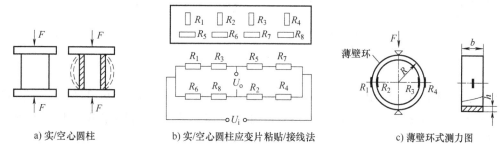

a) 实/空心圆柱 b) 实/空心圆柱应变片粘贴/接线法 c) 薄壁环式测力图

图2-32 柱式和环式弹性体测力原理图

柱式应变率

$$\varepsilon = \frac{\Delta l}{l} = \frac{F}{(SE)} \tag{2-45}$$

式中，S 是圆柱截面积。

圆环应变率

$$\varepsilon = \pm \frac{3F\left(R - \dfrac{h}{2}\right)}{bh^2 E}\left(1 - \frac{2}{\pi}\right) \tag{2-46}$$

【问题07】 参考圆柱式和薄壁式测力应用，还有哪些领域适用？

大型、重要的土木工程结构，如桥梁、超高层建筑、电视塔、水坝、核电站、海洋采油平台等，其服役期长达几十年甚至上百年，在疲劳、腐蚀效应及材料老化等不利因素影响下，不可避免地会产生损伤累积甚至产生突发事故。虽然一些事故发生前出现了漏洞、塌陷、开裂等征兆，但因缺乏报警监测系统，无法避免事故的发生。因此，对现存的重要结构和设施进行健康检测，评价其安全状况，修复、控制损伤及在新建结构和设施中增设长期的健康检测系统已成为必要。如在工程结构静载检测中，对于单点或多点加载无施加力的大小显示时，就需要荷载传感器来感受并反映受力信息，对于钢筋混凝土架构的应变检测也普遍采用电阻应变片。施工中，将粘贴于结构表面或受力筋上的应变片经特殊防护处理后，埋置于混凝土内，对钢筋混凝土结构进行实时、在线的智能健康监测。

【实例14】 压力测量是应变片应用的主要领域之一，如图2-33所示。

应变片测量压力的应用实例很多，核心点都是将被测压力（特指液压和气压）改变弹性元件的形变率，再通过应变片和测量电路转换成电信号。典型的测力方法是膜片式、圆筒式、弹性元件式等，如图2-33所示。图2-33中，图a可以测负压；图b可以测机床

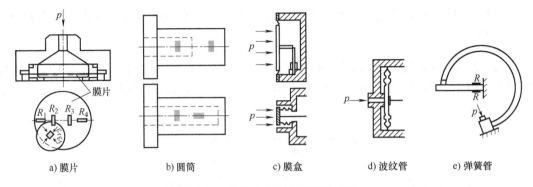

图 2-33 弹性式应变片测压示意图

液压系统的压力($10^6 \sim 10^7 \mathrm{Pa}$)、枪炮的膛内压力($10^8 \mathrm{Pa}$),动态特性和灵敏度主要由材料的 E 值和尺寸决定;图c～e通常用于测量小压力,其缺点是固有频率低,不适于测量瞬态过程。

【问题 08】 有哪些参数可以转换为液压或气压?如液位测量(如图 2-34 所示)等?

图 2-34 可以测量液体底部压力,已知液体的密度 ρ、重力加速度 g、容器的截面积 S,就可以换算出液位 h。

有些采用精密补偿技术设计生产的高精度、高稳定性的压力变送器,结合先进的压阻式压力变送器设计制造技术,具有坚固的全不锈钢结构、优异的抗干扰能力以及多元化的信号输出等特点。该系列产品精度高、免调校、量程覆盖范围宽,适用于各工业领域需要对流体压力进行精密测量与控制的场所。

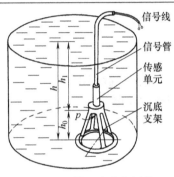

图 2-34 投入式液位测量

【实例 15】 应变片加速度测量是主要应用之一,如图 2-35 所示。

测量振动体相对于大地或惯性空间的运动,通常采用惯性式测振传感器(即测量加速度)。惯性式测振传感器种类很多,用途广泛。加速度传感器的类型有压阻式、压电式和电容式等多种。

应变式加速度传感器测量物体加速度,基本原理是:物体运动的加速度与作用在它上面的力成正比,与物体的质量成反比。图 2-35 所示是一种惯性式传感器。测量时,根据所测振动体加速度的方向,把传感器固定在被测部位。当被测点的加速度沿图中箭头所

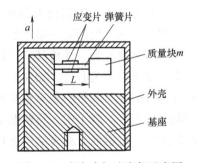

图 2-35 应变式加速度仪示意图

示方向时,悬臂梁自由端受惯性力 $F = ma$ 的作用,质量块向箭头 a 相反的方向相对于基座运动,使梁发生弯曲变形,应变片电阻也发生变化,产生输出信号,输出信号大小与加速度成正比。

【问题09】　加速度测量可以应用在哪？桥梁？……

应变片尺寸小巧、重量可以忽略，应用领域十分宽广，只要符合现场条件，测量力、弹性体形变、刚体振动以及液位、流量等，应变片传感器为首选。

【实例16】　靶式流量计的工作原理，如图 2-36 所示。

图 2-36 所示是应变式靶式流量计，流体流经流量计（测量管）时直接作用于节流元件（靶），流量越大，作用于靶上的冲力也越大；其作用力通过连杆传递到悬臂片，使悬臂片弯曲。悬臂片左右侧各粘贴上两片应变片并构成全桥电路，由电路完成测量功能。

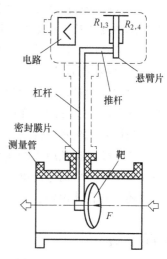

图 2-36　应变式靶式流量计

【实例17】　机器人的力觉传感器、腕力传感器。

机器人通过触觉传感器与被识别物体相接触或相互作用来完成对物体表面特征和物理性能的感知，触觉有接触觉、压觉、滑觉、力觉四种。

通常将机器人的力传感器分为以下三类：①装在关节驱动器上的力传感器，称为关节力传感器，它测量驱动器本身的输出力和力矩，用于控制中的力反馈；②装在末端执行器和机器人最后一个关节之间的力传感器，称为腕力传感器。腕力传感器能直接测出作用在末端执行器上的各向力和力矩；③装在机器人手指关节上（或指上）的力传感器，称为指力传感器，用来测量夹持物体时的受力情况。

机器人的这三种力传感器依其不同的用途有不同的特点，关节力传感器用来测量关节的受力（力矩）情况，信息量单一，传感器结构也较简单，是一种专用的力传感器；手（指）力传感器一般测量范围较小，同时受手爪尺寸和重量的限制，指力传感器在结构上要求小巧，也是一种较专用的力传感器；腕力传感器从结构上来说，是一种相对复杂的传感器，它能获得手爪三个方向的受力（力矩），信息量较多，又由于其安装的部位在末端执行器和机器人手臂之间，比较容易形成通用化的产品系列。

力觉传感器的敏感元件就是金属应变片，基于应变效应；拉力、压力、挤压力、重力等均选用金属应变片传感器。

机器人腕力传感器测量的是各三个方向的力和力矩，由于腕力传感器既是测量的载体又是传递力的环节，所以腕力传感器的结构一般为弹性结构梁，通过测量弹性体的变形得到各三个方向的力和力矩。不少公司的腕力传感器有各自不同的结构形式：有上下两金属环、中间由弹性体连接（弹性体上贴有应变片）；有 SRI（stanford research institute，斯坦福研究院）研制的六维腕力传感器；图 2-37 所示为日本大和制衡株式会社林纯一研制的腕力传感器。它是一种整体轮辐式结构，传感器在十字架与轮缘联接处有一个柔性环

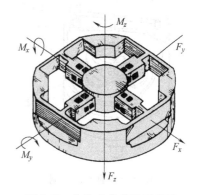

图 2-37　六腕力传感器示意图

节(在受力分析时可简化为悬臂梁)。在四根交叉梁上总共贴有 4×8 个应变片(图中用小方块表示),组成 8 路全桥输出,通过解耦计算获得六维力值。这一传感器一般将十字交叉主杆与手臂的联接件设计成弹性体变形限幅的形式,可有效起到过载保护作用,是一种较实用的结构。

> **【实例 18】** 振弦式应变计。

振弦式应变计广泛用于水利水电、公路铁路、桥梁隧洞、矿山、国防及建筑工程安全监测领域的结构变形测量。图 2-38 所示为振弦式应变计,适用于长期埋设在水工结构物或其他混凝土结构物内(如地下连续墙、防渗墙、灌注桩等),测量结构物内部的应变量,并可同步测量埋设点的温度。加装配套附件可组成多向应变计组、无应力计、岩石应变计等测量应变的

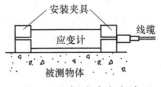

图 2-38 振弦式应变计

仪器。当被测结构物内部的应力发生变化时,应变计同步感受变形,变形通过前、后端座传递给振弦转变成振弦应力的变化,从而改变振弦的振动频率。通过电磁线圈激振振弦并测量其振动频率,频率信号经电缆传输至读数装置,即可测出被测结构物内部的应变量。振弦式应变计还具有智能识别、避雷芯片、同步测量温度等功能。

本章小结

本章主要讲授了电阻式传感器,即将被测对象(温度、位移和力)的变化转换成电阻值变化的传感器,包括热电阻式传感器、电位器式传感器和应变片式传感器,三类传感器均有接触式测量和非接触式测量的应用实例,实现技术较为成熟,尤其是拓展式应用实例较多。三类传感器的制作材料都有相应要求,在选用时要多加关注。

温度、位移和力是人们较为熟悉的参数,电阻也是人们较为熟悉的电路元件参数,本章围绕定义、结构、原理、特征、测量电路误差和应用方面进行了讲授。

金属热电阻式传感器除了测量温度外,其受温度影响导致电阻变化的原理也是许多传感器和传感器电路的误差来源,如本章中机械式电位器和应变片式传感器的温度误差来源。

图 2-39~图 2-47 列举了 2 个电位器传感器和 7 个应变片传感器的图示应用,不再展开。

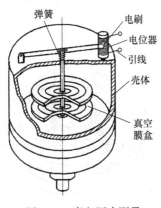

图 2-39 真空压力测量

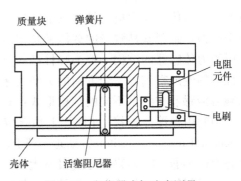

图 2-40 电位器式加速度测量

图 2-41 智能天平

图 2-42 数字吊秤

图 2-43 电子叉车秤

图 2-44 汽车称重系统

❶ 传感器 ❷ 液晶点阵显示 ❸ 荧光显示

图 2-45 铲车秤

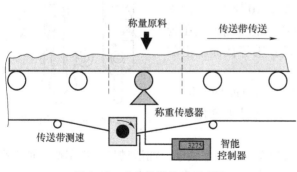

图 2-46 动态传送带称重系统

图 2-47 滚筒电子秤

本章的关键点:

1）传感器的输出为电阻的变化量。

2）热电阻的测量范围很宽,其测量原理也是金属电位器和金属应变片的温度误差来源;

负温度电阻系数的热敏电阻可以用于温度误差补偿。

3）电桥电路是本章主要电路，包括金属热电阻的二线制、三线制和四线制温度测量电桥、金属应变片的单臂电桥、差动半桥和差动全桥；半导体敏感电阻的恒压源电桥和恒流源电桥。

4）三类传感器均有接触式测量和非接触式测量。

思考题与习题

2-1 掌握各节传感器基本概念、定义、特点；掌握特性分析、误差分析；掌握各自应用。

2-2 如何实现金属热电阻测量电路调零位和调满度？

2-3 掌握金属热电阻传感器的原理及其二线制和三线制测量电路。

2-4 为什么金属铜热电阻的原理公式可以理解为其他金属性传感器的温度误差来源？

2-5 试简单介绍家用单体空调的温度调控工作原理。

2-6 图 2-17 所示是油量测量，请介绍油量测量原理。若这是小车油箱，如何才能换算出基于油箱中余下的油量？小车还能行驶多少距离？

2-7 试写出【问题 05】搬运机械臂的测控流程图。

2-8 请简单介绍饮水机中的水位测量方法。

2-9 什么是应变片的横向效应？对测量会产生什么影响？如何减小横向效应？

2-10 什么是应变片的温度效应？对测量会产生什么影响？如何减小温度引起的误差？

2-11 为什么应变测量电桥多用差动全桥，而不用单臂电桥？

2-12 一金属应变片初始电阻为 120Ω，灵敏度 $K_S = 2.0$，粘贴到半径为 0.5m 的一个水箱底部，水箱注满水（水位高 1m）后，测得此时的应变片电阻为 121.2Ω，问：①水箱箱底板材的应变 ε 为多少？②注满水时水对箱底的压力为多少？

2-13 有一汽车吊车配置了某型号（金属应变）拉力传感器（如图 2-48 所示），已知同一性能的 4 个应变片粘贴在圆柱形等截面重力轴上，等截面积为 $0.00196m^2$，应变片初始电阻为 120Ω，灵敏度 $K_S = 2.0$，弹性模量 $E = 2.0 \times 10^{11} N/m^2$，泊松比为 0.3；测量电路采用差动全桥直流电桥，电桥输入电压为 2V，起吊某一重物时电桥输出 2.6mV，求：①等截面轴上的纵向应变和横向应变；②重物重量 m。

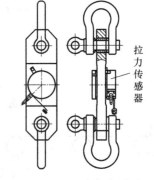

图 2-48 吊车拉力测量

2-14 补充题1：请查询数字电位器的基本原理及特点。

2-15 补充题2：请了解家用空调、冰箱等涉温家用电器的所选用的温度传感器。

2-16 补充题3：称重是应变片应用较为宽广的一个领域，如滑槽秤、汽车衡、地上衡、大小地磅、吊钩秤、叉车秤（U形秤）、LPG（液化石油气）秤、装载机秤、皮带秤、料斗秤、灌装秤、容器秤、各种台秤、计价秤、计量秤、防水计重秤、推车平台秤、钢瓶秤、畜牧秤、精密天平、智能体脂秤、厨房秤、人体秤、奶瓶秤、珠宝秤、桌秤、案秤等。试选择 5 种，问该 5 种秤各自应用在何场合？称重精度多少？

2-17 补充题4：请查询、介绍微型称重传感器。

2-18　补充题5：请查询、学习机器人力觉感知中的压感、滑感应用。

2-19　思考题1：空中飞行器、水中船舰、陆地桥梁需要应变片吗？为什么？

2-20　思考题2：了解形状记忆合金，考虑通过温度测量能否识别出记忆合金的形状？

2-21　设计题1：若传感器转换电路的输出连接到DC 0~5V输入范围、DC 5V单电源工作的模/数传感器（ADC）。现需要测量箱式电热水器的水温，试设计出采用Pt100的二线制水温测量电路，电路输出DC 0~5V。要求是DC 5V单电源工作，测量电路具有调零和调满度功能。

第 **3** 章

电感式传感器

电感式传感器是基于电磁感应原理，利用线圈将被测非电量如位移、压力、流量、振动等被测对象的变化转换成线圈自感 L 或互感 M 系数的变化，再由测量电路转换为电压或电流输出的一种装置。电感式传感器具有结构简单、工作可靠、测量精度高、灵敏度高、零点稳定、输出功率大、输出阻抗小、抗干扰能力强等一系列优点，因此在机电控制系统中得到广泛的应用。它的主要缺点是响应较慢，不宜于快速动态测量，而且传感器的灵敏度、线性度和测量范围相互制约，分辨率与测量范围有关，测量范围大，分辨率低，反之则高。

电感式传感器种类很多，常见的有自感式传感器、互感式传感器和电涡流式传感器三类。

3.1　自感式传感器

自感现象是一种特殊的电磁感应现象，是由于线圈本身电流发生变化引起自身产生的磁场变化，再导致其自身产生电磁感应的现象。当线圈中的电流发生变化时，周围的磁场就随着变化，并由此产生磁通量的变化，因而在线圈中就产生感应电动势，这个电动势总是阻碍导体中原来电流的变化，此电动势即自感电动势。这种现象就叫作自感现象。

在载流线圈中，载流线圈激发的磁场与其电流 I 成正比。当线圈匝数为 $N(N>1)$ 时，通过各匝线圈的磁通量之和称为磁通匝链数 Ψ；若通过每匝线圈的磁通量 Φ 都相同，则 $\Psi = N\Phi$，与 I 成正比，即

$$\Psi = LI = N\Phi \tag{3-1}$$

$$L = \frac{N\Phi}{I} \tag{3-2}$$

式(3-2)中，L 为自感系数，简称自感或电感，单位为亨利(H)，是自感现象的一个重要参数。

L 取决于线圈的大小、形状、匝数以及周围(特别是线圈内部)磁介质的磁导率(若为铁磁质，则 L 还与电流 I 有关)。对于相同的电流变化率，L 越大，自感电动势越大，即自感作用越强。如果通过线圈的电流在 1s 内改变 1A 时产生的自感电动势是 1V，这个线圈的自感系数就是 1H；常用的较小单位有毫亨(mH)和微亨(μH)。

根据磁路的欧姆定律：

$$\Phi = \frac{IN}{R_m} \tag{3-3}$$

式中，R_m 为磁路总磁阻。将式(3-3)代入式(3-2)得

$$L = \frac{N^2}{R_m} \tag{3-4}$$

自感式传感器主要由线圈、铁心和衔铁三部分组成，如图3-1所示。铁心截面和衔铁截面表明磁力线的流通截面，即磁通面积 S。铁心和衔铁由导磁材料制成，在铁心和衔铁之间有气隙 δ。传感器的运动部分和衔铁良好相连(接触式测量)。图中，线圈通入电流后产生磁场，磁力线回路中包括铁心、衔铁和两个气隙空间。若气隙厚度较小，可认为气隙磁场是均匀的，忽略磁路铁损，总磁阻 R_m 为

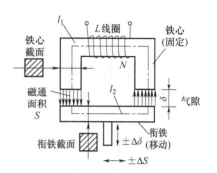

图3-1 自感式传感器结构原理图

$$R_m = \frac{l_1}{\mu_1 S_1} + \frac{l_2}{\mu_2 S_2} + \frac{2\delta}{\mu_0 S} \tag{3-5}$$

式中，l_1、l_2 分别为铁心和衔铁的长度；μ_1、μ_2 分别为铁心和衔铁的磁导率；S_1、S_2 分别为铁心和衔铁各段导体的截面积；δ 为气隙厚度(2个)；μ_0 为真空磁导率；S 为空气隙截面积(磁力线磁通面积)。

通常气隙磁阻远大于铁心和衔铁磁阻，因此

$$R_m \approx \frac{2\delta}{\mu_0 S} \tag{3-6}$$

将式(3-6)代入式(3-4)，整理得

$$L = \frac{N^2 \mu_0 S}{2\delta} \tag{3-7}$$

1) 当移动对象带动衔铁做上下移动($\pm\Delta\delta$)时，气隙厚度 δ 发生改变，磁通面积不变($S = S_0$)，此时自感传感器称为变气隙式自感传感器。

2) 当移动对象带动衔铁做左右移动($\pm\Delta S$)时，有一侧磁通面积 S 发生改变，气隙不变($\delta = \delta_0$)，此时自感传感器称为变面积式自感传感器。

3) 当衔铁直接在磁力线流通面积中移动(如图3-2所示，即气隙和磁通面积均变化)时，此时自感传感器称为螺旋管式自感传感器。

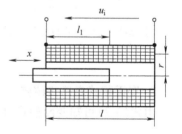

图3-2 螺旋管式自感传感器

1. 变气隙式自感传感器

由式(3-7)可知变气隙式自感传感器的自感 L：

$$L = \frac{N^2 \mu_0 S_0}{2\delta} \tag{3-8}$$

式(3-8)表明了自感系数 L 与气隙 δ 呈非线性函数关系；设定初始电感 L_0 时，$\delta = \delta_0$；则被测物体带动衔铁上移 $\Delta\delta$ 时，$\delta = \delta_0 - \Delta\delta$：

$$L = L_0 + \Delta L = \frac{N^2 \mu_0 S_0}{2(\delta_0 - \Delta\delta)} = \frac{L_0}{1 - \dfrac{\Delta\delta}{\delta_0}} \tag{3-9}$$

其灵敏度：

$$K_\delta = \frac{\frac{\Delta L}{L_0}}{\Delta\delta} = \frac{1}{\delta_0} \tag{3-10}$$

图 3-3 所示的是气隙变化 $\Delta\delta$ 时的灵敏度变化曲线，呈非线性特性。变气隙式传感器的测量范围与灵敏度及线性度是相互矛盾的，因此变气隙式传感器适用于测量微小位移的场合。为了减小非线性误差，提高灵敏度，实际应用中采用差动模式，如图 3-4 所示。

差动变气隙灵敏度：

$$K_\delta = \frac{2}{\delta_0} \tag{3-11}$$

这种传感器的气隙 δ 随被测量的变化而改变，从而改变磁阻。它的灵敏度和非线性都随气隙的增大而减小，因此常常要考虑两者兼顾，δ 一般取在 $0.1 \sim 0.5\text{mm}$ 之间。

由式(3-10)和式(3-11)可知，差动模式使得传感器的灵敏度提高 2 倍；线性度也得到改善。但此类传感器与移动对象是接触式测量，被测对象上下移动时，需要衔铁与磁铁两端的气隙不能变(不能摆动)，不然就会给测量带来不可知误差，因此选用时不作为首选传感器。

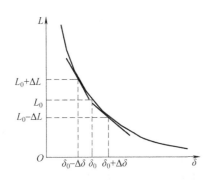

图 3-3　变气隙式自感传感器 $L\text{-}\delta$ 曲线图

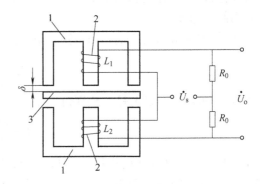

图 3-4　差动变气隙式传感器
1—铁心　2—线圈　3—衔铁

2. 变面积式自感传感器

由式(3-7)可知变面积式自感传感器的自感 L：

$$L = \frac{N^2 \mu_0 S}{2\delta_0} = K_S S \tag{3-12}$$

式中，K_S 为变面积式自感传感器的灵敏度。

由于是磁力线流通面积变化，衔铁左(右)移、与靠近磁铁的右(左)端面积变化时，若不考虑因面积变化而产生的端口边缘效应，则自感系数 L 的变化与左右位移呈线性关系。

此类传感器的输出输入关系尽管呈线性，但在应用时还不能辨识位移的方向。依照应用实例，为辨识位移方向，图 3-1 中的"C"形磁铁更换为"E"形磁铁，衔铁不变，"E"中两凹进部分设置差动线圈，即可识别位移方向。

这种传感器的铁心和衔铁之间的相对覆盖面积(即磁通截面)随被测量的变化而改变，从而改变磁阻。它的灵敏度为常数，线性度好。

3. 螺旋管式自感传感器

由式(3-7)可知螺旋管式自感传感器的自感 L：

$$L = \frac{N^2 \mu_0 \pi r_0^2}{l} \tag{3-13}$$

实际应用时，由于变气隙传感器的左右气隙会变化、变面积式传感器的左右气隙效应有影响，同时又需要辨识移动方向，故一般采用差动线圈连接方法，螺旋管式自感传感器直接选用差动模式，如图3-5所示。

图3-5中，衔铁长度为原单线圈螺旋管中衔铁长度 lc 的2倍；两个差动线圈参数完全相等，$N_1 = N_2$。当衔铁处于螺旋管中心时，线圈1和线圈2的初始电感值相等，$L = L_0 = L_{10} = L_{20}$：

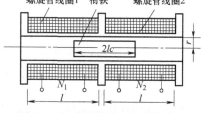

图3-5 差动螺旋管式自感传感器

$$L = L_0 = L_{10} = L_{20} = \frac{N^2 \mu_0 \pi r_0^2}{l} \left[1 + (\mu_r - 1) \left(\frac{r_c}{r} \right)^2 \frac{lc}{l} \right] \tag{3-14}$$

式中，μ_c 是衔铁的磁导率；r 为螺旋管半径，也是线圈内半径。

注：式（3-14）表明，衔铁在充满磁力线的螺旋管内移动时涉及较多参数，公式不再详细推导，L 可以通过衔铁在有限长螺线管中移动时的计算得到。

在式（3-14）中，如果衔铁在管内左右移动，唯一变化的就是衔铁在左（右）侧线圈中的有效长度。即左移时衔铁在线圈1中长度（$lc+x$）、L_1 线性增加，转换电路衔铁在线圈2中长度（$lc-x$）、L_2 减小。由此可推导出差动线圈的灵敏度：

$$k_1 = -k_2 = \frac{dl_1}{dx} = -\frac{dl_2}{dx} = -\frac{N^2 \mu_0 \pi (\mu_r - 1) r_c^2}{l^2} \tag{3-15}$$

$\mu_r \gg 1$ 时：

$$k_1 = -k_2 = \frac{dl_1}{dx} = -\frac{dl_2}{dx} \approx -\frac{N^2 \mu_0 \pi \mu_r r_c^2}{l^2} \tag{3-16}$$

要提高灵敏度，可关注式（3-16）分子上相关参数。

螺旋管式自感传感器由螺旋管线圈和柱形衔铁（与被测物体相连）构成。其工作原理基于线圈磁力线泄漏路径上磁阻的变化。衔铁随被测物体移动时改变了线圈的电感量。这种传感器的量程大、灵敏度低、结构简单、便于制作。

4. 测量电路

自感式传感器为增加灵敏度以及改善线性度，均采取差动模式；其中自感系数 L 作为感抗，经典测量电路为交流电桥也是调幅电路。同时自感系数 L 也是交流电路元器件，对谐振频率和相位均有调节作用，所以也可以根据要求设计成变频谐振电路、调频电路和调相电路等。

（1）调幅电桥

由于电桥电路的输出是电压（幅值）的大小，按照交流电路的特点，也称为调幅电路。

1）自感式传感器测量电桥。如图3-6a所示的是电阻平衡交流电桥电路。在图3-4中，构成差动模式的两个线圈 L_1 和 L_2 与两个电阻 R_0 构成电阻平衡电桥（如图3-6a所示）；$\delta_1 = \delta_2$ 时，$L_1 = L_2$，即 $Z_1 = Z_2 = Z = R_0 + j\omega L$，电桥输出为0。当 $\delta_1 \neq \delta_2$ 时，$Z_1 = Z + \Delta Z$，$Z_2 = Z - \Delta Z$，电桥输出：

$$u_o = \frac{Z_1 u_i}{Z_1 + Z_2} - \frac{R_1 u_i}{R_1 + R_2} = \frac{u_i}{2} \frac{\Delta Z}{Z} \tag{3-17}$$

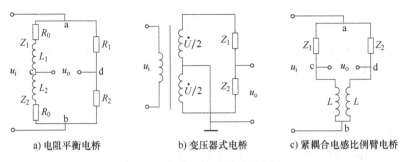

图 3-6　自感式传感器测量电桥

图 3-6b 所示的是变压器式电桥电路。衔铁在中心位置时，$Z_1 = Z_2 = Z$，电桥平衡，输出为 0。当衔铁移动时，$Z_1 = Z - \Delta Z$，$Z_2 = Z + \Delta Z$，电桥输出：

$$u_o = \frac{u_i}{Z_1 + Z_2} Z_2 - \frac{u_i}{2} = \frac{u_i}{2} \frac{\Delta Z}{Z} \tag{3-18}$$

图 3-6c 所示的是紧耦合电感比例臂电桥。它由差分形式工作的传感器的两个阻抗做电桥的工作臂，而紧耦合的两个电感作为固定臂，从而组成了电桥电路。该电路的优点是输出端并联的任何分布电容对平衡时的输出毫无影响，使桥路平衡稳定。

2）相敏检波电路。以图 3-5 为例，螺旋管中的衔铁由被测对象带动左右移动。若衔铁向左移动 Δlc，衔铁在左侧螺旋管线圈的有效长度为 $lc + \Delta lc$，右侧为 $lc - \Delta lc$；自感式传感器的输出曲线如图 3-7a 所示的 OA 线段，反方向移动则为 OB 线段。但交流工作模式、衔铁双向移动时，实际电压输出曲线如图 3-7a 中的粗实曲线，虚线段 OA 和 OB 为理想工作曲线。图 3-7a 中的零点残余电压就是自感式传感器的测量误差，更破坏了衔铁在零位时的分辨率。

为解决零点残余电压，需要采用相敏检波电路，如图 3-8 所示。当衔铁偏离中间位置时，$Z_1 = Z + \Delta Z$，$Z_2 = Z - \Delta Z$；交流电源 u 上端为正、下端为负时，R_1 上的压降大于 R_2 上的压降；当 u 上端为负、下端为正时，R_2 上压降则大于 R_1 上的压降；电压表 PV 为直流电压表。相敏检波电路的输出曲线如图 3-7b 所示。图 3-7b 中虚线段为理想工作曲线，对应 3-7a 中的虚线段 OA 和 OB；粗实曲线为实际电压输出曲线。

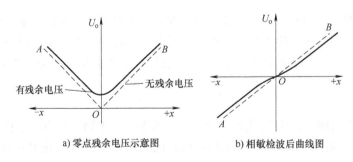

图 3-7　零点残余电压及相敏检波特性图

图 3-8 所示的电路实质上仍然是电桥电路，只是在电桥中串接了一个整流电路。

3）谐振电路。图 3-9 所示的是谐振式调幅电路，由图 3-9 可知，该电路的灵敏度很高，但是线性差，适用于线性要求不高的场合。

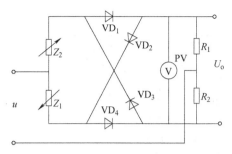

图 3-8 自感式传感器相敏检波电路

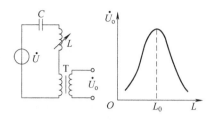

图 3-9 自感式传感器谐振调幅电路

（2）调频电路

图 3-10 所示的是单线圈式自感传感器调频电路，"G"是计频电路，输出是数字频率信号。这类电路在智能检测中是值得推广的，频率 f 和自感系数 L 的关系为

$$f=\frac{1}{2\pi\sqrt{LC}} \tag{3-19}$$

（3）调相电路

图 3-11 所示的是单线圈式自感传感器调相电桥电路，对象变化通过自感传感器 L 的变化，引发电路输出电压的相位变化，通过三角函数计算得到：

$$\varphi=-2\arctan\frac{\omega L}{R} \tag{3-20}$$

式中，ω 为电源角频率。

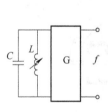

图 3-10 调频电路

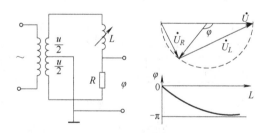

图 3-11 自感式传感器调相电路

5. 应用

自感式传感器的直接应用对象是位移测量，包括其他被测参数通过敏感元件转化成位移。比如：用电感式位移传感器提高轴承制造的精度，用电感测微器测量微小精密尺寸的变化，实现液压阀开口位置的精准测量，用于设计智能纺织品的柔性传感器，应用电感传感器原理的孔径锥度误差测量仪，用电感传感器检测润滑油中磨粒，用电感传感器监测吊具导向轮等。

【实例 01】 位移式自感传感器测量滚珠的直径，如图 3-12 所示。

图 3-12 是一个通过衔铁位移测量滚柱直径的典型实例，而且是一个带有控制功能的自动检测系统。传感器部分包括"电感测微器+相敏检波电路+电压放大电路"，滚珠直径信号送入智能环节，再派生相关动作，完成本次测量，并进入下一次测量。

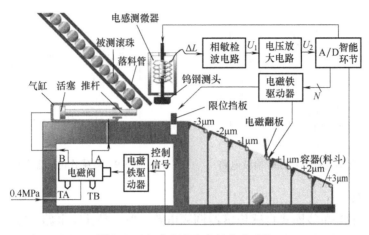

图 3-12　电感式滚珠直径分选系统

【问题 01】　简述图 3-12 所示的智能检测系统工作过程。

【实例 02】　位移式自感传感器测量液压、气压，如图 3-13 所示。

将被测对象的变化转换成位移的变化，再通过"衔铁"将位移转换成电信号。这样的应用实例较多，图 3-13 是一种较为典型、也是较为成熟的应用。图 3-13a 可以测量压力的微小变化，图 3-13b 可以测量较大的压力。液压的增加通过液体的传递或气压的变化作用于波纹管或弹簧管，使之自由端产生位移，由自感式传感器完成测量功能。

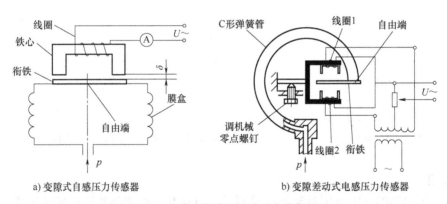

a) 变隙式自感压力传感器　　　　　　　b) 变隙差动式电感压力传感器

图 3-13　自感式传感器测量压力实例图示

【实例 03】　位移式自感传感器测量圆柱体的圆度率，如图 3-14 所示。

图 3-14 所示为圆度率测量的极好实例，其中图 a 是传感器实物，即图 b 中上端部分，图 b 是测量原理示意图，上端安装轴与被测圆柱体同一轴线，即俯视两圆心重叠，当圆柱体旋转时，获得测量波形示意图如图 c 所示；图 c 中的虚线圆周是圆柱体设定参数，实线就是加工后的"圆周"（这是效果放大，一般最大加工误差在微米级），图 d 为软件处理示意。

电感传感器还可用作磁敏速度开关、齿轮齿数测速等，该类传感器广泛应用于纺织、化纤、机床、机械、冶金、机车、汽车等行业的链轮齿速度检测、链输送带的速度和距离检测、齿轮链计数转速表及汽车防护系统的控制等。另外，该类传感器还可用在给料管系统中小物体检测、物体喷出控制、断线监测、小零件区分、厚度检测和位置控制等。

电感式位移传感器是一种机电转换装置，在现代工业生产科学技术上，尤其是在机械加工与测量行业中应用十分广泛。

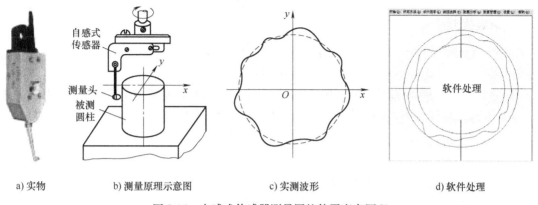

a) 实物   b) 测量原理示意图   c) 实测波形   d) 软件处理

图 3-14 自感式传感器测量圆柱体圆度率原理

3.2 互感式传感器

互感现象是指两相邻线圈中，一个线圈的电流随时间变化时导致穿过另一线圈的磁通量发生变化，而在该线圈中出现感应电动势的现象，互感现象产生的感应电动势称为互感电动势。互感式传感器就是利用电磁感应中的互感现象，将被测位移量转换成线圈互感的变化。

互感式传感器常采用两个二次线圈组成的差动式变压器传感器结构，故又称差动变压器式传感器。与自感式传感器的类型一样，它有变气隙式、变面积式和螺旋管式三个类型，实际应用中较多选用的是差动螺旋管式互感传感器；按照实际应用需要，相关的差动螺旋管式线圈组成结构分别有二节式、三节式、四节式和五节式，如图 3-15 所示。通常以三节式差动螺旋管线圈结构来描述，如图 3-16 所示为差动螺旋管式互感传感器结构、接线示意、等效电路图。

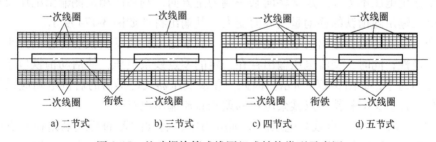

a) 二节式   b) 三节式   c) 四节式   d) 五节式

图 3-15 差动螺旋管式线圈组成结构类型示意图

根据图 3-16c，当二次侧开路时，一次线圈的交流电流为

$$i_\mathrm{p} = \frac{e_1}{R_\mathrm{p} + \mathrm{j}\omega L_\mathrm{p}} \tag{3-21}$$

二次线圈的感应电动势为

$$e_1 = -j\omega M_1 i_p \tag{3-22}$$

$$e_2 = -j\omega M_2 i_p \tag{3-23}$$

由于二次线圈反向串接，故差动变压器输出的电压为

$$u_o = -j\omega(M_1 - M_2)\frac{e_1}{R_p + j\omega L_p} \tag{3-24}$$

其有效值为

$$U_o = \frac{\omega(M_1 - M_2)U_i}{\sqrt{R_p^2 + (\omega L_p)^2}} \tag{3-25}$$

1）铁心处于中间位置时，$M_1 = M_2 = M$，感应电动势相同，差动输出电压为零：$U_o = 0$。

2）衔铁上升时，$M_1 = M + \Delta M$，$M_2 = M - \Delta M$，U_o 与 e_1 同极性：

$$U_o = \frac{2\omega \cdot \Delta M \cdot U_i}{\sqrt{R_p^2 + (\omega L_p)^2}} \tag{3-26}$$

3）衔铁下降时，$M_1 = M - \Delta M$，$M_2 = M + \Delta M$，U_o 与 e_2 同极性：

$$U_o = -\frac{2\omega \cdot \Delta M \cdot U_i}{\sqrt{R_p^2 + (\omega L_p)^2}} \tag{3-27}$$

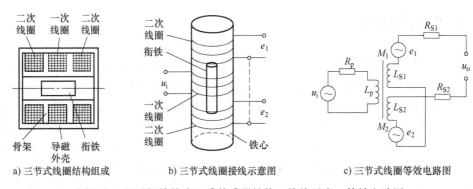

a) 三节式线圈结构组成　　b) 三节式线圈接线示意图　　c) 三节式线圈等效电路图

图 3-16　差动螺旋管式互感传感器结构、接线示意、等效电路图

当衔铁移向二次线圈其中一边时，则移近侧线圈中的互感变大，另一侧互感变小，反向串联的差动输出电压不为零。定义移向某一侧为正方向，则移向相反侧输出电压反相。差动变压器的电压输出随衔铁的移动量变大而变大，其输出特性如图 3-17a 所示。

差动变压器式传感器输出的电压是交流量，其输出值只能反映铁心位移的大小，而不能反映移动的极性；同时，交流电压输出存在一定的零点残余电压，使活动衔铁位于中间位置时，输出也不为零，如图 3-17b 所示。因此，差动变压器式传感器的后接电路应采用既能反应铁心位移极性，又能补偿零点残余电压的差动直流输出电路。

图 3-17b 中的 U_z 是零点残余电压。实际应用中，后续配置的桥式电路在零点仍有一个微小的电压值（从零点几 mV 到数十 mV 的存在）。分析零点残余电压产生的原因如下：

1）基波分量。由于差动变压器两个二次线圈不可能完全一致，因此它的等效电路参数（互感 M、自感 L 及损耗电阻 R）不可能相同，从而使两个二次线圈的感应电动势数值不等。又因一次线圈中铜损电阻及导磁材料的铁损和材质的不均匀，线圈匝间电容的存在等因素，使激励电流与所产生的磁通相位不同。

2）高次谐波。高次谐波分量主要由导磁材料磁化曲线的非线性引起。由于磁滞损耗和

铁磁饱和的影响，使得激励电流与磁通波形不一致产生了非正弦（主要是三次谐波）磁通，从而在二次线圈感应出非正弦电动势。另外，激励电流波形失真，因其内含高次谐波分量，这样也将导致零点残余电压中有高次谐波成分。

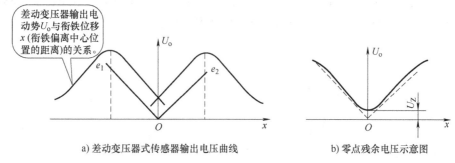

差动变压器输出电动势 U_o 与衔铁位移 x（衔铁偏离中心位置的距离）的关系。

a) 差动变压器式传感器输出电压曲线　　　　b) 零点残余电压示意图

图 3-17　差动变压器式传感器输出电压曲线

零点残余电压的产生，直接降低了传感器零点的灵敏度和分辨率，破坏了零位附近的线性度，甚至导致放大电路饱和，减少有效信号的通过率，特别是测量微小信号，误差较大。

消除零点残余电压的方法主要有三种：一是保证设计和工艺上的结构对称性；二是选择线圈组成结构（如图 3-15 所示）；三是选用合适的测量电路，如整流电路与相敏检波电路。

1. 差动整流电路

整流电路是将交流信号通过整流电路转换成直流信号；差动整流电路是把差动变压器的两个二次线圈输出电路进行整流，然后将整流后的电压或电流的差值作为输出。整流电路有电压整流和电流整流，也有半波整流和全波整流，如图 3-18 所示。

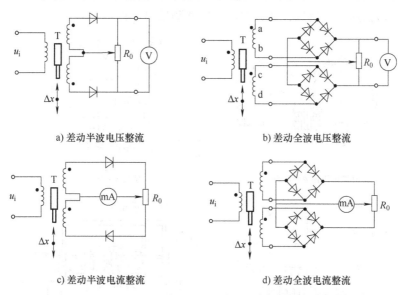

a) 差动半波电压整流　　　　　　　　b) 差动全波电压整流

c) 差动半波电流整流　　　　　　　　d) 差动全波电流整流

图 3-18　差动变压器式传感器整流电路

无论二次线圈的输出瞬时电压极性如何，整流电路的输出始终等于两个整流电路输出的电压差。铁心在原始位以上或者以下时，输出的电压刚好极性相反，零点残余电压自动抵消。

2. 二极管相敏检波电路

二极管相敏检波电路如图 3-19a 所示，该电路能判别铁心移动的方向。

1）衔铁在中间位置时，无论参考电压是正半周还是负半周，负载 R_L 上的输出电压为 0。

2）衔铁向上移动时，无论参考电压是正半周还是负半周，负载 R_L 上的输出电压为正。

3）衔铁向下移动时，无论参考电压是正半周还是负半周，负载 R_L 上的输出电压为负。

对于零点残余电压(图 3-19b)，经过相敏检波电路，上位移输出正电压，下位移输出负电压，零点残余电压自动消失，其输出波形如图 3-19c 所示。

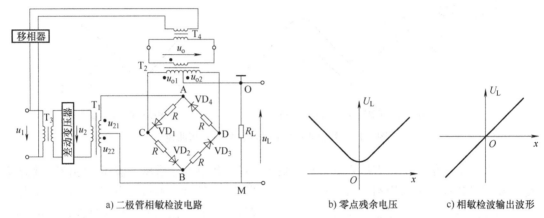

a) 二极管相敏检波电路　　　　　b) 零点残余电压　　　　　c) 相敏检波输出波形

图 3-19　差动变压器式传感器相敏检波电路及输出曲线

【实例 04】　差动互感传感器测量压力、差压，如图 3-20 所示。

图 3-20 所示的是几个压力测量的实例，其中图 a 是采用弹簧管测量中压和微压，图 b 和图 c 分别采用膜盒和膜片测量差压，图 d 采用膜盒测量微压。四个实例均通过弹性元件将液压/气压信号转换成位移信号，通过差动变压器测量出位移。

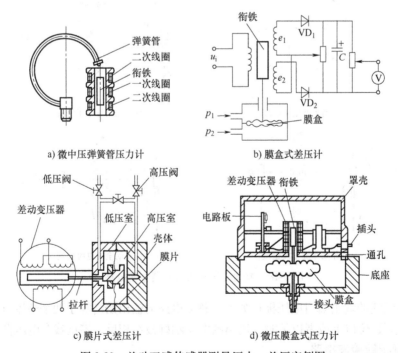

a) 微中压弹簧管压力计　　　　　　b) 膜盒式差压计

c) 膜片式差压计　　　　　　　　d) 微压膜盒式压力计

图 3-20　差动互感传感器测量压力、差压实例图

【**实例 05**】 差动互感传感器测量加速度，如图 3-21 所示。

图 3-21 所示的是差动变压器式传感器测量加速度的原理示意图，衔铁作为测量加速度的惯性元件，测量与加速度成正比的位移，就能完成加速度的测量。

差动变压器式传感器不仅可以测量位移参数，而且还可以测量与位移有关的机械量，如振动、加速度、应变（形变位移）、压力、张力和厚度等。

实际应用时还要关注周围环境温度的变化，环境温度会引起线圈及导磁体磁导率的变化，从而使线圈磁场发生变化产生温度漂移。当线圈品质因数较低时，影响更为严

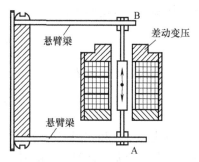

图 3-21 加速度测力示意图

重，因此，采用恒流源激励比恒压源激励有利，同时适当提高线圈品质因数并采用差动电桥。

3.3 电涡流式传感器

根据法拉第电磁感应原理，块状金属导体置于变化的磁场中或在磁场中做切割磁力线运动时（与金属是否为块状无关，且切割不变化的磁场时无涡流），导体内将产生旋涡状的感应电流，叫作电涡流，该现象称为电涡流效应。根据电涡流效应结合相应工艺可制作电涡流传感器。

如图 3-22a 所示，激励线圈通入交流激励电流 I_1，则线圈周围空间产生一个交变磁场 H_1，通过一定的距离 x 作用于块状金属导体，使金属导体中感应电涡流 I_2，I_2 又产生一个与 H_1 方向相反的交变涡流磁场 H_2。根据楞次定律，H_2 的反作用必然削弱线圈的磁场 H_1。由于磁场 H_2 的作用，涡流要消耗一部分能量，导致传感器线圈的等效阻抗发生变化。线圈阻抗的变化取决于被测金属导体的电涡流效应，电涡流效应的大小与被测金属导体的几何尺寸（$a \times b \times t$）和电磁特性（磁导率 μ 和电阻率 ρ）有关。

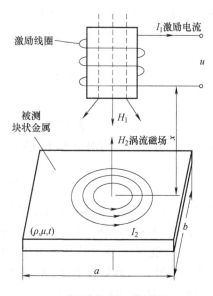

a) 电涡流传感器工作原理

图 3-22b 所示是电涡流传感器等效电路，根据基尔霍夫电压定律，得到：

$$R_1 I_1 + j\omega L_1 I_1 - j\omega M I_2 = u$$
$$R_2 I_2 + j\omega L_2 I_2 - j\omega M I_1 = 0 \qquad (3\text{-}28)$$

式中，ω 是激励电流的角频率；M 是线圈和金属导体之间的互感系数，大小与线圈和金属导体之间的距离 x 有关，距离小，互感系数大。由式（3-28）可得到等效电阻 Z：

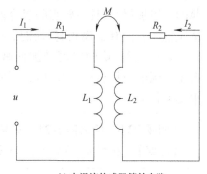

b) 电涡流传感器等效电路

图 3-22 电涡流传感器原理图

$$Z=\frac{u}{I_1}=R+\mathrm{j}\omega L=R_1+\frac{\omega^2 M^2}{R_2^2+\omega^2 L_2^2}R_2+\mathrm{j}\omega\left[L_1-\frac{\omega^2 M^2}{R_2^2+\omega^2 L_2^2}L_2\right] \tag{3-29}$$

线圈的等效电阻 R：

$$R=R_1+\frac{\omega^2 M^2}{R_2^2+\omega^2 L_2^2}R_2=R_1+kR_2 \tag{3-30}$$

线圈的等效电感 L：

$$L=L_1-\frac{\omega^2 M^2}{R_2^2+\omega^2 L_2^2}L_2=L_1-kL_2 \tag{3-31}$$

由式（3-30）和式（3-31）可知等效参数都是 M^2 的函数，因此电涡流传感器属于互感式电感传感器。当 k 增加时，R 增加，L 减小，使线圈的一次品质因数 $Q_0=\omega L_1/R_1$ 下降。

将图 3-22a 所示电涡流效应及电涡流传感器工作原理转换成如图 3-23 所示的应用示意图。众所周知，当交流电通过导体时，由于感应作用，引起导体截面积上电流分布不均匀；越靠近导体表面，电流密度越大，这种现象叫作趋肤效应。这是因为当导线流过交变电流时，在导线内部产生涡流引起的，交流频率越高，这种现象越明显。

距离金属表面涡流半径 r 处的涡流密度按下式衰减：

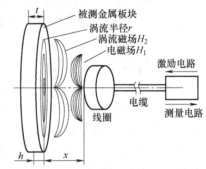

图 3-23　电涡流传感器应用示意图

$$J_r=J_0\mathrm{e}^{-\frac{r}{h}} \tag{3-32}$$

式中，J_0 为金属表面涡流密度（最大）；J_r 为金属表面距离 r 处的涡流密度；h 为趋肤深度：

$$h=\sqrt{\frac{\rho}{\mu_0\mu\pi f}}\approx 5030\sqrt{\frac{\rho}{\mu f}} \tag{3-33}$$

式中，ρ 为电阻率；μ 为磁导率；f 为激励信号频率。h 也可称为电磁场 H_1 的穿越深度。

由式（3-33）可知，激励频率 f 越高（高频），h 越小；而 f 趋小（低频），终会出现 h 大于金属板块厚度 t，故电涡流式传感器分为高频反射式（如图 3-22a 所示）和低频透射式（如图 3-24 所示）。

图 3-24 中，提供低频激励信号 u_1，产生的磁场 H 对于较薄的金属板材/块具有较强的贯穿能力，使得下端线圈产生感应电压。没有金属板材/块时，u_2 最大；有金属板材/块时，u_2 随板材/块的厚度增加而减小。测量电路根据 u_2 的大小得到金属板材/块的厚度，因属于非接触式测量，故应用实例较多。

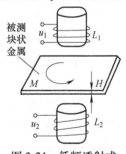

图 3-24　低频透射式
电涡流传感器

【问题 02】　根据图 3-24，如果金属板材/块中有裂痕，如何探测？

【思路】　观察 u_2 的波形，如果材质基本均匀，则 u_2 波形是水平浅波纹。

比较图 3-22 和图 3-24，前者是激励线圈和测量线圈共为一个，后者分开，对象是金属板材/块，因此电涡流传感器是由被测对象、线圈（如图 3-25 所示）和后置测量电路组成。若不安装在测量现场，实际电涡流传感器就是一个独立线圈。

电涡流传感器的测量电路分为调频式和调幅式两种。调幅式测量电路可分为恒定频率的调幅式和频率变化的调幅式，调幅式是指以输出高频信号的幅度来反映电涡流线圈与被测金属导体之间的关系；特点是输出可以被调理为直流电压、对直流电压进行数据采集的速度快、时间短、可以降低功耗。调频式是指将线圈的电感量与微调电容构成振荡器，以振荡器的频率作为输出量的一种转换电路；优点是：电路结构简单、抗干扰能力强、性能较稳定、分辨率和精度高、易与计算机连接、频率输出便于数据采集和处理、成本较低。

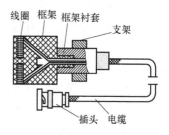

图 3-25　电涡流线圈结构图

图 3-26 是电涡流传感器电桥电路，将传感器线圈的等效阻抗变化转换为电压或电流的变化。图中 A、B 两线圈为传感器线圈，差动连接，分别与两电容并联阻抗作为电桥的桥臂，即 $Z_1 = L_1 // C_1$，$Z_2 = L_2 // C_2$；平衡状态时电桥输出：$\Delta u = 0$。

$$Z_1 R_2 = Z_2 R_1 \tag{3-34}$$

测量时，被测体与线圈耦合，$Z = f(x)$，由于传感器线圈的等效阻抗发生变化，使电桥失去平衡。$\Delta u \neq 0$，电桥不平衡造成的输出信号进行放大并检波，就可得到与被测量成正比的输出。电桥法主要用于两个电涡流线圈组成的差动式传感器。

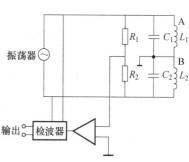

图 3-26　差动电涡流传感器电桥电路

图 3-27 所示的是电涡流传感器谐振电路，是将传感器线圈等效电感的变化转换为电压或电流的变化，线圈与电容并联组成 LC 并联谐振回路，其谐振频率 $f = \dfrac{1}{\sqrt{2\pi LC}}$。

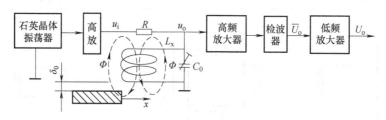

图 3-27　电涡流传感器谐振电路

谐振时 $Z = L/(RC)$，即等效阻抗最大，R 为谐振回路等效电阻。L 变化时，Z 和谐振频率 f_x 随其变化，因此测量回路阻抗 Z 或测量回路谐振频率 f_x 能测出传感器的被测值。谐振调幅式电路，因采用了石英晶体振荡器，因此稳定性较高。

图 3-28 所示的是电涡流传感器调频电路，是通过测量谐振频率的变化来进行测量。调频电路的输出是频率信号，可由数字频率计直接测量，或者通过 $f-U$ 变换，用数字电压表测量对应的电压。电路结构简单，便于遥测和数字显示。

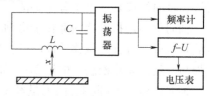

图 3-28　电涡流传感器调频电路

电涡流传感器其最大优点是属于非接触式测量。与其他类型的位移传感器相比，电涡流传感器具有体积小、重量轻、抗振动、抗冲击、耐高低温、不受油污影响、结构简单、长期工作可靠性好等特点，在性能指标上，具有测量范围宽、灵敏度高、分辨率高、响应速度快、抗干扰能力强等优点，并且是涡流无损检测里的一种重要检测设备。因此，目前已广泛应用于建筑、冶金、轻工、工程、动力系统、油田、矿山、电厂、钢厂等领域中。

综上所述，电涡流传感器的线圈阻抗 Z 与较多参数呈函数关系：

$$Z=f\big[(I,n,\omega),(x),(\mu,\rho),(a,b,t)\big] \tag{3-35}$$

式中，I、n、ω 为线圈参数，分别为激励电流、线圈匝数和电源角频率；x 为线圈到金属板块的距离，也是金属板块与线圈之间的位移；μ、ρ 分别为金属板块的磁导率和电阻率；a、b、t 是金属板块的几何尺寸，分别为长度、宽度和厚度。

设定式(3-35)中有一个参数为变量，如位移 x 或厚度 t，其他为常量，则阻抗 Z 就成为 x(或 t)的单值函数。采用这种方法，电涡流传感器就可对汽轮机、水轮机、鼓风机、压缩机、空分机、齿轮箱、大型冷却泵等大型旋转机械轴的径向振动、轴向位移、键相器、轴转速、胀差、偏心、以及转子动力学研究和零件尺寸检验等进行在线测量和保护。

表 3-1 为电涡流传感器的部分应用总结。

【**实例 06**】 电涡流传感器测量位移。

图 3-29 所示为三个测量"轴向位移"的实例，"1"为被测件，"2"为电涡流传感器。

表 3-1　电涡流传感器应用表

被 测 参 数	中间变换量	应 用 特 征
位移、厚度、振动	x	可连续测量，受剩磁影响
表面温度、电解质浓度、材质判别	ρ	可连续测量，对温度变化进行补偿
应力、硬度	μ	可连续测量，受剩磁和材质影响
探伤	x，ρ，μ	可定量测量

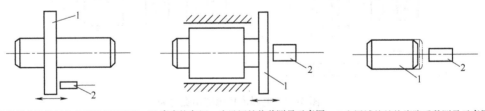

a) 汽轮机主轴的轴向位移测量示意图　　b) 磨床换向阀、先导阀的位移测量示意图　　c) 金属试件的热膨胀系数测量示意图

图 3-29　电涡流传感器测量位移示例

对于许多旋转机械，包括蒸汽轮机、燃气轮机、水轮机、离心式和轴流式压缩机、离心泵等，轴向位移是一个十分重要的信号，过大的轴向位移将会引起过大的机构损坏。

轴向位移是指机器内部转子沿轴心方向，相对于止推轴承二者之间的间隙而言。有些机械故障也可通过轴向位移的探测进行判别，例如：①止推轴承的磨损与失效；②平衡活塞的磨损与失效；③止推法兰的松动；④联轴节的锁住等。

轴向位移(轴向间隙)的测量经常与轴向振动弄混。轴向振动是指传感器线圈表面与被测体、沿轴向之间距离的快速变动，这是一种轴的振动，用峰峰值表示。它与平均间隙无关。有些故障可以导致轴向振动，例如压缩机的喘振和不对中即是。

电涡流传感器除测量轴向位移外，还可测量如金属材料的热膨胀系数、钢水液位、纱线张力、流体压力、加速度等可变换成位移量的参量。

【实例07】 电涡流传感器测量振动。

图3-30所示为三个测量"振动"的实例，"1"为被测件，"2"为电涡流传感器。图a为汽轮机和空气压缩机常用的监控主轴的径向振动和汽轮机叶片振幅的示意图；图b为测量发动机涡轮叶片的振幅的示意图；图c通常使用数个传感器探头并排地安置在轴附近，并通过多通道指示仪表输出至记录仪，以测量轴的振动形状并绘出振型图。

测量径向振动，可以看到轴承的工作状态，还可以看到转子的不平衡、不对中等机械故障。可以提供对于下列关键或基础机械进行机械状态监测所需要的信息：①工业透平，蒸汽/燃汽；②压缩机，空气/特殊用途气体，径向/轴向；③膨胀机；④动力发电透平，蒸汽/燃汽/水利；⑤电动机、发电机；⑥励磁机；⑦齿轮箱；⑧泵；⑨风扇、风机；⑩往复式机械。

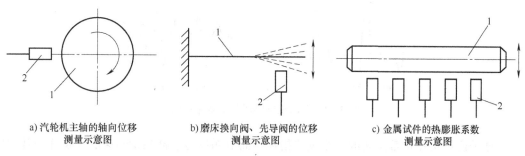

a) 汽轮机主轴的轴向位移　　　b) 磨床换向阀、先导阀的位移　　　c) 金属试件的热膨胀系数
　　测量示意图　　　　　　　　　　测量示意图　　　　　　　　　　测量示意图

图3-30　电涡流传感器测量振动示例

振动测量还用于对一般性的小型机械进行连续监测。可为如下各种机械故障的早期判别提供重要信息：①轴的同步振动，油膜失稳；②转子摩擦，部件松动；③轴承套筒松动，压缩机喘振；④滚动部件轴承失效，径向预载，内部/外部不对中；⑤轴承巴氏合金磨损，轴承间隙过大，径向/轴向；⑥平衡(阻气)活塞磨损/失效，联轴器"锁死"；⑦轴弯曲，轴裂纹；⑧电动机空气间隙不匀，齿轮咬合问题；⑨透平叶片通道共振，叶轮通过现象。

【实例08】 电涡流传感器测量厚度。

图3-31所示为测量"厚度 t"的实例，"1"为被测件，"2"为已固定安装的两个电涡流传感器。图中，两个线圈安装距离为"D"，由两个电涡流传感器分别测量出 x_1 和 x_2，通过计算得到被测件的厚度：$t = D - (x_1 + x_2)$。生产中，电涡流传感器还可用来测量涂层和多层复合材料分层的厚度。

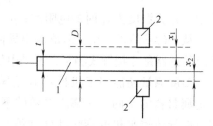

图3-31　电涡流传感器测量厚度示例

【问题03】 有2张面积均为 $W1.2m \times L2.4m$ 的薄铁皮，分别厚1mm和厚0.8mm，均售价1000元，若厂家错把0.8mm按1mm出厂，每箱($W1.2m \times L2.4m \times H0.2m$)损失多少钱？(参考答案：5000元)

79

【实例09】 电涡流传感器测量转速。

图 3-32 所示为测量"转速"的实例，"1"为被测件，"2"为电涡流传感器。转速 N 计算公式如下：

$$N = 60\frac{f}{n} \tag{3-36}$$

式中，n 为圆盘状或齿轮状金属体上的槽数；f 为频率值。

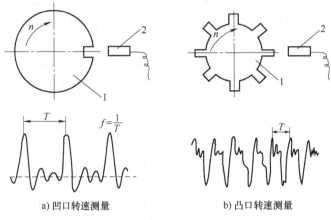

a) 凹口转速测量   b) 凸口转速测量

图 3-32   电涡流传感器测量转速示例

转速是衡量机器正常运转的一个重要指标，而电涡流传感器测量转速的优越性是其他任何传感器测量无法比拟的，它既能响应零转速，也能响应高转速，抗干扰性能也非常强。

【实例10】 电涡流传感器测量温度。

在测量温度方面，利用导体的电阻率与温度的关系，保持线圈与被测导体之间的距离及其他参量不变，就可以测量金属材料的表面温度，还能通过接触气体或液体的金属导体来测量气体或液体的温度。在较小的范围内，导体的电阻率与温度的关系可表示为

$$\rho_1 = \rho_0[1 + \alpha(t_1 - t_0)] \tag{3-37}$$

式中，ρ_1 为温度为 t_1 时的电阻率；ρ_0 为温度为 t_0 时的电阻率；α 为电阻温度系数。

从式(3-37)可看出，若能测出导体电阻率随温度的变化，就可求得相应的温度变化。电涡流传感器是非接触式测量，不受中低温时金属表面污物影响，且测量快速。

温度测量还能用于机械热胀差异。对于汽轮发电机组来说，在其起动和停机时，由于金属材料的不同、热膨胀系数的不同以及散热的不同，轴的热膨胀可能超过壳体膨胀；有可能导致透平机的旋转部件和静止部件(如机壳、喷嘴、台座等)的相互接触，导致机器的破坏。

【实例11】 电涡流传感器探伤。

电涡流传感器可以用来检查金属的表面裂纹、热处理裂纹以及用于焊接部位的探伤等。

综合参数 (x, ρ, μ) 的变化引起传感器参数的变化，通过测量传感器参数的变化即可达到探伤的目的。探伤时若发现有裂纹/裂缝，即可通过图 3-33 所示的波形图探测到。

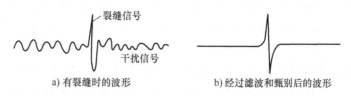

a) 有裂缝时的波形　　　　　　　　b) 经过滤波和甄别后的波形

图 3-33　电涡流传感器探伤波形示例

图 3-33a 所示为有裂缝时波形，图 3-33b 为经过滤波和甄别后的信号波形。

【实例 12】　机器人系统接近觉与位置感知传感器。

作为机器人系统用于位置和接近觉感知的传感器之一，在内部配置如图 3-25 所示的传感器电涡流线圈，基于图 3-22 所示的原理测量位移。测量前先得到初始位置，只要机器人位移前方有"金属"物件，就能得到实时的位置信息；若"金属"物件是机器人系统移动路径的重要工艺点，来自于"金属"物件反馈的信息，得到机器人系统对"金属"物件的接近觉。

【实例 13】　电涡流传感器的其他应用。

电磁炉，就是利用电流通过线圈产生磁场，当磁场内的磁力线通过金属器皿的底部时会产生无数小涡流，使器皿本身自行高速发热，最高温度可高达 240℃，然后再加热器皿内的食物。当磁场内的磁力线通过非金属物体时，不会产生涡流，因此不会产生热力。炉面和人都是非金属物体，本身不会发热，因此没有被电磁炉烧伤的危险，安全可靠。

探雷器，利用电流通过线圈产生磁场，当磁场内的磁力线通过金属制雷材料时，磁阻就会变化，示警器立刻报警。

安检门，安检门的内部设置有发射线圈和测量线圈。当有金属物体通过时，交变磁场就会在该金属导体表面产生电涡流，会在测量线圈中感应出电压，计算机根据感应电压的大小、相位来判定金属物体的大小。

本章小结

本章主要讲授了电感式传感器，电感式传感器的最主要测量参数是位移，也称电感式位移传感器。电感式位移传感器利用导线制成特定的线圈，根据其位移量的变化而使线圈的自感量或是互感量发生变化来进行位移测量，因此根据其转换原理电感式位移传感器可分为自感型和互感型两大类；电涡流传感器也属于互感型。

电感式传感器的核心部件是线圈，核心知识是电磁感应原理，由磁回路欧姆定理和电涡流效应引出传感器的工作原理。电感式传感器测量时首先生成磁场环境，被测对象无论是带动衔铁作接触式测量，还是通过线圈得到感应信号，均使得自感系数、互感系数或感抗发生变化，再通过测量电路输出相应的电信号。

电感式传感器的测量电路因涉及交流阻抗，阻抗参数测量用（交流）电桥电路，交流参数用整流电路，电桥与整流组合又形成相敏检波电路，而交流变量可以通过谐振模式产生频率信号，因此传感器电压输出和频率输出的电路为电感式传感器的主要测量电路。

电感式传感器的最主要测量参数是位移，任何能转换成位移的参数也能测量，所以电感式传感器的应用领域较为宽广，尤其是电涡流传感器的非接触式测量，更拓宽了应用领域。

电感式传感器中，由于螺旋管和线圈制作技术较为成熟，形成的传感器结构简单，相比用磁性材料构筑的自感/互感式传感器更容易制作、安装、调试和实时监测，所以电感式传感器在实际应用中，较多的选用螺旋管式传感器和电涡流式传感器。

任何导磁对象在生成的磁场中移动，只要切割磁力线，均会感应出电信号，因此本节没有过多讨论传感器的灵敏度。而传感器的测量误差，排除被测对象自身因素外，主要来源就是温度效应，环境温度和激励电流均使得线圈的阻抗有所变化，从而引起感抗的变化，应用时要多加关注；实际应用时则注意零点残余电压及其抑制和消除方法。

电涡流传感器中，因导体中产生涡流效应，同时也产生了趋肤效应。趋肤效应与激励源频率 f、工件的电导率 σ、磁导率 μ 等有关。频率 f 越高，电涡流的渗透深度就越浅，趋肤效应越严重。也就是说，电流沿导线流动，如果是直流电流或工频电流，整个导线电流密度均匀分布。如果是交流电流大于工频电流，则电流密度分布将从导线截面的轴心点开始向截面圆周方向移动，形成圆环，轴心处没有电流；圆环的宽度 $\Delta\delta$ 取决于交流频率，频率越高，$\Delta\delta$ 越小，如图 3-34 所示。

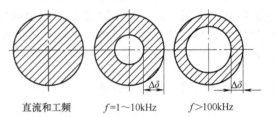

图 3-34　导线截面趋肤效应示意图

传感器在实际应用中，一般对非接触式测量是首选方案，本章中电涡流传感器具有诸多优点，同时应用领域宽广，在条件允许时，建议首选电涡流传感器。

思考题与习题

3-1　掌握各节传感器基本概念、定义、特点；掌握特性分析、误差分析；掌握各自应用。

3-2　请介绍自感传感器和互感传感器的相敏检波电路的工作过程和意义。

3-3　请阐述零点残余电压的来源、危害和处理方法。

3-4　请阐述磁回路欧姆定理，阐明变气隙式自感传感器中总磁阻的组成。

3-5　请阐述图 3-12 所示系统的各功能组成，说明传感器在系统中的作用。

3-6　请详细阐述图 3-14 所示的圆度率测量原理。

3-7　电感式传感器如何能测量液压或气压？

3-8　什么是电涡流效应？

3-9　请介绍电涡流传感器的组成。

3-10　什么是趋肤效应？电涡流传感器依据什么进行分类？

3-11　电涡流式传感器有何优点？

3-12　补充题：试查询"中频炉"的功能和工作过程，说明"中频炉"基于什么原理？

3-13　思考题：电涡流式传感器可以作为探雷器，试说明电涡流式探雷器的工作原理。

3-14　设计题 1：电磁炉是电涡流效应的典型应用，试设计出电磁炉的功能实现原理框图，并说明其工作原理。

3-15　设计题 2：如图 1-14 所示的电热水器，若作为饮水机，水位 h 控制在 0.9～0.95m 之间。$h>0.95m$ 关闭进水阀门；$h<0.9m$ 就开启进水阀门；在"进水"命令生效后 $h<0.85m$，立刻发出断水报警。试选择合适的传感器设计出水位检测系统，实现上述功能。

第 **4** 章

电容式传感器

4.1 基本概念及原理

大千世界，电容无所不在，可分为看得见和看不见的，如式(4-1)表示，如图4-1所示。看得见的是实体元件，可统称为电容器，简称电容，不论容量多少，均发挥重要作用。看不见的电容，不论容量多少，几乎都是干扰源，无所不在。

$$C = \frac{\varepsilon S}{d} = \frac{\varepsilon_0 \varepsilon_r S}{d} \qquad (4-1)$$

式中，ε_0 为真空介电常数（$\varepsilon_0 = 8.85 \times 10^{-12} \, \text{F/m}$，绝对介电常数；相对介电常数为1）；$\varepsilon_r$ 为电极板间的相对介电常数，若为实体电容，则 ε_r 为电解质介电常数（见表4-1）；若为不可见电容，则 ε_r 为空气相对介电常数（$\varepsilon_r = 1.000585 \approx 1$）。若电容式传感器中的相对介电常数作为变量，即变介电系数型电容传感器，则用 ε_x 表示。

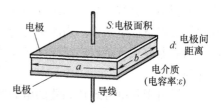

图 4-1 电容器基本结构图

表 4-1 部分电介质相对介电常数 ε_r

气体/液体	真空	氧	氢	空气	水蒸气	液态氧	液态氢	水
相对介电常数	1	1.00051	1.000264	1.000585	1.00785	1.465	1.22	81.5
固体	石蜡	纸	木头	冰	硬橡胶	玻璃	碳	食盐
相对介电常数	2~2.3	2.5	2.8	3~4	4.3	5~10	6~8	7.5

由式(4-1)可知，电容 C 是关于 d、S、ε 的函数，作为实体电容，若电容作为元器件，d、S、ε 都是固定值，则电容 C 也是固定值。分析图4-1，下列情况没有电容（作用）：①S 为零，或 d 为零（形成单电极）；②ε 为零，可以理解为两电极之间存在绝缘隔离材料（等效为单电极）；③电容两电极具有相同电势，形成等电位。

【问题01】 为什么两芯信号线缆之间会存在分布电容？

将式(4-1)等效于电容式传感器的原理公式，式中 d、S、ε 都可以作为变量，则电容式传感器分为变气隙式、变面积式和变介电常数式（此为非接触式测量）。三类分别如图4-2a、b、c所示，图4-2还表明了电容式传感器的结构简单多样，可根据应用灵活选择。

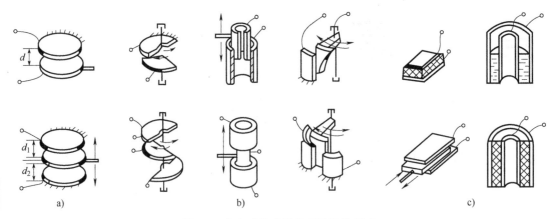

图 4-2　电容式传感器类型及结构组成

只要 d、S、ε 三个参数中有一个是变量，就构筑成电容 C 与该变量的单值函数，其中，电容 C 与 S、ε 为线性函数，与 d 为非线性函数。当作为变量的参数处于初始零位时（参数未变化），式（4-1）就成为电容式传感器的初始电容值 C_0。

由此可知，电容式传感器是将被测对象的变化转换为电容量变化的传感器。它结构简单、体积小、分辨力高、动态反应快，具有平均效应，测量精度高；能在高温、辐射和强烈振动等恶劣条件下工作。当测量介电质型参数 ε_r 浓度或含量变化时，还可实现非接触式测量。因此电容式传感器广泛应用于压力、差压、液位、流量、振动、位移、加速度、成分含量等领域。

同样由于是电容式传感器的电容特性，存在两大主要缺点：

1）传感器的电容量受其电极几何尺寸等限制，一般为几十到几百皮法，使传感器的输出阻抗很高，尤其当采用音频范围内的交流电源时，输出阻抗高达 $10^6 \sim 10^8 \Omega$。因此电容式传感器负载能力差，易受外界干扰影响。

2）传感器的初始电容量很小，而传感器的引线电缆电容、测量电路的杂散电容以及传感器极板与其周围导体构成的电容等"寄生电容"却较大，这一方面降低了传感器的灵敏度；另一方面这些电容（如电缆电容）是随机变化的，将使传感器工作不稳定，影响测量精度。

4.2　电容式传感器类型

1. 变极距式电容传感器

变极距式电容传感器，极距 d 为变量，如图 4-3a 所示。设定初始 d_0，得初始 C_0；当极距变化 Δd（变小）时，电容的 C 有效极距为 $d-\Delta d$，将 d_0 和 $d-\Delta d$ 分别代入式（4-1）：

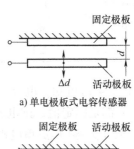

a) 单电极极板式电容传感器

$$\Delta C = C - C_0 = \frac{\varepsilon S}{d_0 - \Delta d} - \frac{\varepsilon S}{d} = C_0 \frac{\Delta d}{d_0 - \Delta d} \tag{4-2}$$

若相对于 d_0（不宜过小），有 $d_0 \gg \Delta d$，Δd 为微小位移，则有

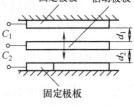

b) 差动式电容传感器

$$\Delta C = C - C_0 = C_0 \frac{\Delta d}{d_0 - \Delta d} \approx C_0 \frac{\Delta d}{d_0} \tag{4-3}$$

图 4-3　变极距式电容传感器

变极距式电容传感器测量微小位移（如微米级）时，式(4-3)为线性函数；其灵敏度为

$$\frac{\Delta C}{\Delta d}=\frac{C_0}{d_0}=\frac{\varepsilon S}{d_0^2} \tag{4-4}$$

在实际应用中，当输入的非电量为直线位移时，传感器的一个极板通常就是金属物体某一局部表面。由于电容 C 和极板间距离 d 的非线性关系，因而改变极板间距离的电容式传感器只适用于 Δd 很小的情况。为改善测量非线性度，提高传感器灵敏度，减小外界环境干扰影响，变极距式电容传感器多选用差动形式，如图 4-3b 所示，差动形式的灵敏度提高1倍：

$$\frac{\Delta C}{\Delta d}=\frac{\Delta C_2-\Delta C_1}{\Delta d}=\frac{C_2-C_1}{\Delta d}=\frac{2C_0}{d_0}=\frac{2\varepsilon S}{d_0^2} \tag{4-5}$$

2. 变面积式电容传感器

变面积式电容传感器，面积 S 为变量。如图 4-1 所示，$S=ab$，设定初始 S_0，得初始 C_0；当动极板线位移为 x 时，如图 4-4a 所示，$S=(a-x)b$，由式(4-1)得电容变化率为

$$\Delta C=C_0-C=\frac{\varepsilon ab}{d}-\frac{\varepsilon(a-x)b}{d}=\frac{\varepsilon xb}{d}=kx \tag{4-6}$$

式中，k 就是变面积式电容传感器的灵敏度；x 可测较大的位移，理论上可达到 a 值。

若是角位移 θ（如图 4-4b 所示），未位移时得到 C_0，转动 θ 后，有效面积为

$$S=S_0\left(1-\frac{\theta}{\pi}\right)$$

则
$$C=\frac{\varepsilon}{d}S=\frac{\varepsilon}{d}S_0\left(1-\frac{\theta}{\pi}\right)$$
$$=C_0\left(1-\frac{\theta}{\pi}\right)=C_0-C_0\frac{\theta}{\pi} \tag{4-7}$$

角位移时电容相对于 θ 的灵敏度为

$$k=\frac{\Delta C}{\theta}=\frac{C_0-C}{\theta}=\frac{C_0}{\pi}=\frac{\varepsilon S_0}{\pi d} \tag{4-8}$$

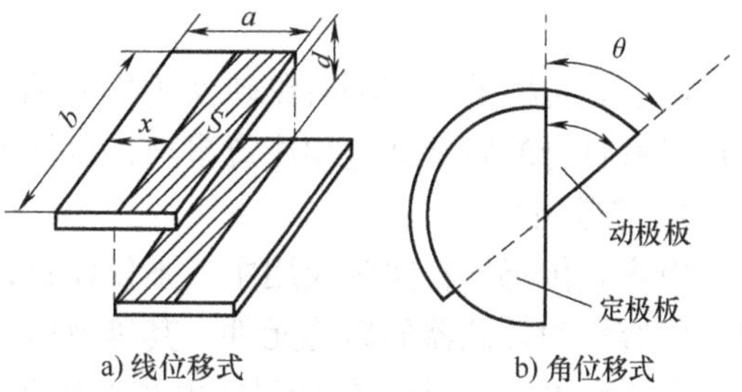

a) 线位移式　　b) 角位移式

图 4-4　变面积式电容传感器位移原理图

变面积式电容传感器由于能够测量角位移，且电容与线/角位移的变化均呈线性函数关系，因此应用领域较宽；图 4-2b 中就有 6 种结构类型。

3. 变介电常数式电容传感器

变介电常数式电容传感器能实现非接触测量，介电常数 ε 为变量。

设定初始 ε_0，其中包括真空介电常数和传感器中变量介质的初始介电常数，得到初始 C_0；由于应用不同，当 ε_x 变化时，得到相应的电容值。

图 4-5a 所示为实体型介电质位移测量的应用实例，两电极板不动，电容器内部 ε_{r1} 部分和 ε_{r2} 部分相当于两个电容并联，得

$$C=C_1+C_2=\frac{\varepsilon_0 b}{d}\left[\varepsilon_{r1}(a-x)+\varepsilon_{r2}x\right] \tag{4-9}$$

式中，a、b 为电极板的长度、宽度；x 为位移。

作为被测对象介电常数实体极多，除金属外，还有食品、药品、纺织品、木材等。

$x=0$ 时得 C_0，$x\neq0$ 时的电容相对变化率为

$$\frac{\Delta C}{C_0} = \frac{C - C_0}{C_0} = \frac{(\varepsilon_{r2} - 1)x}{a} \qquad (4-10)$$

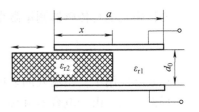

a) 变介电质体积(长度)型

图 4-5b 所示为液体型介电质液位 h 测量的应用实例，内外筒构筑的两电极不变，筒高 H，筒内部 ε_1 部分和 ε 空气部分相当于两个电容并联，得

$$C = \frac{2\pi\varepsilon_1 h}{\ln\dfrac{D}{d}} + \frac{2\pi\varepsilon(H-h)}{\ln\dfrac{D}{d}} = \frac{2\pi\varepsilon H}{\ln\dfrac{D}{d}} + \frac{2\pi h(\varepsilon_1 - \varepsilon)}{\ln\dfrac{D}{d}} = C_0 + \frac{2\pi h(\varepsilon_1 - \varepsilon)}{\ln\dfrac{D}{d}} \qquad (4-11)$$

式(4-11)表明 C 为 C_0 和变化项之和。$h=0$ 时得 C_0，$h \neq 0$ 时的电容相对变化率为

$$\frac{\Delta C}{C_0} = \frac{C - C_0}{C_0} = \frac{(\varepsilon_1 - \varepsilon)}{\varepsilon} \frac{h}{H} \qquad (4-12)$$

式(4-10)和式(4-12)均表明，电容与实体介电质位移量或与液体介电质液位的变化呈线性函数关系，且可以实现非接触式测量，使电容式传感器的应用领域变宽。

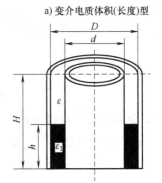

b) 变介电质含量(液位)型

图 4-5　变介电常数型电容
传感器原理图

4.3　电容式传感器特点与应用事项

电容式传感器将被测对象转换为电容值(或容抗)的变化，在转换过程中，需要了解电容还具有自身的特性和应用注意事项，以保证在应用中，凸显电容的优点。

1. 等效电路

电容式传感器在实际应用中，不仅仅只是纯电容的特性，还涉及传感器的构成与应用环境。电容作为传感器的敏感元件，其等效电路如图 4-6a 所示。

图 4-6a 中，图中 L 包括引线电缆电感和电容式传感器本身的电感；R_s 由引线电阻、极板电阻和金属支架电阻组成；C_0 为传感器本身的电容；C_p 为引线电缆、所接测量电路及极板与外界所形成的总寄生电容；R_p 是极间等效漏电阻，包括极板间的漏电损耗和介质损耗、极板与外界间的漏电损耗和介质损耗。这些参量的作用因工作条件不同而不同。

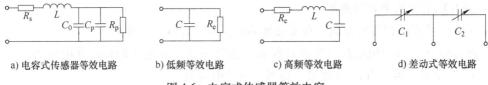

a) 电容式传感器等效电路　　b) 低频等效电路　　c) 高频等效电路　　d) 差动式等效电路

图 4-6　电容式传感器等效电容

在低频工作时，传感器的电容阻抗很大，L 和 R_s 的影响可以忽略，因此图 4-6a 可简化为图 4-6b，其中 $C = C_0 + C_p$，$R_e = R_p$，R_e 为等效电阻。

在高频工作时，电容的阻抗变小，L 和 R_s 的影响不可忽视，而漏电影响可忽略，因此图 4-6a 可简化为图 4-6c，其中 $C = C_0 + C_p$，$R_e = R_s$，R_e 为等效电阻。引线电缆的电感很小，只有在 10MHz 以上的高频时才考虑其影响。

差动结构变气隙式电容传感器如图 4-3b 所示，中间为动极板，两边为定极板，若动极

板移动距离为 Δd，上边的间隙变为 $d_0-\Delta d$，而下边则变为 $d_0+\Delta d$，两边的电容成差动变化，这样就可以消除外界因素所造成的测量误差。差动电容等效电路如图 4-6d 所示。

2. 电容式传感器特性

（1）电容式传感器的优点

1）温度稳定性好。电容式传感器的电容值一般与电极材料无关，有利于选择温度系数低的材料；因本身发热极小，影响稳定性甚微。

2）结构简单。电容式传感器结构简单，易于制造，易于保证高的精度，可以做得非常小巧，以实现某些特殊的测量。

3）环境适应能力强。电容式传感器能工作在高温、强辐射及强磁场等恶劣的环境中，可以承受很大的温度变化，承受高压力、高冲击、过载等；能测量超高温和低压差。

4）动态响应好。电容式传感器由于带电极板间的静电引力很小（数量级为 10^{-5}N），需要的作用能量极小；又由于它的可动部分很小很薄，即质量很轻，因此其固有频率很高，动态响应时间短，能在几 MHz 的频率下工作，特别适用于动态测量。由于其介质损耗小，可以用较高频率供电，因此系统工作频率高；还可用于测量高速变化的参数。

5）可以非接触测量，具有平均效应。例如回转轴的振动或偏心率、小型滚珠轴承的径向间隙等。非接触测量时，电容式传感器具有平均效应，可以减小工件表面粗糙度等影响。

电容式传感器除了上述优点外，还因其带电极板间的静电引力很小，所需输入力和输入能量极小，因而可测极低的压力、力和很小的加速度、位移等，可以做得很灵敏，分辨力高，能敏锐感觉到 $0.01\mu m$ 甚至更小的位移；由于其空气等介质损耗小，采用差动结构并接成电桥式时产生的零残极小，因此允许电路进行高倍率放大，使仪器具有很高的灵敏度。

（2）电容式传感器的缺点

1）输出阻抗高，负载能力差。

电容式传感器的容量受其电极的几何尺寸等限制，一般为几十 pF 到几百 pF，其值只有几个皮法，使传感器的输出阻抗很高，尤其当采用音频范围内的交流电源时，输出阻抗高达 $10^8\sim10^6\Omega$。因此传感器的负载能力很差，易受外界干扰影响而产生不稳定现象，严重时甚至无法工作，必须采取屏蔽措施，从而给设计和使用带来极大的不便。容抗大还要求传感器绝缘部分的电阻值极高（几十兆欧以上），否则绝缘部分将作为旁路电阻而影响仪器的性能（如灵敏度降低），为此还要特别注意周围的环境如湿度、清洁度等。

若采用高频供电，可降低传感器输出阻抗，但高频放大、传输远比低频的复杂，且寄生电容影响大，不易保证工作十分稳定。

2）寄生电容影响大。

电容式传感器的初始电容量小，而连接传感器和电子线路的引线电缆电容（1~2m 导线可达 800pF）、电子线路的杂散电容以及传感器内极板与其周围导体构成的电容等所谓"寄生电容"却较大，不仅降低了传感器的灵敏度，而且这些电容（如电缆电容）常常是随机变化的，将使仪器工作很不稳定，影响测量精度。因此对电缆的选择、安装、接法都有要求。

（3）应用注意事项

电容式传感器优点颇多，但缺点也很明显，实际应用中需要扬长避短，改善其性能。

1）减小环境温度、湿度变化的影响。温度变化会使电容极板材料的几何尺寸和相对位置产生变化，会使某些介质的介电常数发生变化，从而改变传感器的电容量，产生温度误差。湿度会影响某些介质的介电常数和绝缘电阻值。

2）漏电阻、激励频率和材料的绝缘性。电容传感器并不是一个纯电容，电容传感器的阻抗与激励频率有关，如图4-6中的高低频等效电路不同。当激励频率较低时，漏电阻将使电容传感器灵敏度下降，因此需要选择高的电源频率，一般为50kHz到几兆赫兹，以降低对传感器绝缘部分的绝缘要求。电容传感器等效电路存在一个谐振频率，供电电源的频率必须低于该谐振频率，一般取其1/3～1/2。

3）减小边缘效应。平行极板的边缘效应不仅使传感器的灵敏度降低而且产生非线性，适当减小极板间距、增大极板面积，可以减小边缘效应的影响；极板做得很薄（如电镀金或银）使之与极距相比很小，也可以减小边缘效应的影响；此外，可在结构上增设等位环来消除边缘效应。减小边缘效应的方法是制作商问题，通常采取增加保护极板方法。

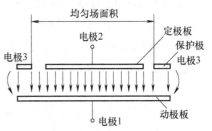

图4-7　带保护环的平板电容式传感器

如图4-7所示，电极3是与电极2在同一平面上、将电极2包围、与电极2保持绝缘但保持等电位的环状电极，这样使电极2的边缘电场电力线平直，使电极1和电极2之间的电场基本均匀，而发散的边缘电场产生在等位环（电极3）的外周，不影响传感器两极板间电场。保持等电位的方法可以用电压跟随器实现。

4）静电引力。电容式传感器两极板间因存在静电场，而作用有静电引力或力矩。静电引力的大小与极板间的工作电压、介电常数、极间距离有关。通常这种静电引力很小，但在采用推动力很小的弹性敏感元件情况下，须考虑因静电引力造成的测量误差。

5）减轻寄生电容影响。电容式传感器由于受结构与尺寸的限制，其电容量都很小（几pF到几十pF），属于小功率、高阻抗器件，因此极易受外界干扰，尤其是受大于它几倍、几十倍的且具有随机性的电缆寄生电容的干扰，它与传感器电容相并联，严重影响传感器的输出特性，甚至会淹没有用信号而不能使用。

消除寄生电容影响，是电容式传感器实用的关键。图4-8所示的是采用屏蔽电极接地，对敏感电极的电场进行保护，使其与外界电场隔离开，并有效避免驱动电动机所产生的边缘电场的不确定性。这种结构用于制作电容值小、高精度的标准电容传感器，例如，在电容值为0.0001pF时可达到2%的精度，在0.1pF时则可达到0.1%的精度。

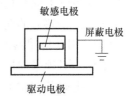

图4-8　带屏蔽电极的
电容式传感器

4.4　测量电路

电容式传感器的输出电容值非常小（通常几pF至几十pF），因此不便直接显示、记录，更难以传输，为此，需要借助测量电路来检测这一微小的电容量，并转换为与其成正比的电压、电流或频率信号。测量电路的种类很多，主要还是调幅电路、调频电路和调制电路。

1. 运算放大器电路

图4-9所示为基本的运算放大器（简称运放）电路，它由传感器电容 C_x、固定电容 C_0 及运算放大器A组成。其中 u 为电源电压，u_o 为输出电压。

由于集成运放开环增益很高，所以它构成基本运算电路均可认为是深度负反馈电路，运放两输入端之间满足"虚短"和"虚断"，根据这两个特点得出：

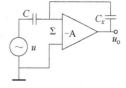

图 4-9 运算放大器电路

$$u_o = -\frac{\dfrac{1}{\mathrm{j}\omega C_x}}{\dfrac{1}{\mathrm{j}\omega C}}u = -\frac{C}{C_x}u \qquad (4\text{-}13)$$

式中，C_x 为传感器电容，若为变极距式电容传感器，则

$$u_o = -\frac{C}{C_x}u = -\frac{C}{\varepsilon S}ud \qquad (4\text{-}14)$$

电容传感器选用运算放大器作为测量电路，要求电源电压必须采取稳压措施，测量位移对象一般为 0.1μm 量级。

2. 交流电桥测量电路

图 4-10a 所示为单臂接法的交流电桥测量电路。当电容式传感器输入的被测量 $x=0$、输出 $C_x=C_0$ 时，交流电桥平衡，$C_1/C_2=C_x/C_3$，$u_o=0$；而当 $x\neq0$ 时，传感器输出为 $C_x=C_0+\Delta C$，交流电桥失去平衡，$u_o\neq0$，$u_o=f(x)$。此种电路常用于料位自动测量仪中。

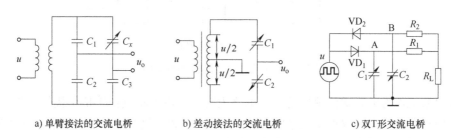

a) 单臂接法的交流电桥   b) 差动接法的交流电桥   c) 双T形交流电桥

图 4-10 交流电桥测量电路

图 4-10b 所示为差动电桥测量电路。其空载输出电压为

$$u_o = \frac{(C_0-\Delta C)-(C_0+\Delta C)}{(C_0-\Delta C)+(C_0+\Delta C)}u = -\frac{\Delta C}{C_0} \qquad (4\text{-}15)$$

式(4-15)表明，差动接法的交流电桥电路的输出电压 u_o 与被测电容 ΔC 之间呈线性关系。此种线路常用于尺寸自动检测系统中。

图 4-10c 所示为双 T 形电桥测量电路。假设二极管正向导通时电阻为 0，反向截止时电阻为无穷大，且只考虑负载电阻 R_L 上的电流。

图 4-10c 中，当激励电压 u 在负半周时，二极管 $\mathrm{VD_1}$ 截止，$\mathrm{VD_2}$ 导通；电容 C_2 放电，形成 i_1 输出；同时 i_1 流经 R_L、R_2、$\mathrm{VD_2}$，同时对 C_2 充电。当激励电压 u 在正半周时，二极管 $\mathrm{VD_2}$ 截止，$\mathrm{VD_1}$ 导通；电容 C_2 放电，形成 i_2；同时 i_2 流经 R_L、R_1、$\mathrm{VD_1}$，同时对 C_1 充电。

设 $R=R_1=R_2$，当传感器电容没有变化时，$C_1=C_2$，由于 u 负半周与正半周完全对称，故在一个周期内，流经负载 R_L 上的平均电流为 0。当传感器电容变化时，$C_1\neq C_2$，流经负载 R_L 上的平均电流不为 0，就能推导出与电容变化的信号电压，其输出电压的平均值为

$$U_o = \frac{RR_L(R+2R_L)}{(R+R_L)^2}Uf(C_1-C_2) \qquad (4\text{-}16)$$

显然，输出电压不仅与激励电源 u 电压的幅值有关，而且与激励电源的频率 f 有关；因此除了要求稳压外，还需稳频。另外，输出电压与 (C_1-C_2) 有关，因此对于改变极板间隙的差动电容式检测原理来说，双 T 形电桥电路只能减少非线性，而不能完全消除非线性。

3. 调频电路

电容式传感器作为振荡器谐振回路的一部分，当被测对象使电容量发生变化后，就使振荡器的振荡频率发生变化，频率的变化在鉴频器中变换为振幅的变化，经放大后输出。调频接收系统可以分为直放式调频和外差式调频两种类型，如图 4-11 所示。外差式调频线路比较复杂，但选择性高，特性稳定，抗干扰性能优于直放式调频。

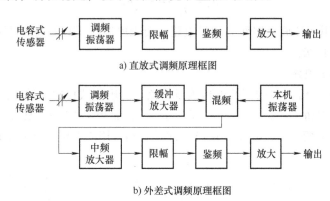

a) 直放式调频原理框图

b) 外差式调频原理框图

图 4-11　电容式传感器的调频电路

用调频系统作为电容式传感器的测量电路主要具有以下特点：①抗干扰能力强；②特性稳定；③调频电路输出能取得高电平的直流信号（伏特数量级）；④调频电路以频率为输出，易与其他数字仪器、智能电路或嵌入式电路接口。

4. 谐振电路

图 4-12 为谐振式电路的原理框图，电容式传感器的电容 C_x 作为谐振回路 (L_2, C_2, C_x) 调谐电容的一部分。谐振回路通过电感耦合，从稳定的高频振荡器取得振荡电压。

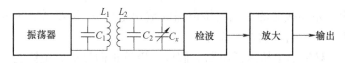

图 4-12　电容式传感器的谐振电路

当电容 C_x 变化时，谐振回路的谐振频率发生变化，对于高频振荡器的频率来说是失谐的，使谐振回路两端的电压振幅也发生变化，即该电路具有将电容 C_x 的变化转换为谐振回路两端电压振幅变化的作用，也就是谐振回路两端将获得一个受电容 C_x 变化量调制的调幅波。该调幅波经检波器检波后，经过放大器放大输出。

这种电路的特点是比较灵敏，缺点是：①工作点不容易选好，变化范围也较窄；②传感器与谐振回路相距要近，否则电缆的杂散电容对电路的影响较大；③为了提高测量精度，振荡器的频率要求具有很高的稳定性。

5. 脉冲宽度调节电路

图 4-13 所示为脉冲宽度调节电路。设传感器差动电容为 C_1 和 C_2，当双稳态触发器的输

出 A 点为高电位，则通过 R_1 对 C_1 充电，直到 F 点电位高于参考电位 U_r 时，比较器 IC_1 将产生脉冲触发双稳态触发器翻转。在翻转前，B 点为低电位，电容 C_2 通过二极管 VD_2 迅速放电。一旦双稳态触发器翻转后，A 点为低电位，B 点为高电位。这时在反方向上重复上述过程，即 C_2 充电，C_1 放电。当 $C_1 = C_2$ 时，电路中各点电压波形如图 4-14 所示。

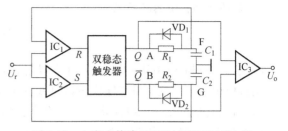

图 4-13 电容式传感器的脉冲宽度调节电路

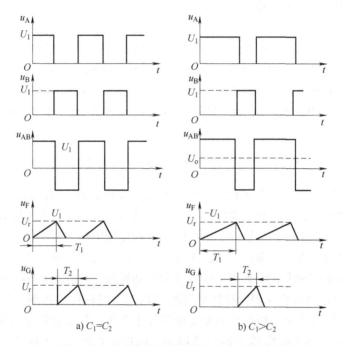

a) $C_1 = C_2$ b) $C_1 > C_2$

图 4-14 差动脉冲宽度电路各点电压波形图

由图 4-13 可见，A、B 两点平均电压值 U_{AB} 为零。但差动电容 $C_1 \neq C_2$ 时，如 $C_1 > C_2$，则 C_1 和 C_2 充放电时间常数就发生改变，这时 A、B 两点平均电压值不再为零。

当矩形电压波通过低通滤波器后，可得出直流分量：

$$U_o = U_{AB} = \frac{T_1 - T_2}{T_1 + T_2} U_1 = \frac{C_1 - C_2}{C_1 + C_2} U_1 \tag{4-17}$$

式中，T_1 为 C_1 的充电时间；T_2 为 C_2 的充电时间；U_1 为双稳态触发器输出的高电位。

由于 U_1 的值是已知的，因此，输出直流电压 U_{AB} 随 T_1 和 T_2 而变，亦即随 U_A 和 U_B 的脉冲宽度而变，从而实现了输出脉冲电压的调宽。当然，必须使参考电位 U_r 小于 U_1。

式(4-17)说明，直流输出电压正比于电容 C_1 与 C_2 的差值，其极性可正可负。

由此还进一步得到：

1）差动变间隙电容传感器时：

$$U_o = \frac{\Delta d}{d_0} U_1 \tag{4-18}$$

2）差动变面积电容传感器时：

$$U_o = \frac{\Delta S}{S_0} U_1 \tag{4-19}$$

由式（4-18）和式（4-19）可见，对于差动脉冲调宽电路，不论是改变平板电容器的极板面积或是极板距离，其变化量与输出量都呈线性关系。

3）调宽电路对元件无线性要求；效率高，信号只要经过低通滤波器就有较大的直流输出；调宽频率的变化对输出无影响；由于低通滤波器作用，因此对输出矩形波纯度要求不高。差动脉冲调宽电路适用于任何差动式电容式传感器，并具有理论上的线性特性。

4.5　电容式传感器应用

92

电容式传感器应用广泛，在农业、航空航天、汽车制造、石油化学、烧砖、陶瓷、表面处理、大气环境、环境实验箱、食品、饮料、高科技、暖通、工业应用、冶金、气象、计量、军事、制药、造纸等行业均有应用。如现在主流手机采用的电容式触摸屏，可探测非金属厚度、冰层厚度，测量水流泥沙含量信息以及低频地震波，可实时测量水位、成分含量等。

> 【实例 01】　图 4-15、图 4-16 所示为电容式传感器测量位移、振动。

电容式位移传感器是一种非接触式、精密测量位移的实例应用，具有一般非接触测量传感器所共有的无摩擦、无摩损和无惰性特点外，还具有信噪比大、灵敏度高、零漂小、频响宽、非线性小、精度稳定性好、抗电磁干扰能力强和使用操作方便等优点。主要应用在测量压电微位移、振动台、电子显微镜微调、天文望远镜镜片微调、精密微位移测量等。高灵敏度电容测微仪采用非接触方式精确测量微位移和振动振幅，量程为 $0.01 \sim 100\mu m$。

图 4-15 所示是差动式变面积位移传感器的结构图。当测杆随被测位移运动而使动极板移动时，导致动极板与两个定极板间的覆盖面积发生变化，其电容量也相应作线性变化。

图 4-16 所示是振动式电容传感器的结构图。图中标识的电容传感器均为电容定极板，被测对象均为动极板，测量时电容极距发生周期变化，从而电容量也相应变化。图 4-16b 中为两组电容传感器，测量时得到两个变化电容值后，通过计算得到轴心偏摆方向和大小。

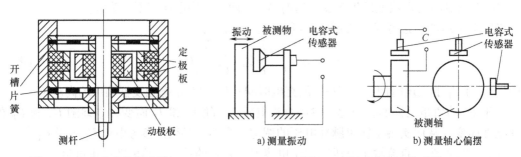

图 4-15　电容式位移传感器　　　　图 4-16　振动式电容传感器

> 【问题 02】　图 4-16 所示两个图例能够测量加速度吗？为什么？

【实例02】 电容式传感器测量加速度。

加速度的测量是电容式传感器的典型应用之一，通过电容式传感器可以用多种方式测量加速度。图4-16就可以测量加速度。又如空气阻尼的电容式加速度传感器、电容式挠性加速度传感器、由玻璃-硅-玻璃结构构成的零位平衡式(伺服式)电容式加速度传感器、基于组合梁的差动输出的硅电容式单轴加速度传感器、新型硅微结构三轴加速度传感器等。

图4-17所示是一种空气阻尼的电容式加速度计。该传感器有两个固定极板，极板中间有一用弹簧支撑的两个端面经过磨平抛光后的质量块。当传感器测量垂直方向上的直线加速度时，质量块在绝对空间中相对静止，而两个固定电极将相对质量块产生位移，此位移大小正比于被测加速度，使C_{x1}、C_{x2}中一个增大、一个减小，它们的差值正比于加速度。

图4-18所示为电容式力平衡式挠性加速度传感器。敏感加速度的质量组件由石英动极板及力发生器线圈组成；并由石英挠性梁弹性支承，其稳定性极高。固定于壳体的两个石英定极板与动极板构成差动结构；两极面均镀金属膜形成电极。由两组对称E形磁路与线圈构成的永磁动圈式力发生器互为推挽结构，提高了磁路利用率和抗干扰性。工作时，质量组件敏锐感应被测加速度，使电容式传感器产生相应输出，经测量(伺服)电路转换成比例电流输入力发生器，使其产生一电磁力与质量组件的惯性力精确平衡，迫使质量组件随被加速的载体而运动；此时流过力发生器的电流，即精确反映了被测加速度值。

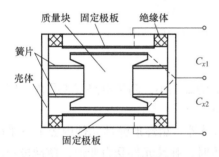

图4-17　电容式加速度传感器1

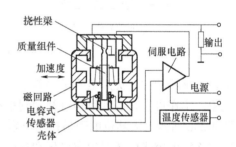

图4-18　电容式加速度传感器2

在这种加速度传感器中，传感器和力发生器的工作面均采用微气隙"压膜阻尼"，使它比通常的油阻尼具有更好的动态特性。典型的石英电容式挠性加速度传感器的量程为$0\sim150\mathrm{m/s^2}$，分辨力$1\times10^{-5}\mathrm{m/s^2}$，非线性误差和不重复性误差均不大于满量程的0.03%。

【实例03】 图4-19所示为电容式传感器测量液位。

电容式液位传感器是将被测介质液面变化转换为电容量变化的一种介质变化型电容式传感器。图4-19a是用于被测介质是非导电物质时的电容式传感器；当被测液面变化时，两电极间的介电常数发生变化，从而导致电容量的变化。图4-19b适用于测量导电液体的液位；液面变化时相当于外电极的面积在改变，这是一种变面积式电容传感器。

【实例04】 电容式传感器称重。

电容式荷重传感器是利用弹性敏感元件的变形，造成电容随外加重量的变化而变化。图4-20a所示为一种电容式称重传感器示意图。在一块弹性较大的镍铬钼钢料的同一高度上打上一排圆孔，在孔的内壁用特殊的黏结剂固定两个截面为T形的绝缘体，并保持其平行

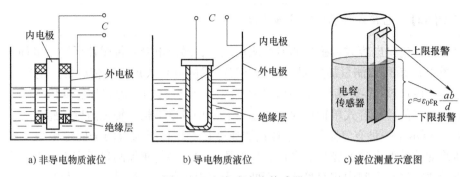

a) 非导电物质液位　　　　　b) 导电物质液位　　　　　c) 液位测量示意图

图 4-19　电容式液位传感器

又留有一定间隙，在 T 形绝缘体平面粘贴铜箔，从而形成一排平行的平板电容。当钢块上端面承受重量时圆孔变形，每个孔中电容极板的间隙随之变小，其电容相应增大。由于在电路上各电容是并联的，因而输出所反映的结果是平均作用力的变化。

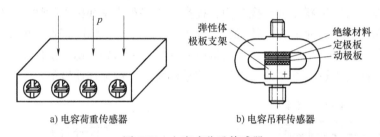

a) 电容荷重传感器　　　　　b) 电容吊秤传感器

图 4-20　电容式称重传感器

这种传感器的主要优点是测量误差小，受接触面的影响小，测量电路置于孔内，因而无感应现象，工作可靠，温度漂移可补偿到很小的程度。

图 4-20b 所示为大吨位电子吊秤用电容式称重传感器。扁环形弹性元件内腔上下平面上分别固定连接电容式传感器的定极板和动极板。称重时，弹性元件受力变形，使动极板产生位移，导致传感器电容量变化，从而引起由该电容组成的振荡频率变化。

【实例 05】　图 4-21 所示为电容式传感器测量厚度。

电容式测厚仪是用来测量金属带材在轧制过程中的厚度。它的变换器就是电容式厚度传感器，如图 4-21 所示为其工作原理。在被测带材的上下两边各置一块面积相等、与带材距离相同的极板，这样极板带材就形成两个电容器(带材也作为一个极板)。把两块极板用导线连接起来，就成为一个极板，而带材则是电容器的另一个极板，其总电容：$C = C_1 + C_2$。

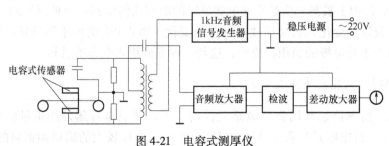

图 4-21　电容式测厚仪

　　金属带材在轧制过程中不断向前送进，如果带材厚度发生变化，将引起它与上下两个极板间距变化，即引起电容量的变化，如果总电容量 C 作为交流电桥的一个臂，电容的变化 ΔC 引起电桥不平衡输出，经过放大、检波、再放大，最后得到带材的厚度。这种厚度仪的优点是带材的振动不影响测量精度。

> **【实例 06】**　图 4-22 所示为电容式传感器测量湿度。

　　利用具有很大吸湿性的绝缘材料作为电容式传感器的介质，在其两侧面镀上多孔性电极。当相对湿度增大时，吸湿性介质吸收空气中的水蒸气，使两块电极之间的介质相对介电常数增加（水的相对介电常数为 80），所以电容量增大。

　　图 4-22 所示为薄膜型湿度电容式传感器，其电极为多孔结构，厚度只有几百埃，可以保证水汽自由进出。中间感湿膜常用的材料是多孔金属氧化物材料，如三氧化二铝（Al_2O_3）、五氧化二钽（Ta_2O_5），多孔材料的孔径、孔的分布都会影响到器件的感湿性能。这类传感器响应快，但高温下宜采用钽电容式湿敏传感器。

> **【问题 03】**　图 4-23 所示为差压式电容传感器，试列举哪些领域会同时产生两个压力形成差压？

> **【实例 07】**　图 4-23 所示为电容式传感器测量压力/差压。

　　电容式压力传感器可以测量液体、气体的压力或差压，其结构简单、灵敏度高、响应速度快，能测微小压差（$0\sim0.75Pa$）、真空或微小绝对压力；若被测压力为直接检测和控制的参数时，可以用其来测量锅炉的锅筒压力、炉膛压力、烟道压力以及化工生产中的反应釜压力、加热炉压力等；通过压力还可间接测量液位、流量等参数。

　　图 4-23 所示为一种典型的小型差压式电容传感器结构，由一个活动电极、两个固定电极及其电极引出线组成。动电极为圆形薄金属膜片，同时也是差压敏感元件；两个固定极板是在中凹的玻璃基片上镀有金属层的球面极片。

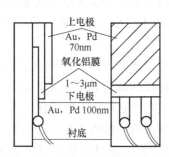

图 4-22　薄膜型陶瓷湿敏传感器

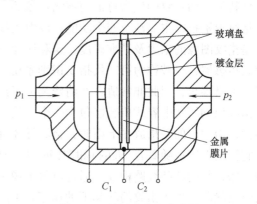

图 4-23　差压式电容传感器

　　在差压作用下，动电极的膜片凹向压力小的一面，导致电容量发生变化。球面极片（图中被放大）可以在压力过载时保护膜片，并改善性能。其灵敏度取决于初始间隙 δ，δ 越小，灵敏度越高。其动态响应主要取决于膜片的固有频率。可与差动脉冲调宽电路构成测量系统。

【**实例08**】 图4-24所示为电容式传感器测量油量。

如图4-24所示，当油箱中注满油时，液位上升，指针停留在转角为θ_m处。当油箱中的油位降低时，电容式传感器的电容量C_x减小，电桥失去平衡，伺服电动机反转，指针逆时针偏转(示值减小)，同时带动RP的滑动臂移动。当RP阻值达到一定值时，电桥又达到新的平衡状态，伺服电动机停转，指针停留在新的位置(θ_x处)。

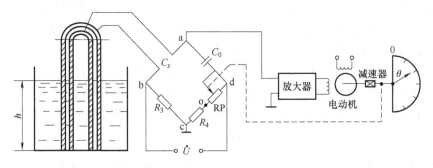

图4-24　汽车用电容式油量表

【**实例09**】 电容式传感器测量指纹。

指纹识别学是一门古老的学科，它是基于人体指纹特征相对稳定与唯一这一统计学结果发展起来的。实际应用中，根据需求的不同，可以将人体的指纹特征分为：永久性特征(有中心点、三角点、端点、叉点、桥接点等永久性特征和纹型、纹密度、纹曲率等辅助特征)、非永久性特征(如孤立点、短线、褶皱、疤痕以及由此造成的断点、叉点等)和生命特征。

人类指纹的纹形特征根据其形态的不同通常可以分为"弓型、箕型、斗型"三大类型，以及"弧形、帐形、正箕形、反箕形、环形、螺形、囊形、双箕形和杂形"九种形态，都是永久性特征；而指纹的生命特征与被测对象的生命存在与否密切相关。

指纹识别技术主要涉及四个功能：读取指纹图像、提取特征、保存数据和比对，最重要的就是指纹图像的采集及其准确度，这和所使用的采集手段有关。指纹采集目前最常用的是电容式传感器，也被称为第二代指纹识别系统。它的优点是体积小、成本低，成像精度高，而且耗电量很小，因此非常适合在消费类电子产品中使用。

指纹识别所需电容式传感器包含一个大约有数万个金属导体的阵列，其外面是一层绝缘的表面，当用户的手指放在上面时，金属导体阵列/绝缘物/皮肤就构成了相应的小电容器阵列。它们的电容值随着脊(近的)和沟(远的)与金属导体之间的距离不同而变化。人类的指纹由紧密相邻的凹凸纹路构成，通过对每个像素点上利用标准参考放电电流，便可检测到指纹的纹路状况。处于指纹的凸起下的像素(电容量高)放电较慢，而处于指纹的凹处下的像素(电容量低)放电较快。这种不同的放电率可通过采样保持(S/H)电路检测并转换成一个8位输出，这种检测方法对指纹凸起和低凹具有较高的敏感性，并可形成非常好的原始指纹图像。

【**实例10**】 通过图4-23所示差压电容传感器，阐述差压式流量计的工作原理。

差压式流量计，是根据流量计工作原理而定义的；又称为节流式流量计，是根据组成流量计的核心器件——节流装置而定义的。如图 4-25 所示，流体（流量或流速）流经流量计中的节流装置，在节流装置前后就会同时产生静压 p_1 和负压 p_2，两个压力通过引压导管接入差压传感器（差压电容传感器），生成差压，通过测量电路转换成对应电信号输出；一般再通过调理电路输出标准电信号，所以又称为差压变送器。

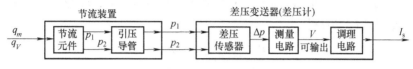

图 4-25 差压（节流）式流量计原理框图

图 4-25 中，节流元件安装于管道中产生静压 p_1 和负压 p_2；节流装置前后的差压与流量成开方关系，标准节流装置包括孔板、喷嘴、文丘里管（如图 4-26 所示）；引压导管：取节流装置前后获取的两个压力信号，通过专用导管，传送给差压变送器；差压变送器：主要由差压传感器（如图 4-23 所示，生成差压）、测量电路（转换成电信号，可输出）和调理电路（转换成标准电信号 4~20mA 或 0~10mA 输出）组成。

图 4-27 是孔板型差压流量计的相关示意图，调流电路简略。

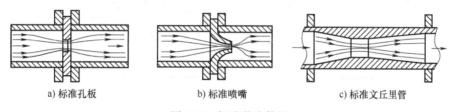

a) 标准孔板 b) 标准喷嘴 c) 标准文丘里管

图 4-26 标准节流装置

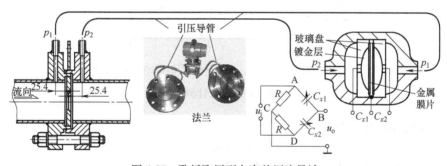

图 4-27 孔板取压型电容差压流量计

拓展知识：节流装置

如图 4-26 所示的标准节流装置包括孔板、喷嘴、文丘里管，是将被测流量转换成静压 p_1 和负压 p_2，是差压流量计信号获取的关键。下面以标准孔板为例进行介绍，取压方式为法兰取样。

充满管道的流体，当它们流经管道内的节流装置时，流束将在节流装置的节流件处形成局部收缩，从而使流速增加，静压力低，于是在节流件前后便产生了压力降，即压差，介质流量越大，在节流件前后产生的压差就越大，所以压差的大小反映了流体流量的大小。

如图 4-28 所示（以孔板为例），设被测流体为不可压缩的理想流体（液体），根据伯努利方程，对截面 Ⅰ—Ⅰ、Ⅱ—Ⅱ 处沿管中心的流体有以下能量关系：

$$\frac{p_1}{\rho_1} + \frac{v_1^2}{2} = \frac{p_2}{\rho_2} + \frac{v_2^2}{2} \tag{4-20}$$

式中，$\rho_1 = \rho_2 = \rho$；p_1、v_1 分别为截面 Ⅰ—Ⅰ 处的压力和流速；p_2、v_2 分别为截面 Ⅱ—Ⅱ 处的压力和流速。整理式（4-20）得

$$\frac{\rho}{2} v_2^2 = (p_1 - p_2) + \frac{\rho}{2} v_1^2 \tag{4-21}$$

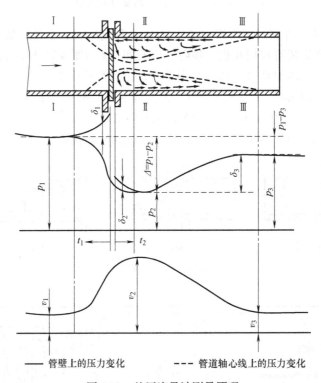

图 4-28　差压流量计测量原理

根据流体的连续性方程得

$$A_1 v_1 = A_2 v_2 \tag{4-22}$$

式中，A_1、A_2 分别为截面 Ⅰ—Ⅰ、Ⅱ—Ⅱ 处截面积。

$$v_1 = \frac{A_2 v_2}{A_1} = \frac{d^2 v_2}{D^2} = \beta^2 v_2 \tag{4-23}$$

将式（4-23）代入式（4-21），得

$$v_2^2 = \frac{2(p_1 - p_2)}{\rho(1 - \beta^4)} \tag{4-24}$$

对于截面积 Ⅱ—Ⅱ 的质量流量：

$$q_m = \rho A_2 v_2 = A_2 \sqrt{\frac{2\rho(p_1 - p_2)}{1 - \beta^4}} \tag{4-25}$$

式(4-25)为质量流量和孔板前后压差之间关系的理论方程式，A_2 代表流束最小收缩截面，用孔板的开孔截面 A_0 代替。引入一个无量纲数 C 修正，C 称为流出系数。

$$q_m = CA_0 \sqrt{\frac{2\rho(p_1-p_2)}{1-\beta^4}} = \frac{C}{\sqrt{1-\beta^4}} A_0 \sqrt{2\rho\Delta p} \tag{4-26}$$

式(4-26)是针对不可压缩的理想流体而得出的流量公式。对于可压缩流体(如各种气体、蒸汽)流过节流装置时，压力发生改变必然引起密度的改变，因此对于可压缩流体上式应引入气体可膨胀系数，则式(4-26)变为

$$q_m = \frac{C}{\sqrt{1-\beta^4}} \varepsilon A_0 \sqrt{2\rho\Delta p} \tag{4-27}$$

$$q_v = \frac{C}{\sqrt{1-\beta^4}} \varepsilon A_0 \sqrt{\frac{2\Delta p}{\rho}} \tag{4-28}$$

式(4-27)和式(4-28)为差压式流量计的流量公式。

本章小结

本章主要讲授电容式传感器，即将被测对象(位移、介电质等参数)的变化转换成电容值变化的传感器，包括变极距式、变面积式和变介电常数式三类电容传感器，三类传感器有接触式测量和非接触式测量，实现技术较为成熟，尤其是拓展式应用实例较多。

电容式传感器的应用非常宽广，因此对本章三个类型的电容式传感器都需要有一定的掌握；由于电容具有自身的特点，应用时一定要注意，对象的变化转换成电容变化，而干扰也来自于可知可见的实体电容(线缆分布电容等)和易忽略不可见的大气电容。因此电容式传感器根据实际应用时，一定要选择合适的测量电路。

本章列举了不少电容式传感器的应用，作为重点的是：原理、特点、测量电路和应用。本章实例之一：差压流量计，选择差压式电容传感器不是唯一选择，任何能测量差压的传感器均可以。

差压流量计中涉及的"节流装置"虽作为拓展知识，也是应该掌握的。除标准节流装置外，还有非标准节流装置。对于非标准节流装置，包括以下特征或内容：①低雷诺数：1/4圆孔板、锥形入口孔板、双重孔板、双斜孔板、半圆孔板等；②脏污介质：圆缺孔板、偏心孔板、环状孔板、楔形孔板、弯管节流件等；③低压损：罗洛斯管、道尔管、道尔孔板、双重文丘里喷嘴、通用文丘里管等；④脉动流节流装置；⑤临界流节流装置：音速文丘里喷嘴；⑥混相流节流装置。

思考题与习题

4-1　掌握各节传感器基本概念、定义、特点；掌握特性分析、误差分析；掌握各自应用。

4-2　根据电容式传感器的工作原理说明它的分类以及能够测量哪些物理参数？

4-3　变间距式电容传感器适用于测量微小位移的原因是什么？为了改善非线性度及提高传感器的灵敏度一般采用什么措施？

4-4 差动式电容式传感器如何实现差压测量?

4-5 请介绍双 T 形测量电桥工作原理。

4-6 请介绍脉冲宽度调制电路的工作原理。

4-7 请介绍电容式传感器的优缺点。

4-8 请介绍差压流量计的工作原理。

4-9 请介绍差压流量计的节流装置。

4-10 补充题 1:请查阅由玻璃-硅-玻璃结构构成的零位平衡式(伺服式)电容式加速度传感器。

4-11 补充题 2:请查阅基于组合梁的差动输出的硅电容式单轴加速度传感器。

4-12 补充题 3:请查阅新型硅微结构三轴加速度传感器。

4-13 思考题 1:请了解电容式触摸屏的工作原理。

4-14 思考题 2:请了解差压式液位计的工作原理。

4-15 设计题:面对目前大型货车存在超载问题,试设计出车载式电容称重系统,对运载货物的重量进行实时监测,一旦发现超载,直接发出制动命令,不允许汽车起动。

(可查询相关资料,根据资料设计出监控系统原理框图,介绍工作原理。)

第 5 章

压电式传感器

压电式传感器的核心器件是具有压电效应的压电元件。压电效应包含正压电效应和逆压电效应，具有可逆性。

将被测对象（如重力、压力、加速度等）转换为电荷电压输出的传感器，或是基于压电效应的传感器，或是由压电元件为敏感元件制作的传感器，称为(正)压电式传感器。

(正)压电式传感器具有体积小、重量轻、动态特性好、工作可靠等优点，不仅用于各种动态力、机械力或振动等参数测量，还广泛应用于声学、医学、力学、宇航等领域。

基于压电元件的电致伸缩效应作为信号源的传感器，称为(正逆)压电式传感器，逆压电效应的压电元件提供一定频率的机械振动信号给被测对象，正压电效应的压电元件再接收这个含有被测对象信息的机械振动信号。如果电致伸缩频率在超声波频率范围，就可称为超声波传感器。

5.1 基本概念及压电效应

1. 压电效应

压电式传感器的核心元件是压电元件，压电元件具有压电效应，压电式传感器的工作原理就是基于压电元件的压电效应。压电效应分为正压电效应和逆压电效应。

某些电介质在沿一定方向上受到外力的作用而变形时，其内部会产生极化现象，同时在它的两个相对表面上出现正负相反的电荷。当外力去掉后，它又会恢复到不带电的状态，这种现象称为正压电效应。当作用力的方向改变时，电荷的极性也随之改变。

相反，当在电介质的极化方向上施加电场时，这些电介质也会发生变形，电场去掉后，电介质的变形随之消失，这种现象称为逆压电效应，或称为电致伸缩现象。若施加的是交变电场，则电解质的变形也同频率按一定形状交替变化。

压电效应是材料中一种机械能与电能互换的现象，其可逆性如图 5-1 所示。利用压电效应的可逆特性可制作换能器，实现机-电能量的相互转换。

图 5-1　压电效应可逆化

晶体的压电效应示意图如图 5-2 所示。晶体不受外力作用时，晶体的正负电荷中心相重合，单位体积中的电矩（极化强度）为零，对外不呈现极性。晶体在外力作用发生形变时，一些晶体的正负电荷的中心发生分离，单位体积的电矩不再为零，晶体呈现出极性，如图 5-2a 所示；有些晶体具有中心对称结构，正负电荷的中心总是重合在一起，不受外界影响而不呈现极性，如图 5-2b 所示。

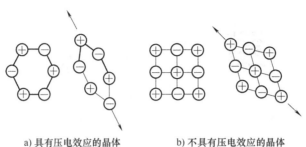

a) 具有压电效应的晶体　　　　b) 不具有压电效应的晶体

图 5-2　晶体的压电效应示意图

2. 压电材料基本特性

具有压电效应的材料很多，归纳到两类：天然石英晶体(二氧化硅)和人工合成陶瓷，如压电陶瓷、压电薄膜、压电聚合物及复合压电材料等。按照传感器的要求，常用作传感器的压电材料主要有石英晶体和(人工)压电陶瓷，并具有以下特性参数：

1) 压电系数：反映材料"压"与"电"之间的耦合效应，是压电介质把机械能(或电能)转换为电能(或机械能)的比例常数，反映了应力(或应变)和电场(或电位移)之间的联系，直接反映了材料及电性能的耦合关系和压电效应的强弱；是衡量材料压电效应强弱的参数，直接关系到压电输出的灵敏度。

2) 介电常数：是表征压电体的介电性质或极化性质的一个参数，对于一定形状、尺寸的压电元件，其固有电容与介电常数有关；而固有电容又影响着压电式传感器的频率下限。

3) 弹性常数：在不同的电学条件下，分有弹性柔顺系数和弹性刚度系数，两者决定着压电元件的固有频率和动态特性。

4) 机械耦合系数：在压电效应中，它是衡量压电材料机电能量转换效率的一个重要参数；大小为转换的输出能量(如电能)与输入的能量(如机械能)之比的平方根。

5) 电阻压电材料的绝缘电阻：该电阻将减少电荷泄漏，期望有较高的电阻率，从而改善压电式传感器的低频特性。

6) 居里点：压电陶瓷在某一温度范围内具有压电效应，它有一临界温度 T_c；当温度高于 T_c 时，压电材料发生结构转变，开始丧失压电特性。这个临界温度 T_c 称为居里点。

7) 介质损耗：压电元件处在交变电场中长期工作时，都有发热的现象，说明介质内部发生了某种能量的耗散，即介质损耗。介质损耗有三种：漏电流损耗、介质不均匀所引起的损耗和电极化引起的损耗，是表征介质品质的一个重要指标。介质损耗越大，材料性能就越差。

8) 稳定性：压电常数会随着温度、湿度和时间发生变化，期望压电材料具有稳定的温湿度特性，保证压电材料的压电特性随时间基本维持不变。

表 5-1 所示为常用压电材料特性参数表。

表 5-1　常用压电材料特性参数表

压电材料性能	石英	钛酸钡	锆钛酸钡 PZT-4	锆钛酸铅 PZT-5	锆钛酸铅 PZT-8
压电系数/(pC/N)	$d_{11}=2.31$ $d_{14}=0.73$	$d_{15}=260$ $d_{31}=-78$ $d_{33}=190$	$d_{15}\approx410$ $d_{31}=-100$ $d_{33}=230$	$d_{15}\approx670$ $d_{31}=-185$ $d_{33}=600$	$d_{15}\approx3300$ $d_{31}=-90$ $d_{33}=200$

（续）

压电材料性能	石英	钛酸钡	锆钛酸钡 PZT-4	锆钛酸铅 PZT-5	锆钛酸铅 PZT-8
相对介电常数 ε_r	4.5	1200	1050	2100	1000
居里点温度/℃	576	115	310	260	300
密度/10^3(kg/m^3)	2.65	5.5	7.45	7.5	7.45
弹性模量/10^3(N/m^2)	80	110	83.3	117	123
机械品质因数	$10^5 \sim 10^6$		≥500	80	≥800
最大安全应力/10^6(N/m^2)	95～100	81	76	76	83
电阻率/(Ω·m)	>10^{12}	10^{10}(25℃)	>10^{10}	>10^{11}(25℃)	
最高允许温度/℃	550	80	250	250	
最高允许湿度(%)	100	100	100	100	

3. 石英晶体的压电效应

石英晶体俗称水晶，是天然结构的、具有压电效应的单晶体，温度稳定性好、动态性能高，由表 5-1 可知，机械品质因数达 $10^5 \sim 10^6$，工作环境温度达 550℃，居里点温度为 576℃；缺点是相对介电常数较低。其结构呈正六棱柱、两端对称的结构，如图 5-3 所示。

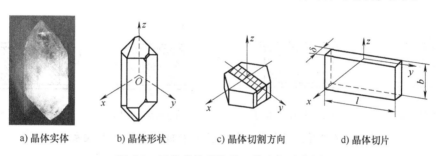

| a) 晶体实体 | b) 晶体形状 | c) 晶体切割方向 | d) 晶体切片 |

图 5-3　石英晶体形状及三维坐标示意图

石英晶体是二氧化硅（SiO_2）单晶体，属于六角晶系，为规则的六角棱柱体，有 3 个晶轴：x 轴、y 轴和 z 轴。x 轴又称电轴，它通过六面体相对的两个棱线并垂直于光轴；y 轴又称机械轴，它垂直于两个相对的晶柱棱面；z 轴又称光轴，它与晶体的纵轴线方向一致。

图 5-3d 中，切片长边 l 平行于 x 轴，称为 Y 切族，l 平行于 x 轴的称为 X 切族。对 X 切族的晶体切片，当沿电轴（x 轴）方向有作用力 F_x 时，在与电轴垂直的平面上产生电荷。在晶体的线性弹性范围内，电荷量与力成正比，可表示为

$$Q_{xx} = d_{11}F_x \tag{5-1}$$

式中，d_{11} 为纵向压电系数，典型值为 2.31CN^{-1}（见表 5-1）。

由式（5-1）可以看出，纵向压电效应与晶片的尺寸无关，它与其内部结构有关。

二氧化硅（SiO_2）的每个晶胞中有 3 个硅离子和 6 个氧离子，一个硅离子和两个氧离子交替排列（氧离子是成对出现的）；沿光轴看去，可以等效地认为是正六边形排列结构。晶体产生极化现象的机理如图 5-4 所示。

由图 5-4 可知产生压电效应的原因：

1）x 轴上受压力时（如图 5-4c 所示），硅离子 1 就挤入氧离子 2 和 6 之间，而氧离子 4

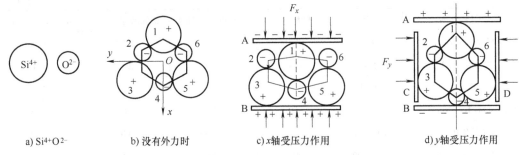

a) Si⁴⁺+O²⁻   b) 没有外力时   c) x轴受压力作用   d) y轴受压力作用

图 5-4 石英晶体压电效应机理示意图

就挤入硅离子 3 和 5 之间。结果在表面 A 上呈现负电荷、表面 B 呈现正电荷。沿 x 轴方向受力产生的压电效应称为"纵向压电效应"。

2）y 轴上受压力时，则硅离子 1 和氧离子 4 向外移，在表面 A 和 B 上的电荷符号就与前者正好相反。沿机械轴（y 轴）方向受力产生的压电效应称为"横向压电效应"。

3）z 轴上受力时，由于硅离子和氧离子是对称平移，在晶体表面上没有电荷呈现，电荷输出为零，因而没有压电效应。

由式（5-1）和图 5-4 可知，在 x/y 轴方向受到压/拉力时的电荷输出状态如图 5-5 所示。

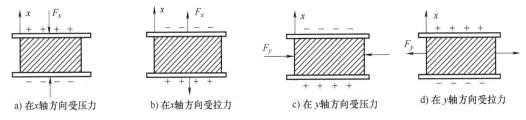

a) 在x轴方向受压力   b) 在x轴方向受拉力   c) 在y轴方向受压力   d) 在y轴方向受拉力

图 5-5 石英晶体切片受力后产生的电荷极性与受力方向关系图

4. 压电陶瓷的压电效应

压电陶瓷是人工制作的、经过直流高电压极化处理过后具有压电性的铁电陶瓷，这些构成铁电陶瓷的晶粒的结构一般是不具有对称中心的，存在着与其他晶轴不同的极化轴，而且它们的原胞正负电荷重心不重合，即有固有电矩（自发极化）存在。

压电陶瓷是一种多晶体，它的压电性取决于晶体的压电性，晶体在机械力作用下，总电偶极矩（极化）发生变化，从而呈现压电现象，因此压电性与极化、形变等有密切关系。

铁电陶瓷是由许多细小晶粒聚集在一起构成的多晶体，这些小晶粒在陶瓷烧结后，通常是无规则地排列的；各晶粒间自发极化方向杂乱，总的压电效应会互相抵消，因此在宏观上往往不呈现压电性能，如图 5-6a 所示。在外电场作用下，铁电陶瓷的自发极

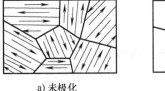
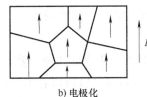

a) 未极化   b) 电极化

图 5-6 压电陶瓷的极化

化强度可以发生转向，在外电场去除后还能保持着一定值（剩余极化），如图 5-6b 所示。利用铁电材料晶体结构中的这种特性，可以对烧成后的铁电陶瓷在一定的温度、时间条件下，用强直流电场处理，使之在沿电场方向显示出一定的净极化强度。这一过程称为人工极化。

经过极化处理后，烧结的铁电陶瓷将由各向同性变成各向异性，并具有压电效应。

沿极化方向施加力时，则在垂直于该方向的两个极化面上产生正负电荷 Q：

$$Q = d_{33}F \tag{5-2}$$

式中，d_{33} 为压电陶瓷的纵向压电系数，其数值大小可参考表 5-1。

压电式传感器中已实用化的压电陶瓷材料按主要组成晶体结构分类：①钙钛结构矿：如钛酸钡（$BaTiO_3$）、钛酸铅（$PbTiO_3$）、锆钛酸铅（$PbZrO_3$）和 $KxNa1-xNbO_3$ 等铁电压电陶瓷；②钨青铜结构：如偏铌酸铅和铌酸锶钡等铁电压电陶瓷；③铋层状结构；④焦绿石结构。

按主要组成组元分类：①单元系陶瓷：属于钙钛结构矿；②二元系陶瓷：如锆钛酸铅；③三元系陶瓷；④多元系陶瓷。

压电式传感器中已实用化的压电陶瓷在表 5-1 中列举了四种。

5. 其他压电材料

1）压电薄膜是一种独特的高分子传感材料，能相对于压力或拉伸力的变化输出电压信号，是一种理想的动态应变片，压电薄膜元件通常由四部分组成：金属电极、加强电压信号压膜、引线和屏蔽层。

2）压电聚合物，如偏聚氟乙烯（PVDF）（薄膜）等，具有材质柔韧、低密度、低阻抗和高压电电压常数（g）等优点，为世人瞩目且发展十分迅速，现在水声超声测量、压力传感、引燃引爆等方面获得应用。不足之处是压电应变常数（d）偏低，使之作为有源发射换能器受到很大的限制。

3）复合压电材料，是在有机聚合物基底材料中嵌入片状、棒状、杆状或粉末状压电材料构成的。至今已在水声、电声、超声、医学等领域得到广泛的应用。如它制成的水声换能器，不仅具有高的静水压响应速率，而且耐冲击，不易受损且可用于不同的深度。

4）压电陶瓷-高聚物复合材料，是由无机压电陶瓷和有机高分子树脂构成的压电复合材料，兼备无机和有机压电材料的性能，并能产生两相都没有的特性。在超声波换能器和传感器方面，压电复合材料也有较大优势。

5）多元单晶压电体，这是较为新型的压电材料，如 $Pb-PbTiO_3$ 单晶。这类单晶的 d_{33} 最高可达 2600pC/N（压电陶瓷 d_{33} 最大为 850pC/N），K_{33} 可高达 0.95（压电陶瓷 K_{33} 最高达 0.8），其应变>1.7%，几乎比压电陶瓷应变高一个数量级。

5.2　压电元件传感器

具有压电效应的元件称为压电元件，由压电元件制成的传感器称为压电元件传感器，简称压电传感器。它将非电量参数转换成电荷电压输出，应用时是一个发电型电荷发生器，无须外加电源，可等效为一个电容器（如图 5-7a 所示），其测量电路包含等效电路和放大器电路。

1. 压电元件等效电路

电荷发生器等效为电容器，则压电元件可等效为电荷型（图 5-7b）和电压型（图 5-7c）等效电路。其电荷值和电压值如图 5-7b 和 c 所示。

2. 压电元件传感器等效电路

传感器的最终结果是输出测量信号，所以压电传感器可等效为电荷型（图 5-7d）和电压

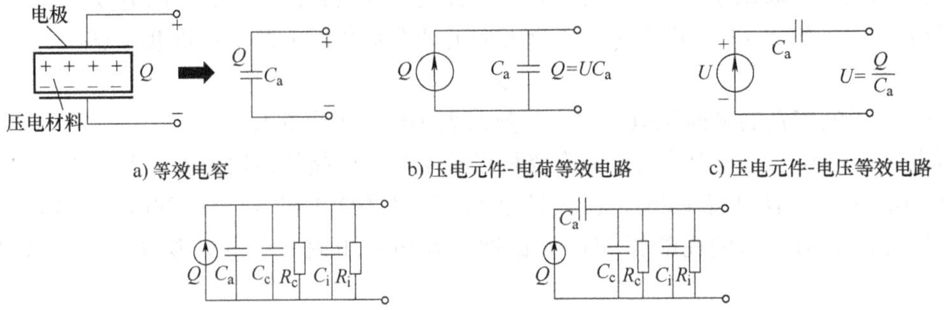

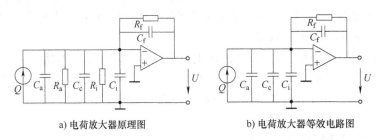

a) 等效电容　　　　　　b) 压电元件-电荷等效电路　　　　c) 压电元件-电压等效电路

d) 压电元件传感器-电荷等效电路　　　e) 压电元件传感器-电压等效电路

图 5-7　压电元件传感器等效电路

型 (图 5-7e) 等效电路。其中 R_c 为传感器的绝缘电阻；C_c 为信号线缆的等效电容；R_i、C_i 分别是放大器的输入电阻和输入电容。

R_a 为传感器的泄漏电阻，表明压电元件传感器有内部电荷的"泄漏"，对于静态标定和低频准静态测量存在误差，所以压电传感器不适合静态测量。为保证传感器有一定的低频响应，需要压电传感器的绝缘电阻的量级达到 $10^{13}\Omega$ 以上。

3. 放大器电路

压电元件传感器内阻较大，信号较弱，需要放大器进行信号放大和阻抗转换。根据图 5-7d、e 所示，放大器类型有电荷放大器和电压放大器。

图 5-8 所示的是电荷放大器原理图与等效电路。电荷放大器是压电元件传感器专用的前置放大器之一，是一个具有深度电容负反馈的高增益放大器，它能将高内阻的电荷源转换为低内阻的电压源，而且输出电压正比于输入电荷，因此，电荷放大器同样也起着阻抗变换的作用，其输入阻抗高达 $10^{10}\sim10^{12}\Omega$，输出阻抗小于 100Ω。

a) 电荷放大器原理图　　　　　　　b) 电荷放大器等效电路图

图 5-8　电荷放大器原理图与等效电路

理想状态下，传感器的绝缘电阻和放大器的输入电阻都是无限大，所以简化图 5-8a 后得到如图 5-8b 所示的电荷放大器的等效电路。

若放大器的开环增益足够高，则运算放大器的输入端的电位接近"地"电位；由于放大器的输入级采用了场效应晶体管，放大器的输入阻抗极高，放大器输入端几乎没有分流，因此电荷 Q 只对反馈电容 C_f 充电，充电电压接近等于放大器的输出电压，即

$$U \approx u_{C_f} = -\frac{Q}{C_f} \tag{5-3}$$

式中，反馈电容 C_f 容量可调，范围一般在 $100\sim10000\mathrm{pF}$ 之间。为了减小零漂，使电荷放大器工作稳定，一般在 C_f 两端并联一个大电阻 R (约 $10^8\sim10^{10}\Omega$)，其功用是提供直流反馈。

图 5-9 所示的是电压放大器原理图及其等效电路。图中，等效电阻 $R = R_i R_a / (R_i + R_a)$，等效电容 $C = C_a + C_c + C_i$。设正弦外力为 $F = F_m \sin\omega t$，压电材料的压电系数为 d_{11}，则输入电压 U_i 为

$$U_i = i \frac{R}{1 + j\omega RC} \qquad (5-4)$$

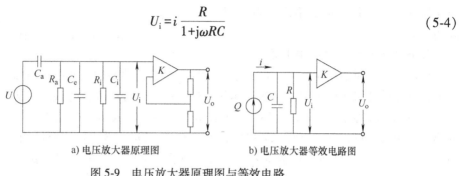

a) 电压放大器原理图　　　　　　　b) 电压放大器等效电路图

图 5-9　电压放大器原理图与等效电路

设定外力为 F，幅值为 F_m，角频率为 ω，则 $F = F_m \sin\omega t$，由式(5-1)得

$$i_i = \frac{dQ}{dt} = \omega d_{11} F_m \cos\omega t \qquad (5-5)$$

将式(5-5)改写成 $I = j\omega d_{11} F$，代入式(5-4)，得

$$U_i = d_{11} F \frac{j\omega R}{1 + j\omega RC} \qquad (5-6)$$

则

$$U_m = \frac{d_{11} Fm\omega R}{\sqrt{1 + \omega^2 R^2 (C_a + C_c + C_i)^2}} \qquad (5-7)$$

由式(5-7)可知，若角频率为零，则传感器输出为零，在原理上也确定了压电元件传感器不能测量静态物理量。如果被测对象是缓慢变化的动态量，而测量回路的时间常数 T 又不大，则造成传感器灵敏度下降。因此为扩大传感器的低频响应范围，就尽量提高回路的时间常数。

由于传感器的电压灵敏度与电容是成反比的，根据 $T = RC$，可行的办法是提高测量回路的电阻。压电元件传感器本身的绝缘电阻一般都很大，测量回路的电阻主要取决于前置放大器的输入电阻；放大器的输入电阻越大，回路的时间常数就越大，传感器的低频响应也就越好。

电压放大器与电荷放大器相比，电路简单、元件少、价格便宜、工作可靠，但是电缆长度对传感器测量精度的影响较大，在一定程度上限制了压电式传感器在某些场合的应用。

压电元件传感器与电荷放大器配合使用，有一个突出的优点，即在一定条件下，传感器的灵敏度与电缆长度无关。压电式传感器在与电压放大器配合使用时，连接电缆不能太长。电缆长，电缆电容 C_c 就大，电缆电容增大必然使传感器的电压灵敏度降低。

4. 多压电元件级联

实际应用中，由于压电元件的安装、信号的强度等要求，往往需要两个及更多的压电元件，如在对称安装时需要两个同型号压电元件，Q 与 C 相等。按照信号的强度要求有并联和串联的连接方式，如图 5-10 所示。

图 5-10a 所示为并联连接，$Q_总 = 2Q$，$U_总 = U_1 = U_2$，$C_总 = 2C$。并联接法输出电荷大、本身电容大、时间常数大，适宜用在测量慢变信号并且以电荷作为输出量的地方。

图 5-10b 所示为串联连接，$Q_总 = Q_1 = Q_2$，$U_总 = 2U$，$C_总 = C/2$。而串联接法输出电压大、本身电容小，适宜用于以电压作输出信号，且测量电路输入阻抗很高的地方。

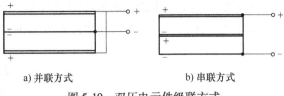

a) 并联方式　　　　　b) 串联方式

图 5-10　双压电元件级联方式

5. 压电元件传感器结构组成

压电元件传感器由于压电元件的电容特性，对于传感器的结构组成有较高的要求。一般压电元件传感器采用内置放大器的一体化结构，由三部分组成：①表示传感器外壳形状和材料，如 B 表示玻璃壳，J 表示金属壳，S 表示塑封型；②表示压电晶体切形，常和切形符号的第一个字母相同，如 A 表示 AT 切形；B 表示 BT 切形；③表示主要性能(包括压电元件和内置电路)及外形尺寸等，用数字表示，有的最后加字母。应用时切记要关注使用手册或说明书。

6. 压电元件传感器应用

压电元件传感器应用较多，如发动机内部燃烧压力的测量与真空度的测量，用于军事工业，例如用它来测量枪炮子弹在膛中击发的一瞬间的膛压的变化和炮口的冲击波压力。它既可以用来测量大的压力，也可以用来测量微小的压力。

【实例 01、02】　图 5-11、图 5-12 为压电元件传感器测力、测压力。

图 5-11a 所示是压电式单向传感器结构示意图，应用于机床动态切削力的测量。安装方式如图 5-11b 所示，刀具与传力上盖良好接触，机床加工时测取刀具切削力，传递给并联的双压电片，得到的电荷电压信号通过电极引出插头输出。

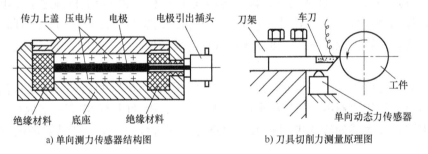

传力上盖　压电片　电极　电极引出插头　　刀架　车刀

绝缘材料　底座　绝缘材料　　工件

　　　　　　　　　　　　　　　　单向动态力传感器

a) 单向测力传感器结构图　　　　b) 刀具切削力测量原理图

图 5-11　测量力

图 5-12 所示是测量均匀压力(如液压、气压)的示意图，还有多种测压结构示意图。膜片受压力作用发生形变，通过薄壁管作用于晶片，获得电荷电压经引线输出。该图所示传感器采用两个相同的膜片对晶片施加预载力，从而可以消除由振动加速度引起的附加输出。

【实例 03】　机器人系统压觉感知传感器。

机器人的压觉感知传感器就是装在其手爪上面，可以在把持物体时检测到物体同手爪间产生的压力和力以及其分布情况，检测这些量要用许多精细弹簧和压电元件，如图 5-13 所示。

把多个压电元件和弹簧排列成平面状，就可识别各处压力的大小以及压力的分布。由于压力分布可表示物体的形状，所以在机器人手爪接触到被控物体时获得的力感及其力感变化，还能识别物体形状和性质。通过对压觉的巧妙控制，机器人既能抓取豆腐及蛋等软物体，也能抓取易碎的物体。

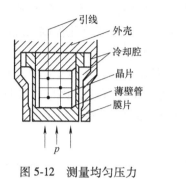

图 5-12　测量均匀压力

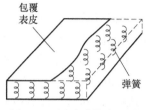

图 5-13　压感弹簧布置图

109

【实例 04】　图 5-13 为压电式加速度测量的多种应用。

加速度测量是压电式传感器非常典型、普及的应用之一，图 5-14 仅仅列举了 4 种加速度测量传感器的结构图，在这些结构图中，通过基座或螺栓与被测体良好连接。被测体沿轴线方向上下运动（振动），通过质量块作用于压电元件，传感器输出的电荷电压与被测体的加速度（振动、振幅等）呈正比例函数关系。

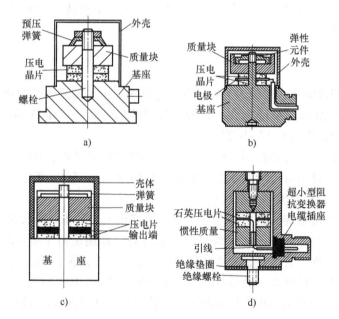

图 5-14　压电式加速度传感器应用

这些传感器固有频率较高、频率响应好，有较高的灵敏度；传感器的弹性元件、质量块和压电元件均安置在保护外壳内，与外壳本身和测量环境不接触，应用较多。

压电式加速度传感器是一种常用的加速度计。它具有结构简单、体积小、重量轻、使用寿命长等优异的特点。压电式加速度传感器在飞机、汽车、船舶、桥梁和建筑的振动和冲击测量中已经得到了广泛的应用，特别是航空和宇航领域中更有它的特殊地位。

【实例05】 图5-15所示为卡门涡街示意图，通过压电传感器阐述涡街流量计的工作原理。

涡街流量计是根据卡门(Karman)涡街原理研究生产的测量气体、蒸汽或液体的体积流量、标准体积流量的体积流量计，也可作为流量变送器应用于自动化控制系统中。主要用于工业管道介质流体的流量测量，如气体、液体、蒸汽等多种介质。

涡街流量计的特点是压力损失小、量程范围大、精度高，在测量工况体积流量时几乎不受流体密度、压力、温度、黏度等参数的影响；无可动机械零件，因此可靠性高、维护量小，仪表参数能长期稳定。涡街流量计采用压电应力式传感器，可靠性高，可在−20～+250℃的工作温度范围内工作。有模拟标准信号，也有数字脉冲信号输出，容易与计算机等数字系统配套使用，是一种比较先进、理想的测量仪器。

在流量计管道中设置三角柱形旋涡发生体，使流体从旋涡发生体两侧交替地产生有规则的旋涡，这种旋涡称为卡门旋涡，如图5-15所示，旋涡列在旋涡发生体后侧非对称地排列。

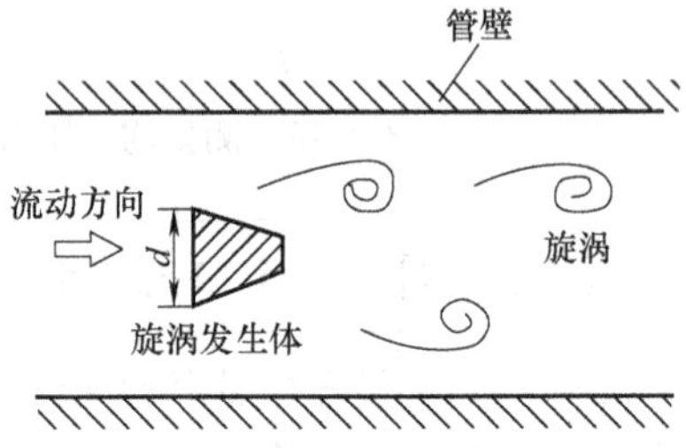

图 5-15 卡门涡街示意图

流体在管道中经过涡街流量计时，产生卡门旋涡。旋涡的释放频率作用于三角柱后斜面上的两个压电元件上，得到对应的振动频率。所以涡街流量计是应用流体振荡原理来测量流量的。旋涡的释放频率与被测流体平均速度及旋涡发生体特征宽度有关，即

$$f = \frac{S_t v}{d} \tag{5-8}$$

式中，f 为旋涡的释放频率，单位为 Hz；v 为流过旋涡发生体的流体平均速度，单位为 m/s；d 为旋涡发生体特征宽度，单位为 m；S_t 为斯特劳哈尔数，是雷诺数 Re 的函数，$S_t = f(1/Re)$，无量纲，数值范围为 0.14~0.27。

当 Re 在 $10^2 \sim 10^5$ 范围内时，S_t 值约为0.2。测量时旋涡频率 $f = 0.2v/d$。由此，通过测量旋涡频率就可以计算出流过旋涡发生体的流体平均速度 $v = 5fd$，通过 $q = Av = 5dAf$ 求出流量 q，A 为流体流过旋涡发生体的截面积。

涡街流量计的测量系统如图5-16所示，在智能涡街流量计中，直接接收脉冲信号即可。涡街流量计结构简单而牢固，无可动部件，可靠性高，长期运行十分可靠；安装简单，维护十分方便；压电元件不直接接触流体介质，性能稳定，寿命长；输出是与流量成正比的脉冲信号，无零点漂移，精度高；测量范围宽，量程比可达 1∶10；压力损失较小，运行费用低，更具节能意义。一般涡街流量计可测流量计管径在 350~1200mm 范围。

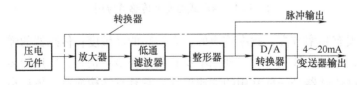

图 5-16 涡街流量计(变送器)原理框图

5.3　超声波传感器

本节介绍的是正逆压电式传感器。交变电场的频率选取在超声波频率范畴，得到振动能和超声振动能，形成了基于正逆压电效应的超声波传感器。超声波传感器在应用时通过超声波为传递和测量介质，没有实质性的实体连接，属于非接触式测量，其应用愈见重视和普及。

振动在弹性介质内的传播称为波动，简称波；能使人耳听得见的机械波称为声波。声波按听力阈可分为次声波、声波、超声波和微波，如图 5-17 所示。超声波传感器用于探测的声波频率范围在 $2.5 \times 10^5 \sim 2 \times 10^7$ Hz。

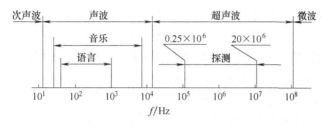

图 5-17　声波类型与频率范围

根据机械波的振源施力方向与波在介质中传播的方向不同，超声波可分为三种：①纵波：质点振动方向与波的传播方向一致的波，它能在固体、液体和气体介质中传播，在医学超声诊断中，声波在人体所有软组织中均以纵波的形式传播；②横波：质点振动方向垂直于传播方向的波，它只能在固体介质中传播；③表面波：质点的振动介于横波与纵波之间，沿着介质表面传播，其振幅随深度增加而迅速衰减的波，表面波只在固体的表面传播。在固体中，纵波、横波及其表面波三者的声速有一定的关系：横波声速为纵波的一半，表面波声速为横波声速的90%；气体中纵波声速为 344m/s；液体中纵波声速在 900～1900m/s，骨骼中纵波声速为 4080m/s。

超声波的传播速度与介质密度和弹性特性有关。超声波在气体和液体中传播时，由于不存在剪切应力，所以仅有纵波的传播，其传播速度 c 为

$$c = \sqrt{1/(\rho B_a)} \tag{5-9}$$

式中，ρ 为介质的密度，B_a 为绝对压缩系数，ρ 与 B_a 都是温度的函数。

超声波在介质中的传播速度随温度、介质密度的变化而变化，如蒸馏水在 0～100℃ 时的声速会随温度变化，74℃ 时为最大。

声波从介质 1 传播到介质 2 时，在两个介质的分界面产生反射和折射，一部分声波被反射，在介质 1 中传播；另一部分折射到介质 2，在介质 2 内传播，如图 5-18 所示。

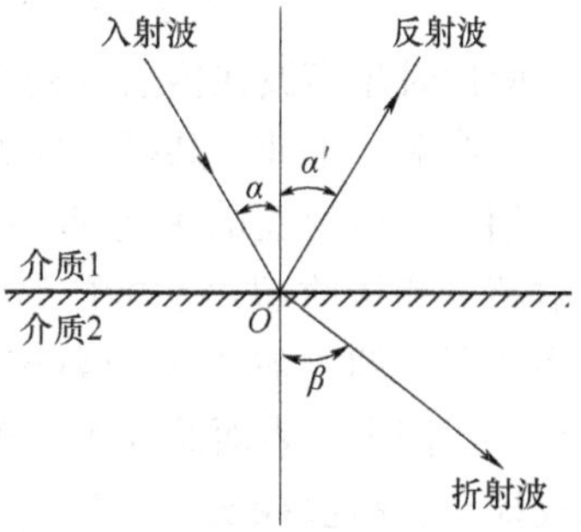

反射时 $\alpha = \alpha'$；折射时入射角 α、折射角 β 与波速的关系：

$$\frac{\sin\alpha}{\sin\beta} = \frac{c_1}{c_2} \tag{5-10}$$

图 5-18　超声波的反射与折射

声波在介质中传播时，随着传播距离的增加，能量逐渐衰减。声压和声强的衰减规律为

$$P_x = P_0 \mathrm{e}^{-ax}$$
$$I_x = I_0 \mathrm{e}^{-2ax} \tag{5-11}$$

式中，P_x、I_x 分别为距声源 x 处的声压和声强；x 为声波与声源间的距离；a 为衰减系数，单位为 Np/cm（奈培/厘米）。

声波在介质空间传播时，遇到障碍物会发生绕射、散射和透射。

超声波遇到障碍物界面的尺寸与超声波长相似的界面时，超声能绕过该界面继续向前传播的现象称为绕射。超声波遇到障碍物界面尺寸小于波长的微粒时，能使微粒振动而向四周辐射声能的现象称为散射；超声波散射是形成人体内部组织结构图像的另一个声学基础，它能获得人体内微细结构的信息，用于医学诊断。超声波通过障碍物界面向深层传播或再次通过障碍物另一侧界面传播的现象称为透射。

利用超声波在超声场中的物理特性和各种效应（主要有压电效应和多普勒效应）而研制的装置可称为超声波换能器、探测器或传感器，统称为超声波传感器。

将机械振动转变为电信号或在电场驱动下产生机械振动的器件，统称为换能器。超声波传感器中，首先压电元件 1 在交变电场驱动下产生机械振动波（超声波）输出（基于逆压电效应，也称作压电驱动器），如图 5-19a 所示。超声波回波（机械振动波）作用在压电元件 2 上转变为电信号（基于正压电效应），对电信号进行对应处理，得到被测对象的特征参数，如图 5-19b 所示。根据超声波传感器的应用，

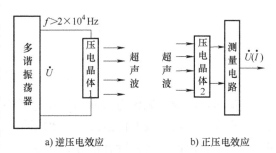

图 5-19　超声波换能器原理示意图

换能器有电声换能器、水声换能器和超声振动能-电能换能器等。

当声源与接收器之间相对运动时，接收回波频率 f 与发射频率 f_0 会发生改变，当它们相互靠近时，回波频率会升高，当它们彼此远离时，回波频率会降低。回波频率 f 为

$$f = \frac{c+v}{\lambda} = \frac{c+v}{c-u} f_0 \tag{5-12}$$

式中，f_0 为波源的频率；f 为接收回波的频率；u 为波源的运动速度；v 为接收器的运动速度。式中的 u、v 在相互靠近时为正，彼此远离时为负。

接收频率 f 与发射频率 f_0 之差称为多普勒频移或差频 f_d，即多普勒效应：

$$f_d = f - f_0 \tag{5-13}$$

应用时超声波在传播过程中会产生反射、折射、散射、绕射、干涉、共振等现象，需多加关注。

超声波传感器的关键部件是超声波探头，具有发射超声和接收超声功能的装置称为探头，又称超声换能器。超声波探头种类较多，分为直探头、斜探头、双探头、表面波探头、聚焦探头、冲水探头、水浸探头、高温探头、空气传导探头以及其他专用探头等。一般超声波探头包括探头主体和壳体两部分，如图 5-20 所示。

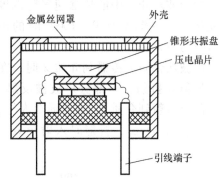

金属丝网罩　　外壳

锥形共振盘

压电晶片

引线端子

图 5-20　超声波传感器探头

　　1）探头主体：包括压电晶片（探头主要元件）、面材（面向测量物，医学 B 超中与人体组织的接触端）、背材（也叫吸声块，紧靠压电晶片，作用是吸收背向辐射的声能，使其不再反射回压电晶片，以免影响压电晶片的正常工作）、超声隔离件。

　　2）壳体：包括外壳（探头外层的保护壳，对探头内部元件起保护作用）和电缆接口（探头与超声诊断仪主机连为一体的线缆）。

　　超声波传感器在应用中呈现的性能指标主要有三个：①工作频率，就是压电晶片的共振频率。当加到它两端的交流电压的频率和晶片的共振频率相等时，输出的能量最大，灵敏度也最高。②工作温度。由于压电材料的居里点比较高，一般测量环境温度相对比较低，可以长时间工作而不产生失效。医疗用的超声探头的温度比较高，需要单独的制冷设备。③灵敏度。主要取决于制造晶片本身。机电耦合系数大，灵敏度高；反之，灵敏度低。

　　超声波具有穿透能力大、方向性好和定向传播等特点，可在气体、液体、固体等介质中传播。因此超声波传感器广泛应用于医学检查、深海探测、机械探伤和振动、位移、速度、加速度、厚度、流量、物位以及化学成分等精确测量。超声波清洗机广泛应用于微电子工业、医学、宾馆、饭店乃至家庭中。

> **【实例 06】**　请采用"传播时间法"详细介绍超声波传感器测距的工作原理。

　　超声波传感器是通过产生高频声波，然后测量声波从发生器发出、至目标物体时再反射回来（或直接接收）所需要的时间来进行传感监测的，也可称为"传播时间法"。图 5-21 所示为实现"传播时间法"的测量原理示意图。

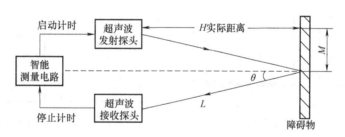

图 5-21　超声波传感器测距原理示意图

　　传感器变送器通过发送探头发射高频声波（如 175～215kHz）的同时启动计时，障碍物将声波反射回来，接收探头接收到反射回来的信号同时，停止计时；已知超声波在空间介质中的传播速度，通过超声波来回传播时间 t（单程 $t/2$）计算出单程行程 L，再用勾股弦公式算出探头到障碍物的实际距离 H。

　　超声波传感器测量的距离有一定的限制，通过角度的调整选择远近距离的测量。但一定要注意，超声波在大气中传播时，衰减率较大，远距离也仅仅是相对于近距离而言。

> **【问题 01】**　根据图 5-21 测距原理，试介绍自动导引小车（AGV）行驶中的避撞原理。
>
> **【问题 02】**　根据图 5-21 测距原理，试介绍旋翼飞行器水平飞行避撞的工作原理。
>
> **【思路】**　图 5-21 中，可设定 H 有最近安全距离 H_0（M 是可调的）、预警距离 H_1、预警距离 H_2。AGV 是陆上无人牵引式货运小车，旋翼飞行器是近低空无人飞行器，避撞是基本功能之一。根据行驶（飞行）速度，到达预警距离时采取减速和避让措施，到达时停车（悬停）。

113

【问题03】 根据图5-21测距原理，试介绍移动机器人系统如何实现测距和避撞。

【实例07】 根据图5-21测距原理，试介绍超声波传感器测量液位(图5-22)的工作原理。

超声波传感器根据图5-21原理(传播时间法)测量物位(测量液位居多)已经趋于典型和推广之势，如图5-22所示，按照超声波探头的安装方式，液位测量有两大类型。

用单个超声波探头时，超声波从发射器到接收的时间 t 为

$$t = \frac{2h}{c} \quad \Rightarrow \quad h = \frac{ct}{2} \tag{5-14}$$

式中，h 为探头到液面的距离；c 为超声波在介质中传播的速度。

用两个超声波探头时，从超声波从发射到接收经过的路程为 $2s$，所消耗的时间 t 为

$$s = \frac{ct}{2} \quad \Rightarrow \quad h = \sqrt{s^2 - a^2} \quad \Rightarrow \quad x = H - h \tag{5-15}$$

式中，s 为超声波从发射探头到液面的距离；a 为两探头安装间距的一半，x 为液位。

注意，图5-22b所示是探头安装在介质上端，h 是探头到液面的距离，要计算 x。这类应用方式在实际应用中已经较为广泛，尤其在化工行业，各类塔、罐、容器、池子等液位测量，均采用这种类型。对于固体材料的高度测量也可以采用这种方法，如板材堆放高度、颗粒原料堆积高度等。这种非接触式测量方法，安装方便、维护和线缆安置简单。

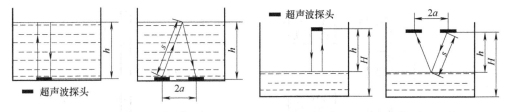

a) 超声波探头安装在被测介质内　　　　　b) 超声波探头安装在被测介质上端

图5-22 超声波传感器测量液位

【实例08】 根据图5-21的测距原理，试介绍超声波传感器探伤(图5-23)的工作原理。

图5-23所示为基于图5-21的原理的几个应用实例：厚度测量、工件探伤、工件监测。

类似医学B超方式的接触式测量，还可以测量固体工件的厚度，如木材厚度、建筑混凝土厚度、小提琴板材厚度，如图5-23a所示。

超声波探伤是目前应用十分广泛的无损探伤手段。它既可检测材料表面的缺陷，又可检测内部几米深的缺陷，这是X光探伤所达不到的深度。探伤工作原理：当工件内部无缺陷时，超声波传到工件底面再反射(如图5-23b所示)或穿透(如图5-23c所示)回来；当工件内部有缺陷时，超声波传到缺陷就反射回来；不同缺陷会造成不同的接收波幅度和周期。如图5-23d所示，通过探头安装点与台面、带轮的传输带面等固定距离 h，获得超声波来回传输固定时间 t 作为基准值，对"面"上传输的立体块状成品进行计数、缺件监测、倒置示警等。

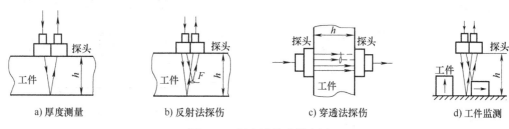

| a) 厚度测量 | b) 反射法探伤 | c) 穿透法探伤 | d) 工件监测 |

图 5-23　超声波传感器应用

【实例09】 请详细介绍超声波流量计的基本知识和工作原理。

超声波传感器用于流量测量，因流通通道内没有任何阻碍件，属无阻碍流量计，是适于解决流量测量困难问题的一类流量计，特别在大口径流量测量方面有较突出的优点，它是发展迅速的一类流量计之一，也派生出不同安装方式的超声波流量计，如图 5-24 所示。

图 5-24a 所示为插入式超声波流量计，探头在管道内；图 5-24b~e 属于管道式整体性超声波流量计，具有不阻碍流体流动的特点，可测的流体种类较多，不论是非导电的流体、高黏度的流体，还是浆状流体，只要能传输超声波的流体都可以进行测量。

按照图 5-19 可知，超声波流量计的工作原理包括了正压电效应和逆压电效应，其测量方法有传播速度法（如图 5-24b~d 所示，分别称为 Z 型、V 型和 X 型安装）、波束偏移法和多普勒法（如图 5-24e 所示）等，应用较广的是超声波传播时间差法。超声波在静止流体和流动流体中的传播速度不同，利用这一特点可以求出流体的速度，再根据管道流体的截面积，可以计算出流体的流量。

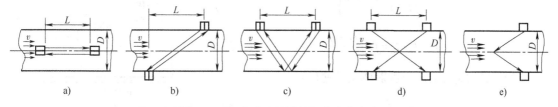

| a) | b) | c) | d) | e) |

图 5-24　超声波流量计的探头安装方式

1）传播速度法：根据超声波在流体中顺流与逆流传播的速度之差与流体流速有关的原理实现流体流量的测量；按照具体测量参数的不同又可分为：①相位差法：检测 $\Delta\varphi$ 相位差，由于相位测量技术较复杂，因此实际应用较少；②频率差法：检测 Δf 频率差，主要用于大口径测量；③时间差法：检测 Δt 时间差，测量中小口径流量准确度高，应用广泛。在工业生产测量中应用传播速度法最为普遍，主要讨论传播速度法中时差法的原理和推导。

2）波束偏移法：装于管道一侧的探头发射的超声波垂直于流体流动方向。流体的流动使波束产生偏移，这个偏差与流速有关。其特点是线路简单，一般用于准确度不高的场合。

3）多普勒法：利用多普勒效应确定流量。当声源与目标之间有相对运动时，会使声波在频率上的变化正比于运动的目标和静止的探头之间的相对速度。其特点是简单，不接触测量介质，一般用于含有颗粒和气泡的液体或两相流流体的流量测量。

图 5-24a 所示的插入式超声波流量计的时差法流量测量原理如图 5-25 所示。设顺流方向的传播时间为 t_1，逆流方向的传播时间为 t_2，流体静止时的超声波传播速度为 c，流体流动

速度为 v，则

$$t_1 = \frac{L}{c+v} \qquad t_2 = \frac{L}{c-v} \qquad (5\text{-}16)$$

$$\Delta t = t_2 - t_1 = \frac{2Lv}{c^2 - v^2} \qquad (5\text{-}17)$$

有 $c \gg v$

$$v = \frac{c^2}{2L}\Delta t \qquad (5\text{-}18)$$

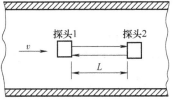

图 5-25　插入式流量计时差法

图 5-24b~d 所示的整机式超声波流量计的时差法流量测量原理如图 5-26 所示。设声波顺流传播时间为 t_{12}，逆流传播时间为 t_{21}，流体静止时的超声波传播速度为 c，流体流动速度为 v，则

$$t_{12} = \frac{\dfrac{D}{\cos\theta}}{c+v\sin\theta} \qquad t_{21} = \frac{\dfrac{D}{\cos\theta}}{c-v\sin\theta} \qquad (5\text{-}19)$$

$$\Delta t = t_{21} - t_{12} = \frac{\dfrac{2Dv\sin\theta}{\cos\theta}}{c^2 - v^2\sin^2\theta} \qquad (5\text{-}20)$$

有 $c \gg v$

$$v = \frac{c^2\cos\theta}{2D\sin\theta}\Delta t \qquad (5\text{-}21)$$

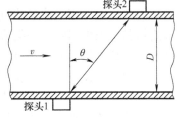

图 5-26　整机式流量计时差法

图 5-24e 所示的整机式超声波流量计的多普勒流量测量原理如图 5-27 所示。探头 A 向流体发出频率为 f_A 的超声波，经照射域内液体中散射体，散射的超声波产生多普勒频移 f_d，探头 B 收到频率为 f_B 的超声波，其值为

$$f_B = f_A\left(1 - \frac{2v\cos\theta}{c}\right) \qquad (5\text{-}22)$$

$$f_d = f_A - f_B = f_A\frac{2v\cos\theta}{c} \qquad (5\text{-}23)$$

多普勒频移 f_d 正比于散射体流动速度：

$$v = \frac{c}{2\cos\theta} \cdot \frac{f_d}{f_A} \qquad (5\text{-}24)$$

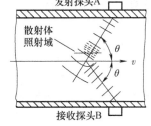

图 5-27　整机式流量计多普勒法

多普勒频移信号来自速度参差不一的散射体，而所测得各散射体速度和载体液体平均流速间的关系也有差别。其他参量如散射体粒度大小组合与流动时分布状况、散射体流速非轴向分量、声波被散射体衰减程度等均影响频移信号。

一般来说，传播时间法多用于水类（江河水、海水、农业用水等）、油类（纯净燃油、润滑油、食用油等）、化学试剂、药液等流量测量；多普勒法多用于含杂质多的水（下水、污水、农业用水等）、浆类（泥浆、矿浆、纸浆、化工料浆等）、油类（非净燃油、重油、原油等）。

超声波流量计的安装与其他流量计一样，安装时一定要按照规程，需持证人员安装。

【关注01】　压电元件传感器应用于机器人领域的主要目的。

压电元件传感器在机器人技术的应用还包括机器人在步行、跳跃、跑步时重力加速度的测量，从而控制机器人在移动时的平稳性。

【关注02】　超声波传感器应用于机器人领域的主要目的。

机器人安装超声波传感器的主要目的有四个：①探测机器人手和足的运动空间中有无障碍物，若发现有障碍，则及时采取一定措施，避免发生碰撞；②在接触对象物体之前，获得必要的信息，为下一步运动做好准备工作；③获取对象物体表面形状的大致信息；④多机器人协作时的安全防护，或按照指令完成距离性操作。

【关注03】　超声波流量计应用于医学领域的基本概貌。

超声波传感器用于医学领域已经是众所周知、家喻户晓。B超(brightness modulation，灰度调制，即灰度调制型超声波成像)技术已惠及众多就诊和体检人员，而B超技术与上述超声波传感器的诸多应用技术不同的是通过超声波成像方式进行探测。医学超声学是一门将声学中的超声学与医学应用结合起来形成的边缘科学，也是生物医学工程学中重要的组成部分。医学超声影像仪器涉及微电子技术、计算机技术、信息处理技术、声学技术及材料科学，是多学科边缘交叉的结晶，是理工医相互合作与相互渗透的结果。迄今超声成像与X-CT(X射线计算机断层摄影成像)、ECT(发射型计算机断层扫描成像)及MRI(磁共振成像)已被公认为当代四大医学成像技术。

超声检测的突出特点：①对人体无损伤，适合于产科与婴幼儿的检查；②能进行动态连续实时观察，使影像易于采用多种形式(录像、打印、计算机存储等)留存及传输与交流；③由于是采用超声脉冲回声方法进行探查，特别适用于腹部脏器、心脏、眼科和妇产科的诊断，而对骨骼或含气体的脏器组织如肺部，则不能较好地成像，这与常规X射线的诊断特点恰恰可以互相弥补；④采用计算机数字影像处理。

实际上，除了B超技术外，还有A超(amplitude modulation，幅度调制，即幅度调制型超声波成像)技术、D超(doppler，多普勒，即多普勒超声波成像)技术、M超(motion-time，即按一维空间多点运动时序的超声波成像)技术等。随着医学进步和超声技术的发展，多种新型的医用超声设备将不断涌现，相应技术和测量原理可参考相关文献。

本章小结

本章主要讲授压电式传感器，即将被测对象(位移或力等)的变化转换成电荷信号输出(正压电效应)，或发出已知超声波信号(逆压电效应)，通过对回波信号的处理完成对象检测的传感器。讲授了正/逆压电效应、压电材料、等效电路和较多的应用实例。

压电元件属于发电型传感器，自身无需电源；输出信号是电荷电势，特性等效为电容器。本章围绕定义、结构、原理、特性、等效电路和应用方面进行讲授。

在应用中，压电元件的发电型特点不断有突破的创新理念，已经有集成式传感器产品；而涡街流量计、超声波流量计、超声波物位仪都是较为现代的应用实例，而没有展开的医学成像诊断技术更有崭新的领域，所以压电传感器可以隶属于现代传感技术。

思考题与习题

5-1　掌握各节传感器基本概念、定义、特点；掌握特性分析、误差分析；掌握各自

117

应用。

5-2　什么是(正、逆)压电效应。

5-3　请介绍石英晶体/压电陶瓷的压电效应。

5-4　请介绍压电元件传感器放大电路及其特点。

5-5　压电元件传感器为什么不适宜测量静态非电量信号?

5-6　请介绍压电式加速度传感器的组成结构和工作原理。

5-7　什么是超声波的纵波、横波和表面波?

5-8　什么是超声波传播时出现的反射、折射、散射和透射?

5-9　请介绍涡街流量计的结构和工作原理。

5-10　请介绍超声波流量计的安装方式和时差法、多普勒法流量测量工作原理。

5-11　请详细介绍超声波液位传感器的工作原理。

5-12　补充题1:根据图5-20所示原理,介绍汽车倒车雷达的工作原理。

5-13　补充题2:查阅新型压电结构的三轴加速度传感器原理。

5-14　补充题3:查阅超声波传感器的探头结构,至少列举5种外形的超声波探头。

5-15　思考题1:利用压电元件的发电性特点可以成为临时手机充电器吗? 为什么?

5-16　思考题2:简单了解医学B超如何成像?

5-17　设计题1:根据图5-20所示原理,设计人体接近照明系统。

5-18　设计题2:在饮水机高温水龙头处安装超声波探头,当人员靠近时,启动语音高温开水示警功能,试设计出功能实现框图,并介绍其实现原理。

第 **6** 章

磁敏式传感器

磁场及相关参数作为被测对象，通过电磁感应或物理效应将被测对象的运动或变化转换成电信号输出；此类电磁效应型传感器统称为磁敏式传感器。根据敏感元件的分类，磁敏式传感器有磁电（线圈）型、霍尔型、磁敏电阻型和磁敏晶体管型。测量过程中，磁敏式传感器的敏感元件与被测对象没有实质性连接，均属于非接触式测量。

磁电传感器在应用时，一般传感器自身具有恒定磁场源（有永磁材料，电感传感器必须通过激励线圈产生磁场后才能进行测量），被测对象的机械运动切割磁力线，使传感器中的线圈得到感应电动势；这类传感器为无源、发电型传感器。霍尔元件、磁敏电阻和磁敏晶体管在应用时，需要外接工作电源。

6.1 磁敏电阻

磁敏电阻是电阻值随磁感应强度变化而变化的磁敏元件，它基于磁阻效应，可精确地测试出磁场的相对位移。

给通以电流的金属或半导体材料的薄片加一与电流垂直的外磁场时，由于电流的流动路径会因磁场作用而加长，从而使其阻值增加，这种现象称为磁致电阻变化效应，简称为磁阻效应。电流在磁场中的流动路径会因磁场的作用而加长（即在洛伦兹力作用下载流子路径由直线变为斜线），使得材料的电阻率增加。这是某种金属或半导体材料两种载流子（电子和空穴）的迁移率中，由迁移率较大的一种载流子引起电阻率变化，可表示为

$$\frac{\rho - \rho_0}{\rho_0} = \frac{\Delta\rho}{\rho_0} = 0.273\mu^2 B^2 \qquad (6\text{-}1)$$

式中，ρ_0 为材料在磁感应强度为 0 时的电阻率；ρ 为材料在磁感应强度为 B 时的电阻率；μ 为载流子的迁移率；B 为磁感应强度。

此时材料中另一种载流子的磁阻效应几乎可以忽略，此时霍尔效应更为强烈；若在电子和空穴都存在的材料（如 InSb）中，则磁阻效应很强。实际应用中磁阻效应还与材料的形状、尺寸密切相关。这种与样品形状、尺寸有关的磁阻效应称为几何磁阻效应。长方形磁阻元件只有在 L（长度）$< W$（宽度）的条件下，才表现出较高的灵敏度，如图 6-1 所示。

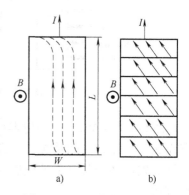

图 6-1　磁阻元件结构示意图

图 6-1a 是没有栅格的情况，电流只在电极附近偏转，电阻增加很小。若在 $L>W$ 长方形磁阻材料上面制作许多平行等间距的金属条（短路栅格），即短路霍尔电动势；这种栅格磁阻器件如图 6-1b 所示，就相当于许多扁条状磁阻串联。所以栅格磁阻器件既增加了零磁场电阻值，又提高了磁阻器件的灵敏度。

磁阻元件的特性主要有：①磁阻比：指在某一规定的磁感应强度下，磁敏电阻的阻值与零磁感应；②磁阻系数：指在某一规定的磁感应强度下，磁敏电阻的阻值与其标称阻值之比；③磁阻灵敏度：指在某一规定的磁感应强度下，电阻值随磁感应强度的相对变化率。

磁阻元件的灵敏度特性是用在一定磁场强度下的电阻变化率来表示，即磁场/电阻特性的斜率，常用 K 表示，单位为 $mV/mA \cdot kg$，即 $\Omega \cdot kg$。在运算时常用 R_B/R_0 求得，R_0 表示无磁场情况下，磁阻元件的电阻值，R_B 为在施加 0.3T 磁感应强度时磁阻元件表现出来的电阻值，这种情况下，一般磁阻元件的灵敏度大于 2.7。图 6-2 所示为磁阻元件的磁场-电阻变化率特性曲线。25℃ 时，强磁场下呈线性特性，弱磁场下呈二次方特性。

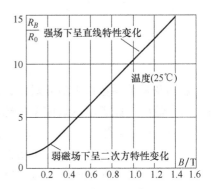

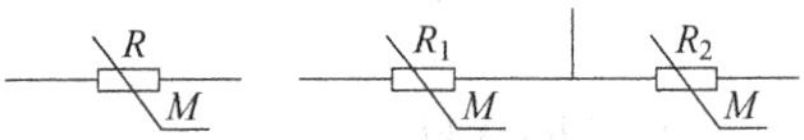

图 6-2　磁场-电阻变化率特性曲线

磁敏电阻的结构是采用锑化铟（InSb）或砷化铟（InAs）等材料、根据半导体的磁阻效应制成的。磁敏电阻多采用片形膜式封装结构，有两端、三端（内部有两只串联的磁敏电阻）之分，如图 6-3 所示，磁敏电阻的文字符号用 R 表示。

图 6-3　磁敏电阻电路图形符号

为了方便使用，常用的磁阻元件在半导体内部已经制成了半桥或全桥，以及有单轴、双轴、三轴等多种形式。例如霍尼韦尔（Honeywell）公司的 HMC 系列磁阻传感器就在其内部集成了由磁阻元件构成的惠斯通电桥及磁置位/复位等部件。图 6-4 所示为 HMCl001 单轴磁阻传感器的结构示意图。

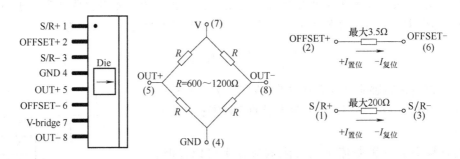

图 6-4　HMCl001 单轴磁阻传感器的结构示意图

图 6-5 为 HMCl001 传感器的简单应用举例，该电路用来检测门开/门关情况或检测有无磁性物体存在的情况。在距传感器 5~10mm 范围内放置磁铁时，电路点亮发光二极管。磁铁必须具有强的磁感应强度（0.02T），其中的一个磁极指向应顺着传感器的敏感方向。

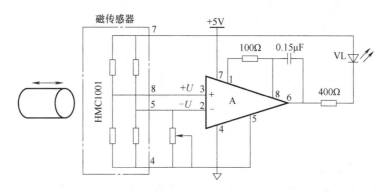

图 6-5　HMCl001 传感器的简单应用图

磁敏电阻可以用来作为电流传感器、磁敏接近开关、角速度/角位移传感器、磁场传感器等。可用于开关电源、UPS、变频器、伺服马达驱动器、家庭网络智能化管理、电度表、电子仪器仪表、工业自动化、智能机器人、电梯、智能住宅、机床、工业设备、断路器、防爆电机保护器、家用电器、电子产品、电力自动化、医疗设备、机床、远程抄表、仪器、自动测量、地磁场的测量、探矿等。

6.2　磁电传感器

磁电传感器是利用电磁感应原理，将被测对象在已知磁场中的运动（速度）转换成线圈中的感应电动势输出。磁电传感器不需要外加电源，是一种典型的无源传感器。由于这种传感器输出功率较大，故配用电路较简单，零位及性能稳定。

磁电传感器有时也称作电动式或感应式传感器，它适合进行动态测量。

根据法拉第电磁感应定律可知，当线圈所交链的磁通 Φ 发生变化时，线圈中将产生感应电动势 e，感应电动势的大小与线圈内磁通链的变化率成正比，如图 6-6 所示。在 e 的参考方向与 Φ 的参考方向符合右手螺旋定则的条件下，电磁感应定律为

$$e = -N \frac{\mathrm{d}\Phi}{\mathrm{d}t} = -NBl_0 v \qquad (6-2)$$

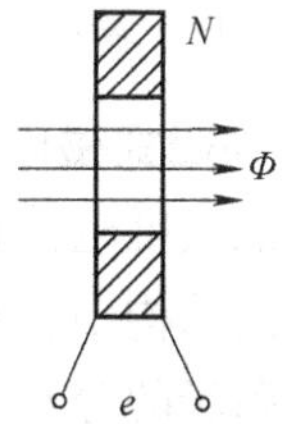

式中，N 为线圈匝数；B 为磁感应强度；l_0 为每匝线圈的平均长度；v 为线圈相对磁场的运动速度。

图 6-6　电磁感应原理

由式（6-2）可知，传感器的电信号输出，与速度呈正比例线性关系。根据磁电传感器的应用，线圈的形状很多，有球形、圆柱形、方形、扁平形、带形等，可完全按照应用时对传感器的结构要求设计。

磁电传感器的结构除了结构和外壳等机械组件外，磁电感应式传感器有两个基本元件组成：一个是产生恒定直流磁场的磁路系统，为了减小传感器体积，一般采用永久磁铁；另一个是线圈，由它与磁场中的磁通交链产生感应电动势。感应电动势与磁通变化率或者线圈与磁场相对运动速度成正比，因此必须使它们之间有一个相对运动。作为运动部件，可以是线圈，也可以是永久磁铁。

所以，磁电传感器分为动圈式和动磁式磁电传感器。磁电传感器的测量电路框图如

121

图 6-7 所示，传感器的感应电动势输出如果作为数字信号直接输出，或经过积分电路或微分电路便可获得被测对象的位移或振动加速度。

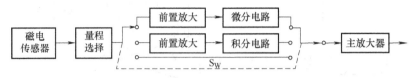

图 6-7　磁电传感器测量电路框图

1. 动圈式磁电传感器

图 6-8 所示的是动圈式磁电传感器原理图，可动线圈安置在永久磁场 B 上端部的弹簧上，外端运动部件引发弹簧上下振动时，按照式 (6-2) 可测得弹簧的振动速度。

由图 6-8 可知动圈式磁电传感器除了结构和外壳等机械组件外，由磁路系统和测量线圈组成，具体结构图如图 6-9 所示。右侧连接端与被测对象良好连接，测量时由左侧的引线端输出所测参数的感应电动势信号。

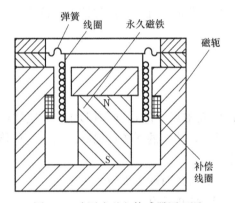

图 6-8　动圈式磁电传感器原理图

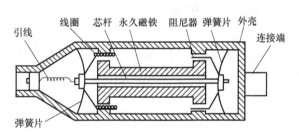

图 6-9　动圈式振动传感器的结构示意图

2. 动磁式磁电传感器

动磁式磁电传感器也叫作磁阻式磁电传感器，特点是永磁材料和线圈作为统一体固定安装在特定结构中，测量线圈在均衡磁场中没有感应电动势输出。测量时被测对象的运动改变了均衡磁场的分布，测量线圈得到与被测对象的运动成函数关系的感应电动势。"动磁"指的是对象的运动引发磁场的变化。

由于"永磁材料和线圈"均固定在传感器结构体中，被测对象的运动部件必须在测量线圈附近，则运动部件可以在传感器结构体外侧或内部；即动磁式磁电式传感器分为开磁路 (面向传感器外端运动对象) 和闭磁路 (运动部件必须在传感器结构内) 两类。

图 6-10 所示是开磁路磁阻式转速传感器，其右侧就是传感器本体，传感器安装在齿轮边上，构成了测量齿轮转速的应用实例。齿轮旋转时，凹凸齿轮交替变换着开磁路的磁力线切割率，测量线圈感应出交替变化的电动势。

设齿数为 Z，转速为 $N(\mathrm{r/min})$，如果转速传感器的输出外接频率计，则得到的频率 f 和转速为

$$f = \frac{ZN}{60} \quad \Rightarrow \quad N = \frac{60f}{Z} \tag{6-3}$$

若转速传感器的输出接计数器，则 1min 内的计数值 n 除以 Z 得到转速：$N=n/Z$。

图 6-11 所示是闭磁路磁阻式转速传感器，由永久磁铁产生的直流均衡磁场在传感器内部形成闭合磁路。图中转轴带动"转子"旋转，与"定子"的相互交替，线圈得到感应电动势。

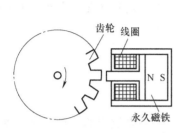

图 6-10　开磁路磁阻式转速传感器

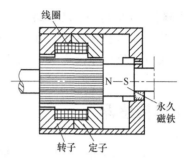

图 6-11　闭磁路磁阻式转速传感器

3. 特性分析

动圈式磁电传感器和动磁式磁电传感器在对象静止状态时无法获得感应电动势，因此传感器的输出必须在对象旋转过程中得到相关输出信号，也就是说此类传感器只能测量动态信号，动态特性成为磁电传感器重要的性能指标。

此类传感器还有一个重要特点，就是感应线圈具有很好的灵敏度和动态特性，磁路的任何变化都能及时得到信号输出，所以传感器的动态特性取决于传感器制作时的机械限定，对于电气环节，可以认为磁电传感器具有较好的动态特性。

【实例 01】　请详细介绍涡轮流量计的工作原理。

图 6-12 所示为涡轮流量计结构示意图，图中的感应线圈为开磁路结构（如图 6-10 所示）。流体流经涡轮流量计管道时，冲击管道中心涡轮叶片，对涡轮产生驱动力矩，使涡轮克服摩擦力矩和流体阻力矩而产生旋转（得到转速 N）；参照图 6-13 所示的信号流程，叶轮切割磁路磁力线，感应线圈得到交变感应电动势，信号为脉冲状频率信号 f，如图 6-13 所示。

在一定的流量范围内，该脉冲信号与一定的流体介质黏度、涡轮的旋转角速度及流体流速成正比。由涡轮流量计厂家提供的流量系数 K，算得流量：$q_v=f/K$。

涡轮流量计可对石油、有机液体、无机液、液化气、天然气、煤气和低温流体等进行流量测量，优点有：精度高（工业流量计中精度最好，但要定期校验）、重复性好（短期重复性可达 $0.05\% \sim 0.2\%$）、测量范围宽；输出脉冲频率信号，适于总量计量

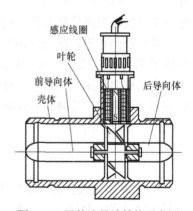

图 6-12　涡轮流量计结构示意图

图 6-13　涡轮流量计信号流程示意图

及与计算机连接，无零点漂移，抗干扰能力强；可测较高频率信号（$3 \sim 4kHz$），信号分辨力强；能在高气压/液压环境工作。但一定注意流体物性（密度、黏度）对涡轮流量计特性有较

大影响，对被测介质的清洁度要求较高，要定期保养维护。

> **【问题01】** 按照磁阻式磁电传感器工作原理，如何实现汽车发动机转速测量和里程计算？
>
> **【思路】** 众所周知，汽车的车速是汽车运行非常重要的参数之一，汽车发动机运行时通过变速器输出转轴驱动，由转轴带动前后桥行驶。磁阻式转速传感器能否检测转轴转速？设定汽车轮胎外径是1m，可否换算出车速和里程？

6.3 霍尔传感器

霍尔传感器是基于霍尔效应的一种传感器，霍尔效应是磁电效应的一种，这一现象是霍尔于1879年在研究金属的导电机构时发现的。后来发现半导体、导电流体等也有这种效应，而半导体的霍尔效应比金属强得多，利用这一现象制成的各种霍尔元件，广泛地应用于电磁、压力、加速度、振动等方面的测量。

1. 霍尔效应及测量电路

具有霍尔效应的敏感元件是霍尔元件。当通有电流的导体或半导体置于与电流方向垂直的磁场中时，在垂直于电流和磁场的方向，该导体或半导体的两侧会产生一个电势差，这种现象称为霍尔效应，该电势差称为霍尔电动势。

按图6-14所示的原理描述，在金属薄片（或半导体薄片）的 x 方向通以电流 I（称为控制电流），并在 y 方向施以磁感应强度为 B 的磁场，那么载流子（电子）在磁场中就会受到洛伦兹力的作用向下侧偏转，并在该侧积累，从而在薄片的 z 方向形成了电场 U_H。随后，运动着的电子

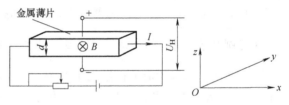

图6-14 霍尔效应原理图

在受到洛伦兹力作用的同时，还受到与此相反的电场力 F 的作用。当两力相等时，电子的积累达到动态平衡，这时在元件两端面之间建立的电场称为霍尔电场，相应的电压 U_H 称为霍尔电压，可以导出：

$$U_H = \frac{R_H I B}{d} = K_H I B \tag{6-4}$$

式中，R_H 为霍尔常数，大小取决于导体载流子密度；K_H 为霍尔系数，$K_H = R_H / d$。

图6-14中的左侧图示是霍尔效应原理示意图，由于 U_H 一般在毫伏级，实际使用时必须加差分放大器，可构成线性电压输出和开关状态两种测量电路模式，如图6-15所示。

2. 特性参数与误差分析

1）额定激励电流 I。它是使在空气中的霍尔元件产生允许温升 ΔT 的控制电流（霍尔元件会因通电流而发热）。

2）输入电阻。它指激励电极间的电阻值，即图6-15a中"2—4"之间的电阻值。

3）输出电阻。它指霍尔电动势输出极之间的电阻值，即图6-15a中"1—3"之间的电阻值。

4）乘积灵敏度 K_H。也就是霍尔传感器的灵敏度，$K_H = R_H / d$。

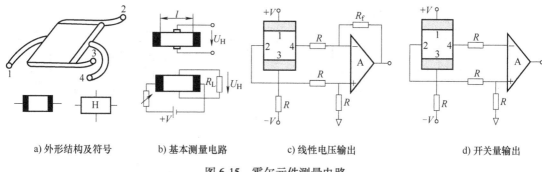

a) 外形结构及符号　　　b) 基本测量电路　　　c) 线性电压输出　　　d) 开关量输出

图 6-15　霍尔元件测量电路

5) 不等位电动势 U_H 与不等位电阻 R_0。不等位电动势又称零位电动势，即 $I=0$ 时 $U_H \neq 0$。不等位电动势产生的主要原因是制造工艺不可能保证 2、4 两电极完全绝对对称地焊接在等电位面上，另外霍尔元件电阻率或厚度不均匀也会产生零位电动势，如图 6-16a 所示。一般要求 $U_0 < 1$mV，必要时应予以补偿。补偿的基本思想是把霍尔元件等效为一个四臂电桥，4 个桥臂电桥电阻就是 4 个电极分布电阻，如图 6-16b 所示。

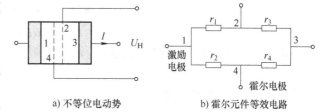

a) 不等位电动势　　　b) 霍尔元件等效电路

图 6-16　霍尔元件不等位电动势及等效电路

不等位电动势相当于电桥的不平衡输出，因而一切可使电桥平衡的方法均可作为不等位电动势的补偿措施，如图 6-17 所示。

6) 霍尔元件的温度特性及其补偿方法。霍尔元件目前多采用半导体材料制成，因此其许多参数都具有较大的温度系数。当温度变化时，霍尔元件的载流子浓度、迁移率、电阻率及霍尔系数都将发生变化，

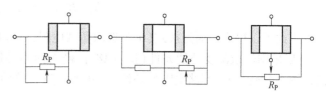

图 6-17　霍尔元件不等位电动势补偿电路

从而使霍尔元件产生温度误差。在磁感应强度及控制电流恒定的情况下，温度变化 1℃ 相应霍尔电动势、电阻值变化的百分率通常在 $(10^{-4} \sim 10^{-2})$/℃ 量级。

为了减小温度误差，除采用恒温措施和选用温度系数较小的材料(如砷化铟)做霍尔基片外，还可以采用适当的补偿电路进行温度补偿，常用的补偿方式包括选用恒流源供电与输入回路并联电阻、恒压源供电与输入回路串联电阻、合理选取负载电阻的阻值和采用热敏温度补偿元件等。

① 恒流源供电和输入回路并联电阻，如图 6-18a 所示。恒流源供电能克服温度变化引起输入电阻变化而引起控制电流的变化。大多数霍尔元件的温度系数 α 是正值，霍尔电动势随温度升高增加 $\alpha \Delta T$ 倍。若 I_S 相应减小，保持 $K_H I_S$ 乘积不变，则可抵消 K_H 的温度效应。

② 采用恒压源供电和输入回路串联电阻，如图 6-18b 所示。当采用稳压电源供电，且霍尔输出端开路状态下工作时，利用等效电源定理可将上述恒流源补偿电路转换为恒压源与补偿电阻 R 的串联，其补偿思想相同。

125

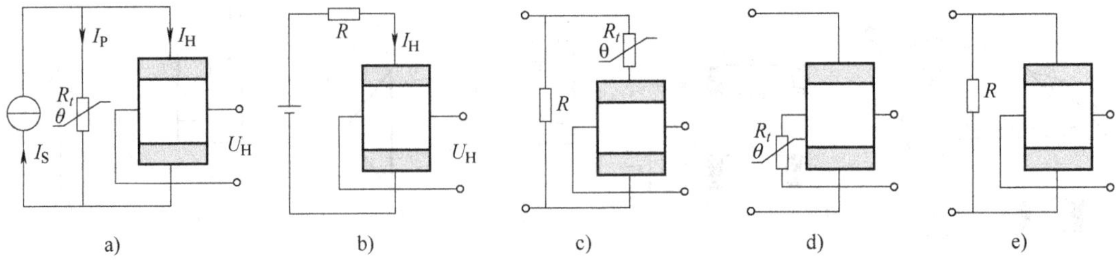

图 6-18　霍尔元件的温度特性及其补偿方法

③ 合理选取负载电阻 R_L 的阻值。霍尔元件输出电阻 R_o 和霍尔电压 U_H 是温度的函数，即

$$R_o = R_\infty (1 + b\Delta T)$$
$$U_H = U_{H0}(1 + \alpha\Delta T) \tag{6-5}$$

式中，R_∞、U_{H0} 分别为 0℃ 时霍尔元件的输出电阻和霍尔电压；b 为霍尔元件的电阻温度系数。

负载电阻 R_L 上的电压为

$$U_L = \frac{R_L}{R_o + R_L} U_H = \frac{R_L U_{H0}(1 + \alpha\Delta T)}{R_L + R_\infty (1 + b\Delta T)} \tag{6-6}$$

为使 U_L 不随温度变化，应使 U_L 对 T 导数为零，得到

$$R_L = R_\infty \left(\frac{b}{a} - 1 \right) \tag{6-7}$$

由此可以得出，通过按式(6-7)选取负载电阻，可以实现温度补偿。

④ 采用热敏温度补偿元件（图 6-18c：输入回路补偿；图 6-18d：输出回路热敏电阻补偿；图 6-18e：输入回路电阻丝补偿）。热敏电阻 R_t 的阻值也是温度的函数，将它与霍尔元件组成适当的电路，并封装在一起，使温度影响相互抵消，以达到补偿的目的。

3. 霍尔传感器的优点

1）霍尔传感器可以测量任意波形的电流和电压，如直流、交流、脉冲波形等，甚至对瞬态峰值的测量。二次电流忠实地反映一次电流的波形。而普通互感器则是无法与其比拟的，它一般只适用于测量 50Hz 正弦波。

2）一次侧电路与二次侧电路之间有良好的电气隔离，隔离电压可达 9600Vrms。

3）精度高：在工作温度区内精度优于 1%，该精度适合于任何波形的测量。

4）线性度好：优于 0.1%。

5）动态特性好：建立霍尔效应所需的时间极短，约在 $10^{-14} \sim 10^{-12}$ s 之间，所以控制电流的频率可高达 10^9 Hz 以上。

6）测量范围：霍尔传感器为系列产品，电流测量可达 50kA，电压测量可达 6400V。

7）尺寸小、重量轻、安装简便、电路构成简单。

4. 选用与应用

霍尔元件的选择取决于被测对象的条件和要求。测量弱磁场时，霍尔输出电压比较小，应选择灵敏度高、噪声低的元件，如锗、锑化铟、砷化铟等元件；测量强磁场时，对元件的

灵敏度要求不高,应选用磁场线性度较好的霍尔元件,如硅、锗(100)之类的元件;当供电电源容量比较小时,从低功耗角度出发,采用锗霍尔元件有利;对环境温度有变化的场合,使用温度线性度较好的元件,如砷化镓、硅元件比较合适。因此,霍尔元件的选择要根据具体情况全面考虑,以解决主要矛盾为首位,其余的可通过补偿办法加以克服。

霍尔传感器已广泛应用于精密测磁、自动化控制、通信、计算机、航天航空等工业部门及国防领域。按被检测对象的性质可将它们的应用分为直接应用和间接应用。

直接应用是直接检测出受检测对象本身的磁场或磁特性,间接应用通过测量磁场,再转换到引起磁场变化的许多非电、非磁物理量,如力、力矩、压力、应力、位置、位移、速度、加速度、角度、角速度、转数、转速以及工作状态发生变化的时间等。

【实例02】　采用霍尔传感器测量空间磁场 B 和工作电流 I。

这是霍尔传感器的直接应用,按照式(6-4)可知,传感器的霍尔系数 K_H 已知,直流工作电流 I 由电路产生,这样霍尔电压 U_H 仅与磁感应强度 B 成单一线性函数。

同理,提供永久磁铁的恒定 B 值,就可以根据 U_H 调整霍尔传感器工作电流 I 的大小。

【实例03】　采用霍尔传感器测量位移及其与位移相关的物理参数。

图 6-19 所示为霍尔传感器测量位移的原理示意图,霍尔元件处于中心位置时,位移为零。按照式(6-4)可知,直流工作电流 I 由电路产生,为已知信号,随着位移增加,霍尔元件距离永久磁铁的距离越近,则 U_H 越大。式(6-4)也同时表明,霍尔传感器灵敏度较高,可以测量到霍尔元件在磁场中微米级的微小位移。

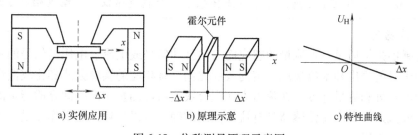

a) 实例应用　　　　b) 原理示意　　　　c) 特性曲线

图 6-19　位移测量原理示意图

【实例04】　采用霍尔传感器测量压力。

图 6-20a、b 所示为霍尔传感器测量压力的原理示意图,压力的测量就是图 6-19 所示位移测量的延拓,被测压力通过弹性元件转换成位移,同时带动磁场中的霍尔元件。

本实例也是一个示例,只要被测对象的变化能转换成霍尔元件的位移变化,其测量即可实现。即以位移测量为基础,还可测量压力、应力、应变、重量、称重等。

【实例05】　采用霍尔传感器测量加速度及振动等。

图 6-20c 所示为霍尔传感器测量加速度的原理示意图,霍尔元件安装在悬臂梁的顶端,悬臂梁上下振动时,依据式(6-4)获得与振动频率、振动幅度相关的霍尔电压 U_H;当悬臂梁做垂直上下的加速运动时,惯性块 M 在惯性力的作用下,使霍尔元件产生霍尔电压 U_H 的变化,进而求得加速度。

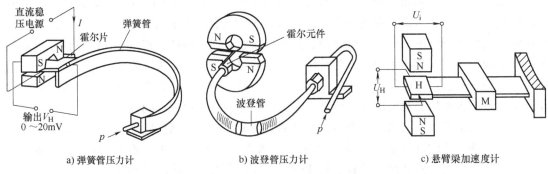

a) 弹簧管压力计　　　　　　b) 波登管压力计　　　　　　c) 悬臂梁加速度计

图 6-20　压力、加速度测量原理示意图

本示例也是位移测量的延拓，其输出是交替变化的 U_H，可测得机械振动、加速度等。

【实例 06】 采用霍尔传感器测量转速。

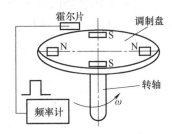

图 6-21　转速测量原理示意图

霍尔传感器测量转速有多种类型，图 6-21 所示为霍尔传感器测量转速的原理示意图。霍尔传感器测量转速为非接触测量，转速信息来自于磁场的变化，所以在转盘上需要安装永磁材料。如果在霍尔片附近安置永磁材料（转盘为金属材料），可参照图 6-10，将线圈更换为霍尔片及电路，获得的频率信号按照式(6-3)计算得到转速。

【实例 07】 采用霍尔传感器介绍水流传感器、血液流速仪，介绍电磁流量计。

1. 水流传感器

水流传感器是指通过对水流量的感应而输出脉冲信号或电流、电压等信号的水流量感应仪器，这种信号的输出和水流量成一定的线性比例，有相应的换算公式和比较曲线，因此可做水控方面的管理和流量计算，在热力方面配合换能器可测量一段时间介质能量的流失，如热能表、血液流速等。水流传感器具有流量控制准确、可以循环设定动作流量、水流显示和流量累积计算的作用。

燃气热水器的水流量传感器主要由铜阀体、水流磁性转子组件、稳流组件和霍尔元件组成。它装在热水器的进水端用于测量进水流量。当水流过转子组件时，磁性转子转动，并且转速随着流量成线性变化。霍尔元件输出相应的脉冲信号反馈给控制器，由控制器判断水流量的大小，调节控制比例阀的电流，从而通过比例阀控制燃气气量，避免燃气热水器在使用过程中出现夏暖冬凉的现象。水流量传感器从根本上解决了压差式水气联动阀启动水压高以及翻板式水阀易误动作出现干烧等缺点。它具有反应灵敏、寿命长、动作迅速、安全可靠、连接方便、启动流量超低(1.5L/min)等优点。

水流转子组件主要由涡轮开关壳、磁性转子、制动环组成。使用水流开关方式时，其性能优于机械式压差盘结构，且尺寸明显缩小当水流通过涡轮开关壳时，推动磁性转子旋转，不同磁极靠近霍尔元件时霍尔元件导通，离开时霍尔元件断开。

当水通过涡轮开关壳推动磁性转子转动时，产生不同磁极的旋转磁场，切割磁感应线，产生高低脉冲电平。由于霍尔元件的输出脉冲信号频率与磁性转子的转速成正比，转子的转速又与水流量成正比，因此可根据水流量的大小启动燃气热水器。

2. 血液流速仪

运用水流量流量计和水流量开关，还可沿用到医学方面：血液流速仪和电磁泵。

血液流速仪是一种测量血液流速的精密电磁流量计，利用电磁流量计，可以较为准确地测得流过血管的血流量。但是电磁流量计测量是一种损伤性的方法，使用时要将被测血管暴露在体外，它常常用于动物的实验和心脏、动脉手术中测定血流速度和血流量。

电磁泵是一种利用作用在导电液体上的磁场力来运送导电液体的装置。这种泵在医学上常被用来输送血液或其他电解质溶液，这种装置没有任何机械运动部件，不会使血液中细胞受到损害，而且可以全部密封，避免了污染。

3. 电磁流量计

电磁流量计的结构主要由磁路系统（励磁线圈）、测量管、电极、外壳、铁心、衬里和转换器等部分组成，如图 6-22a 所示。电磁流量计是根据法拉第电磁感应定律（如图 6-22b 所示）进行流量测量的流量计，具有压损极小、可测流量范围大的优点。

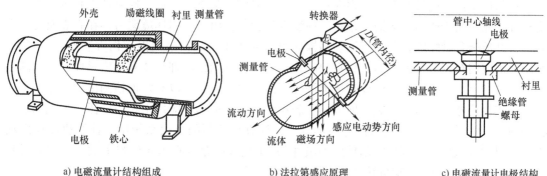

a) 电磁流量计结构组成　　　　　b) 法拉第感应原理　　　　　c) 电磁流量计电极结构

图 6-22　电磁流量计结构组成及测量原理图

当导体在磁场中做切割磁力线运动时，在导体中产生感应电动势，感应电动势的大小与导体在磁场中的有效长度及导体在磁场中做垂直于磁场方向运动的速度成正比，$E = BDv$（D 为测量管内径）。按此理，流量计通过磁路系统产生上下分布的磁场分布，磁场方向与流量计管道垂直；导电流体介质流经流量计管道时切割磁力线，在管道两边的电极上产生感应电动势，由计算得 q_v：

液体体积流量 q_v 　　　　　　　$$q_v = \frac{\pi D^2 v}{4} \implies v = \frac{4q_v}{\pi D^2}$$ 　　　　(6-8)

则感应电动势 E 为 　　　　　　　$$E = \frac{4Bq_v}{\pi D} = Kq_v$$ 　　　　(6-9)

式(6-9)显见为线性函数，与流体介质的密度、黏度、温度、压力等无关。

图 6-22a 中的磁路系统为流量计提供磁场，分为直流磁场（永久磁铁提供）和交变磁场（励磁线圈产生），励磁信号有正弦波、矩形波和三次波（高电平、0、负电平），应用时根据测量要求选择。由水流传感器的测量原理分析，这些磁场信号现可由霍尔元件测量。

图 6-22c 所示是流量计的电极结构，测量管材料不导磁、低电导率、低热导率，具有一定机械强度；衬里由耐磨、耐腐蚀和耐高温的绝缘材料组成；电极材料很重要，其作用是正确引出感应电动势信号，安装时与衬里齐平。

电磁流量计的最大流量与最小流量比一般大于 20∶1，适用的大口径工业管径为 DN15~

DN3000）；精确度较高，可测量电导率 $\geqslant 5\mu s/cm$ 的酸、碱、盐溶液、水、污水、腐蚀性液体以及泥浆、矿浆、纸浆等的流体流量。但它不能测量气体、蒸汽以及纯净水的流量。

【拓展】 霍尔传感器还有更多的应用领域。

霍尔传感器作为汽车用传感器，有大量的应用。一辆电子控制系统比较完整的小车，几乎可以有20~30个霍尔传感器用于汽车工作状态的测量和控制。另外，霍尔传感器还可用于导航系统、变速器控制、汽车生产线自动控制和公路挠性路面的检测等。

随着车辆电子化的发展，对车用传感器还在进一步研究开发：①环境检测用传感器：主要集中研究开发采用微波的抗振雷达，采用红外线的障碍检测装置，采用超声波和CCD摄像机相结合的距离监测装置，采用微波与红外线和摄像机相结合的视觉放大系统；②路况检测用传感器：主要研究开发监测与判断轮胎与路面的各种参数等方面的传感器；③车辆状态检测用传感器：主要研究开发用于车速和角速度测量的传感器等。

霍尔传感器还能进行电磁无损探伤。如钢丝绳作为起重、运输、提升及承载设备中的重要构件，被应用于矿山、运输、建筑、旅游等行业，但由于使用环境恶劣，在它表面会产生断丝、磨损等各种缺陷，及时对钢丝绳探伤显得尤为重要。霍尔无损探伤方法安全、可靠、实用，被应用在设备故障诊断、材料缺陷检测之中。其探伤原理是建立在铁磁性材料的高磁导率特性之上。采用霍尔元件检测该泄漏磁场的信号变化，可以有效地检测出缺陷存在。

霍尔传感器在飞机、军舰、航天器、新军事装备及通信中应用也相当广泛，如我国的远程导弹、"风云"号卫星、"神舟"号飞船等。在计算机控制的点火系统中，计算机需要发动机各工况的输入信号，其中霍尔传感器组件（霍尔集成电路或霍尔元件与永磁体、软磁材料等封装在一起）就提供发动机转速和曲轴位置数据等。

6.4　磁敏二极管和磁敏晶体管

磁敏二极管、磁敏晶体管是继霍尔元件和磁敏电阻之后迅速发展起来的新型磁电转换元件。它们具有磁灵敏度高（磁灵敏度比霍尔元件高数百甚至数千倍）、能识别磁场的极性、体积小和电路简单等特点，越来越得到重视；并在检测、控制等方面得到普遍应用。

1. 磁敏二极管

磁敏二极管的构成机理是：将一块接近于本征的高纯度半导体硅或锗，两端用合金或扩散法分别制成 P^+ 和 N^+，中间隔以较长的近本征区 I（本征区长度大于空穴和电子的扩散长度）形成 P^+-I-N^+ 结构，再在本征区的侧面用研磨或扩散等工艺形成高复合区 r，这样就制成了磁敏二极管。如图6-23所示，图右下角为磁敏二极管电气符号。磁敏二极管正常工作时，同一般二极管一样，具有单向导电性。

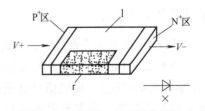

图6-23　磁敏二极管结构图

在电路中，P^+ 区接正电极，N^+ 区接负电极，即给磁敏二极管加上正电压时，P^+ 区向 I 区注入空穴，N^+ 区向 I 区注入电子。在没有外加磁场时，大部分的空穴和电子分别流入 P^+ 区和 N^+ 区而产生电流，只有很少一部分载流子在 I 区或 r 区复合，如图6-24a所示。此时，I 区有固定的阻值，器件呈稳定状态。若给磁敏二极管外加一个磁场 B^+ 时，在正向磁场的作用下，空穴和电子在洛伦兹力的作用下偏向 r 区，如图 6-24b 所示。由于空穴和电子在 r 区的复合速率大，因此大部分载流子在 r 区复合，则 I 区中载流子数目大为减少，r 区电阻随之增大，压降亦增大，从而循环产生正反馈，使该管外部表现为电阻增大、电流减小、压降增大。当给磁敏二极管加一个反向磁场 $B-$ 时，如图 6-24c 所示，则外部表现为电阻减小、电流增大、压降减小。

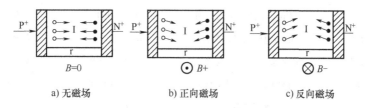

a) 无磁场　　　　b) 正向磁场　　　　c) 反向磁场

图 6-24　磁敏二极管原理示意图

由于磁敏二极管在正负磁场作用下，输出信号增量的方向不同，因此可判别磁场方向。

磁敏二极管采用电子与空穴双重注入效应及复合效应的原理工作，两效应作用结果以乘积取值，因此转换灵敏度比霍尔元件高数百甚至数千倍，且具有体积小、响应快、无触点、输出功率大及线性特性好的优点。该器件在磁力探测、无触点开关、位移测量、转速测量及其他各种自动化设备上得到了广泛的应用。

2. 磁敏晶体管

磁敏晶体管是在磁敏二极管的基础上设计的一种磁电转换器件，是 20 世纪 70 年代发展起来的新型半导体磁电转换器件。磁敏晶体管采用的是硅材料，因而其稳定性比较高，温漂系数比较小。它属双极型晶体管结构，它具有正、反向磁灵敏度极性和有确定的磁敏感面。

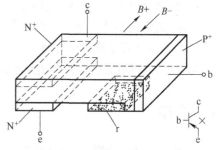

图 6-25　磁敏晶体管结构图

磁敏晶体管是在磁敏二极管的基础上研制出来的。它的一端为集电极 c 和发射极 e（N^+ 区）、另一端 P^+ 区为基极 b（如图 6-25 所示，右下角是磁敏晶体管电气符号）。磁场的作用使集电极的电流增加或减少。它的电流放大倍数虽然小于 1，但基极电流和电流放大倍数均具有磁灵敏度，因此可以获得远高于磁敏二极管的灵敏度。磁敏晶体管尤其适用于某些需要高灵敏度的场合，如微型引信、地震探测等测量。

按照磁敏晶体管的基区中载流子输运情况，基区可分成两部分，即从发射结注入的载流子输运到集电极的输运基区部分和注入载流子被复合的复合基区部分。磁敏晶体管加正向磁场时，由于载流子受洛伦兹力作用向复合区 r 一侧偏转，使集电极收集载流子的数量减少，同时在复合基区由于复合区 r 的调制作用，载流子的有效寿命缩短。

在磁感应强度为 0.1T 的磁场中，在规定基极电流下，磁敏晶体管集电极电流的相对变化量即为集电极电流相对磁灵敏度，单位为%/0.1T。锗磁敏晶体管的集电极电流相对磁灵敏度为 20%/0.1T 左右，而硅磁敏晶体管的集电极电流相对磁灵敏度为 5%~15%/0.1T。

磁敏晶体管集电极电流随磁场按指数规律变化，在磁感应强度 0.1~0.2T 范围内，集电极电流随磁场的变化近似呈线性关系。

除磁敏二极管和磁敏晶体管，目前还有更多磁性传感器的研发和应用，见表 6-1。

表 6-1 磁性传感器类型与应用

名 称	工 作 原 理	量 程 范 围	主要用途(非电量)
霍尔效应器件	霍尔效应	$10^{-7} \sim 10$T	位置、速度等
半导体磁敏电阻	磁敏电阻效应	$10^{-3} \sim 1$T	旋转、角度
磁敏二极管	复合电流的磁场调剂	$10^{-6} \sim 10$T	位置、速度等
磁敏三极管	集电极电流的磁场调剂	$10^{-6} \sim 10$T	位置、速度等
金属膜磁敏电阻器	磁敏电阻的各向异性	$10^{-3} \sim 10^{-2}$T	旋转编码器、速度
非晶金属磁传感器	磁率或马特乌齐效应等	$10^{-9} \sim 10^{-3}$T	旋转编码器、长度
巨磁阻抗传感器	巨磁阻抗/巨磁感应效应	$10^{-10} \sim 10^{-4}$T	旋转编码器、位移
魏根德器件	魏根德器件	10^{-4}T	速度、脉冲
磁性温敏传感器	居里点或磁导率随 T 变化	$-50 \sim 250$℃	热磁开关、温度
磁致伸缩传感器	磁致伸缩效应	—	力学量、位置、速度
磁电感应传感器	法拉第电磁感应效应	$10^{-3} \sim 100$T	位置、速度
超导量子干涉器件	约瑟夫逊效应	$10^{-14} \sim 10^{-8}$T	生物磁场

【拓展】 磁敏式传感器在机器人技术中的应用。

磁敏式传感器在机器人技术中有较多的应用。

1) 自动导引小车(AGV)在固定路径的行驶过程中,通过磁条(磁钉)轨迹及其对应指令完成 AGV 指定的装货、运输、卸载等功能。上海洋山深水港全自动集装箱卸载时就是通过卸货广场上的 6 万多磁钉引导 AGV 到指定点位实现集装箱卸货。

2) 机器人接近觉感知,上述磁敏元件均能实现接近感知测量。(参考电涡流传感器应用)。

本章小结

本章主要讲授被测对象是"磁"的传感器,这是一个看不到的物理介质,之所以写"磁",是因为传感器所测量的仅仅是传感器安装点的磁信号。众所周知,"磁"信号都不会单独表述,这是一个"场"的问题,是本书中除温度场以外第二个"场",所以本章介绍的磁电式传感器是一个非接触的、具有"场"特征的单点磁场信号传感器。

用于测量的敏感元件较多,表 6-1 仅列举了测量非电磁类信号的传感器,本章主要推荐磁电(线圈)型、霍尔型和磁敏型三类传感器,其中,较为详细地介绍了磁电传感器和霍尔传感器。从应用的角度来说,霍尔传感器的应用关注度越来越高。

根据磁敏传感器的相关内容,列举或通过实例介绍可转换成磁信号的被测对象。

思考题与习题

6-1 掌握各节传感器基本概念、定义、特点;掌握特性分析、误差分析;掌握各自应用。

6-2 请介绍磁电传感器的基本结构及工作原理。

6-3 磁电式传感器基于电磁感应原理可以测量空间磁场信号，试问用霍尔传感器代替磁电传感器的测量线圈（并配置电路），是否也能够测量空间磁场信号？为什么？

6-4 详细介绍图 6-10 所示的转速测量原理与实现。

6-5 试通过转速测量来解释图 6-11 所示的闭磁路传感器工作原理。

6-6 请详细介绍涡轮流量计结构及其工作原理。

6-7 什么是霍尔效应？它有什么功能？

6-8 霍尔元件怎样才能起作用？需要提供什么激励？能读取到什么信号？

6-9 请详细介绍图 6-20c 所示的加速度测量原理。

6-10 详细介绍图 6-21 所示的转速测量原理与实现。

6-11 请详细介绍电磁流量计结构及其工作原理。

6-12 补充题1：请查阅磁敏电阻、磁敏二极管、磁敏晶体管的原理及进展。

6-13 补充题2：通过霍尔传感器对压力参数的测量应用，请查阅哪些参数的变化可以转换成"位移"变化。

6-14 思考题1：试问用霍尔传感器能否代替磁电传感器？为什么？

6-15 思考题2：能否通过励磁线圈和霍尔传感器，设计一个使钢珠悬浮的实现电路？

6-16 设计题1：请用水流传感器安装在图 1-14 所示的热水器进水端，通过进水流量来计量出水计量。试介绍其实现框图及思路。

第 7 章

光电式传感器

7.1 概述

光电式传感器是现代传感技术的典型代表之一，具有非接触测量、测量精度高、速度快、结构简单、形式灵活多样、可实现数字量输出、自动化程度高的特点。随着信息技术的迅猛发展，光电式传感器技术也在飞速发展，新器件不断涌现；目前光电式传感器已经深入到工业生产、民用家居、国防建设、试验探索等许多方面，凡是需要观察与检测的场所都有应用的可能。光电式传感器及其应用是光学与电子学相结合而产生的测量技术，它利用光电式传感器将光学信号变化成电信号，通过电路放大和滤波处理等电子技术对变换后的电信号进行处理，再利用物理学、电子学、计算机等知识进一步分析、传递、存储、控制和显示。

光电式传感器的定义有几种，如：将光信号转换成电信号的一类传感器；把被测量的变化转换成光信号的变化，然后借助光电元件参数的变化将光信号转换成电信号的传感器。光电式元器件是将光信号转换成电信号的一种器件，简称光电器件，但物理基础是光电效应。

光电式传感器一般由辐射源（或光源）、光学通路和光电元件三部分组成，如图 7-1 所示。

物体发光有热辐射和发光辐射两类。任何物体只要物体温度高于热力学温度 0K 或 $-273℃$，就会发射电磁辐射，这就是热辐射，也称为温度辐射。包括固体、液体或气体在内的任何物体，温度较低（如室温）时发射红外线；温度逐渐升

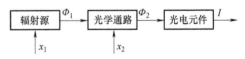

图 7-1　光电式传感器框图

高，就会发射暗红外的可见光（如 500℃）、白光（如 1500℃），还包括发射紫外线光。

发光辐射主要是借助其他一些外来激发过程得到能量而产生的发射。发出光辐射的物体称为光辐射源，主要是红外光、紫外光和可见光，可称为辐射源或光源，多称为光源。

在光电式传感器中，电光源是最常见的光源，一般有：①热辐射源：太阳、白炽灯、卤钨灯、黑体辐射；②气体放电光源：汞灯、荧光灯、钠灯、金属卤化物灯、氙灯等；③固体发光光源：场致发光灯、发光二极管；④激光器：气体激光器、固体激光器、燃料激光器、半导体激光器。

由图 7-1 可知，根据不同的应用方式，可以得出不同的定义，最终均通过具有光电效应的"光电元件"转换成电信号：

1）辐射源信号变化，如光强、光通量、光学景物等，直接输入（$\Phi_1 = \Phi_2$）给光电元件。

2) 辐射源信号因被测对象 x_1 变化而改变, 如随环境亮度明暗调光, 然后直接 $(\Phi_1 = \Phi_2)$ 输入给光电元件。

3) 辐射源信号不变, 经光学通路"阻碍"(如透明度、烟雾等)后, $\Phi_1 \neq \Phi_2$, 输入给光电元件。

4) 辐射源信号不变, 光学通路条件因被测对象 x_2 调制而改变, 如光电码盘、齿轮 (x_2 与光电码盘、齿轮相关), $\Phi_1 \neq \Phi_2$, 输入给光电元件。

5) 辐射源信号不变, 光学通路条件因被测对象 x_2 阻挡而改变, 如遮挡、镜面反射 (x_2 自身因素或特性)等, $\Phi_1 \neq \Phi_2$, 输入给光电元件。

6) 图 7-1 中, "光学通路"为实体介质, 如光栅、光纤等, 按照上述 1)~5), 信号输入给光电元件。

7) 图 7-1 中, 更换光电元件, 按照上述 1)~6), 输出不同的电信号。

图 7-1 中的被测对象 x_1 和 x_2 是非光类信号时, 可以是尺寸、位移、速度、温度、压力、机械力等, 对光信号的强度、频率、相位等进行调制; 而光电元件根据光信号的透射、遮挡、反射、干涉等现象转换成具有函数关系的电信号。

如果图 7-1 中的被测对象 x_1 和 x_2 是非光类信号, 测量时, 辐射源不变, 其 Φ_0 已知。

由图 7-1 及其应用方式, 光电类传感器有四种分类方式。

1) 按探测机理的不同分为光子(光电)传感器和热传感器两大类型: ①光子传感器, 它是利用某些半导体材料在入射光的照射下, 产生光电效应, 使处理的电学性能发生变化。利用光电效应制造的传感器称为光子传感器, 或光子探测器。按照光子传感器的工作原理, 还可以分为内光电传感器(如光敏电阻)、光生伏特传感器(如光电池、光电二极管、光电晶体管等)和外光电传感器(如光电管、光电倍增管等)。②热传感器, 它在吸收了红外辐射后, 会引起温度的变化, 并伴随产生一些物理性能的变化。(在第 8 章介绍)

2) 按光电式传感器输出信号的性质可以分为: 模拟光学传感器、光栅传感器、光纤传感器、固态图像传感器等。

3) 按光电式传感器的传输方式可以分为直射式和反射式两类: ①直射式光电传感器, 需将传感器的受光部位与发光光源对直, 以便接收信号; ②反射式光电传感器的受光部位前面安装了透镜, 使光源的平行光通过透镜后聚焦。

4) 按光电式传感器的输出类型可以分为模拟量光电传感器和开关量光电传感器。

模拟量光电传感器: 基于光电器件的光电流随光通量而发生变化, 是光通量的函数(如光电池)。对于光通量的任意一个选定值, 对应的光电流就有一个确定的值, 而光通量又随被测非电量的变化而变化, 这样光电流就成为被测非电量的函数。

开关量光电传感器的输出仅有"通"和"断"两个稳定状态。光电器件受光照时, 有电信号输出; 光电器件不受光照时, 无电信号输出。这一类应用大多是继电类或脉冲发生器应用的光电式传感器, 如测量线位移、线速度、角位移、角速度(转速)等。

图 7-2 所示分别为光源变化、吸收光源、遮挡光源和反射光源四种应用类型。

图 7-2a: 被测光源的变化直接输入给光电元件, 如太阳能电池。图 7-2b: 被测对象放在光路中, 辐射源发出的光能量穿过被测物, 部分被吸收后, 透射光投射到光电元件上, 因此又称之为透射式。图 7-2c: 遮光式是指当辐射源发出的光通量经被测对象遮住一部分, 使投射到光电元件上的光通量改变, 改变的程度与被测物体在光路位置有关。图 7-2d: 辐射源发出的光投射到被测对象上, 再从被测对象表面反射后投射到光电元件上。

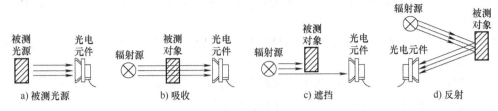

图 7-2　光电式传感器应用类型

a) 被测光源　　b) 吸收　　c) 遮挡　　d) 反射

　　综上所述，光电式传感器，输入信号均与"可见光"（红外线、紫外线和射线检测在其他章节描述）有关，加上"辐射源"已不再是单一的灯丝类光源。因此光电式传感器品种繁多、原理各异，应用方式灵活多变。本章着重介绍光电效应及其光电元件、基于光电元件的光电传感器、光电码盘、光栅传感器、光纤传感器和图像传感器。

7.2　光电效应及光电元件

　　光电效应就是光与物质作用产生的物理现象。对不同频率的光，其光子能量是不相同的，光波频率越高，光子能量越大。用光照射某一物体，可以看作是一连串具有能量为 E 的光子轰击在物体上；此时能量传递给电子，并且是一个光子的全部能量一次性地被一个电子所吸收，电子得到光子传递的能量后其状态就会发生变化，从而使物体（电子）吸收能量为 E 的光后所产生的电效应，能量 E 与光子频率关系为

$$E = hv \tag{7-1}$$

式中，h 为普朗克常数，$h = 6.626 \times 10^{-34} \text{J} \cdot \text{s}$；$v$ 为光的频率，单位为 s^{-1}。

　　爱因斯坦假设，一个光子的能量只能给一个电子。光子能量的传递，取决于光子的频率；电子获得光子能量后，会产生一个动能，该动能达到一个阈值后，再增加一个逸出功 A_0，即

$$E = hv = \frac{1}{2}mV_m^2 + A_0 \tag{7-2}$$

式中，m 为物体电子质量；V_m 为物体电子获得能量后达到溢出物体时的临界速度，即阈值。

　　式(7-2)也称为爱因斯坦光程式，根据物体电子获得能量的大小，将光电效应分为内光电效应、光生伏特效应（阻挡层光电效应）和外光电效应（电子发射效应）。

　　1）内光电效应：$A_0 = 0$　　　　$E = hv = \frac{1}{2}mV_x^2 < \frac{1}{2}mV_m^2$　　　　$V_x < V_m$

　　2）光生伏特效应：$A_0 = 0$　　　　$E = hv = \frac{1}{2}mV_m^2$　　　　$V_x = V_m$

　　3）外光电效应：$A_0 > 0$　　　　$E = hv = \frac{1}{2}mV_m^2 + A_0$　　　　$V_x = V_m$

　　光生伏特效应的形成条件是 $V_x = V_m$，是成为内、外光电效应的区别界限，该界限对应的光子频率 v（光子波长）为光电效应的红限。

　　光子是一个统称概念；光由所有光子组成；一个光子（束）代表一个波长，对应一个颜色；按照电磁波的波长排列，产生红限时所对应的光子波长位于"红光"区域。

　　红限频率就是物体对应的光频阈值，$f_{光线} < f_{红限}$ 时，再大的光强也不能导致电子发射，为

内光电效应；$f_{光线} > f_{红限}$时，微弱的光线即可导致电子发射，为外光电效应。

在光线照射物体时，还伴生下面三个光电效应：

4）光子牵引效应。当光子与半导体中的自由载流子作用时，光子把动量传递给自由载流子，自由载流子将顺着光线的传播方向做相对于晶格的运动。结果，在开路情况下，半导体样品产生电场，它阻止载流子的运动。这个现象被称为光子牵引效应。

5）丹培效应。当光线照射不能全部覆盖半导体光电器件（光照不均匀）时，光线照到部分产生电子空穴对，载流子浓度比光线未照到部分大，出现了载流子浓度梯度，引起载流子扩散；如果电子比空穴扩散得快，导致光照部分带正电，光未照到部分带负电，从而产生电动势，该现象称为丹培效应。

6）光磁电效应。半导体受强光照射并在光照垂直方向外加磁场，则垂直于光和磁场的半导体两端面之间产生电动势的现象称为光电磁效应，也称为光扩散电流的霍尔效应。

本节主要介绍内光电效应、光生伏特效应、外光电效应及其对应的光电元件。

7.2.1　内光电效应与光电元件

内光电效应是被光激发所产生的载流子（自由电子或空穴）仍在物质内部运动，使物质的电导率发生变化；也就是在光线作用下使物体电阻率改变的现象称为内光电效应，也叫光电导效应。代表的光电元件是光敏电阻。

凡是利用具有光电导效应的材料制成的光电探测器件均称为光电导传感器，也称为光敏电阻。光敏电阻种类较多，例如硒（Cb）、镉（Se）等本征半导体单晶体、多晶体。光敏电阻的光谱响应范围很宽，从紫外光区（如硫化镉 CdS、硒化镉 CdSe）、可见光波段（如硫化铊 TiS、硫化镉 CdS、硒化镉 CdSe）到中、远红外谱区（硫化铅 PbS、碲化铅 PbTe、硒化铅 PbSe、碲化铟 InSb、碲镉汞 Hg1-xCnTe、碲锡铅 Pb1-xSnTe 等），都有适用的光敏电阻。

1. 光敏电阻的结构与原理

光敏电阻没有极性，纯粹是一个电阻元件，使用时可加直流电压，也可以加交流电压。图 7-3 所示为光敏电阻结构图和工作原理示意图。

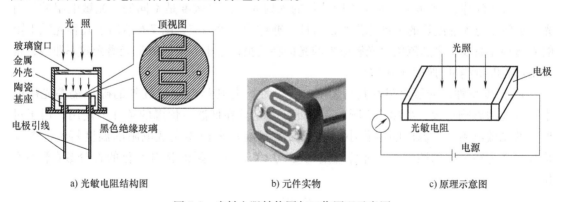

a) 光敏电阻结构图　　　　b) 元件实物　　　　c) 原理示意图

图 7-3　光敏电阻结构图与工作原理示意图

2. 光敏电阻的主要参数

1）暗电阻与暗电流：光敏电阻在黑暗时具有的阻值称为暗电阻，此时流过的电流称为暗电流。

2）亮电阻与亮电流：光敏电阻受到光照时的阻值称为亮电阻，此时流过的电流称为亮电流。

3）光电阻与光电流：暗电阻和亮电阻之差称为光电阻，亮电流和暗电流之差称为光电流。

光敏电阻的暗电阻一般是兆欧数量级，而亮电阻则在几千欧姆以下。光敏电阻的暗电阻越大，亮电阻越小，则性能越好，也即光电流要尽可能大，这样光敏电阻的灵敏度较高。

3. 光敏电阻特性

1）光照特性。光敏电阻的光电流 I 和光照度 E_v 的关系，称为光照特性。图7-4所示是硫化镉光敏电阻的光照特性曲线，是非线性的。由于光照特性呈非线性，因此不宜作为连续测量元件，一般在自动控制系统中常用作开关式光电信号传感元件。不同类型的光敏电阻，光照特性是不同的，但在大多数情况下，曲线形状与图7-4所示的相似。

2）伏安特性。在一定照度下，光电流 I 与光敏电阻两端所加电压 U 的关系，称为光敏电阻的伏安特性，如图7-5所示。由特性可知，在一定的光照度下，所加电压越大，光电流越大，且没有饱和现象。但也不能无限制地提高电压，因为任何光敏电阻都有最大额定功率。

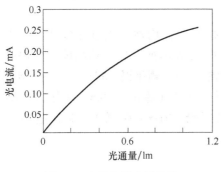

图7-4 光敏电阻光照特性

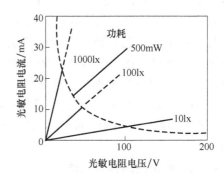

图7-5 光敏电阻伏安特性

3）光谱特性。光敏电阻对于不同波长的入射光，其灵敏度是不同的。光敏电阻的相对光谱灵敏度与入射波长的关系称为光谱特性，亦称为光谱响应，图7-6给出了几种光敏电阻的光谱特性曲线。多晶硫化锡光敏电阻的光谱特性很接近于人眼的视觉光谱光效率曲线，常被用作光度量测量(照度计)的探头。

4）温度特性。光敏电阻都具有温度响应特性，尤其是响应于红外的硫化镉等光敏电阻受温度的影响更大，如图7-7所示。因此，一定要在低温、恒温的条件下使用。用于可见光的光敏电阻，其温度响应很小。常用温度系数 α 来描述光敏电阻的温度特性。温度系数定义为在一定的照度下，环境温度每变化1℃，其电阻值相对变化的百分数(平均变化率)。

$$\alpha = \frac{R_2 - R_1}{(T_2 - T_1) R_2} \times 100\% \tag{7-3}$$

式中，R_1 为某照度下温度为 T_1 时的亮电阻值；R_2 为某照度下温度为 T_2 时的亮电阻值。

5）其他特性。图7-8所示为光敏电阻的频率特性；图7-9所示为光敏电阻的响应时间，光敏电阻具有弛豫现象：即光电流的变化对于光的变化，在时间上有一个滞后。

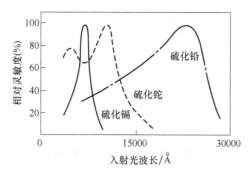

图 7-6　光敏电阻光谱特性

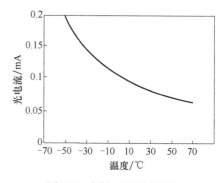

图 7-7　光敏电阻温度特性

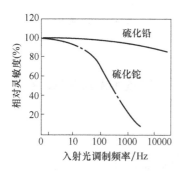

图 7-8　光敏电阻频率特性

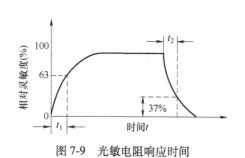

图 7-9　光敏电阻响应时间

4. 光敏电阻的偏置电路

用于将光敏电阻阻值随入射照度变化转变为电压（或电流）变化的电路称为偏置电路。

1）基本偏置电路。如图 7-10a 所示。光敏电阻的阻值为 R，流过负载电阻的电流为

$$I_L = \frac{U_{bb}}{R + R_L} \tag{7-4}$$

2）电桥偏置电路。考虑环境温度对光敏电阻灵敏度的影响，常采用如图 7-10b 所示的电桥电路。选相同的光敏电阻作为测量臂电阻，无光时调节 R_2 使电桥平衡（$U_o = 0$）；有光照时电桥输出。

3）恒流偏置电路。当 $R_L \gg R$ 时，流过光敏电阻的电流基本不变，此时的偏置电路称为恒流电路。然而，光敏电阻自身的阻值已经很高，再满足恒流偏置的条件就难以满足电路输出阻抗的要求，为此，可引入如图 7-10c 所示的晶体管恒流偏置电路。稳压管 VS 将晶体管的基极电压稳定，即 $U_B = U_{VS}$，流过晶体管发射极的电流 I_e 为

$$I_e = \frac{U_{VS} - U_{be}}{R_e} \tag{7-5}$$

4）恒压偏置电路。利用晶体管很容易构成光敏电阻的恒压偏置电路。如图 7-10d 所示为典型的光敏电阻恒压偏置电路。光敏电阻在恒压偏置电路的情况下输出的电流 I_P 与处于放大状态的晶体管发射极电流 I_e 近似相等。因此，恒压偏置电路的输出电压为

$$U_o = U_{bb} - I_c R_c \tag{7-6}$$

【问题 01】　如果外光越来越强，如何在图 7-11 中连接光敏电阻，使灯：①越来越亮？②越来越暗？

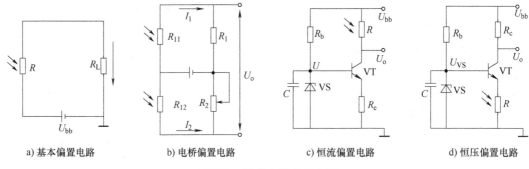

a) 基本偏置电路　　　b) 电桥偏置电路　　　c) 恒流偏置电路　　　d) 恒压偏置电路

图 7-10　光敏电阻偏置电路

【问题 02】　如图 7-12 所示，若图中的"光敏元件电路"选用光敏电阻，试设计出具体电路，并介绍由光敏电阻实现的转速测量工作原理。

【实例 01】　如图 7-12 所示，若图中的"光敏元件电路"选用光敏电阻，测量机器人位移速度和加速度。

140

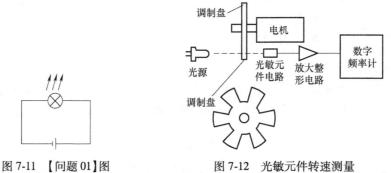

图 7-11　【问题 01】图　　　图 7-12　光敏元件转速测量

　　机器人从启动开始到停止，是一个位移速度变化的过程，是加速度从正加速度到负加速度的变化过程。整个过程是加速、匀速、减速，这个过程与机器人的有效动态特性密切关联。

　　机器人系统的加速、匀速、减速不仅是速度的变化，而且还要考虑速度变化时机器人的稳定、平衡等姿态测控，要考虑移动时的阻力和惯性因素等。因此机器人的位移速度和变速的测量至关重要。

　　在机器人自动化技术中，机器人的运动模式归纳起来只有两种：关节性轴型旋转运动(大多数是定位固定安装，如码垛 4 轴机器人)和移动性轮式运动(如服务机器人、物流机器人等)；应用时两者还有混合，即在轮式移动时腰、手等做轴型旋转运动。

　　无论是轴型还是轮式运动，由于目前机器人的运动几乎都是电动机驱动，是电动机轴旋转测量。运动距离测量是通过电动机转速下计算轮毂(含轮胎)周长来得到，运动角度测量是通过电动机轴角速度下对角度进行计量；以单位时间为计算计量时间标尺，就能获得机器人设定测量点的角速度和转速。单位时间内获得的速度值不变，就是匀速，即位移速度测量；否则均为(正负)加速度测量。

设定轮式固定周长为 $L(1\mathrm{m})$，单位时间 $s(1\mathrm{s})$ 内转轮的转速为 N，则速度为

$$v = \frac{NL}{s} \tag{7-7}$$

若在一个时间段内，$v_1 = v_2 = \cdots = v_i$，表明在该时段内机器人的移动速度为匀速。若 $v_1 < v_2 < \cdots < v_i$，则是加速；若 $v_1 > v_2 > \cdots > v_i$，则是减速，通过计算得到加速度。

【问题 03】　电动机转速为 N，转一圈的位移为 L，速度的测量误差产生于最后的不满 1 圈，如何解决？

【实例 02】　依照【实例 01】，测量机器人的角位移速度、角加速度，如图 7-12 所示。

角速度测量的结果是在单位时间内的角度变化率（含正转、反转），$0° < \varphi < 360°$，依照图 7-12 中调制盘的齿数 6，则 $\varphi = 60°$。将齿数换成增量式光电码盘，精度就会高出许多。

同理，$v_1 \neq v_2 \neq \cdots \neq v_i$，则为角加速度测量。

某车间需一台自动导引小车 AGV，在相距 50m 的两个料位完成上料和下料。设定：前 5m 从 0 启动加速到设定速度 v，匀速运行 40m 后减速，5m 后减到 0。试写出匀速和加速度公式。

7.2.2　光生伏特效应与光电元件

在光线作用下能使物体产生一定方向的电动势的现象称为光生伏特效应，或者称为阻挡层光电效应。代表的光电元件是光电二极管、光电三极管和光电池。

当光照射 PN 结时，若电子能量大于半导体材料禁带宽度，激发出电子空穴对，在 PN 结内电场作用下，空穴移向 P 区，电子移向 N 区，于是 P 区和 N 区之间产生电压，称为光生电动势。其相应的器件为光电池。

另一种情况，处于反向偏置的 PN 结，当无光照时，其 P 区和 N 区空穴数目都很少，反向电阻很大，反向电流很小。当光照时，如果光子能量足够大，产生的光生电子空穴对，在 PN 结电场作用下，电子向 N 区运动，空穴向 P 区运动，形成光电流，其流向与反向电流一致，且光照度越大，光电流越大。具有这种性能的器件有光电二极管和光电晶体管。

基于光生伏特效应的半导体光电器件种类很多，应用相当广泛。硅、硒、锗、砷化镓等半导体材料都具有良好的光生伏特特性，都是制造光伏探测器件的理想材料。

1. 光电二极管

光电二极管与半导体二极管在结构上是类似的，其管芯是一个具有光敏特征的 PN 结，具有单向导电性，因此工作时需加上反向电压，如图 7-13 所示。

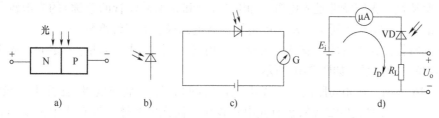

图 7-13　光电二极管原理及应用示意图

光电二极管在没有光照射时，反向电阻很大，饱和反向漏电流很小，此时光电二极管截止，这时只有少数载流子在反向偏压的作用下，渡越阻挡层形成微小的反向电流，即暗电流。

受光照射时，PN 结附近受光子轰击，吸收其能量而产生电子空穴对，从而使 P 区和 N 区的少数载流子浓度大大增加，因此在外加反向偏压和内电场的作用下，P 区的少数载流子渡越阻挡层进入 N 区，N 区的少数载流子渡越阻挡层进入 P 区，从而使通过 PN 结的反向电流大为增加，这就形成了光电流。光电二极管的光电流 I 与照度之间呈线性关系，其光照特性是线性的，可以利用光照强弱来改变电路中的电流，所以适合检测等方面的应用，如图 7-13d 所示。常见有 2CU、2DU 等系列光电二极管。

2. 光电晶体管

光电晶体管有两个 PN 结，和普通晶体管相似，也有电流放大作用，其灵敏度比光电二极管高。只是它的集电极电流不只是受基极电路和电流控制，同时也受光辐射的控制。通常基极不引出，只有正负（c、e）两个引脚，所以其外形与光电二极管相似，从外观上很难区别。

图 7-14 所示为 NPN 结构、原理和应用示意图，图 c 表示在光电晶体管导通时 U_o 输出为高电平，图 d 则是截止时为高电平。

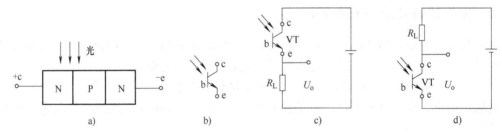

图 7-14　光电晶体管原理及应用示意图

光电晶体管是一种光电转换器件，其基本原理是光照到 PN 结上时，吸收光能并转变为电能。当光电晶体管加上反向电压时，管子中的反向电流随着光照强度的改变而改变，光照强度越大，反向电流越大，大多数都工作在这种状态。

3. 光电二极管和光电晶体管特性

光电二极管在电路图中文字符号为 VD，光电晶体管在电路图中文字符号为 VT。光电晶体管因输入信号为光信号，所以通常只有集电极和发射极两个引脚线。一般遮住光敏窗口，选用万用表 $R\times1k$ 档，测两管脚引线间正、反向电阻，均为无穷大的为光电晶体管。正、反向阻值有大小者为光电二极管。

1）光照特性。光照特性是光电管（光电二极管和光电晶体管的总称）的光电流与照度之间的关系曲线，如图 7-15 所示。从图中可知，光电二极管的线性度较好。

2）伏安特性。光电管的伏安特性表示当入射光的照度（或光通量）一定时，光电管输出的光电流与偏压的关系，如图 7-16 所示。

由图 7-16 可见，在相同照度下，光电晶体管的光电流（毫安量级）比光电二极管（微安量级）大；在零偏置时光电二极管仍有光电流输出，而光电晶体管没有光电流输出，这是因为光电二极管具有光生伏特效应，而光电晶体管集电极虽也能产生光生伏特效应，但因集电极无偏置电压，没有电流放大作用，故微小的电流在毫安级的坐标中表示不出来；当工作电

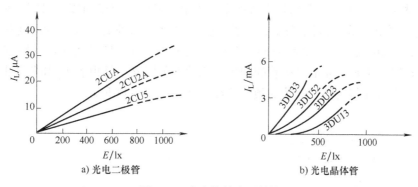

图 7-15　光电管的光照特性

压较低时输出的光电流为非线性，为得到较好的线性，工作电压尽可能高些；在一定的偏压下，光电晶体管的伏安特性曲线在低照度时较均匀，高照度时曲线越来越密，光电二极管也有这种现象，但光电晶体管严重得多。

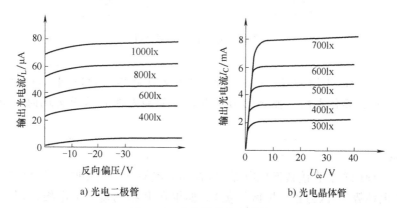

图 7-16　光电管的伏安特性

3）温度特性。光电管的光电流和暗电流均随温度而变化，但因有电流放大作用，所以光电晶体管的光电流受温度影响比光电二极管大，如图 7-17 所示。暗电流的增强使输出信噪比变差，不利于弱光信号的探测，应用时，要减小温度的影响，常采取恒温或补偿措施。

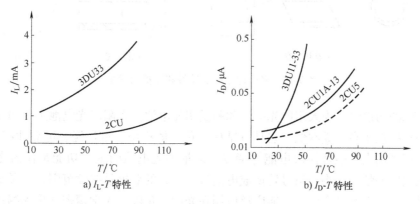

图 7-17　光电管的温度特性

4）频率特性。光电二极管的频率特性主要决定于光生载流子的渡越时间、负载电阻 R_L 和结电容 C_j 的乘积。光生载流子的渡越时间包括光生载流子向结区扩散的时间和在结（耗尽层或阻挡层）电场中载流子的漂移时间。对可见光来说，由渡越时间决定的频率上限很高，可不考虑，这时，决定硅光电二极管的频率响应的上限因素是结电容 C_j 和负载电阻 R_L。光电晶体管的频率特性与光电二极管的频率特性一样，如图7-18所示。

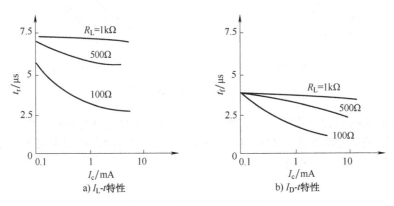

图7-18　光电管的频率特性

【问题04】　由图7-12所示，若图中的"光敏元件电路"选用光电二极管和光电晶体管，试分别设计出具体电路，并介绍由光电二极管和光电晶体管实现的转速测量工作原理。

4. 光电池

光电池是一种把光能直接转换成电能的PN结光电器件。当光照射到PN结上时，在PN结的两端产生电动势（P区为正，N区为负）。如果在P结两端装上电极，用一个内阻极高的电压表接在两个电极上，则在P区端和N区端之间存在电势差。如果用导线把P区端与N区端连接起来，导线中串接一只电流表（如图7-19所示），电流表中就有电流流过。

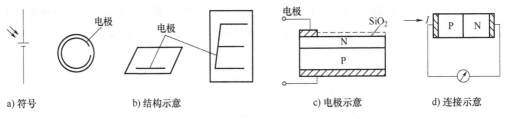

a) 符号　　　　　b) 结构示意　　　　　c) 电极示意　　　　　d) 连接示意

图7-19　光电池结构、符号和连接示意图

按光电池的用途可分为太阳能光电池和测量用光电池。太阳能光电池主要用作电源，对它的要求是转换效率高、成本低，它具有结构简单、体积小、重量轻、可靠性高、寿命长、在空间能直接利用太阳能转换成电能等特点。测量用光电池的主要功能是作为光电探测器用，在不加偏置的情况下将光信号转换成电信号，对它的要求是线性范围宽、灵敏度高、光谱响应合适、稳定性好、寿命长，能广泛应用在光度、色度、光学精密计量和测量中。

光电池的性能指标主要有光谱特性、光照特性、频率特性和温度特性。

1）光谱特性。硒光电池和硅光电池的光谱特性曲线如图7-20所示。不同材料的光电池，光谱峰值位置不同。硅光电池在 800nm 附近，光谱范围广，为 450～1100nm；硒光电池在 540nm 附近，为 340～750nm。硒光电池适用于可见光，常用于照度计测定光的强度。

2）光照特性。不同的光强照射下产生不同的光电流和光生电动势。硅光电池的光照特性曲线如图 7-21 所示。短路电流在很大范围内与光强成线性关系。开路电压随光强变化是非线性的，并且当照度在 2000lx 时就趋于饱和了。因此把光电池作为测量元件时，应把它当作电流源的形式来使用，不宜用作电压源。

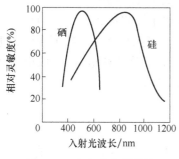

图 7-20　光电池光谱特性

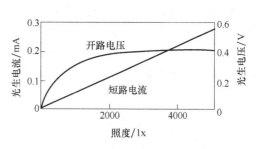

图 7-21　光电池光照特性

3）频率特性。光电池在作为测量、计数、接收元件时，常用交变光照。频率特性反映光的交变频率和光电池输出电流的关系，如图 7-22 所示。可以看出，硅光电池有很高的频率响应，可用在高速计数、有声电影等方面。这是硅光电池最为突出的优点。

4）温度特性。光电池的重要特性之一，是描述光电池的开路电压和短路电流随温度变化的情况，如图 7-23 所示。由于它关系到应用光电池设备的温度漂移，影响到测量精度或控制精度等主要指标。开路电压随温度升高而下降的速度较快，短路电流随温度升高而缓慢增加。当光电池作测量元件时，应该考虑到温度的漂移，从而采取相应的措施来进行补偿。

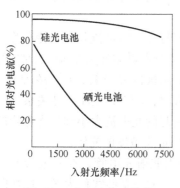

图 7-22　光电池频率特性

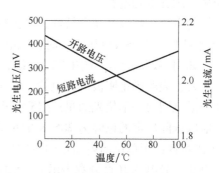

图 7-23　光电池温度特性

【问题 05】　由图 7-12 所示，若图中的"光敏元件电路"选用光电池，试设计出具体电路，并介绍由光电池实现的转速测量工作原理。

7.2.3　外光电效应与光电元件

物质中的电子吸收足够多的光子能量后，电子将克服原子核的束缚，逸出物质表面成为真空中的自由电子，也就是在光线作用下电子逸出物体表面的现象称为外光电效应，也称为光电发射效应。代表的光电元件是光电管和光电倍增管。

1. 光电管

典型的光电管有真空光电管和充气光电管两类，两者结构相似，图 7-24a 所示为光电管的结构，它由一个阴极和一个阳极构成，它们都装在一个被抽成真空的玻璃泡内壁或特殊的薄片上，光线通过玻璃泡的透明部分投射到阴极。要求阴极镀有光电发射材料，并有足够的面积来接受光的照射。阳极要既能有效收集阴极所发射的电子，而又不妨碍光线照到阴极上，因此是用一细长的金属丝弯成圆形或矩形制成，放在玻璃管的中心。

光电管的光线入射示意图如图 7-24b 所示，连接电路如图 7-24c 所示。光电管的阴极 K 和电源的负极相连，阳极 A 通过负载电阻 R_L 接电源正极，当阴极受到光线照射时，电子从阴极逸出，在电场作用下被阳极收集，形成光电流 I，该电流及负载电 R_L 上的电压将随光照的强弱而改变，达到把光信号变化转换为电信号变化的目的。

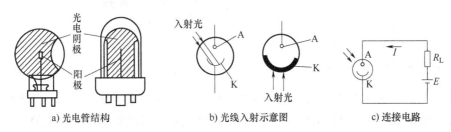

a) 光电管结构 b) 光线入射示意图 c) 连接电路

图 7-24 光电管结构、光线入射示意图与连接电路

充气光电管的结构基本与真空光电管相同，只是管内充以少量的惰性气体，如氖气等。当光电管阴极被光线照射产生电子后，在趋向阳极的过程中，由于电子对气体分子的撞击，将使惰性气体分子电离，从而得到正离子和更多的自由电子，使电流增加，提高了光电管的灵敏度。但充气光电管的频率特性较差，温度影响大，伏安特性为非线性等，所以在自动检测仪表中多采用真空光电管。

光电管的主要特性包括光电特性、光谱特性、伏安特性、暗电流和频率特性等。

1）光电特性：在阳极电压一定时，光电管的电流 I 与入射的光通量 Φ 之间的关系称为光电特性，如图 7-25a 所示。图中"1"直线，表示氧铯阴极的光电管，I 与 Φ 是线性关系；图中"2"曲线，表明锑铯阴极的光电管，当光通量较大时，I 与 Φ 是非线性关系。

在某光谱范围内，单位光通量照射到光电阴极上引起的光电流大小称为光电管的积分灵敏度。一般以国际规定的色温为 2854K 的钨丝灯作为测量灵敏度的光源。

2）光谱特性：用单位辐射通量的不同波长的光分别照射光电管，在光电管上产生大小不同的光电流，光电流 I（百分数表示）与入射光波波长 λ 的关系曲线称为光谱特性曲线，又称为频谱特性，如图 7-25b 所示。该图所示为不同阴极材料的光电管光谱特性，特性曲线峰值对应的波长称为峰值波长，特性曲线占据的波长范围称为光谱响应范围。

由图 7-25b 可见，不同的阴极材料对同一波长的光，有不同的灵敏度。同一种阴极材料，对不同波长的光，也有不同的灵敏度。因此，选择光电管时一定要适配、适用。

3）伏安特性：在给定的光通量或照度下，光电流 I 与光电管两端的电压 U 的关系称为伏安特性，如图 7-25c 所示。在不同的光通量照射下，伏安特性是几条相似的曲线。当极间电压高于 50V 时，光电流开始饱和，因为所有的光电子都到达了阳极。真空光电管一般工作于伏安特性的饱和部分，内阻达几百兆欧。

4）暗电流：光电管在全暗条件下，极间加上工作电压，光电流并不等于零，该电流称为暗电流。它对测量微弱光强及精密量的影响很大，因此应选用暗电流小的光电管。

5）频率特性：光电管在同样的电压和同样幅值的光强度下，当入射光强度以不同的正弦交变频率调制时，光电器件输出的光电流 I（或灵敏度）与频率 f 的关系，称为频率特性。由于光电发射几乎具有瞬时性，所以真空光电管的调制频率可达 MHz 级。

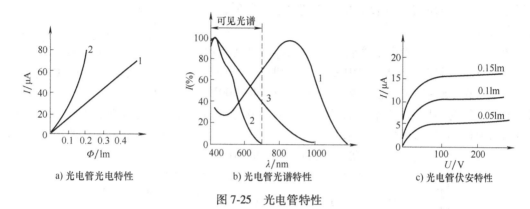

a）光电管光电特性　　b）光电管光谱特性　　c）光电管伏安特性

图 7-25　光电管特性

2. 光电倍增管

光电倍增管是由半透明的光电发射极、倍增极和阳极所组成。光电倍增管工作原理如图 7-26 所示。当入射光子照射到半透明的光电阴极 K 上时，将激发出光电子，被第一倍增极 D_1 与阴极 K 之间的电场所聚焦并加速后，与倍增极 D_1 碰撞。一个光电子从 D_1 撞击出 3 个以上的新电子，这种新电子叫二次电子。这些二次电子又被 D_1—D_2 之间的电场所加速，打到第二个倍增极 D_2 上，并从 D_2 上撞出更多的新的二次电子，如此继续下去，使电子流迅速倍增，最后被阳极 A 收集。收集的阳极电子流比阴极发射的电子流一般大 $10^5 \sim 10^8$ 倍，这就是真空光电倍增管的电子内倍增原理。由于电子的内倍增作用，与外增益器件相比，光电倍增管具有噪声低、响应快等特点。这对探测微弱的快速脉冲信号是有利的。

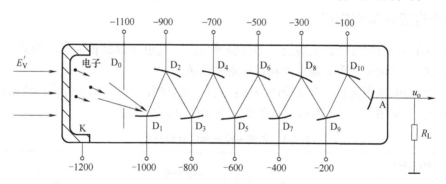

图 7-26　光电倍增管工作原理示意图

光电倍增管的伏安特性、光谱特性等与光电管很相似；而光电倍增管的实际放大倍数或灵敏度如图 7-27 所示。灵敏度是衡量光电倍增管的一个主要参数，一般分为辐照灵敏度和光照灵敏度。辐照灵敏度定义为光电倍增管的输出光电流除以入射辐射功率所得的商，通常以 A/W（或 mA/W）表示。光照灵敏度定义为光电倍增管的输出电流除以入射光通量所得的商，通常以 A/lm（或 μA/lm）表示。

光电阴极的灵敏度一般用光照灵敏度表示，有些阴极主要用蓝光或红光灵敏度表示。阳极光照灵敏度用 A/lm 表示。与灵敏度有关的参数称为电流放大倍数。

由图 7-27 可知，极间电压越高，灵敏度越高；但极间电压也不能太高，太高反而会使阳极电流不稳。另外，由于光电倍增管的灵敏度很高，所以不能受强光照射，否则将会损坏。

图 7-28 所示的是光电倍增管的供电电路，其各级电压是串联分压电阻链 $R_1 \sim R_n$（图中 $n=11$）提供的，外加工作电压通常在 $700 \sim 3000V$ 范围内，极间电压在 $60 \sim 300V$，

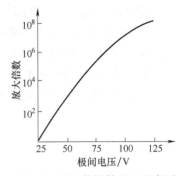

图 7-27　光电倍增管原理示意图

以光电倍增管的类型和运用情况而定。对于聚焦式光电倍增管，因每级聚焦条件一样，故分压电阻可取值相同。通常，为了使各倍增极极间电压稳定，不受阳极电流变化的影响，而取流过分压电阻 R 的电流 I_R 大于等于阳极电流 I_A 的 10 倍。

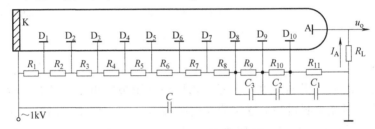

图 7-28　光电倍增管供电电路

光电倍增管的关键部件是要选择良好的倍增极材料，只有拥有良好光电子发射能力的光阴极材料才具有良好的二次电子倍增能力，但对光电倍增极材料要求具有耐撞击、稳定性好、使用温度高等特点。而倍增极的结构对光电倍增管的倍增系数和时间响应有着一定的影响，其结构一般有百叶窗式、盒网式、聚焦式和圆形鼠笼式。

7.2.4　光电元件实例应用

光电传感器具有精度高、反应快、非接触等优点，光电元件结构简单、形式灵活多样、体积小，已广泛应用于各个工业生产和科技研究领域。

光电传感器的应用包括三个层面的内容：光信号的接收方式、光电传感器的输出形式和光电元件的实际应用。表 7-1 所示的是各类光电元件的特性比较。

表 7-1　各类光电元件的特性比较

光电元件	波长响应范围/nm			输入光强范围/cm	最大灵敏度	输出电流	光电特性直线性	动态特性		外加电压/V	受光面积	稳定性	外形尺寸	价格	主要特点
	短波	峰值	长波					频率响应	上升时间						
光电管	紫外		红外	$10^{-9} \sim$ 1mW	$20 \sim$ 50mA/W	10mA（小）	好	2MHz（好）	0.1μs	$50 \sim$ 400	大	良	大	高	微光测量
☆光电倍增管	紫外		红外	$10^{-9} \sim$ 1mW	10^6 A/W	10mA（小）	最好	10MHz（最好）	0.1μs	$600 \sim$ 2800	大	良	大	最高	快速、精密微光测量

（续）

光电元件	波长响应范围/nm			输入光强范围/cm	最大灵敏度	输出电流	光电特性直线性	动态特性		外加电压/V	受光面积	稳定性	外形尺寸	价格	主要特点
	短波	峰值	长波					频率响应	上升时间						
CdS光敏电阻	400	640	900	1μW~70mW	1A/lm·V	10mA~1A(大)	差	1kHz(差)	0.2~1ms	100~400	大	一般	中	低	多元阵列光开关,输出电流大
CdSc光敏电阻	300	750	1220	同上	同上	同上	差	1kHz(差)	0.2~10ms	200	大	一般	中	低	
☆Si光电池	400	800	1200	1μW~1W	0.3~0.65A/W	1A(最大)	好	50kHz(良)	0.5~100μs	不要	最大	最好	中	中	象限光电池输出功率大
Se光电池	350	550	700	0.1~70mW		150mA(中)	好	5kHz(差)	1ms	不要	最大	一般	中	中	光谱接近人的视觉范围
☆Si光电二极管	400	750	1000	1μW~200mW	0.3~0.65A/W	1mA以下(最小)	好	200kHz~10MHz(最好)	2μs以下	100~200	小	最好	最小	低	高灵敏度、小型、高速传感器
☆Si光电三极管	同上			0.1μW~100mW	0.1~2A/W	1~50mA(小)	较好	100kHz(良)	2~100μs	50	小	良	小	低	有电流放大小型传感器

按光电传感器光信号的接收方式分类：①判断光信号的有无，如光电开关、光电报警等，这时不考虑光电元件的线性，但要考虑灵敏度；②光信号按一定调制频率交替变化，这必须使所选器件的上限截止频率大于光信号的调制频率，最好是能够工作在最佳状态下；③检测光信号的幅度大小，当被测对象因光的反射率、透过率变化或者被测对象本身光辐射的强度发生变化时，此时的光信号幅度大小也改变，光电元件接收到的光照度也随之发生变化，可选择光电倍增管或光电二极管；④光信号的色度差异，或被测物本身的表面颜色发生变化时，需要选择光谱特性合适的光电元件。

按光电传感器的输出可分为模拟式光电传感器和脉冲式光电传感器两类。模拟式光电传感器是基于光电元件的光电流随光通量而发生变化，是光通量的函数，多用于测量位移、表面粗糙度、振动等参数。脉冲式光电传感器是光电元件的输出仅有两个稳定状态，也就是"通"与"断"的开关状态，即光电元件受光照时，有电信号输出，光电元件不受光照时，无电信号输出。属于这一类的大多是作为继电器和脉冲发生器应用的光电传感器，如测量线位移、线速度、角位移、角速度（转速）的光电脉冲传感器等。

目前光电传感器的发展趋势主要表现在以下几个方面：①向高精度方向发展，纳米、亚纳米高精度的光电传感与检测新技术是今后的发展热点；②向智能化方向发展，如光电跟踪与光电扫描测量技术；③向数字化、实现光电测量与光电控制一体化方向发展；④向综合性（自动化、快速在线测量、动态测量等）、多参数、多维测量等多元化方向发展，如微空间三维测量技术和大空间三维测量技术；⑤向着小型、快速的微型光、机、电检测系统发展。

【实例03】 光电元件与光敏元件密闭耦合后的强抗干扰器件：光电耦合器。

光电耦合器是光敏元件的一个重要应用，虽不作为传感器性质，但其发挥的作用及其应用领域非常瞩目。光电耦合器是20世纪70年代发展起来的新型光电器件，现已广泛用于电气绝缘、电平转换、级间耦合、驱动电路、开关电路、斩波器、多谐振荡器、信号隔离、级间隔离、脉冲放大电路、数字仪表、远距离信号传输、脉冲放大、固态继电器、仪器仪表、通信设备及微机接口中。在单片开关电源中，利用线性光电耦合器可构成光耦反馈电路，通过调节控制端电流来改变占空比，达到精密稳压目的。

光电耦合器是以光为媒介传输电信号的一种电-光-电转换器件，亦称光隔离器，简称光耦。它由发光源和受光器两部分组成，共同组装在密闭的壳体内，彼此间用透明绝缘体隔离。发光源的引脚为输入端，受光器的引脚为输出端，一般发光源为发光二极管，受光器为光电二极管、光电三极管等。在光电耦合器输入端加电信号使发光源发光，光的强度取决于激励电流的大小，此光照射到封装在一起的受光器上后，因光电效应而产生了光电流，由受光器输出端引出，这样就实现了电-光-电的转换，也起到了输入-输出隔离的作用。

由于光电耦合器输入输出间互相隔离，电信号传输具有单向性等特点，因而具有良好的电绝缘能力和抗干扰能力。主要是在传输信号的同时能有效地抑制尖脉冲和各种杂讯干扰，使通道上的信号杂讯比大为提高，主要有以下几方面的原因：

1）光电耦合器的输入阻抗很小，只有几百欧姆，而干扰源的阻抗较大，通常为$10^5 \sim 10^6 \Omega$。据分压原理可知，即使干扰电压的幅度较大，但馈送到光电耦合器输入端的杂讯电压也会很小，只能形成很微弱的电流，没有足够的能量使发光二极体发光，从而被抑制掉了。

2）光电耦合器的输入回路与输出回路之间没有电气联系，也没有共地；之间的分布电容极小，而绝缘电阻又很大，因此回路一边的各种干扰杂讯都很难通过光电耦合器馈送到另一边去，避免了共阻抗耦合的干扰信号的产生。

3）光电耦合器可起到很好的安全保障作用，即使当外部设备出现故障，甚至输入信号线短接时，也不会损坏仪表。因为其输入回路和输出回路之间可以承受几千伏的高压。

4）光电耦合器的回应速度极快，其回应延迟时间只有$10 \mu s$左右，适于对回应速度要求很高的场合。

【实例04】 光电式传感器用于烟雾报警器，如图7-29所示。

没有烟雾时，发光二极管发出的光线直线传播，光电三极管没有接收信号，没有输出；有烟雾时，发光二极管发出的光线被烟雾颗粒折射，使光电三极管接收到光线，有信号输出，发出报警，如图7-29所示。

【实例05】 光电式传感器用于烟尘浊度检测仪，如图7-30所示。

图7-30所示为吸收式烟尘浊度检测仪框图。平行光源通过烟尘环境，由光敏检测电路接收，转换成随浊度变化的电信号，进过相应计算、判断，当浊度信号超出规定值时报警。

【实例06】 光电式传感器用于转速表。（参考图7-12）

图 7-29 光电式烟雾报警器   图 7-30 烟尘浊度检测仪

脉冲式光电传感器是将光脉冲转换为电脉冲的装置，图 7-12 所示为光电式数字转速表工作原理。在被测转速的电动机上固定一个调制盘，将光源发出的恒定光调制成随时间变化的调制光。光线每照射到光电器件上一次，光电器件就产生一个电信号脉冲，放大器整形后计频。

提醒：图 7-12 中采用频率计计量，应用要求是转速测量，注意换算。

【实例07】 光电式传感器用于产品计数器，如图 7-31 ~ 图 7-35 所示。

将图 7-12 转变为图 7-31 所示，光路通道中就是需要计数的物件。该物件可以是任何能遮挡光路的生产元器件、成品件或其他可计数物件。包括大型设备（如汽车）、人员等，应用非常广泛。图 7-32 ~ 图 7-35 分别所示的就是其中部分应用（不再赘述）。

图 7-31 光电计数器应用示意图

【实例08】 光电池探测应用。

光电池作为光电探测使用时，其基本原理与光电二极管相同，但它们的基本结构和制造工艺不完全相同。由于光电池工作时不需要外加电压；光电转换效率高、光谱范围宽、频率特性好、噪声低等，它已广泛地用于光电读出、光电耦合、光栅测距、激光准直、电影还音、紫外光监视器和燃气轮机的熄火保护装置等。

【实例09】 光电式传感器在机器人中的应用。

机器人通过光电式传感器，能感知周边光强度的明暗变化，不仅为屏幕发光式显示、为智能家居中室内光源照射亮度提供调光依据，也为视频图像的亮度提供处理灰度标尺；同时有图 7-32 ~ 图 7-35 中的应用可以引用到机器人系统中，也是实现机器人接近觉感知的主要传感器之一。若配置光电倍增管，机器人还能进入到紫外、射线类环境进行实时探测。

在自动化流水线生产中，机器人通过光电器件将运动机械部件限制在安全运行区域内。

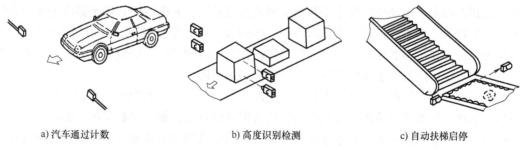

a) 汽车通过计数   b) 高度识别检测   c) 自动扶梯启停

图 7-32 近距离对射式光电式传感器应用

a) 围墙逾越监控　　　　　　b) 库房移动监控　　　　　　c) 庭院四周监控

图 7-33　远距离对射式光电式传感器应用

a) 透明瓶子测控　　　　　　b) 带材裂痕测控　　　　　　c) 物体长度测控

图 7-34　反射式光电式传感器应用

a) 瓶盖缺失测控　　　　　　b) 成品元件计数　　　　　　c) 液位限高测控

图 7-35　限距式光电式传感器应用

7.3　光电码盘

　　光电式编码传感器属于数字式传感器。数字式传感器是把被测输入量转换成特定数字形式输出的传感器,测量精度和分辨力高、抗干扰能力强,能避免在读标尺和曲线图时产生的人为读数误差,更易与计算机(智能设备或嵌入式模块)链接和信号处理。随着现代化物流技术、机器人技术、运动控制技术等新型领域的高速发展,光电编码式传感器成为集合光学技术、测量技术、电子技术和智能技术等于一体的新一代数字传感器,具有较高的性价比。目前作为精密位移传感器在自动测量和自动控制技术中得到了广泛的应用,为科学研究、军事、航天和工业生产提供了对位移量进行精密检测的手段。

　　数字形式一般有两种:一种是人们熟悉的阿拉伯数值形式,如频率、计数值等;另一种是应用越来越广泛的数字编码,以明确的权值表明数值意义,如二进制编码、循环码等。

　　按照编码生成原理分类,有电磁式、电容式、感应式和光电式编码传感器;其中近年来光电式编码器应用广泛。光电式编码器又分为角度数字编码器(简称光电码盘)和直线位移编码器(简称光电码尺),光电码尺应用较少,本节侧重介绍光电码盘。

光电码盘传感器的材料有玻璃、金属、塑料等。玻璃码盘是在玻璃上沉积很薄的刻线,其热稳定性好、精度高;金属码盘直接以通和不通刻线,不易碎,但由于金属有一定的厚度,精度就有限制,其热稳定性就要比玻璃的差一个数量级;塑料码盘是经济型的,其成本低,但精度、热稳定性、寿命均要差一些。

7.3.1　码盘及光电码盘结构

光电码盘分两类:(脉冲)增量输出码盘和(绝对)编码输出码盘,图 7-36 和图 7-37 分别所示的是增量式光电码盘传感器和绝对式光电码盘传感器结构图。

图 7-36b 中,光敏元件将光电信号转换成电脉冲信号。输出的电脉冲信号通常为 a 相、b 相、z 相三相信号。光电编码器的轴转动时,a、b 两相脉冲相差 90°相位角,根据 a 相或 b 相脉冲的数目可测出被测轴的角位移,根据脉冲的频率可测出被测轴的转速,根据 a 相、b 相信号的相位关系可测出被测轴的转动方向。如果 a 相脉冲比 b 相脉冲超前,则光电编码器为正转,否则为反转。z 相为脉冲信号线,光电编码器每转一圈产生一个脉冲,可作为被测轴的轴向定位基准信号,也可以作为被测轴的旋转周数计数信号。

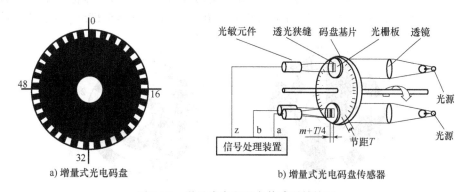

a) 增量式光电码盘　　　　b) 增量式光电码盘传感器

图 7-36　增量式光电码盘传感器结构图

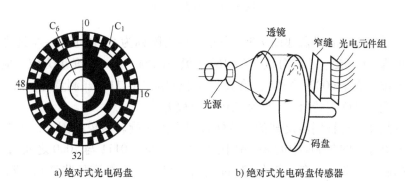

a) 绝对式光电码盘　　　　b) 绝对式光电码盘传感器

图 7-37　绝对式光电码盘传感器结构图

图 7-37a 中,码盘上面刻有许多同心码道,每个码道上都有按一定规律排列的透光和不透光部分。工作时,平行光投射在码盘上(圆心至上侧盘沿),码盘随运动物体一起旋转,透过亮区的光经过狭缝后由光敏元件接收,光敏元件的排列与码道一一对应,对于亮区和暗区的光敏元件输出的信号,前者为"1",后者为"0",当码盘旋转在不同位置时,光敏元件

输出信号的组合反映出一定规律的数字编码量，代表了码盘轴的实际角位移大小。

可以把图7-36和图7-37所示的光电码盘传感器结构图简化成图7-38所示的结构原理图，这样光电码盘传感器由光源、透镜、码盘、窄缝和光电元件（组）组成。其中，用圆透镜时为增量式光电码盘，用柱透镜时为绝对式光电码盘（本节主要介绍该内容）。

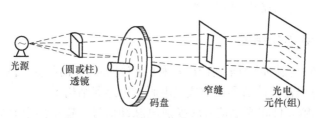

图7-38　光电码盘传感器结构图

7.3.2　误差分析与码制转换

n位（n个码道）的二进制码盘具有2^n种不同编码，称其容量为2^n，其角位移最小分辨力θ为：$\theta = 360°/2^n$。图7-39所示为4个码道，编码容量为$2^4 = 16$；即将一个圆周分为16等份，$\theta = 360°/2^4 = 22.5°$；图7-37a所示为6个码道，$\theta = 360°/2^6 = 5.625°$。$n$越大，$\theta$越小。

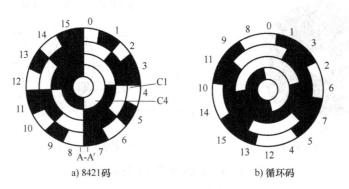

a) 8421码　　　　　　b) 循环码

图7-39　码制与转换

一个4码道的二进制码盘如图7-39a所示。最内圈称为C4码道，一半透光，一半不透光。最外圈称为C1码道，一共分成$2^4(=16)$个黑白间隔。每一个角度方位对应于不同的编码。例如，零位对应于0000（全黑），第15个方位对应于（1111）。测量时，只要根据码盘的起始和终止位置即可确定转角，与转动的中间过程无关。

由于码盘是随着转轴同步旋转的，旋转过程中由于旋转对象的因素，码盘会随时停在某一位置，若恰停在图7-40a中的A—A'中间（7—8之间：0111与1000之间），而码道制作有任何微小的制作误差，极有可能在"7"位读到"1111"（C4黑道长些许），或在"8"位读到"0000"（C4道黑短些许），由此就会引发读数的粗大误差。

图7-39a所示仅为4码道，在实际应用中选取高码道（如C17～C21等）会较为普及，而在制作中不允许出现任何微小的制作误差，会给码盘制作造成极大困难。读数误差不可忽略，同时存在制作误差，消除的方法有双读数头法和循环码法。

1. 双读数头法

图7-40所示为采用双读数头法消除粗大误差的示意图，其中图7-40a为4位二进制码盘

展开图，图7-40b为采用双读数头消除粗大误差的示意图。双读数头的缺点是读数头个数增加了一倍。当编码器位数很多时，光电元件安装位置也有困难。

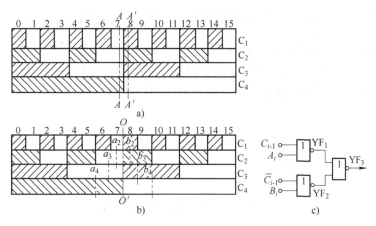

图7-40 采用双读数头法消除粗大误差的示意图

2. 循环码代替二进制码

循环码是一种无权码，具有多种编码形式，每一位都按一定的规律循环。但都有一个共同的特点，就是任意两个相邻的循环码仅有一位编码不同，这个特点有着非常重要的意义。除任意两个相邻的编码仅有一位不同，还存在一个对称轴(在7和8之间)，对称轴上边和下边的编码；除最高位是互补外，其余各个数位都是以对称轴为中线镜像对称的。二进制码与循环码的转换(见表7-2)可以直接通过单片机实现，简单高效。

表7-2 4位二进制码与循环码的对照表

十进制数	二进制数	循环码	十进制数	二进制数	循环码
0	0000	0000	8	1000	1100
1	0001	0001	9	1001	1101
2	0010	0011	10	1010	1111
3	0011	0010	11	1011	1110
4	0100	0110	12	1100	1010
5	0101	0111	13	1101	1011
6	0110	0101	14	1110	1001
7	0111	0100	15	1111	1000

3. 多码盘组

实际应用中，编码器都是单盘的，即全部码道在一个圆盘上，结构简单，使用方便。但角位移最小分辨率 θ 要求高，需要码道数较大，此时则需要选用多码盘组，一般为双码盘。双盘编码器是由两个分辨率较低的码盘组合而成的一种高分辨率的编码器。两码盘间通过一个增速轮系相连接，彼此保持一定的速比，并采用电气逻辑纠错以消除编码器的进位误差。

7.3.3 光电码盘应用

光电码盘由于结构简单、应用灵活等特点，广泛应用到角度测量、速度测量、位置测量等，也成为在电动机驱动内部、轮轴或在操纵机构上测量角速度和位置的首选。光电式编码器因为光电式编码器是本体感受式的传感器，在机器人参考框架中，它的位置估计是最佳的。

【实例10】 光电码盘传感器用于测量角度，如图7-41所示。

图7-41所示为光学码盘测角仪的原理图。光源通过聚光镜形成狭长光束照射到码盘上。根据码盘所处的转角位置，位于狭缝后面的一排光电元件输出相应的电信号。该信号经过放大、鉴幅整形后，再经当量变换，最后译码显示(保存和传送)。

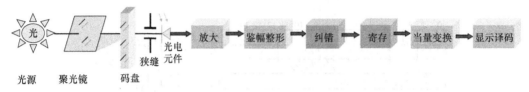

图7-41　光学码盘测角仪的原理图

【实例11】 光电码盘传感器用于智能机械手运行控制，如图7-42所示。

光电码盘还广泛应用在机器人领域，如基于运动控制系统的简单型智能机械手控制系统，如图7-42所示。该控制系统主要包括三个旋转关节(分别控制机械大臂和小臂旋转以及手爪张合)和一个移动关节(控制手腕伸缩)。图7-42b为机械手控制系统的简化模型。各关节均采用直流电动机作为驱动装置，在机械大臂和小臂的旋转关节上装配有增量式光电编码器，提供半闭环控制所需的反馈信号。

a) 实物照片

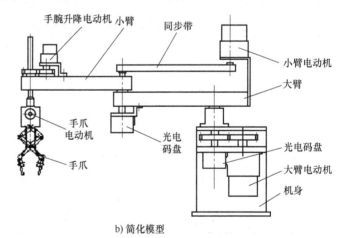

b) 简化模型

图7-42　智能机械手控制系统

【问题06】 如图7-42所示，若图中大臂长度为1.5m，小臂长度为1m；大小臂电动机旋转角度均为0°~360°，问：①手抓的有效作业区域是什么？②若手抓的实际抓取精度均优于±0.5mm，问大臂、小臂的光电码盘选取几位？③基于图7-42所示，网查码垛机器人，试比较两者异同。

【实例12】 光电码盘传感器用于机器人位置感觉。

光电式编码传感器用于移动机器人的位置感觉。机器人移动前获得初始位置，再沿移动方向通过光电编码器得到目的地的位置。轮式机器人轮毂旋转 1 圈为轮毂周长，为一个基本单位 l_0；n 圈后到目的地时（nl_0）再加上编码器读得的角度对应的轮毂长度 l_x（$l_x \leq l_0$），即为机器人的实时位置：$L = nl_0 + l_x$。

7.4 光栅传感器

7.4.1 光栅与传感器结构

光栅是等节距的透光和不透光的刻线均匀相间排列构成的光学元件，如图 7-43 所示。一般光栅由长条形玻璃材料制成；在玻璃上密集等间距平行的刻线，刻线密度为 10 ~ 100 线/mm。若 a 为刻线宽度（不透光），b 就是透光的缝隙，也是刻线的间距；$W = a + b$，为栅距；通常 $a = b$。

图 7-43 光栅示意图

光栅按照现有应用，主要分为物理光栅和计量光栅。物理光栅是利用光的衍射现象来分析光谱和测定波长；计量光栅是作为计量用的光栅，光栅是利用光栅叠栅条纹现象测量位移。图 7-44 所示为计量光栅传感器的分类、光栅构成、光路模式和光栅制作材料。

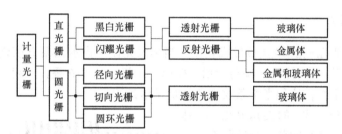

图 7-44 光栅传感器分类及结构

目前光栅传感器是采用计量光栅完成位移测量的传感器，也称为计量光栅传感器。计量光栅具有测量精度高、可靠性好、量程大、结构简单、成本相对较低、对环境要求不严、抗干扰性好、可直接与计算机接口或独立进行数显、数控和便于自动测量等一系列优点。

图 7-45 所示为直光栅（主光栅为直尺形，做直线移动，可测量平移）和圆光栅（主光栅为圆盘形，做旋转运动，可测量转动、角位移、角（加）速度等）结构和测量系统组成。

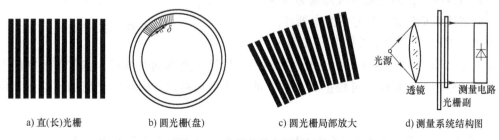

a) 直（长）光栅　　　b) 圆光栅（盘）　　　c) 圆光栅局部放大　　　d) 测量系统结构图

图 7-45 光栅结构与测量系统

由图 7-45d 所示，光栅传感器由光路通道（光源+透镜）、光栅副和测量电路（含光电接收元件）三部分组成。光栅副是光栅传感器的主要部分，由主光栅（长光栅，也称标尺光栅，与移动对象连接）和指示光栅（短光栅，固定）组成，形成叠栅。当标尺光栅相对于指示光栅移动时，形成亮暗交替变化的光栅叠栅条纹现象。利用光电接收元件将亮暗变化的光信号转换成一串电脉冲信号，并用数字显示，便可测量出标尺光栅的移动距离。通过光栅移动实现位移测量的原理是基于光栅叠栅条纹现象，以莫尔条纹为典型。

光路通道指光源经过透镜聚焦后到达光电接收元件的光学通路，光路形式有两种：一种是透射式光栅，它的栅线刻在透明材料（玻璃体）上，如图 7-45d 所示；另一种是反射式光栅，它的栅线刻在具有强反射的金属体或玻璃镀金属膜（铝膜）上，如图 7-46 所示。

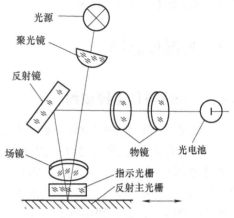

图 7-46 反射式光栅传感器原理

光电接收元件有光电池和光电晶体管等。若采用固态光源时，需要选用敏感波长与光源相接近的光敏元件，以获得高的转换效率（参考光电元件特性）。在光电元件的输出端，常接有放大器，通过放大器得到足够的信号输出以防干扰的影响。

7.4.2 莫尔条纹

光栅副（标尺光栅+指示光栅）形成叠栅。当标尺光栅与指示光栅直接叠在一起，只能形成亮暗变化的光信号；当标尺光栅与指示光栅以一个极小角度 θ 叠在一起（如图 7-47 所示），能看到 $d—d$ 光学条纹，这种光学条纹现象就是莫尔条纹。

由于两光栅（栅距 W）的夹角 θ 很小，很容易计算得到两 $d—d$ 之间莫尔条纹距 B：

$$B = \frac{\frac{W}{2}}{\sin\frac{\theta}{2}} \approx \frac{W}{\theta} \qquad (7-8)$$

由 B 和 W 的数值，可算得 $B/W = 572.96$，显然莫尔条纹有放大作用。所以尽管栅距 W 很小，难以观察到，但莫尔条纹却清晰可见，有利于安装接收莫尔条纹信号的光电器件。

由图 7-47 可知，当主光栅向右移动一个

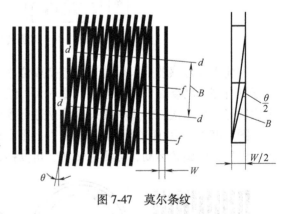

图 7-47 莫尔条纹

栅距 W 时，莫尔条纹向下移动一个条纹间距 B；如果主光栅向左移动，莫尔条纹则向上移动。光栅传感器在测量时，可根据莫尔条纹的移动量和移动方向判定光栅的位移量和位移方向。

【问题07】 设光栅栅距 $W = 0.02$mm，$\theta = 0.1''$，计算莫尔条纹距 B 为多少？
【计算】 由于 θ 很小，$0.1''$可直接用弧度代入，$\theta = 0.00174532$rad，算得 $B = 11.4592$mm。

7.4.3 莫尔条纹辨向和数字细分

一般光栅在测量位移 1 个单位栅距 W 时，光栅副交叉重叠产生 1 次光路的通断，置于光栅副后侧的光电器件获得 1 次对应通断时的光信号强弱变化，该信号无法辨识位移的方向。通过莫尔条纹的转换，在一个有效的莫尔条纹距 B 的空间里，顺序设置 2 个光电器件，如图 7-48 所示。当光栅左移时，莫尔条纹向上移动，使光电器件 1 与 2 被顺序遮挡，产生顺序的高低电平(相当于数字信号 1/0)变化，后置智能电路极易辨识出位移方向。光栅右移时，顺序反过来。

按照莫尔条纹顺序辨向方法，如果在一个有效的莫尔条纹距 B 的空间里顺序等距设置 2 个光电器件，即设置距离为 $B/2$。当第二个光电器件发生信号变化时，相对于光栅只位移了 $W/2$；若等距设置 4 个光电器件(如图 7-49 所示)，不仅完成位移辨向，两光电器件之间的等距间隔对应 $W/4$。每 $W/4$ 栅距对应的光电器件顺序输出 1 个"1/0 数字信号"，1 个栅距得到 4 个"1/0 数字信号"，这就是数字细分，也称为电子细分。

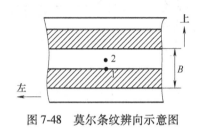

图 7-48 莫尔条纹辨向示意图

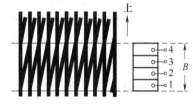

图 7-49 莫尔条纹数字细分示意图

7.4.4 光栅传感器应用

光栅传感器的特点有：①精度高。在大量程测量长度或直线位移方面仅仅低于激光干涉传感器，在圆分度和角位移连续测量方面精度高。②大量程测量兼有高分辨力。③可实现动态测量，易于实现测量及数据处理的自动化。④具有较强的抗干扰能力。因此光栅传感器的最大优点是量程大和精度高，目前主要应用在程控、数控机床和三坐标测量机构中，可测量静、动态的直线位移和整圆角位移；在机械振动测量、变形测量等领域也有应用。

【实例 13】 光栅传感器测量扭矩，如图 7-50 所示。

图 7-50 所示为光栅法扭矩测量框图。使用主光栅和指示光栅产生的莫尔条纹，对旋转轴的角度进行精密测量和控制，其角度的变化可以换算得到扭矩。当被测轴承没有扭矩时，转轴整体转动使上下 A、B 处转过的角度相同；当产生扭矩 M 时，轴发生上下扭转变形，转轴 A 处和 B 处转动的角度不同，即 $B \neq A$。通过上下两个测量机构测量、放大、整形及相位测量电路得到角度值，换算后得到扭矩。

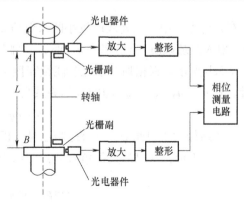

图 7-50 光栅法扭矩测量框图

7.5 光纤传感器

1970 年面世的光纤迄今发展到 Tbit/s 的传输速率，并以光波为载频、光纤为传输媒介进行通信，在发送方对信息的数字编码进行恒强度调制，在接收端以直接检波方式来完成光/电变换。

7.5.1 光纤及其传光原理

光纤是光学纤维（又称光导纤维）的简称，是一种传输光信息的导光纤维，主要由高强度石英玻璃、常规玻璃和塑料制成。它的结构如图 7-51 所示，即裸纤由纤芯和包层组成。纤芯（高折射率 n_1 的石英玻璃）位于光纤的中心部位，直径为 $5 \sim 100 \mu m$；包层可用较低折射率 n_2 的玻璃或塑料制成，两层之间形成良好的光学界面，两层合成后外径一般为 $125 \mu m$。成品光纤是在包层外侧有一层加强用的树脂涂敷层，并能隔离杂光；光缆是最外层有塑料或橡胶保护外套，保护纤芯、包层和涂敷层，更使光纤具有一定的机械强度。

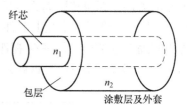

图 7-51　光纤结构

光信号在光纤中的传光原理满足斯乃尔定理，如图 7-52 所示，关键点是光的全反射现象。

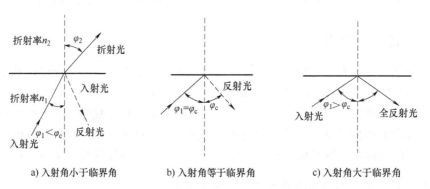

　　a) 入射角小于临界角　　　　b) 入射角等于临界角　　　　c) 入射角大于临界角

图 7-52　光线在临界面发生的折反射示意图

在几何光学中，当光线以较小的入射角 φ_1（$\varphi_1 < \varphi_c$，φ_c 为临界角），由光密媒质（折射率为 n_1）射入光疏媒质（折射率为 n_2）时，一部分光线被反射，另一部分光线折射入光疏媒质，如图 7-52b 所示。根据斯乃尔光学能量守恒法则，反射光与折射光的能量之和等于入射光的能量。其 n_1、n_2、φ_1、φ_1 间的数学关系为

$$n_1 \sin\varphi_1 = n_2 \sin\varphi_2 \tag{7-9}$$

当逐渐加大入射角 φ_1，一直到 φ_c 时，折射光就会沿着界面传播，此时折射角 $\varphi_2 = 90°$，如图 7-52b 所示，这时的入射角 $\varphi_1 = \varphi_c$，称为临界角，则有

$$\sin\varphi_1 = \sin\varphi_c = \frac{n_2}{n_1}\sin\varphi_2 = \frac{n_2}{n_1} \tag{7-10}$$

当继续加大入射角 φ_1（即 $\varphi_1 > \varphi_c$）时，光不再产生折射，只有反射，形成光的全反射现

象，如图 7-52c 所示。

由光纤构成的传感器，就是光纤传感器；图 7-1 中"光学通路"的功能，由光纤实现。

光纤的优点几乎也成了光纤传感器的优点：①高灵敏度；②易于铺设；③光纤是一种高绝缘、化学性能稳定的物质，适用于电力系统及化学系统中需要高压隔离和易燃易爆等恶劣的环境；④光纤传感器应用时，不存在漏电及电击等安全隐患；⑤一般情况下光波频率比电磁辐射频率高，因此光在光纤中传播不会受到电磁噪声的影响；⑥一根光纤可以实现长距离连续测控，能准确测出任一点上的应变、损伤、振动和温度等信息，并由此形成具备很大范围的监测区域，提高对环境的监测水平，实现可分布式测量；⑦光纤的主要材料是石英玻璃，外裹高分子材料的包层，这使得它具有相对于金属传感器更大的耐久性，使用寿命长；⑧以光纤为母线，用传输大容量的光纤代替笨重的多芯水下电缆采集收纳各感知点的信息，并且通过复用技术，来实现对分布式的光纤传感器监测。

概括而言，光纤传感器有极高的灵敏度和精度，固有的安全性好、抗电磁干扰、高绝缘强度、耐腐蚀，集传感与传输于一体，能与数字通信系统兼容等优点，使得它在建筑桥梁、医疗卫生、煤炭化工、军事制导、地质探矿、电力工程、石油勘探、地震波检测等领域有着广阔的发展空间，已受到世界各国的广泛重视。

7.5.2　光纤传感器的组成、特性与分类

1. 光纤传感器的组成

将图 7-1 改为如图 7-53 所示的光纤传感器的结构图，光纤可传递变化的辐射源光信号 ϕ_1 或 ϕ_1 随被测对象 x_1 变化，使 $\phi_1 = \phi_2$；也可能是不变化的 ϕ_1 在传输时因 x_2 变化而使 $\phi_1 \neq \phi_2$，ϕ_2 被调制。被测对象 x_1 或 x_2 可以是光、声、温度、压力、液面、电流及尺寸、位移、力、速度等各机械量等信号，通过光电元件转换成电信号，由"转换电路"输出可用电信号。

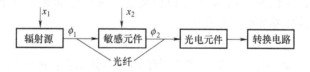

图 7-53　光纤传感器原理结构示意图

由于光纤是传感器中的重要器件，其关键点是图 7-54 中所示的①（入光角度）、②（光信号传输状况）和③（光电转换）；③相对技术较为成熟。将①、②与图 7-51、图 7-52 结合成图 7-55 所示。①为入光关键，折射率为 n_0 的材料与纤芯之间，由式（7-8）可知：

$$n_0\sin\varphi_0 = n_1\sin\varphi_1'\tag{7-11}$$

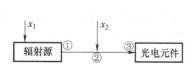

图 7-54　光纤传感器关键圈点示意图

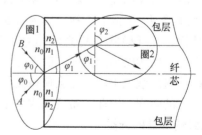

图 7-55　光纤传感器入光与传光原理示意图

161

只要 $\varphi_1 = 90° - \varphi_1' > \varphi_c$，即满足 $90° - \varphi_c > \varphi_1'$，就能使光信号在光纤中传输实现全反射（$\varphi_2 = 180° - \varphi_1$），也就达到圈 2 关键点的初始条件。

2. 光纤传感器的特性

光纤传感器的特性主要包括数值孔径、传播损耗和传播模式。

（1）数值孔径（NA）

光纤的数值孔径 NA 反映纤芯接收光量的多少，是光纤的一个重要参数，在光纤传感器应用中希望 NA 值大；纤芯与包层的折射率差值（$n_1 - n_2$）越大，NA 就越大，光纤的集光能力越强。将 φ_0 的正弦函数定义为光导纤维的数值孔径（NA）：

$$NA = \sin\varphi_0 = \sqrt{n_1^2 - n_2^2} \tag{7-12}$$

式（7-12）的意义是在 φ_0 内的光线能在光纤接收传播。图 7-47 中光线处于含 A 入射的夹角 φ_0 或含 B 入射的夹角 φ_0 均满足条件，所以 $2\varphi_0$ 内的光线能在光纤中实现全反射，即在 $2\varphi_0$ 内纤芯接收光量的多少就是数值孔径。

虽然期望有大的数值孔径，以有利于耦合效率（不同介质之间光线耦合）的提高，但数值孔径大，光信号畸变将会增大，所以要根据纤芯材料和实际工程要求进行适当选择。

（2）传播损耗

在满足光纤全反射传输时，n_1 与 n_2 之间界面的损耗很小，反射率可达 0.9995。实际上入射于光纤中的光存在有损耗（如费涅耳反射损耗、光吸收损耗、全反射损耗、弯曲损耗等），其中一部分光在传播途中就损失了，因此，光纤不可能百分之百地将入射光的能量传播出去。

假设从纤芯左端输入一个光脉冲，其峰值强度（光功率）为 I_0，传播损耗后，光纤中某一点处的光强度 $I(L)$ 为

$$I(L) = I_0 e^{-aL} \tag{7-13}$$

式中，L 为光纤长度，单位为 mm；a 为单位长度的衰减；I_0 为光导纤维输入端光强，单位为 cd；I 为光导纤维输出端光强，单位为 cd。

（3）光纤模式

在纤芯内传播的光波信号，可以分解为沿轴向和沿截面传输的两种平面波成分。沿截面传输的平面波将会在纤芯与包层的界面处产生反射。如果此波的每一个往复传输（入射和反射）的相位变化是 2π 的整数倍，则可以在截面内形成驻波，这样的驻波光线组又称为"模"。只有能形成驻波的那些以特定角度射入光纤的光，才能在光纤内传播。

在光纤内只能传输一定数量的模。当纤芯直径很小（一般为 $5 \sim 10\mu m$）、只能传播一个模时，这样的光纤被称为单模光纤。当纤芯直径较大（通常为几十微米以上）、能传播几百个以上的模时，这样的光纤被称为多模光纤。单模光纤和多模光纤都是当前光纤通信技术上最常用的光纤类型，因此它们被统称为普通光纤。

简单地说，光纤模式就是光波信号沿光纤传输的途径和方式。由数值孔径 NA 可知，有一光线在 $2\varphi_0$ 内能以不同角度入射光纤（称为多模方式，属于多模光纤），则在 n_1 与 n_2 之间界面上的反射次数也不同；这会使该光信号出现不同时间到达接收端的多个小信号，从而导致合成信号的畸变。因此，希望模式数量越少越好，尽可能在单模方式下工作。

3. 光纤传感器的分类

光纤传感器的分类方法较多，主要有光信号变化类、光纤材料类和光纤在传感器中所发挥的功能等，是按照光纤种类、光纤制作、光线干涉、光信号调制和传输方式等进行分类。

1) 按光线工作波长分类, 有紫外光纤、可见光光纤、近红外光纤、红外光纤(0.85μm、1.3μm、1.55μm)。

2) 按光纤制造方法分类, 有汽相轴向沉积(VAD)、化学气相沉积(CVD)等, 拉丝法有管律法(rod intube)和双坩埚法等。

3) 按光纤模式分类, 有多模光纤 MM(multi mode fiber)和单模光纤 SM(single mode fiber)(含偏振保持光纤、非偏振保持光纤)。

4) 按折射率分布分类, 主要有阶跃型光纤和梯度型光纤两种, 如图 7-56 所示。其他还有双折射光纤、近阶跃型光纤、渐变型光纤以及三角形光纤、W 形光纤、凹陷型光纤等。

阶跃型光纤(折射率固定不变)如图 7-56a 所示。纤芯折射率 n_1 分布均匀, 不随半径变化, 包层折射率 n_2 也基本分布均匀; 但 n_1 与 n_2 之间折射率的变化呈阶梯状。在纤芯内, 中心光线沿光纤轴线传播, 通过轴线平面的不同方向入射的光线(子午光线)呈锯齿形轨迹传播。阶跃型光纤中有阶跃型多模光纤和阶跃型单模光纤, 按照式(7-13)计算模式数量 v:

$$v = \frac{\pi d \sqrt{n_1^2 - n_2^2}}{\lambda_0} \qquad (7-14)$$

式中, d 为光纤芯直径; λ_0 为光波波长。

应用时希望 v 小, d 不能太大, 一般为几微米, 不能超过几十微米; 另外, n_1 与 n_2 之差很小, 所以要求 n_1 与 n_2 之差不大于 1%。

梯度型多模光纤(纤芯折射率近似呈平方分布)如图 7-56b 所示。纤芯内的折射率不是常数, 从中心轴线开始沿径向大致按抛物线规律逐渐减小。采用这种光纤时, 光射入光纤后, 光线在传播中连续不断地折射, 自动地从折射率小的包层面向轴心处会聚, 使光线(或光束)能集中在中心轴线附近传输, 故也称自聚焦光纤。

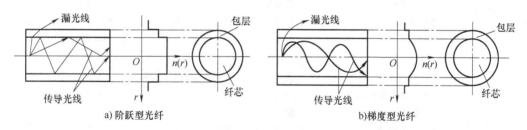

a) 阶跃型光纤　　　　　　　　　b) 梯度型光纤

图 7-56　按折射率分类

5) 按纤芯、包层和涂层材料分类, 有石英光纤、多成分玻璃光纤、塑料光纤、复合材料光纤(如塑料包层、液体纤芯等)、红外材料光纤等。按涂层材料还可分为无机材料(碳等)、金属材料(铜、镍等)和塑料等。主要有玻璃光纤和塑料光纤两大类。

6) 按光的干涉分类, 分为干涉光和非干涉光。光是一种电磁波, 所以光的干涉就是波动特有的特征。几道光波在空间中互相叠加时, 会导致某些区域始终增强, 某些区域始终减弱, 就会出现强弱相间的分布规律。

7) 按光纤中光波调制的原理分类, 有强度调制型光纤传感器、相位调制型光纤传感器、偏振调制型光纤传感器、频率调制型光纤传感器、波长调制型光纤传感器。光波在本质上是一种电磁波, 它具有光的强度、相位、波长(频率)和偏振态四个参数。

8) 按光纤在传感器中的作用分类, 有功能型光纤传感器(光纤作为敏感元件, 被测对象 x_2 作用于"光纤", 使光纤中光的强度、相位、波长(频率)和偏振态等被调制, 如图 7-57a 所示)、非功能型光纤传感器（光纤作为传输元件，传输变化的光信号，如图7-57b所示）和拾光型光纤传感器（光纤作为传输元件，x_2作为外光源，与辐射源互为耦合变化，如图7-57c所示）。

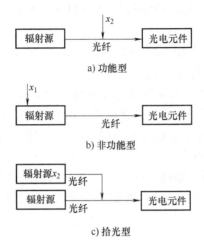

图7-57 按光纤在传感器中的作用分类

综上分类，组合之如表7-3所示。

表7-3 光纤传感器分类表

传 感 器		光 学 现 象	被 测 量	光纤模式	光纤作用
干涉型	相位调制光纤传感器	干涉（磁致伸缩）	电流、磁场	SM，PM	功能型
		干涉（电致伸缩）	电场、电压	SM，PM	
		Sagnac 效应	角速度	SM，PM	
		光弹效应	振动、压力、加速度、位移	SM，PM	
		干涉	温度	SM，PM	
非干涉型	强度调制光纤传感器	遮光板断光路	温度、振动、压力、加速度、位移	MM	非功能型
		半导体透射率的变化	温度	MM	
		荧光辐射、黑体辐射	温度	MM	
		光纤微弯损耗	振动、压力、加速度、位移	SM	
		振动膜或液晶的反射	振动、压力、位移	MM	
		气体分子吸收	气体浓度	MM	
		光纤泄漏模	液位	MM	
	偏振调制光纤传感器	法拉第效应	电流、磁场	SM	非功能型
		泡克尔斯效应	电场、电压	MM	
		双折射变化	温度	SM	
		光弹效应	振动、压力、加速度、位移	MM	
	频率调制光纤传感器	多普勒效应	速度、流速、振动、加速度	MM	拾光型
		受激喇曼散射	气体浓度	MM	非功能型
		光致发光	温度	MM	

实际应用过程中，光纤传感器的主要工作原理是基于光波信号（强度、相位、波长、频

率和偏振态)的调制,因此在光纤传感器的应用中以调制技术展开。

7.5.3　光纤传感器特点

根据光纤的特点、光纤传感器的分类以及目前光纤传感器的广泛应用,光纤传感器具有下列较为突出的特点。

1)灵敏度高。高灵敏度是光学测量的优点之一,相对于电缆信号传输相比,光信号传输的损耗较低,距离较远,形成光纤传感器较为显著的特点。

2)频带宽。考虑到光纤传输的损耗,可见光的频带宽度可达 30THz,目前已应用的多模光纤频带约几百兆赫,好的单模光纤可达 10GHz 以上。若采用先进的相干光通信,可以在 30THz 范围内安排 2000 个光载波,进行波分复用,可以容纳上百万个频道。

3)损耗低。同比传输 800MHz 信号,电缆每公里的损耗在 40dB 以上;取 1.55μm 光信号,光纤每公里损耗为 0.2dB 以下,使其能传输的距离要远得多。若结合遥测、遥控等远程技术,易于构成远程智能监控。

4)保真度高。因为光纤传输一般不需要中继放大,不会因为放大引入新的非线性失真。只要激光器的线性好,就可高保真地传输电视信号。

5)重量轻。单模光纤芯线直径在 4~10μm,外径 125μm,加上防水层、加强筋、护套等,用 4~48 根光纤组成的光缆直径还不到 13mm;光纤材料是玻璃纤维,比重小,重量轻。

6)性能可靠。光纤系统包含的设备数少,每一个设备的运行寿命都很长,无故障工作时间达 50 万~75 万 h(光纤设备中寿命最短的是光发射机中的激光器,寿命也在 10 万 h 以上),因此一个良好的光纤系统,工作性能是极其可靠的。

7)抗干扰能力强。光纤的基本成分是石英,只传光而电绝缘;不受电磁场的作用而抗电磁干扰(能在高压大电流、强磁场噪声、强辐射等恶劣环境中运行);光纤传输时,其传感头不仅电绝缘,还光隔离,使光纤中传输的信号不易被窃听,因而利于保密。

8)成本不断下降。由于制作光纤的材料(石英)来源十分丰富,随着制作技术的进步,成本会进一步降低。

7.5.4　光纤传感器应用

> **【实例14】**　利用光强调制型光纤传感器测量位移、压力、力、温度、流量。

光强调制型光纤传感器是利用外界因素改变光纤中光的强度,通过检测光纤中光强的变化来测量外界的被测参数,即强度调制。强度调制的特点是简单、可靠而经济。强度调制方式大致可分为以下几种:由光传播方向的改变引起的强度调制、由透射率改变引起的强度调制、由光纤中光的模式改变引起的强度调制、由吸收系数和折射率改变引起的强度调制。这类传感器常采用多模光纤,较为典型的是利用改变光纤的微弯状态,可实现对光强的调制,完成相应测量。图 7-58 所示的是"微弯"型光纤检测原理示意图。

图 7-58a 所示为位移测量原理图。氦氖激光器经光学系统将激光耦合到光纤中去,光纤经变形器产生微弯,引出位移量的信息;变形器与待测位移对象连接,位移大小与光纤微弯程度成正比。变形器由振荡器控制的压电变换器,用来对微弯进行调制,这样光纤中光通量的变化经光电转换后成为交变信号,通过放大器和信号处理得到位移值。该光纤位移传感器的测量灵敏度可达 6mV/mm,最小可测位移约 $0.8×10^{-4}$μm,动态范围超过 110dB。这种传

感器很容易推广到压力、水声等物理量的检测中去。

此外，多模光纤发生微弯时，还会使各传导模之间的相位差发生变化，而使输出光的斑图得到调制。利用这一原理，也可制成多种光纤传感器。

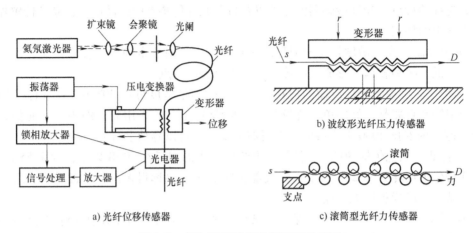

a) 光纤位移传感器　　　　　c) 滚筒型光纤力传感器

图 7-58　"微弯"型光纤检测原理示意图

图 7-58b 所示为压力测量原理图。微弯光纤压力传感器由两块波纹形板或其他形状的变形器构成（如图 7-58c 所示），一块活动，另一块固定；光纤从一对变形器之间通过。当变形器的活动部分受到外界力的作用时，光纤将发生周期性微弯曲，引起传播光的散射损耗，使光在芯模中重新分配：一部分从纤芯耦合到包层，另一部分反射回纤芯。当外界力增大时，泄漏到包层的散射光随之增大；相反光纤纤芯的输出光强度减小，即它们之间呈线性关系。

图 7-59 所示的是临界角光纤压力传感器。在一根单模光纤的端部切割（直接抛光）出一个反射面，切割角刚小于临界角。入射光线在界面上的入射角是一定的，由于入射角小于临界角，所以一部分光折射入周围介质（气体介质）中；另一部分光则返回光纤。返回的反射光被分束器偏转到光电探测器而输出。

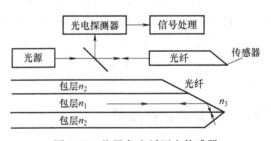

图 7-59　临界角光纤压力传感器

当被测介质压力变化时，纤芯的折射率 n_1 和介质的折射率 n_3 发生不同程度的变化，引起临界角发生改变，返回纤芯的反射光强度也随之发生变化。基于这一原理，有可能设计出一种微小探针型压力传感器。这种传感器的缺点是灵敏度较低；然而频率响应高、尺寸小却是其独特的优点。

图 7-60 所示为双金属片光纤温度传感器用于测量油库温度的结构示意图。将双金属片固定在油库的壁上，用长光纤传输被温度调制的光信号，光信号经光电探测器转换成电信号，再经放大后输出。在两根光纤束之间的平行光位置上放置一个双金属片，便可进行温度检测，如图 7-60b 所示。双金属片是温度敏感元件，它由两种不同热膨胀系数的金属片（如膨胀系数极小的铁镍合金 A 与黄铜或铁 B）贴合在一起，如图 7-60c 所示，当双金属片受热变形时，其端部将产生位移 x。当温度变化时，双金属片带动端部的遮光片在平行光中做垂直方向的位移，起遮光作用并使透过的光强度发生变化。

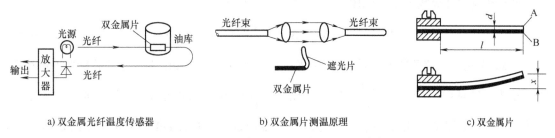

a) 双金属光纤温度传感器　　　　b) 双金属片测温原理　　　　c) 双金属片

图 7-60　用于油库的双金属片光纤温度传感器

由于光纤温度传感器的传感头不带电，因此在诸如油库等易燃、易爆场合进行温度检测是特别适合的。具有双金属片的光纤温度传感器，可以在 10~50℃ 范围内进行较为精确的温度测量，光纤的传输距离可达 5000m。

图 7-61a 所示为 Y 形多模光纤微位移传感器原理示意图，其中一根光纤表示传输入射光线，另一根表示传输反射光线。传感器与被测物的反射面的距离在 0~4.0mm 之间变化时，可以通过测量电路获得变化信号。

同样是 Y 形多模光纤方式，将反射面转贴到涡轮流量计中的涡轮叶片上，入射光线通过光纤把光线照射到涡轮叶片上。每当反射片通过光纤入射门径时，反射光被反射回来，传送并照射到光电元件上变成电信号，光电元件把这一光强信号转变成电脉冲，如同磁电传感器方式，求出其流量，从而知道流体的流速和总流量。

图 7-61b 所示为 Y 形光纤压力传感器原理示意图，图中膜片材料是恒弹性金属，如殷钢、铍青铜等。但金属材料的弹性模量有一定的温度系数，因此要考虑温度补偿。若选用石英膜片，则可减小温度的影响；对于不同的测量范围，可选择不同的膜片尺寸。Y 形光纤束位移特性的线性区，则传感器的输出光功率也与待测压力呈线性关系。

这种光纤压力传感器结构简单、体积小、使用方便；但是，光源不够稳定或长期使用后膜片的反射率有所下降，其精度就要受到影响。

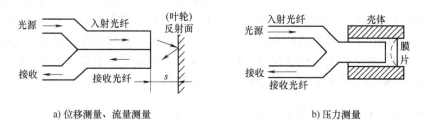

a) 位移测量、流量测量　　　　　　b) 压力测量

图 7-61　Y 形光纤传感器应用示意图

【实例 15】 利用相位干涉型光纤传感器测量温度。

根据光纤中传导光原理分析可知，一束波长为 λ 的相干光在光纤中传播时，光束相位角 φ 与光纤长度 L、纤芯折射率 n_1 和纤芯直径 d 有关。若光纤受被测物理量作用、使 3 个参数之一发生变化而引起光束相移。通常光纤长度 L 和折射率 n_1 对光相位的影响大大超过光纤直径 d 的影响，则单模光纤相位角 φ 为

$$\varphi = \frac{2\pi n_1 L}{\lambda} \tag{7-15}$$

当光纤受到外界物理量的作用时，式(7-15)变化为

$$\Delta\varphi = \frac{2\pi}{\lambda}(n_1\Delta L + L\Delta n_1) = \frac{2\pi L}{\lambda}(n_1\varepsilon_L + \Delta n_1) \tag{7-16}$$

式中，$\Delta\varphi$ 为光波相位角的变化量；ΔL 为光纤长度的变化量；Δn_1 为光纤纤芯折射率的变化量；ε_L 为光纤轴向应变，$\varepsilon_L = \dfrac{\Delta L}{L}$。这样应用光的相位变化测量温度、压力、加速度等，如传感光纤感受的温度变化时，n_1 会发生变化，光纤长度 L 也会因热胀冷缩而发生改变。

干涉测量仪的基本原理是，激光器输出光经分束器(棱镜或低损耗光纤耦合器)分成光功率相等的两束光(也有的分成几束光)，分别耦合到传感光纤和参考光纤中去。在光纤的输出端再将这些分离光束汇合起来，输到一个光电探测器，这样在干涉仪中就可以检测出相位调制信号。因此，相位调制型光纤传感器实际上为光纤干涉仪，故又称为干涉型光纤传感器。

图 7-62 所示为马赫-曾德尔光纤干涉仪用于测量温度或压力的原理示意图。传感光纤置于被测对象环境中，感知温度(或压力)信号；参考光纤不感受被测物理量。两根光纤构成干涉仪的两个臂(在光源相干长度内，两臂光程长相等)，测量时两根光纤的光束经过准直和合成后会产生干涉，形成明暗相间的干涉条纹。

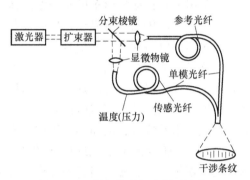

图 7-62 马赫-曾德尔光纤干涉仪

由式(7-16)可知，光纤的 L 和 n_1 变化时，会引起相位角 φ 发生变化，传感光纤和参考光纤的两束输出光的相位也发生变化，从而使合成光强随着相位的变化而变化(增强或减弱)。试验表明检测温度的灵敏度要比检测压力的高得多。

类似的光纤干涉仪还有法布里-珀罗光纤干涉仪、塞内光纤干涉仪等。但光纤双臂干涉仪结构难以克服外界因素对参考臂的干扰，为克服这一缺点可选择单光纤偏振干涉仪。

通过相位调制的光纤传感器特点主要有：①灵敏度高。利用光束间相位差形成干涉的技术是目前已知检测技术中最灵敏的方法之一；②应用灵活。各种物理量只要使光纤中传输光的光程发生变化，就可以实现传感信息的检测；③对光的质量要求高。由于要使光束间产生干涉，经光纤传输输出的光束之间一定要满足相干条件。

【实例 16】 利用偏振态型光纤传感器测量电流。

偏振态光纤传感器是利用某些外界物理量的变化、引起光纤中传输的偏振光偏振态变化的原理所构成的。例如用于高压传输线的光纤电流传感器，光纤偏振态对电流敏感是利用融熔石英光纤材料的法拉第旋光效应，电流产生的磁场使光纤中偏振光振动面发生旋转，其转角 θ 与电流 I 之间的关系为

$$\theta = \frac{VL}{2\pi R}I \tag{7-17}$$

式中，V 为材料的费尔德常数；L 为线圈与光纤间的作用长度；R 为线圈的半径。

如图 7-63 所示，光纤输出的偏振光经渥拉斯顿棱镜分成两束偏振光，其强度为 E_1、E_2，在旋转角不大的条件下

$$B = \frac{E_1 - E_2}{E_1 + E_2} \tag{7-18}$$

式中，$B = \sin 2\theta \approx 2\theta$，所以有

$$I = \frac{\pi R}{VL} \frac{(E_1 - E_2)}{(E_1 + E_2)} \tag{7-19}$$

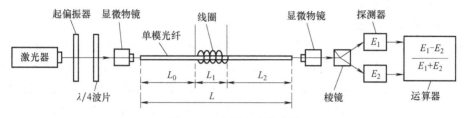

图 7-63　光纤电流传感器

实际对高压线中电流进行测量用的光纤传感器是将石英材料的单模光纤绕在高压线外。如用直径为 $7\mu m$ 的单模光纤，在高压线外绕成直径为 75mm 的线圈 20 匝，就能测量 $50 \sim 1200A$ 的电流。在温度为 $-20 \sim 80℃$ 范围内的测量误差为 0.7%。

【问题 08】　上述三类调制型中各光纤传感器是功能型传感器、非功能型传感器还是拾光型传感器，为什么？

【实例 17】　频率(波长)调制型光纤传感器。

频率调制光纤传感器是利用被测对象引起光频率(或波长)的变化来进行监测。如利用运动物体反射光和散射光的多普勒效应制成光纤传感器，用于速度、流速、振动、压力、加速度测量；利用物质受强光照射时的喇曼散射制成光纤传感器，用于气体浓度测量或监测大气污染的气体测量等。

与频率调制相关的还有波长调制，被测场/参量与敏感光纤相互作用，引起光纤中传输光的波长改变。通过测量光波长的变化量来确定被测参量的传感方法即为波长调制型，目前，波长调制型传感器中以对光纤光栅传感器的研究和应用最为普及。同时，在波长调制型传感器家族中还有众多应用广泛的、重要的传光型的传感器。

7.5.5　分布式光纤传感器

上述各种调制类型测量对象都是单一对象被测点，而实际应用中是呈一定空间分布的场，如温度场、应力场等，为了获得这一类被测对象更多的信息，就需要采用分布调制的光纤传感系统(器)，即分布式光纤传感器。分布调制，就是分布式光纤传感器采用独特的分布式光纤探测技术，对沿光纤传输路径上的空间分布和随时间变化信息进行测量或监控，如图 7-64 所示。它将传感光纤沿场排布，可以同时获得被测场的空间分布和随时间的变化信息。

对沿光纤传输路径上场的空间分布和随时间

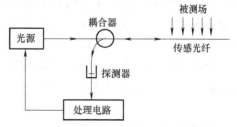

图 7-64　分布式光纤传感器原理框图

变化的信息进行测量或监控，这类传感器只需一个光源和一条检测线路，集传感与传输于一体，可实现对庞大和重要结构的远距离测量或监控。由于同时获取的信息量大，单位信息所需的费用大大降低，从而可获得高的性能价格比。因此，它是一类有着广泛应用前景的传感器，近几年越来越受到人们的重视和关注。

分布调制分为本征型和非本征型两类；非本征型分布又称准分布式，实际上是多个分布式光纤传感器的复用技术。

1. 准分布式光纤传感器

准分布式光纤传感器的基本原理是，将呈一定空间分布的相同调制类型的光纤传感器耦合到一根或多根光纤总线上，通过寻址、解调，检测出被测量的大小和空间分布，光纤总线仅起传光的作用；实质上是多个分立式光纤传感器的复用系统。按寻址方式分类，主要有：①时分复用，靠耦合于同一根光纤上的传感器之间的光程差，即光纤对光波的延迟效应来寻址。②波分复用，通过光纤总线上各传感器的调制信号的特征波长来寻址。③频分复用，将多个光源调制在不同的频率上，经过各分立的传感器汇集在一根或多根光纤总线上，每个传感器的信息即包含在总线信号中的对应频率分量上。④空分复用，是将各传感器的接收光纤的终端按空间位置编码，通过扫描机构控制选通光开关选址，其示意图如图 7-65 所示。开关网络应合理布置，信道间隔应选择合适，以保证在某一时刻单光源仅与一个传感器的通道相连。空分复用的优点是能够准确地进行空间选址。

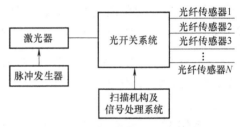

图 7-65 空分复用示意图

2. 分布式光纤传感器

分布式光纤传感器是一种本征型的光纤传感系统，所有敏感点均分布于一根传感光纤上。光纤同时作为敏感元件和传输信号介质，采用光学时域反射技术或光频域反射技术，探测出沿着光纤不同位置的温度和应变的变化，实现真正分布式的测量。

光学时域反射技术（optical time-domain-reflectometry，OTDR）是利用分析光纤中后向散射光或前向散射光的方法测量因散射、吸收等原因产生的光纤传输损耗和各种结构缺陷引起的结构性损耗，当光纤某一点受温度或应力作用时，该点的散射特性将发生变化，因此通过确定损耗与光纤长度的对应关系来检测外界信号场分布于传感光纤上的扰动信息。

一种基于检测后向散射光的 OTDR 如图 7-66 所示。脉冲激光器向被测光纤发射光脉冲，该光脉冲通过光纤时产生的散射光（注入光功率较小时，产生瑞利散射和自发拉曼散射光；注入光功率超过一定值时，则产生受激拉曼散射光和布里渊散射光）的一部分向后传播至光纤的始端，经定向耦合器送至光电检测系统。

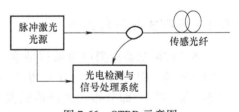

图 7-66 OTDR 示意图

分布式光纤传感器能通过较多的调制方法（如微弯法、瑞利散射法、拉曼散射法、布里渊散射光等）在一条数千米甚至几十千米长的传感光纤环路上获得几十、几百甚至几千个点的温度信息。

光频域反射技术（optical frequency-domain-reflectometry，OFDR）与 OTDR 技术相似，主要是利用拉曼散射、布里渊散射和瑞利散射，是利用扫频光源相干检测技术对光纤中的光信号进行检测的一项技术。OFDR 就是当单模光纤工作在连续光时，不同点的后向散射光在探测器中产生的拍频信号将随着被测点的变化而变化，探测这个拍频信号从而获得外界物理量的变化。OFDR 由于不受空间分辨率与动态范围之间矛盾的限制，其同时具备空间分辨率高（光学测量可达 $10\mu m$）、动态范围大、测试灵敏度高等特点，适用于短距离高精度监测领域，如光器件内部剖析、土木工程模拟试验、车辆结构研究等。

3. 分布式光纤传感器的特点、应用与发展趋势

分布式光纤传感器的特点为：①分布式光纤传感系统中的传感元件仅为光纤；②一次测量就可以获取整个光纤区域内被测量的一维分布图，将光纤架设成光栅状，就可测定被测量的二维和三维分布情况；③OTDR 系统的空间分辨力一般在米的量级，OFDR 系统的空间分辨力可达到毫米量级；④系统的测量精度与空间分辨力一般存在相互制约关系；⑤检测信号一般较微弱，因而要求信号处理系统具有较高的信噪比；⑥由于在检测过程中需进行大量的信号加法平均、频率的扫描、相位的跟踪等处理，因而实现一次完整的测量需较长的时间。

分布式光纤传感系统的应用领域已经拓展到：①结构监测：大型结构的应力应变和温度监测（管道、近海石油平台、油井、大坝、堤坝、桥梁、建筑物、隧道、电缆等）；②渗漏探测：液体或天然气管道、工业处理、大坝、罐体等；③交通运输：路面的结冰探测、铁路监测；④安全系统：火情或过热温度探测、电力电缆监视、信号窃听监视、垃圾处理站监测、山体滑坡监测等；⑤光纤通信：光纤光缆生产在线控制、光缆维护、工作光缆应变监测、光纤掺杂物测量等；⑥环境测量：热、通风和空气条件、外界海洋、森林、野外场所的长期温度测量等。

分布式光纤传感系统具有很好的技术发展趋势，例如：①实现单根光纤上多个物理参数（温度和应变）或化学参数的同时测量；②提高测量系统的测量范围、减少测量时间；③提高信号接收和处理系统的检测能力，提高系统的空间分辨率和测量不确定度；④基于二维或多维的分布式光纤传感器网络将成为光纤传感器的研究方向。

随着光纤光栅技术的日臻成熟，分布式光纤光栅传感技术发展很快。利用光纤光栅不仅可制成波域分布式光纤传感系统，而且可制成时域/波域混合分布式光纤传感系统，还可以采用空分复用技术，组成更加复杂的光纤传感网络系统。

7.5.6 光纤光栅传感器

光纤光栅是一种通过一定方法使光纤纤芯的折射率发生轴向周期性调制而形成的衍射光栅，是一种无源滤波器件。由于光纤光栅具有体积小、熔接损耗小、全兼容于光纤、能埋入智能材料等优点，并且其谐振波长对温度、应变、折射率、浓度等外界环境的变化比较敏感，因此在光纤通信和传感领域得到了广泛的应用。

光纤光栅是利用光纤材料的光敏性，通过紫外光曝光的方法将入射光相干场图样写入纤芯，在纤芯内产生沿纤芯轴向的折射率周期性变化，从而形成永久性空间的相位光栅，其作用就是在纤芯内形成一个窄带的（透射或反射）滤波器或反射镜。当一束宽光谱光经过光纤光栅时，满足光纤光栅布拉格条件的波长将产生反射，其余的波长透过光纤光栅继续传输。

光纤光栅自问世以来，由于研究的深入和应用的需要，各种用途的光纤光栅层出不穷、种类繁多、特性各异、应用不一，也就产生了各种不同的分类。

按光纤光栅的波长分类，分为短波长型（小于 $1\mu m$，又称为光纤布拉格光栅或反射光栅）和长波长型（又称为透射光栅）；按光纤光栅的结构分类，分为均匀型、啁啾型、相移型、取样型、闪耀型和长波长型等；按光纤光栅的形成机理分类，有利用光敏性形成和利用弹光效应形成的光纤光栅；按可写入光栅的光纤材料分类，有硅玻璃型和塑料型，在塑料光栅中写入的光纤光栅已引起了人们越来越多的关注，该种光纤光栅在通信和传感领域有许多潜在的应用，比如大的谐振波长可调范围。

按照光纤光栅传感器的应用分类，主要有光纤光栅应变传感器、温度传感器、加速度传感器、位移传感器、压力传感器、流量传感器、液位传感器等。

下面以光纤光栅传感器测量温度、应变为例介绍光纤光栅传感器原理。温度和应变两个物理量能引起光纤光栅布拉格波长的变化。

光纤光栅的温度传感特性是由光纤光栅的热光效应和热膨胀效应引起的。光纤光栅的热光效应是指光纤光栅的光学性质随温度的变化而发生变化的物理效应，引起光纤光栅的有效折射率的变化；热膨胀系数是固体在温度每升高 1K 时长度或体积发生的相对变化量，引起光栅的栅格周期变化。当光纤光栅传感器所处的温度场变化时，可推导出温度对布拉格波长变化的影响为

$$\frac{\Delta \lambda_{B}}{\lambda_{B}} = (\varepsilon + \alpha) \Delta T \tag{7-20}$$

式中，光纤的热膨胀系数 $\alpha = 5.5 \times 10^{-7}$；光纤的热光系数 $\varepsilon = 5.5 \times 10^{-6}$。

光纤光栅传感器的应变特性是弹光效应和弹性效应共同作用的结果，弹性效应会改变光栅的栅格周期，弹光效应会改变光纤的有效折射率，其传感特性可以表示为

$$\frac{d \lambda_{B}}{\lambda_{B}} = (1 - Pe) \varepsilon \tag{7-21}$$

式中，光纤的有效弹性系数 $Pe = 0.22$。

本章小结

本章主要讲授与光信号、光传递、光电转换相关的系列传感器，包括光电效应及其光电元件、光电码盘传感器、光栅传感器和光纤传感器。

光信号包括较多的信息，首先是光源信号，在本书中将光源器件作为可用或被测对象，作为半导体 LED 光源和激光光源，均作为直接可用光源器件；对于可变光源则是作为被测对象，包含光源的特征参数，如光强、波长等。其二是传递光源信号的媒介，特别是光纤媒介，在光电类传感器中已经越来越普及；光电转换以光电元器件为主要内容。

基于爱因斯坦光程式通过光信号能量谱分类出内光电效应、光生伏特效应和外光电效应及其三个基础光电效应对应的典型光电元件；并由这些光电元件构成了贯穿本章后四节中所涉及的光信号光电转换电路。

以测量角位移为主的光电码盘传感器和以测量线位移为主的光栅传感器作为相似组成结构的光电传感器分别在 7.3 节和 7.4 节介绍；在 7.5 节则较为详细地介绍了以斯奈尔定律为光纤传光原理的光纤传感器，不仅有单模与多模、干涉光与非干涉光以及功能型、非功能型和拾光型的分类，更以光的强度、偏振、相位和频率调制进行应用介绍。然后又介绍了分布式光纤传感器和光纤光栅传感器。

涉及"光路系统"的传感器非常多，涉及"光特征"的检测方法也很多，本章以"光电类"为主介绍光电式传感器。

思考题与习题

7-1　掌握各节传感器基本概念、定义、特点；掌握特性分析、误差分析；掌握各自应用。

7-2　光电式传感器的特点是什么？采用光电式传感器可能测量的物理量有哪些？

7-3　根据图 7-1 及书中介绍的 7 种转换成电信号的类型，试各自举出一例。

7-4　根据图 7-2 展示的 4 种类型，试各自举出一例。

7-5　根据爱因斯坦光程式介绍光电效应。

7-6　由图 7-11 所示，如果外光越来越强，如何连接光敏电阻：①使灯越来越亮？②使灯越来越暗？

7-7　由图 7-12 所示，若图中的"光敏元件电路"分别选用光敏电阻、光电二极管、光电晶体管、光电池，设计出各自对应的具体电路，并介绍由选用光电元件实现的转速测量工作原理。

7-8　由图 7-12 所示，若图中的"光敏元件电路"分别选用光敏电阻、光电二极管、光电晶体管、光电池，设计出各自对应的具体电路，并介绍由选用光电器件实现机器人的角速度和角加速度测量工作原理。

7-9　二进制码与循环码各有何特点？并说明它们的互换原理。

7-10　光电码盘测位移有何特点？

7-11　如图 7-42 所示，若图中大臂长度为 1.5m，小臂长度为 1m；大小臂电动机旋转角度均为 0°～360°，问：①手爪的有效作业区域是什么？②若手爪的实际堆放货物落点精度优于±0.5mm，问大臂、小臂的光电码盘选取几位？③网查码垛机器人，了解其发展。

7-12　光栅传感器的基本原理是什么？莫尔条纹是如何形成的？有何特点？

7-13　光栅传感器为什么具有较高的测量精度？

7-14　说明光纤传感器的结构特点。

7-15　说明光纤的组成、分类，并分析其传光原理。

7-16　光纤的数值孔径 NA 的物理意义是什么？NA 取值大小有什么作用？

7-17　光纤传感器按调制方法分为几大类？试举例说明。

7-18　简述功能性光纤传感器和非功能性光纤传感器的区别，微弯型光纤传感器、双金属光纤传感器和 Y 形光纤传感器是否功能型传感器？为什么？

7-19　什么是分布式光纤传光器？分布式光纤传感器的主要技术有哪些？

7-20　补充题 1：请详细查阅光电耦合器。

7-21　补充题 2：请网查光纤材料和光纤通信机理。

7-22　补充题 3：请网查码垛机器人，写出码垛机器人的三种应用。

7-23　补充题 4：按寻址方式分类，准分布式光纤传感器有哪几种？各表示什么含义？

7-24　思考题：如何利用光电传感器检测颜色？

7-25　设计题：根据图 7-32～图 7-35 所示的 12 种应用，试对任一种应用设计出实现原理框图，并介绍其工作原理。

第 8 章

热电式传感器

在第 1 章和 2.1 节中已经介绍了关于温度、温度测量、温标的基本概念和采用热阻原理(金属热电阻和热敏电阻)测量温度的基本知识和测量技术。当温度对象来自于热源体(如燃煤锅炉、工业窑炉),热源体内在温度可等效为一个等温值时,热源值除通过热传导、热对流外,还通过热辐射与测量敏感元件达到热平衡,达到温度测量的目的。

对于热传导和热对流,可采用接触式测量,可选用热电势式传感器(8.2 节介绍);对于热能辐射(有热辐射和发光两种形式),可采用非接触式测量,选用红外温度仪(8.3 节介绍)、光学温度仪及辐射温度仪(8.4 节介绍)等。

8.1 热辐射基本知识

在工程技术和日常生活中,热辐射现象是屡见不鲜的。太阳对大地的照射是最常见的辐射现象;高炉中灼热的火焰会烘烤得人们难以忍受;太阳对人造卫星的辐射,会使卫星的朝阳面的温度明显地高于卫星背阳面的温度;高温发动机部件与飞机机体之间的辐射热严重地影响着飞机的结构与强度设计;家居空调运行,也能感知热辐射的效果,等等。热辐射中的温度是其最主要的参数。

热能辐射的第一种形式是热辐射。高于绝对零度的物体都具有发出辐射的能力。温度低的物体发射红外光,温度升高到 500℃时开始发射一部分暗红色的光,再升高到 1500℃时开始发白光。物体靠加热保持一定温度使内能不变而持续辐射的形式称为物体热辐射或温度辐射。凡能发射连续光谱,且辐射是温度函数的物体叫热辐射体,如一切动、植物体,以及太阳和钨丝白炽灯等均为热辐射体。

热能辐射的第二种形式是发光。物体不是靠加热来保持温度,使辐射维持下去,而是靠外部能量的激发而产生辐射,这种辐射称为发光。发光光谱是非连续光谱,且不是温度的函数。靠外能激发发光的方式有电致发光(气体放电产生的辉光)、光致发光(荧光灯发射的荧光)、化学发光(磷在空气中缓慢氧化发光)、热发光(火焰中的钠或钠盐发射的黄光)。发光是非平衡辐射过程,发光光谱主要是线光谱或带光谱。

本章介绍物体热辐射的基本知识。

8.1.1 辐射概念

由辐射理论可知,电磁波中电场能量和磁场能量的总和叫作电磁波的能量,也称为辐射能,是以电磁波形式发射、传输或接收的能量,用 Q 表示:

$$Q = h\nu \tag{8-1}$$

式中，h 是普朗克常数，$h = (6.626176 \pm 0.000036) \times 10^{-34} \, \text{J} \cdot \text{s}$；$\nu$ 是光的频率，与光速 c、波长 λ 之间都是可换算的；Q 的单位为焦耳（J）。

各种辐射能可以按照其电磁波的波长或频率来排列，波长在 $100 \, \text{nm} \sim 40 \, \mu\text{m}$ 范围内电磁波（包括可见光和红外线的短波部分）的热效应最显著，这个范围内的电磁波称为热射线或热辐射。热辐射是一种从一个辐射热源、不经过任何传递介质、也不需实际接触对象物体就能把热传递给物体的传热现象。换句话说，物体的热辐射就是能量从物体表面连续辐射、以电磁波谱的形式表现出来。通过识别其波长或频率，就能获得相应的辐射。任何物体只要自身温度超过绝对零度，都会发出与其温度相关的辐射，而理想的热辐射体是黑体。

辐射能既可以表示辐射源发出的电磁波的能量，也可以表示被辐射表面接收到的电磁波的能量。在单位时间内通过某一面积的光辐射能量称为辐射通量 Φ：

$$\text{d}\Phi = \frac{\text{d}Q}{\text{d}t} = \frac{\text{d}P}{\text{d}t} \tag{8-2}$$

辐射通量 Q 的单位为 W（瓦），Φ 与辐射功率 P 意义相同，可以混用。辐射功率是指单位时间内物体表面单位面积上所发射的总辐射能，也称为辐出度。它是一种以辐射形式发射、转移或接收的功率，是描述物体辐射本领的物理量。一个物体辐射能力越大，对外来辐射的吸收能力也越强。

若辐射源的微小面积 ΔA 向半球空间的辐射功率为 $\Delta \Phi$，则 $\Delta \Phi$ 与 ΔA 之比的极限值定义为辐射出射度。辐射出射度即从单位面积发出的辐射功率，可以是物体本身发射的辐射，也可以是被物体反射出来的辐射。此处强调"出"字。如果是指投射到物体表面的辐射，则必须用辐照度来表示。两者具有相同的量纲。辐射出射度的符号为 M：

$$M = \lim_{\Delta A \to 0} \frac{\Delta P}{\Delta A} = \lim_{\Delta A \to 0} \frac{\Delta \Phi}{\Delta A} = \frac{\partial \Phi}{\partial A} \tag{8-3}$$

辐射出射度 M 的单位为 W/m^2（该式对于发光源来说也就是辐射照度 E），扩展源总的辐射通量，等于辐射出射度 M 对辐射表面积 A 的积分：

$$\Phi = \int_A M \text{d}A \tag{8-4}$$

单位时间内物体单位表面积辐射出某特定波长射线的能量，称为单色波长的辐射强度。辐射强度的单位为瓦/球面度。多数辐射源的辐射强度随方向而变，各方向辐射强度相同的辐射源称为余弦辐射体或朗伯辐射体。

面辐射强度是指面源在单位投影面积、单位立体角内的辐射功率。

辐照度是指单位时间内投射到单位面积上的辐射能量，又称辐亮度、辐射亮度。在辐射传输方向上的单位立体角内，通过垂直于该方向上的单位面积、单位波长间隔的辐射功率。一般来说，这个量表示辐射场内任一点在任一方向上、任一波长处辐射的强弱程度。

8.1.2 辐射体分类

辐射体按其辐射的本领可分为黑体和非黑体。实际上，绝大多数辐射体都是非黑体。非黑体包括灰体和选择性辐射体，也有混合辐射体。

1. 黑体

黑体受热以电磁波的形式向外辐射能量，是一种理想物体的热辐射。所谓黑体是指能够全部吸收入射的、任何频率的、电磁波的理想物体，实际上黑体是不存在的，但可以用某种装置（或物体）近似地代替黑体，如图8-1所示。

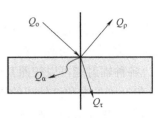

图8-1中，辐射能 Q_o 投射到物体表面时，在一般情况下物体接收辐射能 Q_o 后分解出三部分，一部分（Q_α）被物体吸收，一部分（Q_ρ）被反射，另一部分（Q_τ）透过物体。假设外界投射到物体表面上的总能量 Q_o 被物体全部吸收，即 $Q_\alpha = Q_o$，则该物体称为绝对黑体，简称黑体。

图8-1　辐射示意图

黑体是一个抽象的概念，可以从几个方面认识：

1) 从理论上讲，吸收率 $\alpha = 1$ 的物体，表明该物体全吸收，没有反射和透射。

2) 从结构上讲，封闭等温空腔内的辐射是黑体辐射。

3) 从应用上讲，把等温封闭空腔开一个足够小的孔，从小孔发出的辐射能够逼真地模拟黑体辐射，这种装置称为黑体炉，电厂煤粉锅炉可以等效为黑体炉。

黑体有较高应用价值，包括：①标定各类辐射探测器的响应度；②标定其他辐射源的辐射强度；③测定红外光学系统的透射比；④研究各种物质表面的热辐射特性；⑤研究大气或其他物质对辐射的吸收或透射特性，如热辐射光源。

如图8-2所示，一个带有小孔的空腔，小孔对于空腔足够小，不会妨碍空腔内的平衡，通过小孔射入空腔的所有频率的电磁波经腔内壁多次反射后，几乎全部被吸收，再从小孔射出的电磁波极少，形成等温空腔。

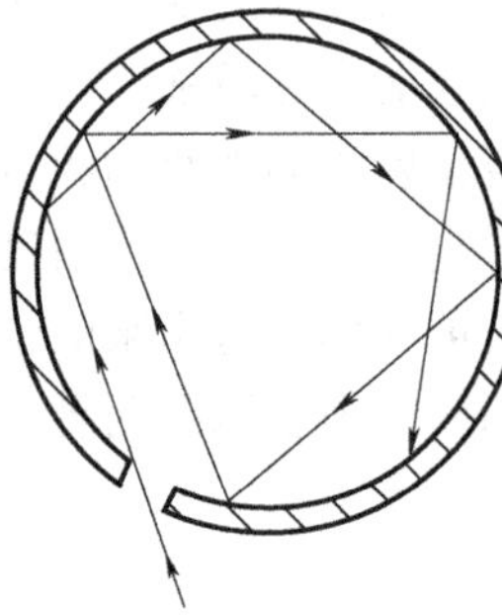

对于等温空腔，具有以下特点：

1) 任意物体B置于等温空腔内，在达到热平衡 T 后，物体B所吸收的辐射功率必等于它所发射的辐射功率，也就能测得等温空腔中的温度 T。

图8-2　具有小孔的真空腔体
构成的等温腔体

2) 若置于等温真空腔体中的物体B为黑体，按照平衡条件，黑体的光谱辐射出射度等于空腔中的光谱辐射照度。

3) 符合密闭等温空腔中的辐射为黑体辐射，也就遵循朗伯体辐射规律，因腔体内部等温，辐射场总能量密度为均匀的，也成为温度 T 的函数。腔体上的小孔对内（外）的总辐射照度为 $E_\lambda = \pi L$，L（辐射亮度）与能量密度的关系为

$$L = \frac{c \cdot w(T)}{4\pi} \tag{8-5}$$

4) 由式(8-5)得到黑体单位表面积单位时间发出的总辐射能量，即辐射出射度（又称辐射通量密度）M_λ 与辐射场总能量密度 $w(T)$ 之间的关系：

$$M_\lambda = \frac{c \cdot w(T)}{4} \tag{8-6}$$

式中，c 为光速；$w(T)$ 只依赖于温度。

2. 灰体

若辐射体的光谱辐射出射度 $M_{\lambda b}$ 与同温度黑体的光谱辐射出射度 $M_{\lambda b,s}$ 之比是一个与波长无关的系数时，该辐射体被称为灰体。系数 ε 称为辐射体的发射率。

$$\varepsilon = \frac{M_{\lambda b}}{M_{\lambda b, s}} < 1 \tag{8-7}$$

灰体的光谱辐射分布与黑体的光谱辐射分布形状相似，最大值的位置一致，通常大多数热辐射体可以当作灰体或干脆当作黑体。

3. 选择性辐射体

凡不服从黑体辐射定律的辐射体称为选择性辐射体，其光谱发射率是波长 λ 的函数，辐射分布曲线可能有几个最大值。例如，磷砷化镓发光二极管 LED 属于选择性辐射体。

黑体可以认为是绝对的。而灰体按照定义，还可派生出白体、玻璃体等。

8.1.3 黑体辐射定律

1. 普朗克公式

在统计物理学中，把空腔内的辐射场看作光子气体，光子是玻色子，根据玻色分布可以导出处于平衡的黑体辐射场能量密度按频率 ν 的分布，即普朗克公式：

$$w(\nu, T)\,\mathrm{d}\nu = \frac{8\pi h\nu^3}{c^3} \frac{\mathrm{d}\nu}{\mathrm{e}^{h\nu/(kT)} - 1} \tag{8-8}$$

式(8-8)给出了辐射场能量密度 $w(\nu, T)$ 按频率的分布，按照 $\mathrm{d}\lambda = -c \cdot \mathrm{d}\nu/\nu^2$、$\lambda = c/\nu$ 和 $w(\nu, T)\mathrm{d}\nu = w(\lambda, T)(-\mathrm{d}\lambda)$，由式(8-8)求得单位体积和单位波长间隔的辐射能量 $w(\lambda, T)$：

$$w(\lambda, T) = \frac{8\pi hc}{\lambda^5} \frac{1}{\mathrm{e}^{hc/(\lambda kT)} - 1} \tag{8-9}$$

式(8-9)为以波长为变量的普朗克公式。

根据式(8-5)和 $E_\lambda = \pi L$，得到黑体的光谱辐射出射度：

$$M_{\lambda b} = \frac{2\pi hc^2}{\lambda^5} \frac{1}{\mathrm{e}^{hc/(\lambda kT)} - 1} = \frac{c_1}{\lambda^5} \frac{1}{\mathrm{e}^{c_2/(\lambda T)} - 1} \tag{8-10}$$

式中，第一辐射常数 $c_1 = 2\pi hc^2 = (3.7415 \pm 0.0003) \times 10^8$，单位为 $W/(m^2 \cdot \mu m)$；第二辐射常数 $c_2 = hc/K = (1.43879 \pm 0.00019) \times 10^4$，单位为 $\mu m \cdot K$；k 为玻尔兹曼常数，单位为 J/K；T 为绝对温度，单位为 K。

式(8-10)为描述黑体辐射光谱分布的普朗克公式，也称为普朗克辐射定律。

式(8-11)是按照辐射能 $E_\lambda(T)$ 方式表示的普朗克公式：

$$E_\lambda(T) = \varepsilon_\lambda \frac{c_1}{\lambda^5} \exp\left(\frac{-c_2}{\lambda T}\right) \tag{8-11}$$

式中，λ 为单色辐射率。

普朗克公式是黑体辐射理论最基本的计算公式，但计算过程略显烦琐，根据实际温度的变化范围和变化频段进行简化：

1）当 $c_2/(\lambda T) \gg 1$ 时，即 $hc/\lambda \gg kT$，此时对应短波或低温情形，普朗克公式中的指数项远大于 1，故可以把分母中的 1 忽略，普朗克公式变为

$$M_{\lambda b} = \frac{c_1}{\lambda^5} \mathrm{e}^{-c_2/(\lambda T)} \tag{8-12}$$

式(8-12)为维恩公式，它仅适用于黑体辐射的短波部分。

2）当 $c_2/(\lambda T) \ll 1$ 时，即 $hc/\lambda \ll kT$，此时对应波长或高温情形，将普朗克公式中的指数项展开成级数，并取前两项后得

$$M_{\lambda b} = \frac{c_1}{c_2} \frac{T}{\lambda^4} \qquad (8\text{-}13)$$

式(8-13)为瑞利-普金公式，它仅适用于黑体辐射的长波部分。

2. 维恩位移定律

对式(8-10)波长求导数，并令导数为零，得

$$\left(1 - \frac{x}{5}\right) e^x = 1 \qquad (8\text{-}14)$$

式中，$x = \frac{c_2}{\lambda T}$，用逐次逼近法求得 $x = \frac{c_2}{\lambda_m T} = 4.9651142$，则

$$\lambda_m T = \frac{c_2}{x} = b \qquad (8\text{-}15)$$

式(8-15)为维恩位移定律表达式，$b = (2898.8 \pm 0.4) \, \mu m \cdot K$。人体以 35~43℃ 的变化区域、绝对温度为 308.16~316.16K 时的波长峰值范围为 9.41~9.17μm，即人体辐射全在红外区；如电厂锅炉的炉膛火焰温度以中心点 1800℃、边缘温度 500℃ 的变化梯度估算，绝对温度为 2073.16~773.16K，对应的波长峰值范围为 1.40~3.75μm，为近红外区。

将维恩位移公式(8-15)代入普朗克公式(8-10)，得

$$M_{\lambda mb} = \frac{c_1}{\lambda_m^5} \frac{1}{e^{c_2/(\lambda_m T)} - 1} = \frac{c_1}{b^5} \frac{T^5}{e^{c_2/b} - 1} = b_1 T^5 \qquad (8\text{-}16)$$

式中，$b_1 = 1.2867 \times 10^{-11} W/(m^2 \cdot \mu m \cdot K^5)$。

维恩位移定律的意义在于：

1）只先知一个温度 T，即可知最大 $M_{\lambda mb}$ 所在处的波长 λ_m 及 $M_{\lambda mb}$ 值。

2）$M_{\lambda mb}$ 的数值随温度升高很快（$M_{\lambda mb}$ 峰值升高，曲线下面积增大，$M_{\lambda mb}$ 也大）。

3）按照式(8-16)，随着对象的温度升高，如超过 800℃，可见光谱的红色成分逐渐增加，即"红热"；温度越高，物体温度的可见色彩依次变成红色、亮黄色，以致最后成为白色，对应的波长峰值就会落在可见光范围，成为利用可见光测温的基本依据。

3. 斯蒂芬-玻耳兹曼定律

斯蒂芬-玻耳兹曼定律给出了全辐射出射度与温度的关系。由式(8-10)对波长从 0→∞ 积分导数，利用 $\lambda = c_2/(xT)$ 和对该式的 x 求导，代入积分公式后得

$$M_{\lambda b} = \frac{c_1}{c_2^4} T^4 \frac{\pi^4}{15} = \sigma T^4 \qquad (8\text{-}17)$$

式中，σ 为斯蒂芬-玻耳兹曼系数，$\sigma = \frac{c_1 \pi^4}{(15 c_2^4)} = 5.67032 \times 10^{-8} W/(m^2 \cdot K^4)$。

式(8-17)表明，温度有较小变化时，就会引起辐射出射度的很大变化。

8.1.4 辐射体温度表示

对具有一定亮度和颜色的炽热物体，根据黑体辐射定律把热辐射体当作灰体，可用三种温度标测。

1. 辐射温度 T_e

当热辐射体发射的总辐射通量与黑体的总辐射通量相等时，以黑体的温度标志该热辐射

体的温度叫作辐射温度 T_e。

由式(8-17)，若辐射出射度 $M_{\lambda b}$ 已知，辐射温度 T_e 就能求出。但是炽热物体是灰体，测出的温度 T_e 与炽热物体(黑体)实际温度 T_b 有一定的偏差。

$$T_e = \varepsilon^{\frac{1}{4}} T_b \tag{8-18}$$

相对偏差：
$$\delta_e = \frac{T_e - T_b}{T} = 1 - \varepsilon^{\frac{1}{4}} \tag{8-19}$$

灰体越接近黑体，相对偏差越小，δ_e 越趋向 0。

2. 色温 T_f

当热辐射体发射的可见光区域的光谱辐射分布具有与某黑体的可见光部分光谱辐射分布相同的形状时，以黑体的温度来标志该热辐射体的温度称为热辐射体的色温 T_f。

色温 T_f 的测量方法如下(如双波段测温仪)：

在可见光区选择两个波长(如 $\lambda_1 = 0.45\mu m$，$\lambda_2 = 0.65\mu m$)的滤光片滤掉黑体表面的其他波长的辐射，可以推算得到：

$$T_f = \frac{hcT_b \left(\dfrac{1}{\lambda_2} - \dfrac{1}{\lambda_1} \right)}{kT_b \ln \dfrac{\varepsilon(\lambda_1)}{\varepsilon(\lambda_2)} + hc \left(\dfrac{1}{\lambda_2} - \dfrac{1}{\lambda_1} \right)} \tag{8-20}$$

式中，h 为普朗克常数；c 为真空中的光速；k 为玻尔兹曼常数；T_b 为炽热物体(黑体)实际温度；$\varepsilon(\lambda_1)$、$\varepsilon(\lambda_2)$ 分别是波长 λ_1、λ_2 的光谱发射率。

色温 T_f 与热辐射体的实际温度 T_b 的相对偏差为

$$\delta_f = 1.02 \times 10^{-4} T_b \ln \frac{\varepsilon(\lambda_1)}{\varepsilon(\lambda_2)} \tag{8-21}$$

由式(8-21)可见，$\varepsilon(\lambda_1)$ 与 $\varepsilon(\lambda_2)$ 越接近，相对偏差越小，δ_f 越趋向 0。

3. 亮温度 T_v

当热辐射体在可见光区某一波长 λ_0 的辐亮度 L_e、λ_0 等于黑体同一波长 λ_0 的辐亮度 $L_{eb,\lambda}$ 时，以黑体温度来标志该热辐射体的温度称为亮温度 T_v。通常在可见光区选择中心波长为 λ_0 的滤光片来滤掉其他波长的光，则

$$T_v = \frac{hcT_b}{hc - \lambda_b kT_b \ln \varepsilon(\lambda_0)} \tag{8-22}$$

若选择 $\lambda_0 = 0.65\mu m$，由 $\varepsilon(\lambda_0)$ 和测量的亮温度 T_v，可求出 T_b。则 T_v 与 T_b 的相对偏差为

$$\delta_v = 4.51 \times 10^{-5} T_b \ln \varepsilon(\lambda_0) \tag{8-23}$$

由式(8-23)可见，相对偏差由 $\varepsilon(\lambda_0)$ 决定。当 $\varepsilon(\lambda_0) \to 1$ 时，$\delta_v \to 0$。

以上热辐射体的三种温度中，色温与实际温度的偏差最小，亮温度次之，辐射温度与实际温度的偏差最大。通常以测量色温代表炽热物体的温度。

8.2 热电势式传感器

热电偶是一种温度传感器，在无须外加电源情况下，把温度直接转换成热电势信号输

出，故也称为热电势式传感器，简称热电式传感器。由于热电式的传感器就是热电偶，在许多场合直接就简称热电偶。热电偶（传感器）是基于热电效应的换能器，输出热电势信号，可以直接接入动圈式显示仪表，也能够直接接入测量电路。

作为温度测量传感器，按照标准热电偶的选型，可测量−200～+2000℃范围的温度，极限可到+2800℃；还可选用特殊热电偶测量高温，可高达3200℃。若与热电阻传感器测温范围相比，热电偶目前较多地应用于中高温范围和各类炉温的测量。

热电偶传感器测量精度高、测量范围大、热响应时间快、机械强度高、耐压性能好、使用寿命长，其方便易用和宽大的测温范围是热电偶传感器的主要优点。

8.2.1 热电偶测温原理

热电偶传感器是基于热电效应的测温过程，还体现在接触电势效应和温差电势效应。

1. 热电效应（赛贝尔效应，热电第一效应）

1821年赛贝尔发现，将A和B两种不同材料的导体首尾相连组成闭合回路（如图8-3a所示），如果两连接点温度不同，记为(T, T_0)，则在回路中就会产生热电势$e_{AB}(T, T_0)$（如图8-3b所示），形成热电流，这种现象就是赛贝尔效应，也称为热电效应，是热电第一效应。

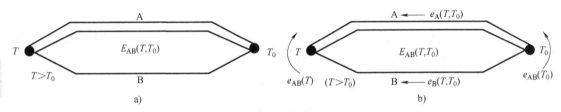

图8-3 热电偶传感器结构及原理图

热电偶是将A和B两种不同的金属材料一端焊接而成。A和B称为热电极，焊接的一端接触高温场T，称为工作端或测量端，常称为热端；未焊接的一端（接引线）处于环境中，环境温度为T_0，称为自由端或参考端，常称为冷端。T与T_0的温差越大，热电偶的输出热电势$e_{AB}(T, T_0)$越大；温差为0（$T = T_0$）时，$e_{AB}(T, T_0) = 0V$。因此可以通过测热电势的大小衡量温度的大小。国际上将热电偶A、B热电极的材料不同分成若干分度号，如常用的K（镍铬-镍硅或镍铝）、E（镍铬-康铜）等，均有相应的分度表。即冷端温度为0℃时、热端温度与热电势的对应关系表，可以通过测量$e_{AB}(T, T_0)$后再查分度表得到相应的温度值。

试验证明，回路的总热电势为

$$e_{AB}(T, T_0) = \int_{T_0}^{T} \alpha_{T_{AB}} dT = e_{AB}(T) - e_{AB}(T_0) \tag{8-24}$$

式中，$\alpha_{T_{AB}}$为热电势率或赛贝尔系数，其值与热电极材料和两接触点的温度有关。

2. 接触电势（珀尔帖效应，热电第二效应）

1834年珀尔帖发现，A、B两热电极在热端温度T（或冷端温度T_0）下接触，会产生电势差。该现象称为珀尔帖效应，是热电第二效应，其电势差称为接触电势。两种不同热电极接触时，由于热电极内的自由电子密度不同，设热电极A和B的电子密度分别为N_A、N_B，并且$N_A > N_B$，自由电子从密度大的热电极A向密度小的热电极B扩散，热电极A失去电子而呈正电位；相反热电极 B 接收到额外电子而呈负电位。A 与 B 之间形成电势差。这个电势差在 A、B 接触处形成一个电场，阻碍扩散作用的继续进行，如图 8-4a 所示。

在某一温度下，电子扩散能力与电场的阻力达到动态平衡，此时在接点处形成接触电势：

$$e_{AB}(T) = \frac{kT}{e}\ln\frac{N_A(T)}{N_B(T)} \tag{8-25}$$

$$e_{AB}(T_0) = \frac{KT_0}{e}\ln\frac{N_A(T_0)}{N_B(T_0)} \tag{8-26}$$

式中，e 为单位电荷；k 为玻尔兹曼常数；$e_{AB}(T)$、$e_{AB}(T_0)$ 分别为热电极 A 和 B 在两个接触点 T 和 T_0 时的电位差；$N_A(T)$、$N_A(T_0)$ 为热电极 A 在温度分别为 T 和 T_0 时的电子密度；$N_B(T)$、$N_B(T_0)$ 为热电极 B 在温度分别为 T 和 T_0 时的电子密度。

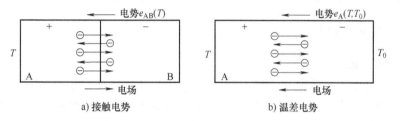

a) 接触电势　　　　　　　　　　b) 温差电势

图 8-4　热电效应

从式(8-25)和式(8-26)可知，接触电势的大小与该接触点温度的高低以及导体 A 和 B 的电子密度比有关，温度越高，接触电势越大；N_A 与 N_B 比值越大，接触电势也越大。

3. 温差电势(汤姆逊效应，热电第三效应)

1856 年汤姆逊发现，对于单一均质热电极(A 或 B)，当两端温度不同时，两端产生电势差，该现象称为汤姆逊效应，是热电第三效应，其电势差称为温差电势。原因是单一热电极(A 或 B)在两端温度不同时，自由电子具有不同的动能；热端 T 处的电子获得动能大，就会向温度较低的冷端 T_0 扩散，如图 8-4b 所示；热端 T 处失去电子而呈正电位，相反冷端 T_0 接收到额外电子而呈负电位，两端之间形成电势差：

$$e_A(T,T_0) = \int_{T_0}^{T}\sigma_A dT \tag{8-27}$$

$$e_B(T,T_0) = \int_{T_0}^{T}\sigma_B dT \tag{8-28}$$

式中，σ_A、σ_B 分别为 A、B 热电极的汤姆逊系数，它表示温度为 1℃时所产生的电势值，它与材料的性质有关。

4. 热电偶中的总热电势

如图 8-3b 所示，热电偶的热电势实际上是两个接触电势和两个温差电势的代数和：

$$\begin{aligned}
e_{AB}(T,T_0) &= e_{AB}(T) - e_A(T,T_0) - e_{AB}(T_0) + e_B(T,T_0) \\
&= [e_{AB}(T) - e_{AB}(T_0)] - [e_A(T,T_0) - e_B(T,T_0)] \\
&= \frac{K}{e}(T-T_0)\ln\frac{N_A}{N_B} - \int_{T_0}^{T}(\sigma_A - \sigma_B)dT
\end{aligned} \tag{8-29}$$

由式（8-29）可知：

1）当 $N_A = N_B$ 时，即热电极为同一材料，$\sigma_A = \sigma_B$，$T \neq T_0$，则 $e_{AB}(T, T_0) = 0V$。

2）当 $T = T_0$ 时，即两端同一温度，$N_A \neq N_B(\sigma_A \neq \sigma_B)$，则 $e_{AB}(T, T_0) = 0V$。

3）当 $N_A \neq N_B$、$T \neq T_0$ 时，则 $e_{AB}(T, T_0) = f(T, T_0) = f(T) - f(T_0)$。即热电势 $e_{AB}(T, T_0)$ 是 $f(T)$ 和 $f(T_0)$ 的函数差，不是温度差的函数 $f(T - T_0)$。

当热电偶的材料是均匀的时，热电偶所产生热电势的大小，与热电偶的长度和直径无关，只与热电偶材料的成分和两端的温差有关；当热电偶两个热电极材料成分确定后，热电偶热电势的大小，取决于热电偶的两端温度。若热电偶冷端的温度保持一定，则热电偶的热电势仅是热温度的单值函数。

设定热电偶的冷端温度恒定时，通常设定为0℃，$f(T_0)$ 为常数 C，则 $e_{AB}(T, T_0) = f(T) - C$。即热电偶的总热电势只随热端温度的变化而变化，即一定的热电势对应热端一定的温度。所以，总热电势 $e_{AB}(T, T_0)$ 成为热端温度 T 的单值函数，这就是热电偶测温的工作原理。

8.2.2　热电偶基本定律

1. 均质导体定律

由一种均质材料（导体或半导体）两端焊接组成闭合回路，不论该材料的截面如何，以及各处的温度分布如何，闭合回路都不产生接触电势，温差电势抵消，总热电势为零。

均质导体定律表明的总热电势为零，可以由热电偶的测温原理及式（8-29）得到证明。因此，热电偶必须由两种不同性质的材料构成；当由一种热电极组成的闭合回路存在温差时，回路若产生热电势，便说明该电极是不均匀的。据此可检查热电极的不均匀性。

2. 中间导体定律

在热电偶闭合回路中的任何一点，接入第三种热电极 C（称为中间导体），如图 8-5 所示。只要该中间导体两端温度相同，那么接入中间导体后，对热电偶闭合回路的总电势没有影响。

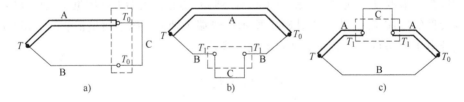

a)　　　　　　　　　　b)　　　　　　　　　　c)

图 8-5　热电偶接入第三种热电极示意图

由图 8-5 可知，第三种热电极接入时，其两端温度相等，即没有温差电势，关键是否存在接触电势，以图 8-5a 为例，按照式（8-29）可推导出：

$$e_{ABC}(T, T_0) = e_{AB}(T) + e_{BC}(T_0) + e_{CA}(T_0) = e_{AB}(T, T_0) \tag{8-30}$$

同理可推导出图 8-5b 和 c 所示的总热电势 $= e_{AB}(T, T_0)$。

当中间导体两端温度相同时，将不影响总热电势。根据这条定律，可以在热电偶闭合回路中引入各种仪表、连接导线和测量电路，允许采用任意的焊接方法来焊接热电偶。应用这一性质可以采用开路热电偶对液态金属和金属壁面进行温度测量，可以使用补偿导线将热电偶的冷端延长到离测温点较远、冷端温度比较恒定的地方。

3. 连接导体定律(中间温度定律)

如图 8-6 所示, 热电偶 AB 在接点温度为 T、T_0 时的热电势 $e_{AB}(T,T_0)$ 等于热电偶 AB 在接点温度为 T、T_1 和连接导体 A'B'在 T_1、T_0 时的热电势 $e_{AB}(T,T_1)$ 和 $e_{A'B'}(T_1,T_0)$ 的代数和。即

$$e_{ABA'B'}(T,T_1,T_0)=e_{AB}(T,T_1)+e_{A'B'}(T_1,T_0) \tag{8-31}$$

若热电极 A 与 A'、B 与 B'的材料一致, 式(8-31)改写为

$$e_{AB}(T,T_1,T_0)=e_{AB}(T,T_1)+e_{AB}(T_1,T_0) \tag{8-32}$$

在式(8-32)中, 只要列出 T_0 为 0℃时的热电势—温度关系(即热电偶分度表), 那么对于中间温度 T_1 不为 0℃时的热电势, 求得

$$e_{AB}(T,T_1,0℃)=e_{AB}(T,T_1)+e_{AB}(T_1,0℃) \tag{8-33}$$

由式(8-33)可知, 选用与热电偶具有同样热电性质的补偿导线(如图 8-6b 中的 A'和 B')接入到热电偶闭合回路中, 相当于把热电偶延长而不影响热电偶的热电势。这就为工业测温中应用补偿导线和制订热电偶的分度表提供了理论依据。

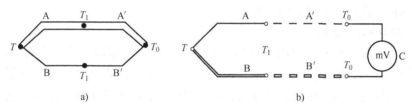

图 8-6　热电偶中间温度定律示意图

【实例 01】　选用 S 型热电偶测量 T, 热电势 $e_{AB}(T,T_1)=8.7\mathrm{mV}$, 环境温度 T_1 为 40℃, 求热端温度 T。

解: 已知 $T_1=40℃$, 查 S 型热电偶分度表(附录 C)得 $e_{AB}(40,0℃)=0.235\mathrm{mV}$

将已知条件代入式(8-33): $e_{AB}(T,T_1,0℃)=e_{AB}(T,40℃)+e_{AB}(40,0℃)=8.935\mathrm{mV}$

再由 8.935mV 查 S 型热电偶分度表得 $T=943℃$

测得热端实际温度 T 为 943℃。

如果忽略 T_1, 直接按照 $e_{AB}(T,T_1)=8.7\mathrm{mV}$ 查表, 查得的温度值约 922℃, 产生误差。

4. 标准电极定律

图 8-7 所示为标准电极组合模式, A、B 为测量热电极, C 为标准热电极。由图 8-7 可知, 可得到每一个测量热电极 A 或 B 基于标准热电极 C 的热电势: $e_{AC}(T,T_0)$ 和 $e_{CB}(T,T_0)$, A 和 B 再组合成传感器模式的测量热电偶时, 有

$$e_{AC}(T,T_0)-e_{CB}(T,T_0)=e_{AB}(T,T_0) \tag{8-34}$$

式(8-34)表明, A、B 两个热电极组成热电偶的热电势可以用它们分别与第三种热电极 C 组成热电偶的热电势之差表示, 这就是标准电极定律。工程中一般所用材料为纯铂, 因为铂容易提纯, 物理化学性质稳定, 熔点较高, 这种方法大

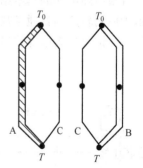

图 8-7　标准电极组合模式

大方便了热电偶的选配工作。若已有多种测量热电极对标准电极的热电势, 就可以由标准电极定律求出任何两种测量热电极组成热电偶的热电势。

8.2.3 热电偶种类、结构与安装

1. 热电极材料

热电偶发展至今，有许多材料均能成为测量热电极。为了保证工程技术的可靠性和足够的测量精度，一般热电偶的热电极材料具有以下特性：

1）热电偶应有较大的热电势和热电势率，并且其热电势与温度之间最好成线性关系或近似线性的单值函数关系。

2）热电偶物理化学性能稳定，电导率要高，并且电阻温度系数小，温度测量范围广。

3）测量高温的热电偶要求热电极材料有较好的耐热性、抗氧化性和抗腐蚀性。

4）易于复制，工艺性与互换性好。

5）资源丰富，价格低廉。

一般纯金属热电极易于复制，但热电势小；非金属的热电势大，但熔点高、难复制。实际中没有一种金属材料能同时满足上述要求，所以许多热电极选择合金材料，如镍铝、康铜、考铜、锰铜、镍铬、铂铑、铂铱等。

2. 热电偶的种类与结构

根据热电偶的被测介质、应用场合和安装要求等多种因素研制成适合各种环境的热电偶。热电偶简单分为装配式热电偶、铠装式热电偶、薄膜式热电偶和特种热电偶。

按使用环境细分，有：耐高温热电偶，耐磨热电偶，耐腐热电偶，耐高压热电偶，隔爆热电偶，铝液测温用热电偶，循环硫化床用热电偶，水泥回转窑炉用热电偶，阳极焙烧炉用热电偶，高温热风炉用热电偶，汽化炉用热电偶，渗碳炉用热电偶，高温盐浴炉用热电偶，铜、铁及钢水用热电偶，抗氧化钨铼热电偶，真空炉用热电偶，铂铑热电偶等。

普通型热电偶应用最广，一般情况下都要选用这种热电偶，其保护管材质的选择主要考虑被测介质的气氛、温度、流速、腐蚀性、摩擦力以及材质的化学适应性、可承受压力、可承受应力、响应速度和性价比等因素，再根据被测对象的结构和安装地点等实际情况确定保护套管的直径、壁厚、长度、气密性及固定方式等。此处应注意兼顾壁厚（决定耐磨性）和热容量大小（决定反应时间），在满足耐磨性要求的情况下，应尽量减小保护管壁厚，以改善传感器动态特性。如果是化学损伤严重的高温环境，也可考虑采用双保护管。

普通型热电偶的基本结构是热电极、绝缘材料、保护管（含安装结构）和接线盒，图8-8所示为应用较广的普通型热电偶结构示意图。在应用时通过专用线缆（补偿导线）连接到显示仪表、记录仪表或计算机等。

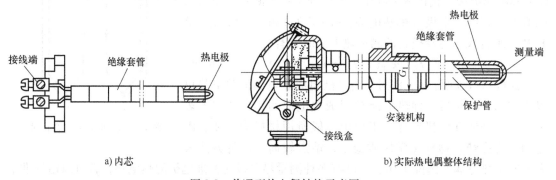

a) 内芯   b) 实际热电偶整体结构

图 8-8　普通型热电偶结构示意图

热电偶传感器属于接触式测量，测量端必须与被测介质充分接触或良好连接，所以从"安装机构"到"测量端"的长度要根据实际应用选定。图 8-8b 所示为直管式结构，如果测量点与安装点不能选用直管式，可选择铠装结构或其他结构类型。

铠装型热电偶因具有可弯曲、直径小、适应性广、热容小、响应速度快、使用寿命长以及可任意截取长度等优点而被广泛使用，尤其是测温点深（如锅炉炉顶的一些温度点）或需弯曲的场合。选型时主要考虑保护管材质、直径及长度等参数。

铠装型热电偶的结构示意图如图 8-9 所示。现有高性能实体型热电偶兼有普通型和铠装型热电偶的优点，耐高温、响应快、寿命长，它的使用温度比同类型普通型热电偶高100℃，响应速度比普通型快 6~8 倍，选用时应综合考虑。

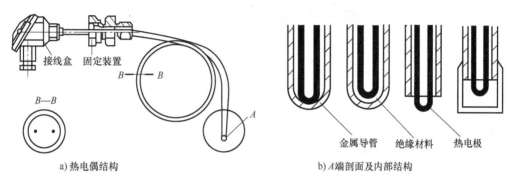

a) 热电偶结构　　　　　　　　　　　　　　b) A 端剖面及内部结构

图 8-9　铠装型热电偶结构示意图

图 8-10 所示为薄膜热电偶传感器的结构示意图，其热接点可以做得很小（μm），具有测温精度高、热容量小、反应速度快（μs）等特点，适用于微小面积上的表面温度以及快速变化的动态瞬变温度测量，具有广阔的应用前景。

特种型热电偶应用于一些特殊场合，如一次性测量钢水温度的快速微型热电偶等。

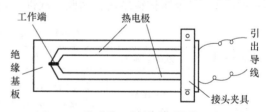

图 8-10　薄膜热电偶传感器结构示意图

3. 标准热电偶

热电偶同时又分为标准热电偶和非标准热电偶两大类。标准热电偶是指国际 IEC 组织规定了其热电势与温度的关系、允许误差、并有统一的标准分度表的热电偶，它有与其配套的显示仪表可供选用。非标准热电偶是指在使用范围或数量级上均不及标准热电偶，它一般也没有统一的分度表，主要用于某些特殊场合的测量。

我国从 1988 年 1 月 1 日起，热电偶和热电阻全部按 IEC 国际标准生产，热电偶的分度号有 S、R、B、N、K、E、J、T 等 8 种，其中 S、R、B 属于贵金属热电偶，N、K、E、J、T 属于廉金属热电偶。8 种热电偶的技术数据可参照相应数据手册，表 8-1 所示为其特点。

标准化热电偶的热电势与测量温度之间的关系如图 8-11 所示。图中可以看到分度号 R、S、B 测量的温度范围较高，但热电势值在较低温区变化很缓慢，比较适合中高温；其他分度号热电偶在 1000℃ 以内有一定的线性度。

较为典型的几款热电偶如下。

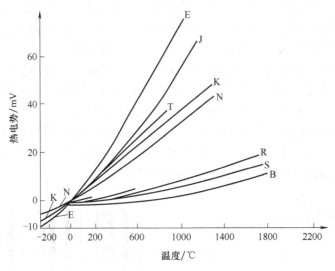

图 8-11　标准热电偶热电势与测量温度关系

（1）铂铑-铂热电偶

分度号 R 或 S，系采用珍贵稀有金属材料制成，铂铑丝为正极，纯铂丝为负极。可在 1300℃以下范围长时间使用，在良好的使用环境中可短期测量 1600℃的高温。此种热电偶准确度高，稳定性好，测温温区和使用寿命长，物理化学性能良好，在高温下抗氧化性能好，适用于氧化性和惰性气氛中。其缺点是热电率较小，灵敏度低，高温下机械强度下降，对污染敏感，贵金属材料昂贵，因此一次性投资较大。

表 8-1　标准化热电偶的特点

热电偶种类	测温范围/℃	优　点	缺　点
B 铂铑$_{30}$-铂	0~1600 短期 1800	适于测量 1000℃以上的高温；常温下热电势极小，可不用补偿导线；抗氧化、耐化学腐蚀	在中低温领域热电势小，不能用于 600℃以下；灵敏度低；热电势的线性不好
R：铂铑$_{13}$-铂 S：铂铑$_{10}$-铂	0~1300 短期 1600	精度高、稳定性好，不易劣化；抗氧化、耐化学腐蚀；可作为标准	灵敏度低；不适用于还原性气氛（尤其是 H_2、金属蒸气）；热电势的线性不好；价格高
N 镍铬硅-镍硅	−200~1200 短期 1300	热电势线性好；1200℃以下抗氧化性能良好；短程表序结构变化影响小	不适用于还原性气氛；同贵金属热电偶相比时效变化大
K 镍铬-镍硅	0~1200 短期 1300	热电势线性好；1000℃下抗氧化性能良好；在廉金属热电偶中稳定性更好	不适用于还原性气氛；同贵金属热电偶相比时效变化大；因短程有序结构变化而产生误差
E 镍铬-康铜	−200~760 短期 850	在现有的热电偶中，灵敏度最高；同 J 型相比，耐热性能良好；两极非磁性	不适用于还原性气氛；热导率低，具有微滞后现象

（续）

热电偶种类	测温范围/℃	优　　点	缺　　点
J 铁-康铜	−40~600 短期 750	可用于还原性气氛；热电势较 K 型高 20%左右	铁正极易生锈；热电特性漂移大
T 铜-康铜	−200~350 短期 400	热电势线性好；低温特性好；产品质量稳定性好；可用于还原性气氛	使用温度低；铜正极易氧化；热传导误差大

（2）镍铬-镍硅热电偶

分度号 K，镍铬为正极，镍硅为负极。其化学稳定性高，可以在氧化性或中性介质中长时间地测量 900℃以下的温度，短期测量可达 1200℃。若使用于还原性气氛中，则会很快地受到腐蚀，只能用于测量 500℃以下的温度。这类热电偶线性度好，热电势较大，灵敏度较高，稳定性和复现性均好，抗氧化性强，价格便宜。能用于氧化性和惰性气氛中。但不能在高温下直接用于硫、还原性或还原、氧化交替的气氛中，也不能用于真空中。

（3）镍铬-康铜热电偶

分度号 E，镍铬为正极，康铜为负极。适用于还原性或中性介质，长期使用温度不能超过 600℃，短期测量可达 800℃。该热电偶电势之大、灵敏度之高属所有标准热电偶之最，宜制成热电偶堆来测量微小温度变化。E 型热电偶可用于湿度较大的环境里，具有稳定性好、抗氧化性能高、价格便宜等优点。但不能在高温下用于硫、还原性气氛中。

（4）铂铑$_{30}$-铂铑$_6$

分度号 B，铂铑$_{30}$丝（其中铂 70%，铑 30%）为正极、铂铑$_6$丝（铂含量 94%，铑 6%）为负极。它可以长期用于测量高温达 1600℃的温度，短期可测量 1800℃超高温度。这类热电偶准确度高，稳定性好，测温区宽，使用寿命长等，适用于氧化性和惰性气氛中，也可短期用于真空中，但不适用于还原性气氛或含有金属或非金属的蒸气中；参比端不需进行冷端补偿，因为在 0~50℃范围内热电势小于 3μV。其缺点是热电率较小，灵敏度低，高温下机械强度下降，抗污染能力差，贵金属材料昂贵。

4. 非标准热电偶

针对一些特殊场合、特殊要求，需要特殊热电偶。这类传感器没有分度号，应用时需要个别标定，在此不做特别介绍。其中，高温区域有钨铼系，可到 3000℃以上；低温有镍铬系和金铁系（0~300K）、银金系和金铁系（1~40K）。需要时可查阅产品手册。

5. 热电偶的安装方式

热电偶安装方式有水平、垂直和倾斜三种。水平安装的热电偶较易附着灰尘和氧化物，如果长时间运行而未及时清理，则会引起测量滞后并使示值偏低、动态性能变差；垂直安装的热电偶表面粘积物要比水平安装少得多，故测量准确度较高。

测量管道中流体温度时，应使热电偶的热端处于管道中流速最大处。若为小直径管道，最好使热电偶逆着流速方向倾斜安装，倾斜角 45°为最佳，且在条件允许的情况下，应尽量安装在管道的弯曲处；若为大直径管道，热电偶应垂直安装，以防保护管在高温下变形，且保护套管末端应越过管道中心线 5~10mm。测量小体积容器或箱体内温度时，保护套管末端应尽可能靠近其中心位置，如果采用水平安装，则露出部分应采用耐热金属支架支撑，如条件允许，在使用一段时间之后，可将热电偶旋转 180°，以避免因高温变形而缩短使用寿命。

对于炉膛温度测量，保护套管和炉壁孔间的空隙用石棉绳或耐火泥等绝热材料密封，以免因炉内、外空气对流而影响测量精度。

安装时，一定要关心安装手册，满足以下条件：①插入深度要求：测量端应有足够的插入深度，应使保护套管的测量端超过管道中心线5~10mm。②注意保温：为防止传导散热产生测温附加误差，保护套管露在设备外部的长度应尽量短，并加保温层。③防止变形：应尽量垂直安装。在有流速的管道中必须倾斜安装，若需水平安装时，则应有支架支撑。

8.2.4 热电偶测量误差与补偿

1. 误差分析

热电偶产生测量误差有三个原因：①在制造时，热电偶材料由于受到外力的作用而产生应力，造成应力分布的不均匀，这由生产单位解决；②在使用中往往会受到其他化学成分的影响而使得材料成分发生变化，这应该是保护套管损伤，也由生产单位解决；③应用误差。

热电偶在应用中产生误差，原因就是由冷端温度变化引起。由式（8-32）可知，当 T_1 和 T_0 混淆或直接忽略 T_1 时，均会产生误差，就是对热电偶的冷端温度处理不当引起。在【实例01】中，按照式（8-33）得到真实的热端温度943℃，如果忽略 T_1，得到的温度是922℃，绝对误差21℃，相对误差2.23%，对于热电偶温度测量中，这个误差是绝对不允许有的。

按照式（8-33）处理，就是设定热电偶冷端温度保持不变，热电偶输出的热电势才能成为被测温度的单值函数。而在实际应用中由于热电偶的工作端与冷端距离很近，冷端又暴露于空间，容易受到环境温度变化的影响，无法恒定在0℃；而所有热电偶分度表都是冷端温度定在℃时建立的，各生产厂家提供的分度表都是遵循国际标准，所以必须进行冷端补偿。

冷端补偿方法分为四大类：传统方法（冰浴法、电桥法）、人工法（计算修正法）、工程法（补正系数法）和智能法（软件法、分度表查表法）。要实现这些方法的前提是选用正确的补偿导线（如图8-6b所示的A′B′），将实际热电偶的冷端延长到适合冷端补偿的场合。

2. 补偿导线

当热电偶冷端处在温度波动较大的地方时，必须首先使用补偿导线将冷端延长到一个温度稳定的地方，再考虑将冷端处理为0℃。补偿导线是一种专用线缆，是在一定温度范围内（包括常温，主要是<100℃）具有与匹配的热电偶热电势的标称值相同的一对带有绝缘层的导线，用它们连接热电偶与测量电路（装置），以补偿它们与热电偶连接处的温度变化所产生的误差。补偿导线由合金丝、绝缘层、护套和屏蔽层组成。

补偿导线的主要目的就是实现冷端迁移；另外是降低测量电路成本和线缆成本，一般测量电路点与热电偶安装点有一定距离（一般在几十米），使用补偿导线，可以节约热电偶材料，尤其是贵重金属热电偶，经济效益特别显著。

补偿导线分为延长型和补偿型两种。①延长型：补偿导线合金丝的化学成分名称及热电势标称值与配用的热电偶相同，用字母"X"附在热电偶分度号后表示；②补偿型：其合金丝的名称化学成分与配用的热电偶不同，但其热电势值在100℃以下时与配用的热电偶的热电势标称值相同，用字母"C"附在热电偶分度号后表示。选择时可参考表8-2。

表 8-2 补偿导线型号、芯线材料、绝缘层注色表

补偿导线 型号	配用 热电偶	补偿导线芯线材料		绝缘层注色	
		正极	负极		
SC RC	S：铂铑$_{10}$-铂 R：铂铑$_{13}$-铂	SPC(铜)	SNC(铜镍)	红	绿
KC	K：镍铬-镍硅	KPC(铜)	KNC(铜镍)	红	蓝
KX	K：镍铬-镍硅	KPX(镍铬)	KNX(铜镍)	红	黑
NX	N：镍铬硅-镍硅	NPC(铁)	NNC(铜镍)	红	黄
EX	E：镍铬-康铜	EPX(镍铬)	ENX(铜镍)	红	棕
JX	J：铁-康铜	JPX(铁)	JNX(铜镍)	红	紫
TX	T：铜-康铜	TPX(铜)	TNX(铜镍)	红	白

使用补偿导线时应注意的问题：

1）补偿导线的作用是对热电偶冷端延长。

2）热电偶和补偿导线的两个接点处要保持温度相同，且不同型号的热电偶配有不同的补偿导线，补偿导线的正、负极需分别与热电偶正、负极相连。

3）选择补偿导线时要明确补偿导线所处的环境温度及现场工矿状况，根据现场环境温度情况选择合适的补偿导线护套，−25~105℃时选择聚氟乙烯护套，−60~205℃时选择聚全氟乙烯护套，−60~260℃时选择聚四氟乙烯护套。

4）补偿线缆防潮试验的绝缘电阻在 40℃ 水中 24h 后不小于(10m)25MΩ。

5）补偿线缆耐热老化在 24h 后进行 5 倍外径试验，经电压试验 5000V/min 不击穿。

图 8-12 所示为几种补偿导线的应用方式。其中如图 8-12d 所示，为了减少补偿导线的长度，可选用热电偶变送器。根据测量温度量程，热电偶变送器输出 4~20mA，这样就可以选用常规的信号导线，实现远距离传输。

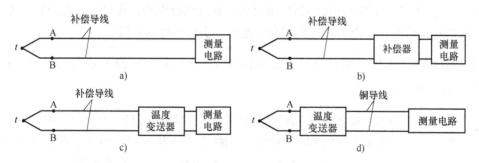

图 8-12 热电偶典型测温线路及补偿导线应用

3. 冷端补偿-冰浴法

冰浴法也称为冰点槽法，如图 8-13 所示。"冰浴"的含义就是冰水混合，绝对保证冷端温度为 0℃。这种方法较为适用于实验室中的精确测量和检定热电偶时使用。实验时注意容器保温和容器上端的隔离和封漏，试管内径尽可能细小和插入深度尽可能深。

189

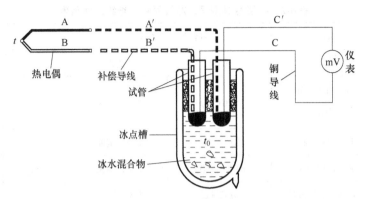

图 8-13　冷端补偿-冰浴法

4. 冷端补偿-电桥法

电桥法也称补偿器，如图 8-14 所示。其中图 a 是传统电路实现，主要解决电桥的工作电源，即图 b 中的直流电源 E，目前也可以选用直流稳压电源。电桥直流电源一旦确定，就不能改变。

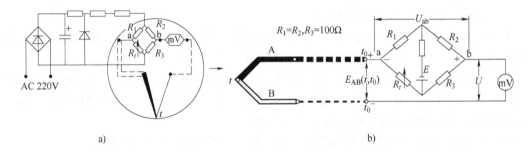

图 8-14　冷端补偿-电桥法

电桥法是当时传感器检测多为人工实现，并需要人工查表等核对、补偿等状态下较好的解决方法，电桥中参加冷端补偿的金属热电阻可选为金属铂热电阻或金属铜热电阻。根据式(8-26)，$e_{AB}(T, T_1)$ 由热电偶传感器输出得到，通过电桥电路，使得 $e_{AB}(T_1, 0℃) = U_{ab}$，就能最终得到 $e_{AB}(T, 0℃)$，查表得到热端真实温度，实现了冷端补偿。

【**实例 02**】　选用 S 型热电偶，环境温度 T_1 为 40℃，如图 8-14 所示，选 Pt100、Cu100，求直流电源 E。

解：已知 T_1 为 40℃，查 S 型热电偶分度表(附录 C)，得到 $e_{AB}(T_1, 0℃) = U_{ab} = 0.235\text{mV}$。

由图 8-14，设定 $R_1 = R_2 = R_3 = 100\Omega$，查附录 A 得 $R_{Pt} = 115.541\Omega$，$R_{Cu} = 117.13\Omega$。

推导公式：$U_{ab} = E\dfrac{R_2 R_t - R_1 R_3}{(R_t + R_1)(R_2 + R_3)} = E\dfrac{R_t - 100}{2R_t + 200}$，即 $E = \dfrac{(2R_t + 200)}{R_t - 100} U_{ab}$

$R_{Pt} = 115.541\Omega$ 时，$E_{Pt} = 6.5185\text{mV}$；$R_{Cu} = 117.13\Omega$ 时，$E_{Cu} = 5.9574\text{mV}$。

工程上如何实现 6mV "左右" 的直流稳压电源？至少要附加高要求的电路品质。若 $E = 6\text{mV}$，得 $U_{ab\text{-}Pt} = 0.2163\text{mV}$、$U_{ab\text{-}Cu} = 0.2367\text{mV}$；建议补偿电桥中的金属热电阻为铜热电阻。然而冷端处大气环境下配置易氧化的铜热电阻的电桥补偿，也不是工程上佳之选。

5. 冷端补偿-人工法

人工法最直接，就是计算修正法。现场测温系统如图8-12a所示，操作人员需要读取传感器的输出显示值和环境温度值，通过分别查表，得到$e_{AB}(T,T_1)$和$e_{AB}(T_1,0℃)$，再根据式(8-33)计算得到$e_{AB}(T,T_1,0℃)$。

如【实例01】中，实际现场的测量电路(磁电系动圈显示仪表)显示出S型热电偶传感器的温度为922℃，环境温度为40℃，操作人员查S分度号表，得到$e_{AB}(T,40℃)=8.7$mV，$e_{AB}(40,0℃)=0.235$mV，计算得到$e_{AB}(T,T_1,0℃)=8.935$mV，再查S分度号表，得到$T=943℃$。

6. 冷端补偿-工程法

工程法也称为补正系数法，或K值计算法。人工法中，操作人员需要保证完整的分度号数据表，查表过程实际上也算是专业工作，尽管计算简单，但不符合实际工程现场要求。

补正系数法就是根据表8-3所示的系数修正表，根据式(8-35)计算获得实际热端温度值。实际上每个分度号热电偶均有K值表，现场人员就可以不用分度表数据了。

$$T=Ts+K\cdot T_0 \tag{8-35}$$

表 8-3　K 补正系数表

温度/℃	S：铂铑$_{10}$-铂	温度/℃	S：铂铑$_{10}$-铂	温度/℃	S：铂铑$_{10}$-铂	温度/℃	S：铂铑$_{10}$-铂
100	0.82	500	0.63	900	0.56	1300	0.52
200	0.72	600	0.62	1000	0.55	1400	0.52
300	0.69	700	0.60	1100	0.53	1500	0.53
400	0.66	800	0.59	1200	0.53	1600	0.53

【**实例03**】　选用S型热电偶，热电偶显示922℃，环境温度T_0为40℃，用K值表求热端温度T。

解：已知S型热电偶显示922℃，在900~1000℃中，查K值表为0.55；

已知环境温度$T_0=40℃$，按式(8-35)计算得到

$T=944℃$

由【实例01】可知真实热端温度为943℃，绝对误差1℃，相对误差0.10%。

7. 冷端补偿-智能法

智能法中首先要实现智能处理的硬件电路系统，如图8-15所示。从图中可知，智能法已经能够处理多点温度，不再局限于空腔等温理论，对于存在温度梯度、温度场分布等场合都能适用。通过单片机系统，

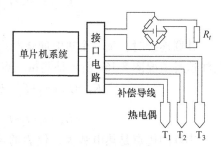

图 8-15　冷端补偿-智能法

还能够实现远程温度监测，通过数据表建立和软件程序，精确测量已经成为现实。

单片机系统中存储了完整的各热电偶分度表，根据热电偶输出的电信号查得$e_{AB}(T,T_1)$；也同时存储了金属热电阻的分度表，根据电桥输出的电信号查得$e_{AB}(T_1,℃)$；通过计算$e_{AB}(T,T_1,℃)$和分度表查表，得到本次测得的T。单片机系统保存T，并持续记录每次的测量值，形成热端温度数据库，由软件程序提供更优测温方案。

8.2.5 热电偶应用

热电偶传感器的应用就是温度测量，目前应用到热电偶的场合很多，尤其是钢铁行业、建材行业、化工行业等，还有类似各种炉体温度的测量。在测量过程中，还要测量温度的平均值、两温度的差值等，这就取决于热电偶传感器的冷端接法。

图 8-16 所示为 3 种热电偶传感器的冷端接法。

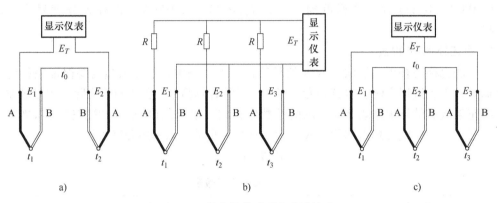

图 8-16　热电偶传感器的冷端接法

特殊情况下，热电偶可以串联或并联使用，但只能是同一分度号的热电偶，且冷端应在同一温度下。如热电偶正向串联，可获得较大的热电势输出和提高灵敏度；在测量两点温差时，可采用热电偶反向串联；利用热电偶并联可以测量平均温度。

图 8-16a 所示是测量两点间温度差（反向串联）：

$$E_T = E_{AB}(t_1, t_0) - E_{AB}(t_2, t_0) = E_{AB}(t_1, t_2) \tag{8-36}$$

图 8-16b 所示是测量三点平均温度值（三个并联）：

$$E_T = \frac{E_1 + E_2 + E_3}{3} = \frac{E_{AB}(t_1, t_0) + E_{AB}(t_2, t_0) + E_{AB}(t_3, t_0)}{3}$$

$$= \frac{E_{AB}(t_1 + t_2 + t_3, 3t_0)}{3} = E_{AB}\left(\frac{t_1 + t_2 + t_3}{3}, t_0\right) \tag{8-37}$$

并联连接时，某一个热电偶烧断是难以觉察的，不会中断整个测温系统的工作。一定要关注这种情况图 8-16c 所示是测量三点温度累积值（三个串联）：

$$E_T = E_1 + E_2 + E_3 = E_{AB}(t_1, t_0) + E_{AB}(t_2, t_0) + E_{AB}(t_3, t_0)$$

$$= E_{AB}(t_1 + t_2 + t_3, 3t_0) \overset{t_0 = 0℃}{=} E_{AB}(t_1 + t_2 + t_3, t_0) \tag{8-38}$$

串联的优点是热电势大，仪表的灵敏度大大增加，且避免了热电偶并联线路存在的缺点，可立即发现有断路。缺点是若有一支热电偶断路，整个测温系统将停止工作。

8.3　红外传感器

红外技术是在最近几十年中发展起来的一门新兴检测技术，它常用于无接触温度测量、气体成分分析、测距、无损探伤等。由于红外探测技术独特的优点，使其在国防和民用领域均有广泛的研究和应用，尤其是在军事需求和相关技术发展的推动下，作为高新技术的红外探测技术在未来的应用将更加广泛，地位更加重要。

8.3.1　红外辐射与基本特征

1. 红外线与红外区

红外辐射俗称红外线，它是一种人眼看不见的光线。但实际上它和其他任何光线一样，是一种客观存在的物质，同样具有反射、折射、散射、干涉、吸收等性质。任何物体的温度只要高于绝对零度，就有红外线向周围空间辐射。

红外线的波长范围大致在 $0.76 \sim 1000 \mu m$ 范围之内，其频率大致在 $4 \times 10^{14} \sim 3 \times 10^{11} Hz$ 之间。在红外区域中，按照红外技术的应用分为 4 个区域：①近红外区（$0.76 \sim 1.5 \mu m$）；②中红外区（$1.5 \sim 6 \mu m$）；③远红外区（$6 \sim 40 \mu m$）；④极远红外区（$40 \sim 1000 \mu m$）。

2. 红外窗口

电磁波通过大气层较少被反射、吸收和散射，而那些透射率高的波段称为电磁波传播窗口；通常把太阳光（红外线）透过大气层时透过率较高的光谱段称为（红外）大气窗口。

红外辐射在大气中传播时，由于大气中的气体分子、水蒸气以及固体微粒、尘埃等物质的吸收和散射作用，使辐射能在传输过程中逐渐衰减。空气中对称的双原子分子，如 N_2、H_2、O_2 不吸收红外辐射，因而不会造成红外辐射在传输过程中衰减。因此，红外大气窗口的光谱段主要有三个，是红外传感器应用技术的波长区域：

1）$8 \sim 14 \mu m$，热红外波段，透过率约 80%。主要来自物体热辐射的能量，适于夜间成像，测量探测目标的地物温度。

2）$3.5 \sim 5.5 \mu m$，中红外波段，透过率为 60% ~ 70%。该波段物体的热辐射较强。这一区间除了地面物体反射太阳辐射外，地面物体自身也有长波辐射。比如，NOVV 卫星的 AVHRR 遥感器用 $3.55 \sim 3.93 \mu m$ 探测海面温度，获得昼夜云图。

3）$2.0 \sim 2.5 \mu m$，近红外窗口，透过率约 80%；$1.4 \sim 1.9 \mu m$，近红外窗口，透过率为 60% ~ 95%，其中 $1.55 \sim 1.75 \mu m$ 透过率较高。

红外辐射的物理本质是热辐射；物体的温度越高，辐射出来的红外线越多，红外辐射的能量就越强。研究发现，太阳光谱各种单色光的热效应从紫色光到红色光是逐渐增大的，而且最大的热效应出现在红外辐射的频率范围内，因此人们又将红外辐射称为热辐射或热射线。特别是波长在 $0.1 \sim 1000 \mu m$ 之间的电磁波被物体吸收时，可以显著地转变为热能。

8.3.2　红外传感器组成、分类与性能参数

将红外辐射能转换成电能的光敏元件称为红外探测器，常称为红外传感器。红外传感器是光电式传感器的一种类型，光谱频率在红外区域；是利用物体产生红外辐射的特性，实现自动检测的传感器。红外传感器测量时不与被测物体直接接触，因而不存在摩擦，并且有灵敏度高、响应快等优点。

1. 红外传感器（系统）构成

红外传感器进行测量工作，与待测目标整合成一个系统，如图 8-17 所示，图中：

1）待测目标。根据待测目标的红外辐射特性可进行红外系统的选择与设定。

2）大气衰减。待测目标的红外辐射通过地球大气层时，由于气体分子和各种气体以及各种溶胶粒的散射和吸收，将使得红外源发出的红外辐射发生衰减。

3）光学接收器。它接收目标的部分红外辐射并传输给红外传感器，常用是物镜。

4）辐射调制器（盘）。将来自待测目标的辐射调制成交变的辐射光，提供目标方位信息，并可滤除大面积的干扰信号，又称调制盘和斩波器，它具有多种结构。

5）红外探测器。这是红外传感系统的核心。它是利用红外辐射与物质相互作用所呈现出来的物理效应探测红外辐射的传感器，多数情况下是利用这种相互作用所呈现出的电反应。此类探测器可分为光子探测器和热敏感探测器两大类型。

6）探测器制冷器。由于某些探测器必须要在低温下工作，所以相应的系统必须有制冷设备。经过制冷，设备可以缩短响应时间，提高探测灵敏度。

7）信号处理系统。主要由单片机系统完成，包括将探测的信号进行放大、滤波，并从这些信号中提取出有用信息。然后将此类信息存储、传送、显示等。现代红外传感系统还具备组网功能，具有无线接收/发送能力。

8）终端设备。如显示器、记录仪等。

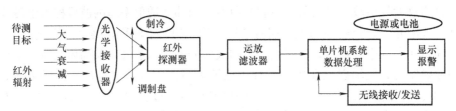

图 8-17　红外传感器测量系统构成示意图

2. 红外传感器分类

红外辐射是波长介于可见光与微波之间的电磁波，人眼察觉不到。要察觉这种辐射的存在并测量其强弱，必须把它转变成可以察觉和测量的其他物理量。一般说来，红外辐射照射物体所引起的任何效应，只要可以测量而且足够灵敏，均可用来度量红外辐射的强弱。

红外传感器的应用越来越广泛，也就有较多的分类：

按工作原理分，红外传感器可分为外红外传感器、微波红外传感器、被动式红外/微波红外传感器、玻璃破碎红外传感器、振动红外传感器、超声波红外传感器、激光红外传感器、磁控开关红外传感器、开关红外传感器、视频运动检测报警器、声音传感器等许多种类；按工作方式可分为主动式红外传感器和被动式红外传感器；按探测范围可分为点控红外探测器、线控红外探测器、面控红外探测器和空间防范红外探测器。

按照功能分，红外传感器分成五类：①辐射计，用于辐射和光谱测量；②搜索和跟踪系统，用于搜索和跟踪红外目标，确定其空间位置并对它的运动进行跟踪；③热成像系统，可产生整个目标红外辐射的分布图像；④红外测距和通信系统；⑤混合系统，是指以各类系统中的两个或者多个的组合。

现代红外探测器所利用的主要是红外热效应和红外光电效应，大致分为两类：热敏传感器和光电传感器，这些效应的输出大都是电量，或者可用适当的方法转变成电量。

3. 性能指标

红外传感器的性能指标主要有电压响应率、响应波长范围、噪声等效功率、探测率、比探测率和时间常数等。

1）电压响应率 R_V：当（经过调制的）红外辐射照射到传感器的敏感元件（的面积 S）上时，传感器的输出电压 U_S 与输入红外辐射功率 P_0 之比。即

$$R_V = \frac{U_S}{P_0 S} \tag{8-39}$$

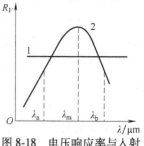

图 8-18 电压响应率与入射
红外波长曲线图

2）响应波长范围：也称光谱响应，表示传感器的电压响应率与入射的红外辐射波长之间的关系，如图 8-18 所示。一般将响应率最大值所对应的波长 λ_m 称为峰值波长；把响应率下降到响应值的一半所对应的波长 λ 称为截止波长，$\lambda_b - \lambda_a$ 为红外传感器使用的波长范围。图 8-18 中，曲线 1 是热电式传感器的电压响应率曲线（与波长无关）；曲线 2 是光子传感器的电压响应率曲线。

3）噪声等效功率：如果投射到红外传感器敏感元件（的面积 S_0）上的辐射功率 P_0 所产生的输出电压 U_N，正好等于传感器本身的噪声电压，则这个辐射功率就叫作噪声等效功率。即

$$P_N = \frac{P_0 S_0}{U_S / U_N} = \frac{U_N}{R_V} \tag{8-40}$$

4）探测率：噪声等效功率的倒数。红外传感器的探测率越高，传感器所能探测到的最小辐射功率越小，传感器就越灵敏。即

$$D = \frac{1}{P_N} = \frac{R_V}{U_N} \tag{8-41}$$

5）比探测率：也叫一化探测率，或者叫探测灵敏度。实质上就是当传感器的敏感元件面积为单位面积、放大器的带宽 Δf 为 1Hz 时，单位功率的辐射所获得的信号电压与噪声电压之比，用符号 D^* 表示。

$$D^* = D\sqrt{S_0 \Delta f} = \frac{R_V \sqrt{S_0 \Delta f}}{U_N} \tag{8-42}$$

6）时间常数，表示红外传感器的输出信号随红外辐射变化的速率。输出信号滞后于红外辐射的时间，称为传感器的时间常数，在数值上为

$$T = \frac{1}{2\pi f_c} \tag{8-43}$$

式中，f_c 为响应率下降到最大值的 0.707（3dB）时的调制频率。

热传感器的热惯性和 RC 参数较大，其时间常数大于光子传感器，一般为毫秒级或更长；而光子传感器的时间常数一般为微秒级。

8.3.3 红外光子传感器

红外光子传感器是利用红外辐射的光电效应制成的，其核心是光电元件。光子传感器是利用某些半导体材料在入射光的照射下，产生光子效应，使材料电学性质发生变化。通过测量电学性质的变化，可以知道红外辐射的强弱。利用光子效应所制成的传感器，统称为红外光子传感器。光子传感器的主要特点是灵敏度高，响应速度快，具有较高的响应频率。但其一般需要在低温下工作，探测波段较窄。

按照光子传感器的工作原理，一般可分为外光电传感器、光电导传感器、光生伏特传感器和光磁电传感器四种：

1. 外光电传感器

当光辐射在某些材料的表面上时，若入射光的光子能量足够大，就能使材料的电子逸出表面，这种现象叫作外光电效应或光电子发射效应。外光电传感器的响应速度比较快，一般仅几个纳秒。但电子逸出需要较大的光子能量，只适宜于近红外辐射或可见光范围内使用。

2. 光电导传感器

当红外辐射照射在某些半导体材料表面上时，半导体材料中有些电子和空穴可以从原来不导电的束缚状态变为能导电的自由状态，使半导体的电导率增加，这种现象叫作光电导现象。利用光电导现象制成的传感器称为光电导传感器，使用光电导传感器时，需要制冷和加一定的偏压，否则会使响应率降低、噪声大、响应波段窄，以致使红外线传感器损坏。

3. 光生伏特传感器

当红外辐射照射在某些半导体材料的 PN 结上时，在结内电场的作用下，自由电子移向 N 区，如果 PN 结开路，则在 PN 结两端便产生一个附加电势，称为光生电动势。利用这个效应制成的传感器即 PN 结传感器。常用的材料为砷化铟、锑化铟、碲化汞、碲锡铅等几种。上述 1、2、3 可参照 7.2 节"光电效应及光电元件"。

4. 光磁电传感器

当红外辐射照射在某些半导体材料表面上时，半导体材料中电子和空穴将向内部扩散，在扩散中若受强磁场的作用，电子与空穴则各偏向一边，因而产生开路电压，这种现象称为光磁电效应。利用此效应制成的红外传感器，叫作光磁电传感器。

光照射到半导体表面后生成非平衡载流子的浓度梯度，使载流子产生定向扩散速度，磁场作用在载流子上的洛伦兹力使正负载流子分离，形成端面电荷累积的电位差和横向电场。当作用在载流子上的洛伦兹力与横向电场的电场力平衡时，两端面的电位差保持不变。虽然，光磁电效应与霍尔效应相似，但霍尔效应中载流子的定向运动是由外电场引起的，而光磁电效应是由外磁场引起的，且两类效应的载流子运动方向相反，但形成的电流方向却相同。

光磁电传感器的常用材料包括 Ge、InSb、InAs 和 PbS 等。

光磁电传感器不需要制冷，响应波段可达 $7\mu m$ 左右，时间常数小、响应速度快、不用加偏压、内阻极低、噪声小，有良好的稳定性和可靠性。但其灵敏度低、低噪声前置放大器制作困难，因而影响了使用。

8.3.4 红外热敏传感器

热敏传感器是利用入射红外辐射引起传感器的温度变化，进而使有关物理参数发生相应的变化，通过测量有关物理参数的变化来确定红外传感器所吸收的红外辐射，其核心是热敏元件。由于热敏元件的响应时间长（一般在毫秒数量级以上），在加热过程中，不管什么波长的红外线，只要功率相同，其加热效果也是相同的。假如热敏元件对各种波长的红外线都能全部吸收的话，那么热敏探测器对各种波长基本上都具有相同的响应，所以称其为"无选择性红外传感器"。一般有热敏电阻型、热电偶型、高莱气动型和热释电型四种。

热敏传感器虽然响应时间较长、灵敏度较低，一般用于低频调制的场合。但其主要优点是响应波段宽，可以在室温下工作，使用简单。

1. 热敏电阻型传感器

热敏电阻是由锰、镍、钴的氧化物混合后烧结而成，热敏电阻一般制成薄片状，当红外辐射照射在热敏电阻上时，其温度升高，电阻值减小。测量热敏电阻值变化的大小，即可得知入射的红外辐射的强弱，从而可以判断产生红外辐射物体的温度。

2. 热电偶型传感器

热电偶是由热电功率差别较大的两种材料构成。当红外辐射辐照到这两种金属材料构成的闭合回路的接点上时，该接点温度升高，而另一个没有被红外辐射辐照的接点处于较低的温度，此时，在闭合回路中将产生温差电流。同时回路中产生温差电势，温差电势的大小，反映了接点吸收红外辐射的强弱。利用温差电势现象制成的红外传感器称为热电偶型红外传感器，因其时间常数较大、响应时间较长、动态特性较差，调制频率应限制在10Hz以下。

3. 高莱气动型传感器

高莱气动型传感器是利用气体吸收红外辐射后温度升高、体积增大的特性，来反映红外辐射的强弱，如图8-19所示。它有一个气室，以一个管道与一块弹性膜片相连；膜片的右侧是一面反射镜。气室的前侧附有吸收膜，它是低热容量的薄膜。红外辐射通过红外窗口入射到吸收膜上，吸收膜将吸收的热能传给气体，使气体温度升高，气压增大，从而使弹性膜片变形；其变形

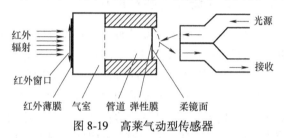

图8-19 高莱气动型传感器

率通过光路投射到接收光电元件上。这种传感器的特点是灵敏度高、性能稳定。但响应时间长、结构复杂、强度较差，只适合于实验室内使用。

4. 热释电型传感器

热释电型传感器是一种具有极化现象的热晶体，或称"铁电体"。铁电体的极化强度（单位面积上的电荷）与温度有关。当红外线辐射照射到已经极化的铁电体薄片表面上时，引起薄片温度升高，使其极化强度降低，表面电荷减少，这相当于释放一部分电荷，所以叫作热释电型传感器。如果将负载电阻与铁电体薄片相连，则负载电阻上便产生一个电信号输出。输出信号的大小，取决于薄片温度变化的快慢，从而反映入射的红外辐射的强弱。

由此可见，热释电型红外传感器的电压响应率正比于入射辐射变化的速率。当恒定的红外辐射照射在热释电型传感器上时，传感器没有电信号输出。只有铁电体温度处于变化过程中，才有电信号输出。所以，必须对红外辐射进行调制（或称斩光），使恒定的辐射变成交变辐射，不断地引起传感器的温度变化，才能导致热释电产生，并输出交变的信号。

热释电红外传感器是一种被动式调制型温度敏感器件，利用热释电效应，通过目标与背景的温差来探测目标。其响应速度虽不如光子型，但由于它可在室温下使用，光谱响应宽，工作频率宽，灵敏度与波长无关，容易使用，是一种可靠性很强的探测器。因此广泛应用于各类入侵报警器、自动开关、非接触测温、火焰报警器等；常用的热释电探测器有硫酸三甘钛（TGS）、铌酸锶钡（SBN）、钽酸锂（$LiTaO_3$）、锆钛酸铅（PZT）等探测器。

热释电红外传感器由传感探测元、干涉滤光片和场效应晶体管匹配器三部分组成，如图8-20所示。将高热电材料制成一定厚度的薄片并在其两面镀上金属电极，加电进行极化，便制成了热释电探测元。由于加电极化的电压有极性，因此极化后的探测元也是有正、负极性的。

用来制造热释电红外探测元的高热电材料是一种广谱材料，它的探测波长范围为 $0.2 \sim 20\mu m$。为了对某一波长范围的红外辐射有较高的敏感度，在传感器的窗口上加装了一块干涉滤光片。这种滤光片除了允许某波长范围的红外辐射通过外，还能将灯光、阳光和其他红外辐射拒之门外。

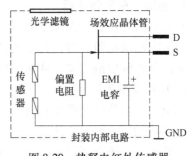

图 8-20　热释电红外传感器
内部电路图

对于辐射至传感器的红外辐射，热释电红外传感器通过安装在传感器前面的菲涅尔透镜将其聚焦后加至两个探测元上，因此传感器会输出探测信号电压，由此广泛应用于红外光谱仪、红外遥感以及热辐射探测器。除了热感应开关、防盗报警应用外，它在更多的领域也得到应用。

8.3.5　红外测温传感器应用

红外传感器用于测温具有如下特点：①远距离和非接触测温，特别适合于运动物体、带电体、高温及高压物体的温度测量。②反应速度快。它不需要与物体达到热平衡的过程，只要接收到目标的红外辐射即可定温，反映时间一般都在毫秒级甚至微秒级。③灵敏度高。因为物体的辐射能量与温度的四次方成正比；物体温度微小的变化，就会引起辐射能量成倍的变化，红外传感器即可迅速地检测出来。④准确度较高。由于是非接触测量，不会破坏物体原来温度分布状况，因此测出的温度比较真实。其测量准确度可达到 0.1℃ 以内，甚至更小。⑤测温范围广泛。可测零下几十摄氏度到零上几千摄氏度的温度范围。

红外传感器用于测温，归纳起来就两类应用：温度值测量和温度开关。

1. 红外测温仪的应用

红外测温仪具有非接触和快速测温的优点，在工业、农业、医疗和科学研究方面都有着广泛的用途。按其使用的途径可分为两大类，首先是测量被测目标的表面温度，其次是利用测量物体的热分布状况判断物体与热分布有关的其他性质的间接测量。举例如下：

1）钢铁工业中使用的红外测温仪占总量的一半以上。炼钢、轧钢、浇铸、淬火时测量控制温度对提高产品的质量起着重要的作用。对炉壁和机械设备热故障的监测为延长使用寿命和安全保障提供依据。

2）在机械加工中，测量控制热处理部件的温度对产品质量起着关键的作用。

在化学工业中，化工设备都在高温高压下工作，监测设备的热分布状况，判断设备工作情况，检测热篙道接口热损耗、热泄漏故障是十分有用的。

3）在动力、电力业方面，在运行及带电条件下检测动力设备、配电设备、电缆、电器接头等温度的异常，为设备的安全运行提供一定的保障。

4）在建筑业中，通过对建筑物墙壁、楼面、房顶热分布的检测确定它的绝热、裂漏隐患及缺陷的位置。确定工厂、建筑物热耗的管理。

5）在农业方面，土壤、植物表面温度的测量，粮食、种子烘干过程中温度的测量，农副产品如烟叶、茶叶加工过程中温度的监测，中草药烘干、制药温度的监测。

6）在科学研究方面，由于红外测温仪的突出优点，使得在特殊试验条件要求下能提供测温手段，应用范围较广。

选择红外测温仪时，要明确温度范围、目标尺寸（对象）、光学分辨率、波长范围、响应时间、信号处理功能，考虑环境条件、数据标定和操作使用等。

2. 红外测温仪测量温度范围

1）高温（700℃以上）测量仪器，有用波段主要在 0.76~3μm 的近红外区，可选用一般光学玻璃或石英等材料。

2）中温（100~700℃）测量仪器，有用波段主要在 3~5μm 的中红外区，多采用氟化镁、氧化镁等热压光学材料。

3）测量低温（100℃以下）仪器，有用波段主要在 5~14μm 的中远红外波段，多采用锗、硅、热压硫化锌等材料。

> **【问题 01】**   请网络查询红外传感器的应用，如手持式体温仪、红外感应开关等。

8.4 非接触式温度计

上述红外测温仪属于光学式温度测量系统；光学式温度测量系统均为非接触式温度测量。目前非接触式测量系统可用于各种测温场合，已不仅用于高温测量，还用于如手持红外测量仪，可以测量人体温度、电力电子器件温度和炉温、火温等。但凡辐射温度都能通过非接触手段测量获得，现已有的手持式红外温度测量仪，通过型号统计，温度测量范围为 −30~3000℃，波长 0.1μm。

众所周知，任何物体的温度只要处于热力学温度 0K 以上，都会以一定能量（$E=hv$）向外发射，只要感温元件接收到该辐射能量，就能完成对该物体的温度测量。光学式非接触测温仪包括光学温度计、光电温度计、比色温度计和辐射温度计等，红外测温仪包含在其中。

> **【实例 04】**   光学温度计。

目前光学温度计主要是光学高温计，属于非接触式测量高温的仪表。当被测量的温度高于热电偶所能使用的范围时，以及热电偶不可能安装或不适宜安装的场所，用光学高温计一般可以满足这个要求。光学高温计广泛地用来测量冶炼、浇铸、轧钢、玻璃熔化、锻打、热处理等温度；光学高温计是基于热物体光谱辐射亮度随温度升高而增长的原理制成。

WGG2 型光学高温计是典型的国产光学高温计，温度范围 800~3200℃，如图 8-21 所示。其工作原理是：使用简单的光学装置，类似于单目望远镜，对照要被测量热灯丝的背景测量温度。一般说来，这种装置根本不需要用到电子学。它们是由一个变阻器、一个显示仪表和一个开关组成。

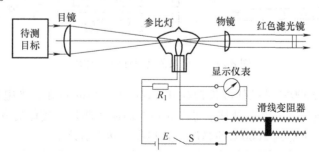

图 8-21 WGG2 型光学高温计原理图

光学高温计是人工操作模式、对待测目标的亮度求取温度，不能进行连续测温和记录；存在操作者的人为误差，待测目标温度低于800℃时，测量精度就难以保证。

【实例05】 光电高温计。

光电高温计是在光学高温计的基础上开发的新型红外测温仪，温度范围200~2500℃，采用光电元件实现待测目标温度的连续测量。输出标准信号，可与记录仪、调节器和电子计算机联用，进行自动记录调节控制。

光电高温计拥有一套可调整的完整光路系统（如图8-22所示），采用一参考辐射源与被测物体进行亮度比较，由光敏元件和电子放大器组成鉴别和调整环节，使参考辐射源在选定的波长范围内的亮度自动跟踪被测物体的辐射亮度，当达到平衡时即可得到测量值。

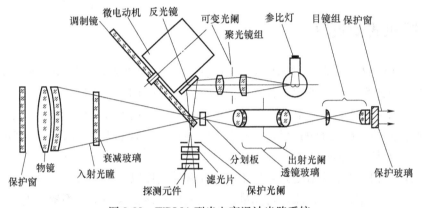

图8-22 WDL31型光电高温计光路系统

【实例06】 光纤比色高温计。

黑体辐射的两个波长 λ_1 和 λ_2 的光谱辐射亮度之比等于非黑体的相应的光谱辐射亮度之比时，则黑体的温度即为这个非黑体的比色温度 T_s。

图8-23所示为光纤比色（也叫双色）高温计的原理图。图中，探头由蓝宝石棒作基底，探测端镀有特殊膜层；膜层材料常用某种贵重金属制成，如铱、铂等，它们在高温中发光，其强度及光谱成分随温度而变化。蓝宝石棒的输出端接有两根多模光纤引出探测端所发的光，在进行光电转换前对光纤输出的两束光先行滤光。

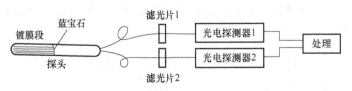

图8-23 光纤双色高温计的原理图

当测温在800~1600℃时最佳波长选在0.8μm和0.9μm两处。光电探测器接收这两束单色光，并转换为电信号，然后处理信号以获得对高温的测量。类似的方法，还可采用白宝石晶体作探头基底，可测约2000℃的高温，且精度可达万分之五。

【实例07】 辐射温度计。

对于辐射温度计，它以绝对黑体的辐射能为基准对仪器进行分度，电路测出的值称为辐射温度。黑体总辐射能等于非黑体的总辐射能时，此黑体的温度即为非黑体的辐射温度。

辐射高温计是根据物体在整个波长范围内的辐射能量与其温度之间的函数关系设计制造的，用辐射感温器作为热敏元件，它属于透镜聚焦式感温器，具有铝合金外壳，前部是物镜，壳体内装有热电堆补偿光栏，在靠紧热电堆的视场光栏上有一块调挡板，挡板的作用是调节照射到热电堆上的辐射能量，使产品具有统一的分度值，在可拆卸的后盖板上装有目镜，借以观察被测物体的影像。

辐射感温器把被测物体的辐射能，经过透镜聚焦在热敏元件上；热敏元件把辐射能转变为电参数，由已知的热电势与物体温度之间的关系通过测量电路测出热电势，得到温度值，这个温度值须用物体的全辐射黑体系数予以校正。

辐射高温计辐射测温法的优点是显而易见的。它的测量不干扰被测温场，不影响温场分布，从而具有较高的测量准确度。此外，辐射高温计的探测器响应时间短，易于快速与动态测量。在一些特定的条件下，例如核子辐射场，辐射测温可以进行准确而可靠的测量。

辐射测温法的主要缺点在于，一般来说，它不能直接测得被测对象的实际温度。要得到实际温度，需要进行材料发射率的修正，而发射率是一个影响因素相当复杂的参数。另外，由于是非接触测量，辐射温度计的测量受到空间介质的影响。特别是在工业现场条件下，周围环境比较恶劣，空间介质对测量结果的影响更大。在这方面，温度计波长范围的选择是很重要的。此外，由于辐射测温的相对复杂的原理，温度计的结构也相对复杂，从而其价格较高。这也限制了辐射温度计在某些方面的使用。

【实例 08】 光纤温度计。

光纤测温技术是近年才发展起来的新技术，并已逐渐显露出某些优异特性。主要应用如下：

1）强电磁场下的温度测量。高频与微波加热方法受到人们重视，正在向如下领域逐渐扩展：金属的高频熔炼、焊接与淬火、橡胶的硫化、木材与织物的烘干以及制药、化工，甚至家庭烹调等。光纤测温技术在这些领域中有着绝对优势，因为它既无导电部分引起的附加升温，又不受电磁场的干扰。

2）高压电器的温度测量。最典型的应用是高压变压器绕组热点的温度测量。如各种高压装置，如发电机、高压开关、过载保护装置，甚至架空电力线和地下电缆等。

3）易燃易爆物体的生产过程与设备温度测量。光纤是防火防爆器件，不需要采用隔爆措施，十分安全可靠。与电学传感器相比，既能降低成本又能提高灵敏度。例如，大型化工厂的反应罐工作在高温高压状态，反应罐表面温度特性的实时监测可确保其正确工作，将光纤沿反应罐表面铺设成感温网格，这样任何热点都能被监控，可有效地预防事故发生。

4）高温介质的温度测量。在冶金工业中，当温度高于 1300℃ 或 1700℃ 时，或者温度虽不高但使用条件恶劣时，尚存在许多测温难题。充分发挥光纤测温技术的优势，其中有些难题可望得到解决。例如，钢液、铁液及相关设备的连续测温问题，高炉炉体的温度分布等，有关这类研究国内外都正在进行之中。

5）桥梁安全检测。国内在大桥安全检测项目中，采用了光纤光栅传感器，检测大桥在各种情况下的应力应变和温度变化情况。例如在大桥选定的端面上布设 8 个光纤光栅应变传感器和 4 个光纤光栅温度传感器，其中 8 个光纤光栅应变传感器串接为 1 路，4 个温度传感器串接为 1 路，然后由光纤传输到桥管所，实现大桥的集中管理。从测试结果来看，光纤光栅传感器所取得的测试数据与预期结果一致。

6）钢液浇铸检测。连铸机在浇铸时，为防止钢液被氧化、提高质量，希望钢液在与空气完全隔绝的状态下，从大包流到中间包。但实际上，在大包浇铸完时，是由操作员目视判断渣是否流出，因而在大包浇铸结束前 5~10min 之间，密闭状态已破坏。为了防止铸坯质量劣化及错误判断漏渣，研制出光纤漏渣检测装置。

光纤测温传感器的主要分类：①相位调制型光纤温度传感器，如马赫-泽德尔（mz）干涉仪、法布里珀罗（fp）干涉仪，另外，光纤测温传感器还有幅度调制型，如微弯损耗调制偏振调制型等；双元液晶测温。②热辐射光纤温度传感器，利用光纤内产生的热辐射来传感温度，它是以光纤纤芯中的热点本身所产生的黑体辐射现象为基础的，如蓝宝石光纤温度传感器。③传光型光纤温度传感器，利用光纤作为传输测量信号的传感器，敏感元件不是光纤。如半导体光吸收传感器、荧光光纤温度传感器、热色效应光纤温度传感器。

目前具备商业化应用的有 rotdr 测温、光纤光栅测温、fp 光纤测温、荧光光纤测温、黑体辐射光纤测温以及各种传光型光纤测温。

从室温到 1800℃ 全程测温的光纤温度传感器的系统主要包括端部掺杂的光纤传感头、Y形石英光纤传导束、超高亮发光二极管（LED）及驱动电路、光电探测器、荧光信号处理系统和辐射信号处理系统。

在低温区（400℃ 以下），辐射信号较弱，系统开启发光二极管（LED）使荧光测温系统工作。发光二极管发射调制的激励光，经聚光镜耦合到 Y 形光纤的分支端，由 Y 形光纤通过光纤耦合器耦合到光纤温度传感头。光纤传感头端部受激励光激发而发射荧光，荧光信号由光纤导出，并通过光纤耦合器从 Y 形光纤的另一分支端射出，由光电探测器接收。光电探测器输出的光信号经放大后由荧光信号处理系统处理，计算荧光寿命并由此得到所测温度值。而在高温区（400℃ 以上），辐射信号足够强，辐射测温系统工作，发光二极管关闭。

非接触式光学高温计，由于涉及光学波长和黑体理论，不仅具有严密的光路系统，还需要通过智能芯片（如单片机）进行计算才能得到与光的波长、物体亮度等呈函数关系的温度。

【查询】 请网络查询辐射测温的实际应用。

本章小结

本章主要讲授中高温测量技术，通过对高温黑体测量原理的介绍，以接触式的热电势式传感器和以红外非接触式的测温方法，完成温度测量。

接触式热电势式传感器（热电偶）基于热电效应，通过热电势＝接触电势＋温差电势，符合热电偶匀质定律、中间导体定律和连接导体定律，由冷端补偿后得到待测对象的真实温度。冷端补偿时还需要针对各种标准热电偶的分度表，本书在书末只附上 S 系的热电偶分度表。若需要其他系列的热电偶分度表，如 R、K、N、E、J、T 系分度表，可通过网络查阅。

非接触式红外温度仪基于(红外)光电效应温度并通过外光电效应、光电导效应、光生伏特效应和光磁电效应介绍红外测温方法。

基于非接触式测温技术，简单介绍了光学高温计、光电高温计、比色高温计和辐射温度计。

思考题与习题

8-1 掌握各节传感器基本概念、定义、特点；掌握特性分析、误差分析；掌握各自应用。

8-2 热能辐射的形式是什么？请简单介绍。

8-3 什么是黑体、灰体？

8-4 黑体三大定律是什么？

8-5 什么是热电效应、接触效应、温差效应？

8-6 什么是热电偶的均质导体定律、中间导体定律、连接导体定律和标准电极定律？

8-7 请用式(8-9)验证热电偶符合中间导体定律、连接导体定律和标准电极定律。

8-8 标准热电偶有哪些？各分度号是什么？

8-9 热电偶为什么需要冷端补偿？

8-10 热电偶的冷端补偿有哪些方法？请介绍计算修正法、电桥法。

8-11 热电偶测温必须具备的条件是什么？用热电偶测表面温度要注意哪些问题？

8-12 选用热电偶测量热端温度 T:

① 已知冷端温度 $T_0 = 20℃$，铂铑$_{10}$-铂(S)热电偶的热电势 $e_{AB}(T, T_0) = 11.712mV$；

② 已知冷端温度 $T_0 = 40℃$，铂铑$_{10}$-铂(S)热电偶的热电势 $e_{AB}(T, T_0) = 8.7mV$；

③ 已知冷端温度 $T_0 = 20℃$，镍铬-镍硅(K)热电偶的热电势 $e_{AB}(T, T_0) = 29.167mV$。

8-13 计算热电偶的输出 $e_{AB}(T, T_0)$:

① 已知冷端温度 $T_0 = 25℃$，镍铬-镍硅(K)热电偶的热端温度 $T = 800℃$；

② 已知冷端温度 $T_0 = 30℃$，铜-康铜(T)热电偶的热端温度 $T = 400℃$。

8-14 已知在某特定条件下材料 A 与铂配对的热电势为 13.967mV，材料 B 与铂配对的热电势为 8.345mV。求出在此特定条件下，材料 A 与材料 B 配对后的热电势。

8-15 选用 S 型热电偶，环境温度 T_0 为 40℃，如图 8-14 所示，其他桥臂电阻均为 100Ω，环境温度测量传感器分别选 Pt100、Cu100，求直流电源 E_{Pt}、E_{Cu}？

8-16 请分析和介绍图 8-15 构成的多点温度热电偶采集系统。

8-17 四个红外区如何分类？

8-18 什么是大气窗口和红外窗口？三个红外窗口如何设定？

8-19 请分析和介绍图 8-17 所示的红外传感器测量系统工作过程。

8-20 红外光子传感器有哪些类型？分别简单介绍。

8-21 红外热敏传感器有哪些类型？分别简单介绍。

8-22 红外测温传感器有什么特点？

8-23 补充题 1：请详细查阅"黑体""灰体""透明体"和"白体"。

8-24 补充题 2：请详细查阅标准热电偶的各个分度表。

8-25 补充题 3：请网络查询红外传感器的应用，如手持式体温仪、红外感应开关等。

8-26　补充题4：请网络查询红外传感器非测温的应用。

8-27　补充题5：请网络查询非接触式辐射测温的高温计及其实际应用。

8-28　思考题1：图8-14所示为采用电桥法的冷端补偿，由【实例02】计算可知电桥的直流稳压电源为6mV，试选用合适的电路或器件实现6mV供电。

8-29　思考题2：选用红外体温仪测量脸部温度，试问人脸哪个部位温度高？为什么？

8-30　设计题：按照图8-15所示多点温度热电偶采集系统，如果单片机选用MCS8951，试设计出"接口电路"（框图）。

第 9 章

成像与图像传感器

9.1 概述

众所周知，人的学习主要通过视觉、听觉、嗅觉、触觉进行。心理学家证明人的学习 83% 是通过视觉，教育领域专家表明 69% 的学生是视觉型的，人的学习主要通过视觉。

随着社会科学技术的发展，人类认知世界，越来越依赖于"图像""图片""视频"乃至三维全息信息（下统称为"图像"）的视觉。就医学图像来说，人们通过人体图像信息认知了更为全面和精细的人体构造和各部位的数字信息，不仅可以再现出真实而又虚拟的人体模型，还可以通过对"人体"的认知进一步开展人体医疗和疾病诊治，极大地造福人类。

根据人类的认知，成像技术的发展越来越快，应用越来越普及，技术越来越先进；人们非常熟知的手机相机仅仅是诸多成像技术中的一种，即光电成像技术中的电荷耦合器件（charge-coupled device，CCD）。

图像传感器获得的信号，不再是某一对象随时间变化的信号大小变化率，而是一种蕴含对象在内、信息容量大小不变、信息内容千差万别、并将立体的三维空间层叠在二维平面的信号；这种信号统称为（二维）图像信号；对这些信号的处理，需要计算机技术。仅仅一种通过 CCD 形成的图像处理技术，就已经形成一门学科。

通过刷脸，已经反映出人们不再局限于二维平面的图像信号，还需要再现出二维图像中被层叠的"景深"立体信息。由于成像与图像传感器已经成为一门系列学科，不再是传感器单一器件的技术，涉及取像（如照相前的取景）、成像（相机按快门）和得像全过程。

如图 9-1 所示，取像过程就是被测对象通过光学镜头到达 CCD 输入端，取像的品质除了环境清晰度，最重要的元器件就是镜头，还涉及镜头的参数、光源及光源参数等（本章不再赘述）；成像就是选取不同原理的成像传感器（器件或系统），主要选取 CCD；得像就是将图像信息，经过有效传输至"处理平台"（含计算机处理软件），按照成像原理和适配的算法处理。

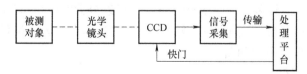

图 9-1　CCD 成像过程结构框图

9.2　图像参数与色彩

获取图像，需要从图像中获知与被测对象相关的信息；这些信息会蕴含在图像中。因此认知图像的核心，就是认知内容的特征。构成图像特征的核心元素就一个：像素。由多像素构成各种形状，形成特征。各形状的基本元素是"点""线"和"面"，同时包含色彩。色彩差异之下的各种形状形成了图像，反映出相应的图像内容。

1. 图像参数

1）像素（pixel）：像素是构成图像的最小单位，是图像的基本元素。

2）分辨率：分辨率是指单位长度内所含像素点的数量，单位为"像素/英寸"（pixel/in）。分辨率对处理数码图像非常重要，与图像处理有关的分辨率有图像分辨率、屏幕分辨率等。

3）图像分辨率：图像分辨率直接影响图像的清晰度，图像分辨率越高，则图像的清晰度越高，图像占用的存储空间也越大。

4）显示器分辨率：在显示器中每个单位长度显示的像素或点数，通常以"点/英寸"来衡量。显示器的分辨率依赖于显示器尺寸与像素设置。

2. 图像格式

1）BMP（bitmap picture）：PC 上最常用的图像格式，有压缩和不压缩两种形式。它在 Windows 环境下相当稳定，在文件大小没有限制的场合中运用极为广泛。

2）JPEG（joint photographic experts group）：可以大幅度地压缩图形文件的一种图形格式。对于同一幅画面，JPEG 格式存储的文件是其他类型图形文件的 1/10～1/20，而且色彩数最高可达到 24 位，所以它被广泛应用于 Internet 上的 homepage 或 Internet 上的图片库。

3）WMF（windows metafile format）：Microsoft Windows 图元文件，具有文件短小、图案造型化的特点。该类图形比较粗糙，并只能在 Microsoft Office 中调用编辑。

4）PNG（portable network graphic）：一种无失真压缩图像格式，支持索引、灰度、RGB 三种颜色方案以及 Alpha 通道等特性。渐进显示和流式读写特性，使其适合在网络传输中快速显示预览效果后再展示全貌，应用广泛。

5）GIF（graphics interchange format）：在各种平台的各种图形处理软件上均可处理的经过压缩的图像格式。缺点是存储色彩最高只能达到 256 种。

6）IFF（image file format）：用于大型超级图形（图像）处理平台，图形（图像）效果包括色彩纹理等逼真再现原景。但该格式耗用的内存、外存等的计算机资源也十分巨大。

7）PSD：Photoshop 所默认的图像文件为 PSD 格式。

3. 最基本的图形

"点""线""面"是图像最基本的形式。最小的"点"就是像素，最短的线段是相邻两个像素之间的连线。线的样式较多，按照现有的"线"，可以分为线段（即两端点成一线，长度为两端点距离）、线条（是长度不确定的）、射线（是一端为起点、另一端任意位置）、曲线等。"面"的形状很多，主要是平面和曲面。

4. 图像中的文字字符

图像中的文字、字母和常用符号是图像中特殊的图形群体，包括西文字母、希腊字母等各国语言字母等，在图像中可划归到"符号"模式来认知。

对于图像中的汉字,有手写体和印刷体两类。汉字是一种特殊的符号,其特点是字数多、字形复杂,有的字形十分相似,如"己""已""巳";印刷体汉字也有多种字体(如仿宋、宋、黑、楷书等)和多种大小不同的字号。

5. 图像色彩

图像信号还包含了色彩,色彩与形状是图像中的关键特征。

色彩有三种属性,也叫三要素,分别是色相(色彩的本貌,如"红绿蓝"三原色)、纯度(色彩的饱和程度)及明度(色彩的明暗深浅程度)。任何色彩皆可由这三个属性做出变化。

6. 颜色模式

颜色模式用来确定如何描述和重现图像的色彩。常见的颜色模型包括 HSB(色相、饱和度、亮度)、RGB(红色、绿色、蓝色)和 CMYK(青色、品红、黄色、黑色)等。

9.3　图像传感器与成像技术

高分辨率像素的图像传感器的制作是比较复杂的,其制作目的是完成取像、成像和得像的功能,因此图像传感器是最终以图像信号为输出的装置。随着科技的发展,应用普及的一些成像装置已形成专用器件或芯片,如 CCD、CMOS 等。CCD 是众所周知的一种光学图像传感器件,工作原理就是图像的获取过程,即 CCD 成像技术。

图像成像(传感)技术已经得到广为重视,除了 CCD 成像技术,不同应用领域有相应的成像技术,如光学成像技术、电子成像技术、医学成像技术、遥感成像技术、化学成像技术以及电磁波成像技术等。

9.3.1　CCD 成像技术

CCD(电荷耦合器件)是一种半导体器件,是大规模的金属-氧化物-半导体(metal oxide semiconductor,MOS)集成电路器件。它以电荷为输出信号,具有光电信号转换、存储、转移及输出信号电荷的功能。CCD 的显著特点是:①体积小、重量轻;②功耗小,工作电压低,抗冲击与振动,性能稳定,寿命长;③灵敏度高,噪声低,动态范围大;④响应速度快,有自扫描功能,图像畸变小,无残像;⑤应用超大规模集成电路工艺技术生产,像素集成度高,尺寸精确,商品化生产成本低。

CCD 由很多个光敏单元组成,每个光敏单元就是一个 MOS 电容器(现主要为光电二极管)。一个光敏单元或一个 MOS 电容就是一个像素,由于光敏单元很小,实现千万像素的数码相机很容易实现。CCD 由一系列排得很紧密的 MOS 电容器组成,排列成一排形状,且具有一般电容所不具有的耦合电荷的能力。

CCD 从结构上可分为线阵 CCD 和面阵 CCD 两大类。线阵 CCD 有单沟道和双沟道之分,其光敏区由一系列紧密的 MOS 电容器排成一行,生产工艺相对较简单;内部由光敏区阵列与移位寄存器扫描电路组成;特点是处理信息速度快,外围电路简单,易实现实时控制,但获取信息量小,不能处理复杂的图像。面阵 CCD 结构复杂,它由很多光敏区排列成一个方阵,并以一定的形式连接成一个器件,获取信息量大,能处理复杂的图像。

CCD 成像原理是一种光电效应的转换过程,包括电荷生成(也称电荷注入,即光电转换)、电荷存储、电荷转移和电荷检测(电荷电压输出)四个过程,如图 9-2 所示。

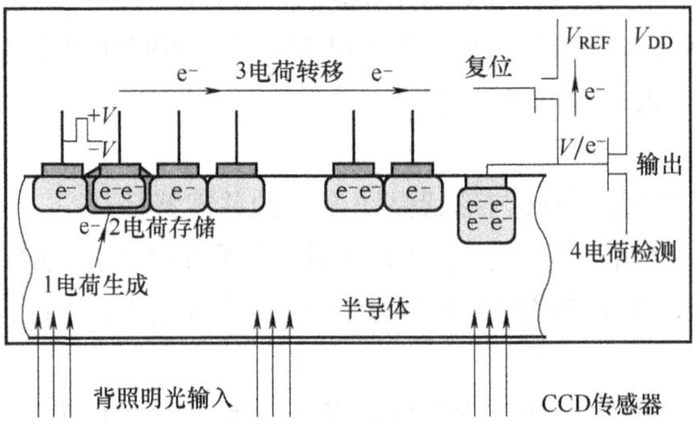

图 9-2　CCD 工作流程

1. 电荷生成（注入）

在 CCD 中，电荷注入方法有很多，主要有光注入和电注入两类。

光注入就是光照射到 CCD 硅片上时，在栅极附近的半导体体内产生电子-空穴对，多数载流子被栅极电压排斥，少数载流子（电子）则被收集在势阱中形成信号电荷。光注入方式分为正面照射式和背面照射式。正面照射时，光子从栅极间透明的氧化硅绝缘层进入 CCD 的耗尽区。背面照射时，光从衬底射入（如图 9-3 所示），这时需将衬底减薄，以便光线入射。

电注入就是 CCD 通过输入结构对信号电压或电流进行采样，然后将采样信号转换为信号电荷注入到响应的势阱中。

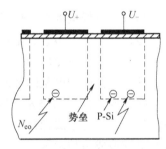

图 9-3　背面照射式光注入

2. 电荷存储

CCD 一般是以 P 型硅为衬底，在这种 P 型硅衬底中，多数载流子是空穴，少数载流子是电子。在电极施加栅极电压 U 之前，空穴的分布是均匀的。当电极相对于衬底施加正栅压 U_+（U 大于 MOS 管的开启电压）时，在氧化硅界面处表面势能升高，在电极下的空穴被排斥，电子被吸引到表面，产生耗尽层。当栅压继续增加，耗尽层将进一步向半导体内延伸，这一耗尽层对于带负电荷的电子而言是一个势能特别低的区域，因此也叫作"势阱"。此时在光子作用下生成的电荷被附近的势阱所吸引，并储存在势阱中，完成电荷存储。

势阱内存储的光生电荷数量与入射到该势阱附近的光强成正比，存储了电荷的势阱又被称为电荷包，同时产生的空穴被电场排斥到耗尽区外。势阱中能容纳多少电子，取决于势阱的"深浅"，即表面势的大小。势阱能够存储的最大电荷量又被称为势阱容量，它与所加栅压近似成正比。

3. 电荷转移

一个光敏单元存储了电荷后完成了被测图像中某一个点的信号采集，信号的大小还需要进行量测，即对光敏单元中的电荷量进行检测。CCD 中有专门的检测空间（输出级），需要将光敏单元中的电荷移到检测空间中，这就是电荷转移。

为了让信号电荷按规定的方向转移，在 MOS 管电容阵列上加满足一定相位要求的驱动时钟脉冲电压，这样在任何时刻，势阱的变化总朝着一个方向。为了实现这种定向的转移，在 MOS 阵列上划分成以几个相邻 MOS 电荷为一单元的无限循环结构。每一单元称为一位，将每一位中对应位置上的电容栅极分别连到各自共同的电极上，此共同电极称为相线。当驱动时钟脉冲加到 CCD 的无限循环结构上时，将实现信号的定向转移。

4. 电荷检测

CCD 信号电荷量的大小用电流或电压大小来表示，即有电流输出和电压输出两种方式。为尽可能减小时钟脉冲对输出信号的容性干扰，一般多选用电流输出方式，如图 9-4 所示。

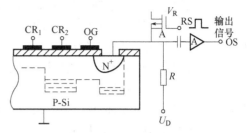

图 9-4　电荷检测电路

信号电荷在转移脉冲 CR_1、CR_2 的驱动下向右转移到最末一级转移电极（图中 CR_2 电极）下的势阱中，当 CR_2 电极上的电压由高变低时，由于势阱的提高，信号电荷将通过输出栅（加有恒定的电压）下的势阱进入反向偏置的二极管（图中 N^+ 区）中。由电源 U_D、电阻 R、衬底 P 和 N^+ 区构成的输出二极管反向偏置电路，它对于电子来说相当于一个很深的势阱。进入反向偏置的二极管中的电荷（电子），将产生电流 I_d，且 I_d 的大小与注入二极管中的信号电荷量 Q_s 成正比，而与 R 成反比。电阻 R 是制作在 CCD 器件内部的固定电阻，阻值为常数。所以，输出电流 I_d 与注入二极管中的电荷量 Q_s 呈线性关系，

在 CCD 的取像（镜头）、CCD 成像和得像过程中，CCD 的成像已经得到了应用认可，而图像的品质还取决于光学系统和最后的图像有效再现的处理水平。

9.3.2　其他成像技术

1. CMOS 成像技术

CMOS（complementary metal-oxide semiconductor）成像器件是采用互补金属-氧化物-半导体工艺制作的另一类图像传感器，简称 CMOS，也称 CMOS 图像传感器。

CMOS 图像传感器将像素阵列与外围支持电路（如图像传感器核心、单一时钟、所有的时序逻辑、可编程功能和模/数转换器）集成在同一块芯片上，具有体积小、重量轻、功耗低、编程方便、易于控制等优点；并随着硅晶圆加工技术的进步，其各项性能指标兼容CCD，应用也日趋广泛，尤其在手持式设备领域。

确切地说，CMOS 图像传感器是一个图像系统，是一个包括图像阵列逻辑寄存器、存储器、定时脉冲发生器和转换器在内的全部系统。与传统 CCD 相比，把整个图像系统集成在一块芯片上，得以降低功耗、减轻重量、减少占用空间，并使价格低廉。

图 9-5 所示是 CCD 与 CMOS 工作流程的不同，CCD 完成电荷的四步流程，而 CMOS 则可集成。因此得到表 9-1 所列的性能差异。

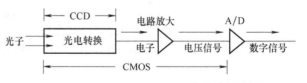

图 9-5　CCD 与 CMOS 工作流程示意图

表 9-1　CCD 与 CMOS 部分性能比较表

成像技术	系统复杂性	速度	噪声	灵敏度	功耗	窗口变化	响应度	成本
CCD	复杂	较慢	低	较好	毫安级	有限	中	高
CMOS	简单	较快	中	较差	微安级	广泛	较好	低

2. 红外成像技术

红外成像系统包括主动式红外成像系统（如红外夜视仪）和被动式红外成像系统（如红外热像仪）。红外夜视仪是利用不同物体对红外辐射的不同反射的原理工作，红外热像仪是利用物体自然发射的红外辐射的原理工作。

主动式红外成像系统（如红外夜视仪）如图9-6所示，自身带有红外光源，根据被成像物体对红外光源的不同反射率，以红外变像管作为光电成像器件的红外成像系统。优点是成像清晰、对比度高、不受环境光源影响；缺点是易暴露，不利于军事应用。

由图9-6所示的系统结构分析，主动式红外成像系统的工作过程如图9-7所示，其特点是：①能够区分军事目标和自然景物，识别伪装；②近红外辐射比可见光受大气散射影响小，较易通过大气层（恶劣天气除外）；③由于系统"主动照明"，工作时不受环境照明影响，可以在"全黑"条件下工作。

红外成像技术的应用领域很宽，并已经越来越普及于生活，并与其他成像技术融合，形成高科技技术。

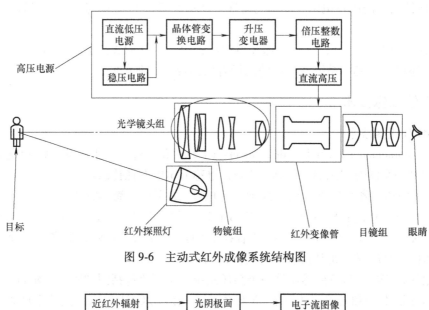

图9-6 主动式红外成像系统结构图

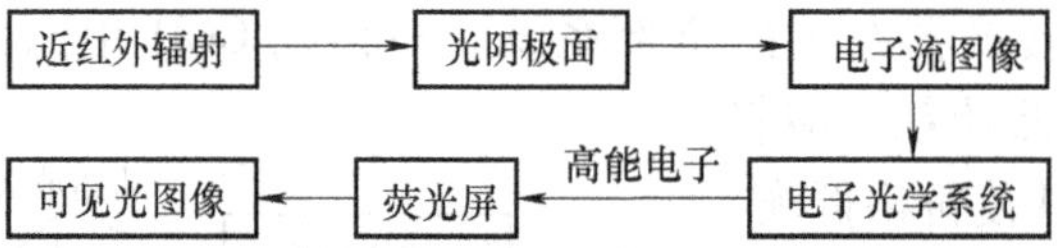

图9-7 主动式红外成像系统工作过程

3. 光纤成像技术

光纤图像传感器是靠光纤传像来实现图像传输的，传像束由玻璃光纤按阵列排列而成。一根传像束一般由数万到几十万条直径为 $10\sim20\mu m$ 的光纤组成，每条光纤传输一个像素信息，用传像束可以对图像进行传递、分解、合成和修正。传像束式的光纤图像传感器在医疗、工业、军事部门有着广泛的应用。

（1）工业用内窥镜

在工业生产的某些过程中，经常需要检查系统内部的结构状况，而这种结构由于各种原因不能打开或靠近观察，采用光纤图像传感器可解决这一难题，如选用工业用内窥镜。将内窥镜探头事先放入系统内部，通过传像束的传输可以在系统外部观察、监视系统内部的情况，其原理如图9-8所示。该传感器主要由物镜、传像束、传光束、目镜或图像显示器等组成，光源发出的光通过传光束照射到待测物体上，照明视场，再由物镜成像，经传像束把待测物体的各像素传送到目镜或图像显示设备上，观察者便可对该图像进行分析处理。

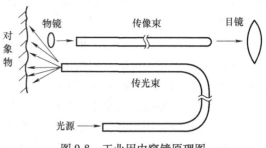

图9-8　工业用内窥镜原理图

工业用内窥镜的另一种结构形式如图9-9所示。被测物体内部结构的图像通过传像束送到CCD器件，这样把图像信号转换成电信号，送入单片机进行处理。单片机输出可以控制伺服装置，实现跟踪扫描，其结果也可以在屏幕上显示、存储等。

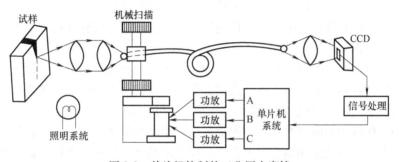

图9-9　单片机控制的工业用内窥镜

（2）医用内窥镜

医用内窥镜的示意图如图9-10所示，它由末端的物镜、光纤图像导管、顶端的目镜（和控制手柄）等组成。照明光通过图像导管外层光纤照射到被观察物体上，反射光通过传像束输出。由于光纤柔软，自由度大，末端通过手柄控制能偏转，传输图像失真小，因此，医用内窥镜是检查和诊断人体内各部位疾病和进行某些外科手术的重要仪器。

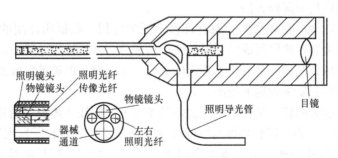

图9-10　医用内窥镜示意图

4. 声呐成像技术

目前各种声呐成像系统已应用于军事、民用等领域。例如：结合水声学和数字图像处理技术，合成孔径声呐利用"多普勒成像原理"，即用大带宽信号得到距离向（纵向），高分辨多普勒频率得到方位向或横向（沿航迹方向）高分辨率的二维图像。

按用途声呐可分为测距声呐、测向声呐、识别声呐、警戒声呐、导航声呐、探雷声呐、侦察声呐、通信声呐、声呐浮标、鱼雷声制导装置等。按装备对象可分为水面舰艇声呐、潜艇声呐、海岸固定声呐、固定翼机和直升机的机载声呐以及供潜水员使用的便携声呐等。按搜索方式可分为多波束声呐、三维声呐、扫描声呐和旁视声呐等。

总的来说，上述所有的声呐按工作方式属于两大类：主动声呐（或回声定位声呐）和被动声呐（噪声测向声呐或噪声测距声呐）。

主动声呐是由发射机向水中发射信号，声信号在水中传播时遇到目标而反射，反射的信号由声接收机接收，根据声波在水中的传播速度、发射声信号和接收声信号的时间间隔、声信号返回的方向可以确定水下目标的距离和方位。

被动声呐包括噪声测向、噪声测距两种。前者根据接收到的噪声，以测定噪声源（水下运动目标）的方向；后者利用在长度方向间隔安装的三个换能器基阵，测得目标的方向和声波到达三个基阵的相位差（或时间差），借助计算装置就能解算出目标的距离。

声呐成像过程较多地是"超声波扫描成像"，如医用 B 超成像和工业用超声波探伤成像技术。声呐头发射声音波束的频率是特定的，声呐头发射波束，波束经过障碍物反射，声呐头接收声音信号，将其转化为电信号；传送给计算机；通过专用软件把声呐头扫描到的信息以图像的形式显示在显示屏上。

三维声呐成像与普通的多波数声呐的区别，在于它具有更高的分辨率，从而可以提供水下目标外形轮廓的更多细节描述。高分辨率成像声呐在对水下目标进行成像时，能够提供非常优秀的图像质量，从而可以对目标进一步地跟踪和识别。

目前声呐成像技术的应用有：①声视觉导航：给出目标物尺寸和方位信息；②海底地貌检测：提供海底的等高线图和地理参考数据，海图的绘制；③残骸搜索：提供失事船只残骸的详细信息；④堤坝的检测：提供堤坝的裂缝信息；⑤管道检测：对海底油气输送管道进行安全检查；⑥桥墩探伤：检测受损桥墩的险情；⑦海港检测：给出水下目标的回声及运动轨迹和速度；⑧海床检测：矿产资源和能源勘探。

5. 层析成像技术

层析成像技术也称为地学成像技术，是借鉴医学 CT，根据射线扫描，对所得到的信息进行反演计算，重建被测范围内岩体弹性波和电磁波参数分布规律的图像，从而达到圈定地质异常体的一种物探反演解释方法。

层析成像方法在地球物理探测方面有许多广泛的应用。根据所使用的地球物理场的不同，层析成像又分为弹性波层析成像和电磁波层析成像。弹性波和电磁波走时层析成像主要指的是速度层析成像，利用的是射线在岩土体介质中的走时；电磁波吸收系数层析成像利用的则是电磁波能量被介质吸收后的场能。

层析成像技术最大的特点是在不损坏物体的条件下，探知物体内部结构的几何形态与物理参数（如密度等）的分布。层析成像与空间技术、遗传工程、新粒子发现等同列为 20 世纪 70 年代国际上重大科技进展。层析成像应用非常广泛，如医学层析的核磁共振成像技术、工业方面的无损探伤，在军事工业中的层析成像用于对炮弹、火炮等做质量检查，在石油开发中被用于岩心分析和油管损伤检测等。

层析成像是在物体外部发射物理信号，通过接收穿过物体且携带物体内部信息，利用计算机图像重建方法，重现物体内部一维或三维清晰图像。

1）地震层析成像技术。地震层析成像涉及三个方面：数据采集、数据处理（数据正反演计算和图像重建）、成像结果解释。地震层析成像是采集数据的主要目的、数据解释的基础和数据处理的主要部分。地震层析成像主要包括以下几部分：模型的参数化、正演计算地下介质属性的理论值、反演及图像重建、反演结果的评价。

2）声波层析成像技术。声波层析成像方法研究的主要内容，一个是正演问题，即射线的追踪问题，根据已知速度模型求波的初至时间的问题；另一个问题就是反演问题，即根据波的初至时间反求介质内部速度或者满度分布的问题。层析成像效果的好坏与解正演问题的正演算法和解反演问题的反演算法都有直接的关系。

3）井间地震层析成像技术是利用地震波在不同方向投射的波场信息，对地下介质内部精细结构进行成像，以其分辨率高、解析成果直观等特点，广泛应用于工业及民用建筑、公路、铁路、环境等方面工程地质勘查中。井间地震层析成像的核心问题是：初始速度和波场路径计算，即正演问题；通过不同的重建算法进行成像、解释，即反演问题。

4）电学层析成像，是层析成像技术的一种，其通过对被测物体施加电激励，检测其边界值的变化，利用特定数学手段逆推被测物体内部的电特性参数分布，从而得到物体内部的分布情况。与其他层析成像技术相比，电学层析成像具有无辐射、响应速度快、价格低廉等优势，它有三种基本形式，即电容层析成像、电阻层析成像和电磁层析成像，其中电阻层析成像和电容层析成像又可以合称为电阻抗层析成像技术。

电容层析成像技术的原理是管道或容器中两种具有不同介电常数的物质混在一起，当各物质组分及其分布发生变化时，会引起混合物等价介电常数的变化，使其测量电容值随之发生变化。电阻层析成像技术的物理基础是基于不同媒质具有不同的电导率，判断出处于敏感场中的物体电导率分布而获得物场的媒质分布状况。当物场内的电导率分布变化时，引起电流场及场内电势分布的变化，从而场域边界上的测量电压也发生变化。电磁层析成像是一种基于电磁感应原理的过程层析成像技术，其目的是研究具有电磁特性的物质在空间的分布。

6. 磁光成像技术

磁光成像技术是选用具有磁光效应的传感器、光路、CCD 以及被测对象的一种成像技术。铁磁材料被磁化后材料表面或内部缺陷在表面形成漏磁场，利用法拉第磁致旋光效应，偏振光在通过磁光传感器时，发生偏转，利用 CCD 等成像系统将经过检偏器后的偏振光成像，从而直观、可视化地实现了表面及亚表面疲劳裂纹无损成像检测。

磁光成像系统如图 9-11 所示，其优点是灵敏度极高，速度快；检测图形化，易于实现自动化；有较高的检测可靠性。缺点是只适用于磁性材料；检测过程易受干扰影响。

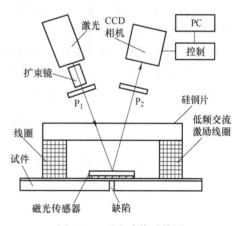

图 9-11 磁光成像系统图

光与磁场中的物质，或光与具有自发磁化强度的物质之间相互作用所产生的各种现象，主要包括法拉第效应、科顿-穆顿效应、克尔磁光效应、塞曼效应和光磁效应。其中最为人所熟知的是磁光法拉第效应，它指的是一束线偏振光通过某种透明介质时，透射光的偏振化方向与入射光的偏振化方向相比，转过了一个角度，通常把这个角度叫作法拉第转角。

7. 其他成像技术

（1）激光成像技术

激光成像技术是利用激光束扫描物体，将反射光束反射回来，得到的排布顺序不同而成像。用图像落差来反映所成的像。激光成像具有超视距的探测能力，可用于卫星激光扫描成像，未来用于遥感测绘、激光解析电离成像技术、激光扫描显示等科技领域。

（2）雷达成像技术

雷达成像技术涉及探测空间、地面和地下的雷达，雷达具有全天候、全天时、远距离和宽广观测带，以及易于从固定背景中区分运动目标的能力。应用最广的是合成孔径雷达（synthetic aperture radar，SAR）。

合成孔径雷达又称为综合孔径雷达，是利用雷达与目标的相对运动把尺寸较小的真实天线孔径用数据处理方法合成一较大的等效天线孔径的雷达。合成孔径雷达分为聚焦型和非聚焦型两类，具有分辨率高、全天候工作、有效识别伪装和穿透掩盖物等特点，雷达所得到的高方位分辨力相当于一个大孔径天线所能提供的方位分辨力。

雷达平台相对于固定地面运动形成合成孔径，实现 SAR 成像。反过来，雷达平台固定，目标运动，则以目标为基准，雷达在发射信号过程中，也等效地反向运动而形成阵列，据此也可对目标成像，通称为逆合成孔径雷达（ISAR）。ISAR 显然可以获取更多的目标信息。

SAR 和 ISAR 在原理上是相通的，但由于被成像的目标不同，其成像处理的难点和复杂程度也不同。SAR 一般针对合作的固定目标（地球表面），相对容易一些。但由于 SAR 通常成像面积大、数据量大，所以其信号处理较复杂。ISAR 则针对非合作目标（如飞机、导弹等），相对难一些，尤其在运动补偿方面更是如此。

雷达成像技术中，还包括卫星雷达成像、地下成像探测器等。

（3）紫外成像技术

紫外成像技术，目前主要应用于高压电气设备的绝缘检测，对保障和维护输电网的可靠稳定运行有着十分重要的作用。

利用紫外成像技术对放电现象的检测主要是基于电气设备如果出现外绝缘缺陷，将会引起外部场强的变化，从而可能会产生电晕、闪络或电弧。放电将引起空气分子电离，使空气中的电子不断地获得和释放能量，辐射出光波、声波、臭氧、紫外线等特征信号。紫外成像技术就是利用特殊的仪器接收放电产生的紫外线信号，经处理后成像与可见光图像叠加，达到确定放电位置和强度的目的。紫外成像仪工作原理如图 9-12 所示。

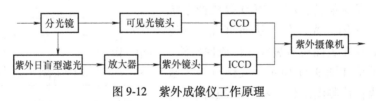

图 9-12　紫外成像仪工作原理

（4）微波成像技术

微波成像技术，是指以微波作为信息载体的一种成像手段，实质属于电磁逆散射方法。由于它既用被成像目标散射的幅度信息，也用它的相位信息，因此也称为微波全息成像。

微波是频率在 300MHz～300GHz，相应波长为 1m～1mm 的电磁波。与无线电波相比，微波具有频率高、频带宽、信息容量大、波长短、能穿透电离层和方向性好等特点。

微波成像是指以微波作为信息载体的一种成像手段，其原理是用微波照射被测物体，然后通过物体外部散射场的测量值来重构物体的形状或（复）介电常数分布。恒定电场作用下介质电流与电压相位相同，介电常数为一恒定值。但是在交变电场中，如果介质中存在松弛极化，导致介电常数为一个复数，即复介电常数。

由于介电常数大小与生物组织含水量密切相关，故微波成像非常适合对生物组织成像。微波成像包括微波层析成像和微波热声成像。

1）微波层析成像。微波层析成像方法是将低功率微波射向被测物体，在微波的激励下，被测物产生一个散射场，该散射场与被测物内部的复介电常数分布有关。通过对散射场的测量，得到被测物的相对介电常数及电导率（即复介电常数）的分布，进行相应的信息处理后就可获得被测物内部目标的微波层析图像。

2）微波热声成像。微波热声成像是微波脉冲对生物体进行照射，部分微波能量迅速被组织吸收并转换成热量，组织内部温度升高，相对组织表面形成温度梯度。由于电磁波传播速度远大于声波的传播速度，可以认为微波照射导致的热膨胀在瞬间发生。生物组织产生应变力，从而向外传播热声波。热声成像其实质就是由热声波信号逆向计算出热声源或微波吸收率的空间分布，微波热声成像技术两个最基本的条件：一个是足够的成像分辨率，另一个是足够的穿透深度。

（5）医学成像技术

医学成像是借助于某种介质（如 X 射线、电磁场、超声波、放射性核素等）与人体的相互作用，把人体内部组织、器官的形态结构、密度、功能等，以图像的方式表达出来，提供给诊断医生，使医生能根据自己的知识和经验对医学图像中所提供的信息进行判断，从而对病人的健康状况进行判断的一门科学技术。

用于医学诊断的成像方法较多，包括超声成像、放射性核素成像（核医学成像）、核磁共振成像（又称磁振造影）、X 射线计算机体层成像、X 光成像、可见光成像、红外成像、微波成像、阻抗成像和荧光成像等。目前医学成像技术伴随着计算机技术快速发展，较为先进的成像技术主要有超声波成像、核磁共振成像、核医学成像（如伽马射线）和 X 射线断层成像。

光声成像是近年来发展起来的一种非入侵式和非电离式的新型生物医学成像方法，是无损医学成像方法，能提供高分辨率、高对比度的组织成像。

当脉冲激光照射到生物组织中时，组织的光吸收域产生超声信号，这种由光激发产生的超声信号称为光声信号。生物组织产生的光声信号携带了组织的光吸收特征信息，通过探测光声信号能重建出组织中的光吸收分布图像。

（6）印刷成像技术

数字印刷技术是一种新的印刷技术，它是一种无需软片、印版、压力的印刷方式；它在整个印刷过程中，用数字描述页面文件的形式进行传递，在承印物表面以数字成像方式直接成像。目前，人们常见的数字印刷有静电成像数字印刷、喷墨成像数字印刷、磁成像数字印刷、电子成像数字印刷、电凝聚成像数字印刷、电子束成像数字印刷等。无论哪一种印刷机械，其核心就是成像技术，目前发展最快、应用领域最广的两种数字印刷技术是静电成像技术和喷墨成像数字印刷技术。

【问题01】 除上述以外，还有较多的成像技术，可网络查询显微成像、放大成像、遥感成像、质谱成像、化学成像、高光谱成像等诸多成像传感技术；另外，采用各类透镜形状可得到更多的成像效果。

实际应用中，有些成像效果还需要选用 CCD 成像技术。

9.4 三维图像传感器与成像技术

上述各种成像技术，虽然原理不一，都是二维平面成像。而立体图像的成像技术已经开始展现，如超声波成像、医学 CT 成像、核磁共振成像等，都已经具备三维成像。

目前三维成像技术主要就是三维光学测量技术。三维光学测量技术的核心，就是已知有限区域二维平面图像中的特征点、面或图形结构，通过激光扫描，在二维平面图像 $p(x_i, y_i)$ 中融合进被测物体与成像镜头之间的有效物理距离 z，形成景深（也称为图像深度）$p'(x_i, y_i, z_i)$。该技术包含了激光及扫描技术、丰富的数字成像及图像处理技术和计算机技术。由于是光学成像，因此三维光学测量属于非接触式测量技术，分为被动式和主动式两类。

被动式测量技术主要用于受环境约束不能使用激光或特殊照明光的场合或者由于保密需要的军事场合。一般是从一个或多个摄像系统获取的二维图像中确定距离信息 z，形成三维面形数据，如双目视觉。这种方法的系统结构比较简单，目前在机器视觉领域应用广泛。

主动式测量技术就是通过主动光源（如激光）扫描被测物，根据主动光源的已知结构信息（几何结构、物体形状、光学条纹特征）获取景物的三维信息。典型的产品是深度相机，主要采取的方法有结构光法和 TOF 飞行时间法。目前主动式光学三维测量技术已经广泛用于工业检测、反求工程、生物医学、机器视觉等领域，

9.4.1 机器人视觉与双目立体视觉系统

机器人视觉系统可以通过视觉传感器获取环境的二维图像，并通过视觉处理器进行分析和解释，进而转换为符号，让机器人能够辨识物体，并确定其位置。机器人视觉广义上称为机器视觉，其基本原理与计算机视觉类似。

计算机视觉是研究视觉感知的通用理论，主要研究视觉过程的分层信息表示和视觉处理各功能模块的计算方法。而机器视觉侧重于研究以应用为背景的专用视觉系统，只提供对执行某一特定任务相关的景物描述。机器人视觉硬件主要包括图像获取和视觉处理两部分，而图像获取由照明系统、视觉传感器、模/数转换器和帧存储器等组成。

机器人视觉系统中的成像器件以 CCD 为主，包括两个领域：单个 CCD 图像采集系统（如图 9-1 所示）和双 CCD（简称双目）图像采集系统（如图 9-13 所示）。根据功能不同，机器人视觉可分为视觉检验和视觉引导两种。而双目立体视觉法在机器人视觉系统中有广泛应用。

机器人双目视觉感知方法采用两台摄像机（L-CCD 和 R-CCD）模拟人类双眼处理景物的方式，从两个视点（L 环绕 R）观察同一场景，获得不同视角下的一对图像：$P_L(x_L, y_L)$ 和 $P_R(x_R, y_R)$；然后通过左右图像间的匹配点，基于视差原理并利用 $P_L(x_L, y_L)$ 和 $P_R(x_R, y_R)$，通过计算图像对应点间的位置偏差，恢复出场景中目标物体的几何形状和位置等三维信息：$P(x, y, z)$，尤其是 z 信息，如图 9-14 所示。

目标图像和背景图像必须存在较大的色差，根据这个特征，对图像中的每个像素进行了色差处理，以增强背景和目标对象的反差。根据灰度图像的直方图，采用合适的阈值进行图像分割；设定阈值后，若目标图像中像素的色差值小于设定阈值，则将像素的灰度值设置为 0；若大于或等于设定阈值，则将像素的灰度值设置为 255。由于目标对象与背景之间的色差值存在较大的差异，故只要阈值选择恰当，就可以得到较好的分割效果。

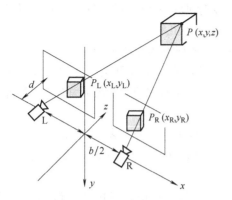

图 9-13 双目视觉系统原理示意图

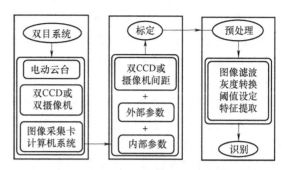

图 9-14 双目 CCD 结构组成及处理流程

因此图 9-14 中的"预处理"不仅包含所罗列的四种方法，还有分割、加强、立体匹配等。如对目标图像识别的实质是图像分割；在图像分割之前，要将彩色图像进行灰度变换。特征提取和立体匹配等都有较多的算法，属于软件技术。

要获取双目图像合成后的图像中深度信息，根据图 9-14，测量和处理过程如下：

1）首先需要对双目摄像机进行标定，得到两个摄像机的内外参数、对应矩阵。

2）根据标定结果对原始二维图像校正；校正后的两张图像位于同一平面且互相平行。

3）对通过图像预处理及其校正后的两张图像进行像素点匹配。

4）根据匹配结果计算每个像素的深度，从而获得深度图。

双目视觉成像技术在机器人视觉、车辆自主驾驶、多自由度机械装置控制、非接触自动在线检测等领域均具有很大的应用价值，也是计算机视觉的重要研究领域之一。

【问题 02】 机器人双目视觉系统工作原理是否与人类双目相似？为什么？

9.4.2 结构光法

与双目视频图像像素点匹配得到的三维图像不同，结构光法是一种非接触式主动投光型测量方法，在机械制造中识别与获取机械零件结构特征的应用较为广泛。

结构光法的硬件系统结构参照图 9-13 所示，如将右侧的 CCD 成像系统（R）更换为计算机控制的投影系统即可。此时系统各装置的物理尺寸和角度均成为已知参数。

结构光法，也称为数字相移条纹投影技术。将计算机事先设计好的具有结构图案的光束（比如特征光斑、光栅条纹光、编码结构光等）投影到三维空间的被测物体表面；结构光图案经物体表面调制产生变形，采用类似 CCD 的成像装置获取图像；计算机进行相位场提取、相位去包裹，得到绝对相位值，最后经系统标定、坐标变换可得物体表面的三维数据。换句话说，由计算机分析在图像上光结构图案的畸变情况。

如果结构光图案投影在该物体表面是一个平面，那么观察到的成像中结构光的图案就和投影的图案类似，没有变形，只是根据距离远近产生一定的尺度变化。但如果物体表面不是平面，那么观察到的结构光图案就会因为物体表面的曲面形状而产生不同的扭曲变形。根据已知的结构光图案及观察到的变形图案，计算出变形图案的曲面参数，形成三维特征。就是由系统标定得到的系统结构参数建立被测物体表面三维坐标与连续相位场之间的关系，即物相关系，就能根据算法计算出被测物的三维形状及深度信息。

217

结构光在投影时获得的结构图案是计算机以一种数字形式编码而成，这些编码可以是条形码、光栅码、二进制数字代码均可。编码方法主要有以下几种。

1）直接编码：根据图像灰度或者颜色信息编码，需要很宽的光谱范围。

2）时分复用编码：该技术方案需要投影 N 个连续序列的不同编码光，接收端根据接收到的 N 个连续的序列图像来识别每个编码点。投射的编码光有二进制码（最常用）、N 进制码、灰度+相移等方案。

3）空分复用编码：根据周围邻域内的一个窗口内所有的点的分布来识别编码。

结构光法的测量原理，与第 7 章光电式传感器应用中的反射式测量相似，如果被测物体的镜面不平整，就形成了立体感。

结构光法由于其非接触、高效率、精度较高等优点，被广泛应用于电子、汽车、纺织、机械加工等现代工业中，在生物医学、人体测量学等方面也有广泛的应用。

> 【问题 03】 综艺活动中常用旋转彩灯渲染气氛，灯光通过光罩上的五星孔投影到不同墙面有何变化？

9.4.3　飞行时间法

TOF 是光飞行时间（time of flight）技术的缩写，是当前三维图像探测的较为前瞻的技术之一，实现原理示意图如图 9-15 所示。目前 TOF 在硬件上已经将图 9-13 所示的系统结构集成到一个设备中，如深度相机。这类设备至少包括了点阵扫描投影器、红外镜头接收器、图像采集器；较为先进的还组装有距离探测器、被测对象环境光源探测器。

"飞行时间"技术的基本原理是：传感器（点阵投影器）发出经调制的近红外光，遇被测物体后反射，由红外镜头接收，通过计算光线发射和反射时间差或相位差，换算出被测对象的距离，以产生深度信息；再结合传统的相机拍摄，将物体的三维轮廓以不同颜色代表不同距离的地形图方式呈现出来。目前这种方法在无人机中已经得到成熟应用。

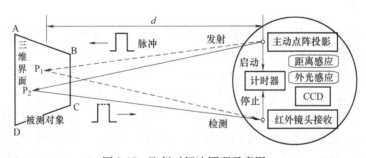

图 9-15　飞行时间法原理示意图

将 TOF 原理过程细化：

1）选用 CCD 成像技术获得被测对象的二维平面图像 P_{ABCD}，被测对象与 CCD 之间的距离为 d。此时 $d_{P1} = d_{P2}$。

2）将图像 P_{ABCD} 网格化，网格数量与点阵投影器的输出点数 N 相等，目前该点数在普通深度相机中已经达到数万。

3）点阵投影器运行，在发出近红外光线的同时启动定时器，近红外光线遇被测物体后反射，到达红外镜头时停止定时器，得到 t_1 值；通过计算得到 d_1，$\Delta d_1 = d - d_1$。Δd_1 就是平

面图像 P_{ABCD} 中第一个网点处的深度信息，深度信息有三种：大于零、小于零、等于零。

4）点阵投影器完成 N 次运行（即 N 次 TOF），得到 N 个深度信息，填入到所对应的所有网格中，得到了具有三维特征的被测对象图。

TOF 顾名思义就是光线（光速 c）从发射到接收、来回经过距离 d 的时间 t（$t = 2d/c$）。具体而言就是通过给目标（中的对应网格）连续发射 N 次近红外光（或激光）。根据发射光线的调制方式，有脉冲调制（pulsed modulation）和连续波调制（continuous wave modulation）。

脉冲调制的照射光源一般采用方波脉冲调制，这是因为它用数字电路来实现相对容易。接收端的每个像素都是由一个感光单元（如光电二极管）组成，它可以将入射光转换为电流。其优点是测量方法简单、响应较快，而且由于发射端能量较高，能降低背景光的干扰。

连续波调制法在实际应用中，通常采用的是正弦波调制。由于接收端和发射端正弦波的相位偏移和物体距离摄像头的距离成正比，因此可以利用相位偏移来测量距离。其主要优点是利用相位偏移测量距离，能补偿外光带来的固定偏差，而且可采用不同类型的光源。

TOF 法对时间测量的精度要求较高，即使采用高速电子器件，也很难达到毫米级的精度要求，因此在近距离测量领域慎用。

> 【问题 04】　我们的证件照都是平面的，用 TOF 法解释可形成立体肖像的原理。

9.5　图像传感器应用

图像传感器的应用领域已经得到迅速的拓展，从智能制造引申到智能交通、智能家居、智能电网、智能医疗、智能商务、智能物流、智能政务等诸多行业，归纳起来包含成像硬件技术和成像再现技术两个方面，成像再现包含显示技术和软件处理技术。

为得到有效的图像信号，涉及的软件非常丰富；随着三维图形的再现要求，软件也将成为成像技术的必要环节。

图 9-16 是文字识别原理图。光源使识别对象明亮清晰，经滤片、透镜、CCD 和放大后送入 A/D 转换器，转换后形成数字信号；后续由智能电路和识别算法对被摄入文字进行识别工作。

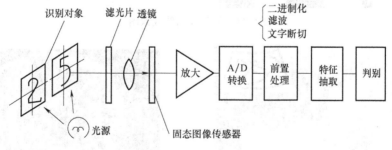

图 9-16　文字识别原理图

除文字识别外，现在图像传感器的应用实例非常多，如印刷文字和手写文字的识别、汽车牌照的识别、刷脸支付、企事业刷脸报到、高铁车站身份认证等都是应用实例；工业领域更多，乃至在本书已没有详细介绍某一具体实例的意义。

视觉系统在机器人技术的应用中深化了视觉感知的技术层次，机器人视觉系统不仅仅是单纯的图像采集，而是基于视觉感知的行为决策系统，包括了图像采集（包含了连续采集的视频图像）、图像预处理、识别算法、决策规则、行为实施。而前端的图像采集和图像信号处理乃至识别算法都是传感器范畴。

本章小结

本章较为全面地介绍了现今诸多的成像技术，依照各类传感器书籍都具有的图像传感器CCD 的知识介绍，也对 CCD 工作流程（电荷的生成、存储、转移和检测输出）做了详细介绍。成像技术不仅仅局限于 CCD 技术，而且 CCD 的内部结构也在不断完善，因此摒弃了CCD 及其线式、面式 CCD 的内部结构图，以成像技术的实现原理介绍覆盖全章。

在成像技术应用中，特别介绍了三维立体成像技术，包括双目型视觉系统、结构化深度成像和 TOF 三维成像技术。

成像硬件技术很多，而图像信号处理软件内容更为繁多，建议课余了解、学习、实践。

本章简单列举部分成像照片，如图 9-17 ~ 图 9-22 所示。

  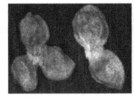 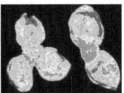

a) 指纹识别   b) 高光谱成像识别

图 9-17　部分识别成像图

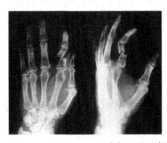 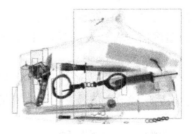

图 9-18　部分 X 射线成像图

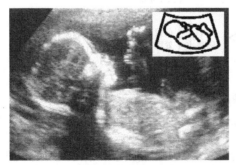 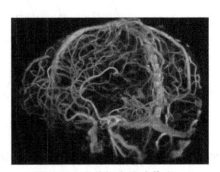

图 9-19　B 超胎儿成像   图 9-20　磁共振大脑成像之一

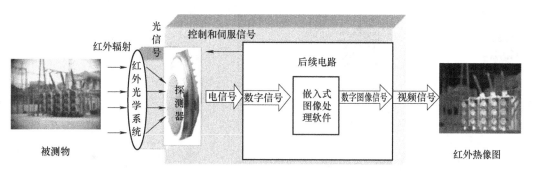

图 9-21　红外成像过程示意图

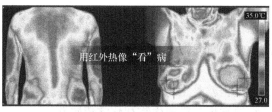

a) 人体红外成像

b) 电力塔红外成像

图 9-22　部分红外成像图

思考题与习题

9-1　掌握各节传感器基本概念、定义、特点；掌握特性分析、误差分析；掌握各自应用。

9-2　请介绍图像传感器可产生的图像格式。

9-3　依据图 9-1，论述 CCD 的工作流程。

9-4　请介绍 CMOS 成像技术的工作流程，与 CCD 成像技术有什么差异？

9-5　说明 CCD 图像传感器的特点。

9-6　请介绍可实现三维成像的双目视觉技术。

9-7　请介绍可实现三维成像的结构光技术。

9-8　请介绍可实现三维成像的 TOF 技术。

9-9　补充题 1：请网络查询并丰富图像参数。

9-10　补充题 2：请网络查询 CCD 成像技术的各类应用。

9-11　补充题 3：请网络查询红外成像、光纤成像、声呐成像、层析成像和磁光成像等诸多成像技术及其应用。

9-12　补充题 4：请网络查询激光成像、雷达成像、紫外成像、微波成像、医学成像、印刷成像等诸多成像传感技术及其应用。

9-13　补充题 5：请网络查询显微成像、放大成像、遥感成像、质谱成像、化学成像、高光谱成像等诸多成像传感技术及其应用。

9-14　补充题 6：请网络查询数字图像的预处理算法。

9-15　思考题：人脸识别可以利用脸部哪些特征？

9-16　设计题 1：请设计出全天候校园视频监控硬件系统。

9-17　设计题 2：请设计出城市级红绿灯视频监控硬件框架系统。

第 10 章

生物、化学传感器

在生物和化学领域中，生物和化学传感器是进行各种实验研究的必要条件和各类科学技术工作的基础。研制特异性强、灵敏度高、响应时间短的高性能生物和化学传感器一直是相关应用领域的追求目标。人的感觉器官就是一套完美的生物和化学传感系统，通过鼻、舌感知气味和味道等化学刺激，辨识物质成分的过程就是生物和化学传感器需要实现的功能。

机器人感知传感器中的嗅觉感知和味觉感知也是隶属生物和化学传感器。

目前已经应用的化学传感器，是一种小型化的、能专一和可逆地对某种化学成分进行应答反应的器件，并能产生与被测对象关联的可测信号。而生物传感器是以生物活性单元(如酶、抗体、核酸、细胞等)作为生物敏感单元，对被测物具有高度选择性的监测器。由于生物传感器和化学传感器二者之间关系密切，人们常常把它们合在一起称为生化传感器。

当前还有一种称为生物医学传感器，也是将人体生化参数(如血液生化参数)类传感器与生物传感器密切相关；将含量、浓度、百分比等表示的各类成分传感器归纳其中。

10.1 化学传感器

在科学研究和工农业生产、环境保护等很多领域，化学量的检测与控制技术正在得到越来越广泛的应用，而化学传感器是这个过程的首要环节。近几十年来化学传感器的应用已深入到各个方面，环境的保持和监控，预防灾难和疾病的发生，以及不断提高人们的工农业生产活力和生活水平，仍然是当前乃至今后相当长时期化学传感器应用的主要领域。

10.1.1 化学传感器定义与特点

化学传感器是通过某化学反应、以选择性方式、对特定的待分析物质产生响应，从而对分析介质进行定性或定量测定，将化学物质(电解质、化合物、分子、离子等)的状态、变化定性或定量地转换成相应的信号(如光信号、电信号、声信号)的一类检测装置；是把特定化学物质的种类和浓度转变成电信号来表示的功能元件。它主要利用敏感材料和被测物质中的分子、离子或生物物质相互接触时直接或间接地引起电极或电势等电信号的变化。

化学传感器的发展一般有如下几个阶段：

第一个阶段，20 世纪 60 至 70 年代以前，以离子选择性电极为代表的化学传感器是当时研究的一项热点和重点，研究成果也颇丰；各式各样的离子选择性膜电极伴随着聚氯乙烯膜电极的问世，使得整个化学传感器应用领域涉及人们日常生活的每一个角落。

第二个阶段，20 世纪 80 年代开始，气体传感器和生物传感器的研究成为当时研究的热点，这也使得离子选择性电极的研究趋于理智。欧美一些国家政府学校开始致力于化学传感器的发展；80 年代末期，美国化学会将"离子选择性电极"单独列为化学领域的研究分支，并把"化学传感器"也列为另外一个研究分支。90 年代初期，美国化学会则将"离子选择性电极"和"化学传感器"合并成化学领域的一个研究分支，定义为"化学传感器"。

第三阶段，从 20 世纪 90 年代开始到目前为止，由于生物技术的不断发展，世界科学技术发达的国家都在致力于生物传感器的应用研究，使得生物传感器有了飞跃的发展。

化学传感器的不断发展和应用，使得分析化学领域的内容更加丰富；并且化学传感器因其具有选择性好、灵敏度高、易于携带、体积小易微型化、测量范围宽、价格低廉、易于现场测量和监控等特点，已经被广泛应用于食品卫生安全、石油化工、生物、物理、环境检测、农业生产、工业生产、医药等行业。

10.1.2　化学传感器原理与分类

化学传感器的结构组成如图 10-1 所示，有两个关键元件：接收元件和转换元件。接收元件指的是具有对待测化学物质的形状或分子结构选择性俘获功能的一类元件；转换元件是指将待测物的某一化学参数（如浓度等）与传导系统联系起来并将其转换为一种可测的信号（如光信号、电信号）的一类元件。

化学传感器的工作原理基本如下：接收元件有选择性地俘获待测的化学物质，并同其发生一系列的化学反应；转换元件将接收元件与待测物之间的反应中的某一化学参数转换为相应的光、电、声等信号，然后通过转换电路，将光、电、声等响应信号转换为人们所需要的分析信号，从而检测出待测物的含量。

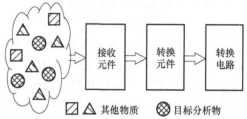

图 10-1　化学传感器结构示意图

接收元件中的分子识别系统是决定整个化学传感器的关键因素。因此，化学传感器研究的主要问题就是分子识别系统的选择以及如何将分子识别系统与合适的传导系统相连接。传导系统接收识别系统响应信号，并通过电极、光纤或质量敏感元件将响应信号以电压、电流或光强度等的变化形式转换成可传送信号，再由转换电路进行放大或进行转换电信号输出。

图 10-1 中所示的化学物质数量巨大、种类繁多、性质和形态各异，而对于一种化学量可用多种不同类型的传感器测量或由多种传感器组成的阵列来测量，也有的传感器可以同时测量多种化学参数，因而化学传感器的种类极多，转换原理各不相同，且相对复杂。

按照传感器中换能器的工作原理可将化学传感器分为电化学传感器、光化学传感器、质量传感器、热量传感器、场效应晶体管传感器等；按照传感器所选用的化学识别结构可将化学传感器分为气敏传感器、湿敏传感器、离子敏传感器和光敏传感器等；根据所用环境不同，也可以分为环境检测传感器、工业过程监测传感器等。

10.1.3　气敏传感器

气敏传感器是一种检测特定气体的传感器，其气敏元件从构造上分，有干式和湿式两大类。凡构成气敏元件材料为固体者均称为干式气敏元件（侧重介绍）；凡是利用水溶液或电解液感知待测气体的敏感元件称为湿式气敏元件（以固体电位电解式为典型）。

干式气敏传感器包括接触燃烧式、半导体式、电化学式、红外式及热导率变化式等，其中用得最多的是半导体气敏传感器。

1. 接触燃烧气敏元件

接触燃烧气敏元件是将铂金等金属线圈埋设在氧化催化剂中而构成的接触燃烧式气敏元件。一般在金属线圈中通以电流，使之保持在 300~600℃ 的高温状态。当可燃性气体一旦与元件表面接触，燃烧热进一步使金属丝温度升高而电阻值加大。其优点是对可燃性气体选择性好，输出线性好，受温度和湿度影响较小，达到初始稳定状态所需时间较短等。缺点是对于低浓度可燃性气体灵敏度低，输出电压也较低。

可燃性气体（H_2、CO、CH_4 等）与空气中的氧接触，发生氧化反应，产生反应热（无焰接触燃烧热），使得作为敏感材料的铂丝温度升高，电阻值相应增大。一般情况下，空气中可燃性气体的浓度都不太高（低于 10%），可燃性气体可以完全燃烧，其发热量与可燃性气体的浓度有关。空气中可燃性气体浓度越大，氧化反应（燃烧）产生的反应热量（燃烧热）越多，铂丝的温度变化（增高）越大，其电阻值增加得就越多。因此，测得铂丝电阻变化值，就可得到空气中可燃性气体的浓度。但是，使用单纯的铂丝线圈作为检测元件，其寿命较短，所以，实际应用的检测元件，都是在铂丝圈外面涂覆一层氧化物触媒。这样既可以延长其使用寿命，又可以提高检测元件的响应特性。

2. 电化学式固体电解质气敏元件

电化学式固体电解质气敏元件的"固体电解质"是指其离子导电性大到可以利用的程度的固体物质。以 ZrO_2 氧敏元件为例：ZrO_2-CaO 系固体电解质把其两侧气体分开，固体电解质的两侧分别置以铂电极。一侧为阳极，另一侧为阴极，构成了浓差电池；把阴、阳极其中的一侧作为比较侧，通以已知氧气分压的气体；另一侧作为测量侧，通以待测含氧气体，则可构成氧敏元件。元件输出已知氧气分压的电势 E 值，求得待测氧气分压。

3. 热导率变化式气敏传感器

热导率变化式气敏传感器采用直流电桥测量电路，将测量器件（被测气体与其相接触后，由于热导率变化引起电阻变化）作为测量桥臂，电桥输出可测知的被测气体种类或浓度。

4. 半导体气敏传感器

半导体气敏传感器中的气敏元件有四种构成方式，即陶瓷体、薄膜、厚膜及 IC 片等。其共同工作原理，是当氧化物半导体表面一旦吸附某些气体时，敏感元件电导率将发生改变。优点是在低浓度区域内对可燃性气体和某些毒性气体具有较高灵敏度，响应速度快，等等。缺点是气体选择性差，元件参数分散，特性易劣化以及长期稳定特性欠佳，等等。

半导体气敏传感器按照半导体与气体的相互作用是在其表面还是内部，可分为表面控制型和体控制型两类；按照半导体变化的物理性质，可分为电阻型和非电阻型两种。电阻型半导体气敏元件是利用半导体接触气体时，以阻值的改变检测气体的成分或浓度；而非电阻型半导体气敏元件根据其对气体的吸附和反应，以其特性变化对气体进行直接或间接检测。

半导体气敏材料吸附气体的能力很强。当半导体器件被加热到稳定状态，在气体接触半导体表面而被吸附时，被吸附的分子首先在表面自由扩散，失去运动能量，一部分分子被蒸发掉，另一部分残留分子产生热分解而固定在吸附处（化学吸附）。

当半导体的功函数小于吸附分子的亲和力时，吸附分子将从器件夺得电子而变成负离子吸附，半导体表面呈现电荷层。氧气等具有负离子吸附倾向的气体被称为氧化型气体或电子接收性气体。如果半导体的功函数大于吸附分子的离解能，吸附分子将向器件释放出电子，而形成正离子吸附。具有正离子吸附倾向的气体有石油蒸气、酒精蒸气、甲烷、乙烷、煤气、天然气、氢气等。它们被称为还原型气体或电子供给性气体，也就是在化学反应中能给出电子、化学价升高的气体，多数属于可燃性气体。

功函数是使一粒电子从固体表面中逸出所必须提供的最小能量（以电子伏特为单位）。功函数是金属的重要属性，其大小大概是金属自由原子电离能的1/2。

当氧化型气体吸附到 N 型半导体（SnO_2、ZnO）上、还原型气体吸附到 P 型半导体（CrO_3）上时，将使半导体载流子减少，而使电阻值增大。当还原型气体吸附到 N 型半导体上、氧化型气体吸附到 P 型半导体上时，则载流子增多，使半导体电阻值下降。

半导体气敏传感器从结构上可分为三种：

1）半导体陶瓷的烧结型气敏元件（如图 10-2 所示），简称半导瓷。半导瓷内的晶粒直径为 $1\mu m$ 左右，大小对电阻有一定影响，但对气体检测灵敏度则影响不大。这类烧结型器件制作方法简单，器件寿命长；机械强度不高，电极材料较贵重，电性能一致性较差，应用有限制。

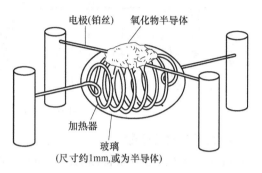

图 10-2　烧结型气敏元件结构示意图

2）薄膜型气敏元件（如图 10-3 所示）制作采用蒸发或溅射的方法，在处理好的石英基片上形成一薄层金属氧化物薄膜（如 SnO_2、ZnO 等），再引出电极。实验证明：SnO_2 和 ZnO 薄膜的气敏特性较好，而且灵敏度高、响应迅速、机械强度高、互换性好、产量高、成本低等。

3）厚膜型气敏元件（如图 10-4 所示）是将 SnO_2 和 ZnO 等材料与 3%~15% 重量的硅凝胶混合制成能印刷的厚膜胶，把厚膜胶用丝网印制到装有铂电极的氧化铝绝缘基片上，在 400~800℃ 高温下烧结 1~2h 制成，优点是一致性好、机械强度高，适于批量生产。

上述器件全部附有加热器（温度一般控制在 200~400℃），它的作用是将附着在敏感元件表面上的尘埃、油雾等烧掉，加速气体的吸附，从而提高器件的灵敏度和响应速度。

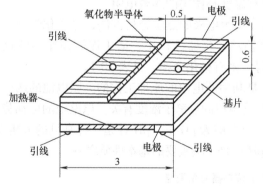

图 10-3　薄膜型气敏元件结构示意图（单位：mm）

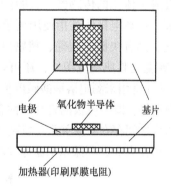

图 10-4　厚膜型气敏元件结构示意图

5. 红外线吸收式气敏传感器

由于气体种类的不同，对红外光具有不同的吸收特性；同时同种气体不同浓度时，对红外光的吸收量也彼此相异。红外线吸收式气敏传感器精度高、选择性好、气敏浓度范围宽，但体积大、结构复杂。

红外气体分析仪是气敏传感器的典型应用，利用不同气体对红外波长具有特殊吸收特性

225

的原理进行气体成分和含量分析。红外线通过某气体介质时，对应频率的光强度被吸收而大为减弱甚至消失，图 10-5 所示为部分气体的含量分布图，类似分布图适合各类气体。

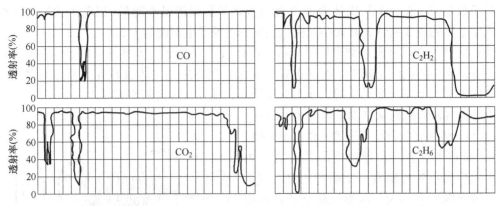

图 10-5 部分红外气体分析分布图

6. 纳米气敏传感器

随着工业生产和环境检测的迫切需要，纳米气敏传感器已获得长足的进展。因为纳米气敏传感器具有常规传感器不可替代的优点：①纳米固体材料具有庞大的界面，提供了大量气体通道，从而大大提高了灵敏度；②工作温度大大降低；③大大缩小了传感器的尺寸。

10.1.4 离子敏传感器

离子敏传感器是一种电化学传感器器件，将溶解于电解质溶液中的离子作用于离子电极而产生的电动势作为传感器的输出，实现离子的检测，通过平衡电位来确定物质浓度。

离子传感器也叫离子选择性电极，它响应于特定的离子，其构造的主要部分是离子选择性膜。因为膜电位随着被测定离子的浓度而变化，所以通过离子选择性膜的膜电位可以测定出离子的浓度。膜电位就是内部参比电极和外部参比电极之间的电位差，也有把外部参比电极组合成一体化的传感器。有的传感器还带有温度补偿用的热敏电阻。

离子选择电极法是指使用离子选择电极作指示电极的点位分析方法，是电化学分析的重要分支，具有快捷、准确、精密度高、操作简单、仪器体积小、适于连续操作等特点。除pH 酸碱度是其典型应用外，还可以直接测得许多有机化合物，见表 10-1。

pH 计是用来测定溶液酸碱度值的仪器，是利用原电池的原理工作的。原电池的两个电极间的电动势，既与电极的自身属性有关，还与溶液里的氢离子浓度有关。原电池的电动势和氢离子浓度之间存在对应关系，氢离子浓度的负对数即为 pH 值。pH 计是一种常见的分析仪器，广泛应用在农业、环保和工业等领域，土壤 pH 值是土壤重要的基本性质之一。

表 10-1 离子敏传感器应用领域

应用领域	检测内容、定量分析	应用领域	检测内容、定量分析
科学研究	溶液平衡、配合物、反应动力学、活度系数、溶解度等	污水处理	NO_3^-、NO_2^-、NH_4^+、Cl^-
		原子能工业	F^-、Cl^-
生物化学研究	K^+、Na^+、Cl^-、F^-	食品工业	NO_3^-、NO_2^-、F^-、K^-
发电厂锅炉水	Cl^-、NH_4^+、Na^+	水质	F^-、Na^+、K^+、Cl^-、Mg^+、NO_3^-
炼钢厂	NH_3、HCN、H_2S、HNO_3、HF	造纸纸浆	Na^+、Cl^-、S_2^-

10.1.5 湿敏传感器

随着现代工业技术的发展，纤维、造纸、电子、建筑、食品、医疗等部门提出了高精度、高可靠性测量和控制湿度的要求。因此，各种湿敏元件不断出现。利用湿敏电阻进行湿度测量和控制具有灵敏度高、体积小、寿命长、不需维护、可以进行遥测和集中控制等优点。

湿敏电阻是利用湿敏材料吸收空气中的水蒸气而导致本身电阻值发生变化这一原理而制成的，主要有水分子亲和力型和非亲和力型。水分子有较大的偶极矩，因而易于附着并渗透入固体表面内，利用这一现象而制成湿敏元件，称为水分子亲和力型湿敏元件；另一类湿敏元件与水分子亲和力毫无关系，因此称为水分子非亲和力型湿敏元件。

（1）水分子亲和力型湿敏元件

一般响应速度不快，可靠性一般。主要类型有：

1）尺寸变化式湿敏元件：包括毛发湿度计和伸缩式湿敏元件。毛发湿度计：毛发是湿度计的湿敏元件。毛发受潮后伸长，以此可构成自动记录式毛发湿度计和普通的毛发湿度计。伸缩式湿敏元件：参照双金属片感温的原理，选取两种物质薄片，其一因受潮而膨胀伸长，另一长度几乎不变，将两者贴合在一起则可制成双片式湿敏元件。

2）电解质湿敏元件：包括 LiCl 露点湿敏元件和 P_2O_5 及其他电解质湿敏元件。LiCl 露点湿敏元件：用这种湿敏元件，可以在不降低被试气体温度，在不结露的情况下，测得待测气体露点；P_2O_5 及其他电解质湿敏元件：利用 P_2O_5 可制成低湿敏传感元件。水蒸气作用于 P_2O_5 元件表面，通过元件的电流将其电离为氢和氧，因此，其电流与水分子数成比例。

3）高分子材料湿敏元件：主要是利用它的吸湿性与膨润性。某些特殊高分子电介质吸湿后，介电常数明显改变，因此可作成电容式湿敏元件；某些高分子材料电介质吸湿后，电阻值发生改变，因此可作成电阻变化式湿敏元件。

4）金属氧化物膜湿敏元件：许多金属氧化物有较强的吸、脱水性能，利用它们的烧结薄膜或涂布薄膜已研制成多种湿敏元件。

5）金属氧化物陶瓷湿敏元件。

6）硒膜及水晶振子湿敏元件包括硒膜湿敏元件（能耐高温和可连续使用）和水晶振子湿敏元件（稳定性好）。

（2）水分子非亲和力型湿敏元件

这种湿敏元件响应快，灵敏度较高。主要类型有：

1）热敏电阻式湿度传感器：将两个珠状热敏电阻 R_{t1} 和 R_{t2} 作为桥式电路相邻桥臂的电阻，恒流源供电使珠状热敏电阻保持在 200℃ 左右的温度。将 R_{t1} 置于开孔金属盒内（连通被测大气），R_{t2} 置于封闭的金属盒内（内装干燥空气）。

测量前 R_{t1} 置于干燥空气中，使 $R_{t1} = R_{t2}$，桥路输出为零。

测量时，由于大气中的湿空气接触到 R_{t1}，使 R_{t1} 受冷却，其电阻值增高，桥路输出不为零。电桥的输出与大气湿度变化成函数关系。该传感器测量的是大气绝对湿度，是利用湿度与大气热导率之间的关系作为测量原理的。当大气中混入其他特种气体或气压变化时，以及热敏电阻的安装位置，对测量结果均有较大影响。但该传感器具有可靠性、稳定性和少维护等优点，多制成为便携式绝对湿度表、直读式露点计、相对湿度计、水分计等。

2）红外线吸收式湿度传感器：这是利用水蒸气能吸收某波段的红外线的特性制成的湿度传感器。该传感器安装有波长为 λ_1 和 λ_2 的旋转滤光片，当光源通过旋转滤光片时，轮流产生 λ_1 和 λ_2 波长的红外光束；两条光束通过被测湿度的样气抵达光敏元件。由于波长为 λ_1 的光束不被水蒸气吸收，其光强仍为 I_1，波长为 λ_2 的光束被水蒸气部分吸收，光强衰减为 I_x。根据光强度的变化获得正比于水蒸气浓度的电信号。红外线吸收式湿度传感器测量精度和灵敏度较高，能够测量高温或密封场所的气体湿度，能测量大风速或通风孔道环境中的湿度。

3）微波式湿度传感器：是利用微波电介质共振系统的品质因数随湿度变化的机理制成的传感器。含水蒸气的气体进入传感器腔体后改变了原微波电介质共振系统的品质因数，其微波损失量与湿度呈线性关系。这种传感器的测湿范围为相对湿度 40%～95%，在温度 0～50℃时，精度可达±2%。该传感器多采用陶瓷材料作共振系统，故可加热清洗，坚固耐用。

4）超声波式湿度传感器：是利用超声波在空气中传播速度与温度、湿度有关的特性制成的传感器。按照超声波在干燥空气和含湿空气中的传播速度和温度可计算出空气的绝对湿度。

（3）湿敏电容和湿敏电阻

湿敏电容一般是用高分子薄膜电容制成的，常用的高分子材料有聚苯乙烯、聚酰亚胺、酪酸醋酸纤维等。当环境湿度发生改变时，湿敏电容的介电常数发生变化，使其电容量也发生变化，其电容变化量与相对湿度成正比。

湿敏电阻的特点是在基片上覆盖一层用感湿材料制成的膜，当空气中的水蒸气吸附在感湿膜上时，元件的电阻率和电阻值都发生变化，利用这一特性即可测量湿度。

【问题 01】 化学传感器应用广泛，可网络查询完善离子敏和湿敏传感器的内容。

10.1.6 化学传感器应用

气敏电阻应用较广泛的是用于防灾报警，如可制成液化石油气、天然气、城市煤气、煤矿瓦斯以及有毒气体等方面的报警器；也可用于对环境污染情况进行监测，生活中的空调机、烹饪装置、酒精浓度等方面探测以及在医疗上用于对 O_2、CO 等气体的测量。

【实例 01】 化学传感器测量氧含量。

按氧浓度测定原理不同主要分为以下三类：电化学氧分析仪(燃料电池法)、氧化锆测氧仪(如氧化锆浓差电位法)和顺磁式测氧仪(如顺磁测氧法)。

1）电化学氧分析仪，也叫氧电极测氧仪。由电化学氧传感器、气路单元和电子显示单元组成。氧电极以铂为阴极(工作电极)，铅或银为阳极(反电极)，聚四氟乙烯薄膜(PTFE)将阴极端与一定浓度的电解质溶液隔开。氧在阴极被还原，电子通过电解液到达阳极，阳极的铅被氧化，电流大小与氧浓度成正比。

2）氧化锆测氧仪，采用的是固体电解质氧传感器。核心部件氧化锆管是以氧化锆掺以一定比例的氧化钇或氧化钙，经高温烧结而形成稳定的氧化锆陶瓷烧结体。由于氧化钇或氧化钙分子的存在，其立方晶格中存在氧离子空穴，在高温下是良好的氧离子导体，当氧化锆管两侧气体中氧含量不同时，两侧电极上由于正负电荷的堆积而形成一定的电势。

3）顺磁式测氧仪。氧气分子具有强顺磁性，它会向磁场的增强方向移动，如果存在两种不同氧含量的气体，它们在同一磁场相遇时就会产生压力差。当其中一种气体的氧含量为已知时，检测该压力差可得出另一种气体的氧含量。以磁机械式氧分析仪为例，其机械原理是用一根灵敏度很高的张丝悬吊着哑铃球，它会在该压力差的作用下发生偏转。在偏转角度较小的情况下氧气的浓度与偏转角度成正比，由光源、反射镜和感光元件组成的单元能准确检测出该偏转角度，从而确定气体中的氧含量。

> **【实例02】**　化学传感器用于热导式气体成分分析。

对于多组分气体，由于组分含量不同，混合气体导热能力将会发生变化。根据混合气体导热能力的差异，就可以实现气体组分的含量分析。气体的导热系数通常与温度有关，当温度升高时，分子运动加剧，导热系数随之增大。导热系数与温度的关系可近似写成

$$\lambda = \lambda_0(1+\beta t) \tag{10-1}$$

式中，β 为介质导热系数的温度系数。

> **【问题02】**　化学传感器应用广泛，上述两个应用实例均有详细信息，可网络查询。

> **【实例03】**　化学传感器用于机器(人)嗅觉感知及电子鼻。

嗅觉是一种由器官感受的知觉，是生物对外部世界气味的感受。它由两感觉系统参与，即嗅神经系统和鼻三叉神经系统。生物嗅觉是由气味物质分子刺激嗅觉感受器引起的。

机器嗅觉是一种模拟生物嗅觉工作原理的新颖仿生检测技术，机器嗅觉系统(也称为嗅觉传感器)通常由交叉敏感的气敏化学传感器阵列和适当的模式识别算法组成，可用于检测、分析和鉴别各种气味。

气味分子被机器嗅觉系统中的传感器阵列吸附，产生电信号；生成的信号经各种方法加工处理与传输；将处理后的信号经模式识别系统做出判断；实现感知功能。

气味可以是单一的也可以是复合的，单一的气味是由一种有气味物质的分子形成，而复合气味则是由许多种(甚至有百种)不同的气味分子混合而成的。有气味的物质分子的物理化学属性与气味之间的联系，显而易见是分子的尺寸、形状和极性决定了气味的性质。

气敏传感器是历史最长的化学传感器，通常是指由气敏元件和某些电路或其他配件组合在一起所构成的检测装置。若气敏传感器中的气敏元件、相关电路及配件是通过MEMS、集成技术和智能技术等制作成一个微小尺寸的探测器件，则称为电子鼻。

电子鼻是利用气体传感器阵列的响应图案来识别气味的电子系统，它可以在几小时、几天甚至数月的时间内连续地、实时地监测特定位置的气味状况。

电子鼻主要由气味取样操作器、气体传感器(气敏元件)阵列和信号处理系统三种功能器件组成。电子鼻识别气味的主要机理是在阵列中的每个传感器对被测气体都有不同的灵敏度，例如，一号气体可在某个传感器上产生高响应，而对其他传感器则是低响应。同样，二号气体产生高响应的传感器对一号气体则不敏感。归根结底，整个传感器阵列对不同气体的响应图案是不同的，正是这种区别，才使系统能根据传感器的响应图案来识别气味。

电子鼻的核心器件是气体传感器。气体传感器根据原理的不同，可以分为金属氧化物型、电化学型、导电聚合物型、质量型、光离子化型等很多类型。目前应用最广泛的是金属

氧化物型。某种气味呈现在一种活性材料的传感器面前，传感器将化学输入转换成电信号，由多个传感器对一种气味的响应便构成了传感器阵列对该气味的响应谱。显然，气味中的各种化学成分均会与敏感材料发生作用，所以这种响应谱为该气味的广谱响应谱。

电子鼻正是利用各个气敏元件对复杂成分气体都有响应却又互不相同这一特点，借助数据处理方法对多种气味进行识别，从而对气味质量进行分析与评定。

电子鼻的工作流程可简单归纳为：由传感器阵列将被测气体转化成电信号，经过信号预处理和各种识别算法实现气体识别（及气体定性定量分析）。从功能上讲，气体传感器阵列相当于生物嗅觉系统中的大量嗅觉（感受器）细胞，智能系统及识别算法相当于生物的大脑，其余部分则相当于嗅神经信号传递系统。

电子鼻技术响应时间短、检测速度快，测定评估范围广，可以检测各种不同种类的食品；并能避免人为误差，重复性好；还能检测一些人鼻不能够检测的气体，如毒气或一些刺激性气体，它在许多领域尤其是食品行业发挥着越来越重要的作用。目前在增加图形认知设备的帮助下，其特异性大大提高，并且随着生物芯片、生物技术的发展和集成化技术的提高及一些纳米材料的应用，电子鼻会有广阔的应用前景。

【实例 04】 化学传感器、嗅觉感知及电子鼻用于酒类的识别应用。

有科学家研究认为，啤酒的味道和气味决定了啤酒的香味，这些香味大约是由 700 种挥发或不挥发的化合物产生的。电子鼻通常由一组气味传感器（气敏元件）组成，每一个传感器都具有一个对啤酒的顶端饱和气体部分成分敏感的电阻。来自传感器组的信号经过适当的接口和调整电路，再由一个化学或神经系统的分类器处理，最后使用多变量统计法得出结果。这种电子鼻设备能区分不同品牌的啤酒，更重要的是能区分合格的和变质的啤酒。

对于啤酒香味的研究表明，一百种能被确定分开的香味元素中大约有 39 种存在于多数的啤酒中且能分辨出；其中 15 种（如乙醇、酪、联乙酰）特征明确、20 种（如啤酒花香、麦芽和麦芽汁）能部分探测，还有 10 种（如辛辣的、木质和粒状的）较难探测。应用电子鼻对于酒香的辨识，有较强的优势；并能辨识陈酒中批与批之间产品质量的一致性。

10.2　生物传感器

生物传感器是多学科综合交叉的一门技术，是由生物、化学、物理、医学、电子技术等多种学科互相渗透成长起来的高新技术，在科学研究、工业生产乃至人们的生活中起着重要的作用。生物传感器是一种特殊的传感器，以生物活性单元作为生物敏感单元，对目标探测物具有高度选择性的检测器。

10.2.1　生物传感器原理结构与特点

生物传感器是一种特殊的化学传感器，它以生物活性单元（如酶、抗体、核酸、细胞等）作为敏感基元，能对被测物进行高选择性的识别，通过各种物理、化学型信号换能器捕捉目标物与敏感基元之间的作用，然后将作用程度用离散或连续的信号表达出来，从而得出被测物的物种和含量。

生物传感器是一种能选择地、连续地和可逆地感受某一化学量或生物量的装置，由敏感元件、换能器和电路组件三部分组成，如图10-6所示。

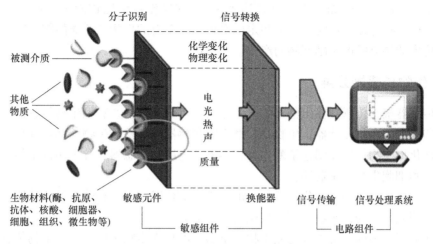

图10-6　生物传感器原理结构示意图

　　敏感元件是生物传感器中最关键的部分，选择具有分子识别能力的生物功能物质是成功制备感受器的前提。分子识别是分子之间的一种独特功能，包括酶识别、基因识别、抗原抗体识别、受体识别和蛋白质识别。具有识别能力的生物分子叫作生物功能物质。如葡萄糖氧化酶能从多种糖分子的混合溶液中，高选择性地识别出葡萄糖，并迅速氧化为葡萄糖酸内酯，葡萄糖氧化酶即为生物功能物质。具有识别能力的生物功能物质有酶、抗原、抗体、受体、结合蛋白质、植物凝血素和激素等。广义上讲，微生物也是一种生物功能物质，因为它们具有高选择性地同化(摄取)某些特定有机化合物的能力。

　　生物功能物质固定化的目的在于使分子识别物质在保持固有性能的前提下处于不易脱落的状态，以便同换能器的探头组装在一起构成敏感组件。将生物功能物质包藏或吸附于某些高分子材料、生物高分子或无机材料中，如分子筛内制备成感应器，称为生物功能物质的固定化。固定化方法可分为直接法和间接法两种。

　　直接法就是将分子识别物质通过物理或化学修饰法直接固定在换能器探头(电极或光纤等)表面，这种方法使分子识别物质与换能器探头构成一个整体，有助于改善响应机理及稳定性；直接法成为便携式酶传感器商品化的主要方向。间接法则是将生物识别分子先固定在一种固体支撑物(载体)上，再安装在传感器探头上。这种方法使感受器与换能器相互独立，可延长换能器的使用寿命，适宜于长时间的监测。间接法成为过程在线分析与流程过程控制中酶传感器商品化的主要方向。

　　生物传感器中的信号转换有电化学式和光学式两种。前者主要包括电位式(离子选择性电极、气敏电极和场效应晶体管等)、电流式(氧电极、过氧化氢电极等)和电导式(贵金属电极等)三种；后者的主要类型有光导纤维、光电子元件、表面等离子体共振和平面声波等。此外，热敏电阻、压电晶体和表面声波等方法也被采用作为生物传感器的换能器开展研究。在感应器内发生的生化反应，会消耗或产生一些化学物质，或产生热和光等。这些变化先转变为电信号，经过电子技术处理后得到所需信号形式。生物传感器中研究得最多的是电化学生物传感器，主要有电流型和电位型。用氧化酶制备的传感器大多为电流型，

　　生物传感器具有以下特点：①采用固定化生物活性物质作催化剂，价值昂贵的试剂可以重复多次使用，克服了过去酶法分析试剂费用高和化学分析烦琐复杂的缺点；②专一性强，

只对特定的底物起反应，而且不受颜色、浊度的影响；③分析速度快，可以在 1min 内得到结果；④准确度高，一般相对误差可以达到 1%；⑤操作系统比较简单，容易实现自动分析；⑥成本低，在连续使用时，每例测定成本较低；⑦有的生物传感器能够可靠地指示微生物培养系统内的供氧状况和副产物的产生。

10.2.2　生物传感器分类

生物传感器根据传感器输出信号的产生方式，可分为生物亲和型生物传感器、代谢型生物传感器和催化型生物传感器；生物亲和型生物传感器包括核酸生物传感器和免疫生物传感器等；而催化型生物传感器则包括酶生物传感器、组织物传感器、分子印迹生物传感器、微生物传感器和细胞生物传感器等。

根据生物传感器的信号转化器可分为电化学生物传感器、半导体生物传感器、测热型生物传感器、测光型生物传感器、测声型生物传感器等。

根据换能器的不同，可以分为光生物传感器、电化学生物传感器、热生物传感器、半导体生物传感器、声波生物传感器等类型。

根据尺寸的大小还可以分为微型生物传感器和纳米生物传感器等。

生物传感器根据其分子识别元件的不同，可以分为酶传感器、免疫传感器、微生物传感器、组织传感器、细胞传感器、DNA 传感器和分子印迹生物传感器等。

1. 酶传感器

利用酶在生化反应中特殊的催化作用，使糖类、醇类、有机酸、氨基酸、激素、三磷酸腺苷等生物分子，在常温下迅速分解或氧化，反应过程中消耗或产生的化学物质可用转换器转变为电信号被记录下来。因此，酶传感器是将酶作为生物敏感单元，通过各种物理、化学信号转换器捕捉目标物与敏感单元之间的反应所产生的与目标物浓度成比例关系的可测信号，实现对目标物定量测定的分析仪器。目前酶传感器有几十种，如葡萄糖、乳酸、尿素、尿酸、过氧化氢、胆固醇和氨基酸等传感器。

与传统分析方法相比，酶传感器是由固定化的生物敏感膜和与之密切结合的换能系统组成，它把固化酶和电化学传感器结合在一起，因而它既有不溶性酶体系的优点，又具有电化学电极的高灵敏度；由于酶的专属反应性，使其具有高的选择性，能够直接在复杂试样中进行测定。因此，酶传感器在生物传感器领域中占有非常重要的地位。

2. 免疫传感器

放射免疫法是一种灵敏度极高的分析方法。免疫传感器是将传统的免疫测试和生物传感技术融为一体，集两者的诸多优点于一身，不仅减少了分析时间、提高了灵敏度和测试精度，也使得测定过程变得简单，易于实现自动化，有着广阔的应用前景。

免疫传感器在临床上常用来检验各种抗原和抗体，但需要的仪器药品价格昂贵，放射性废物处理较麻烦。但作为一种新兴的生物传感器，免疫传感器以其鉴定物质的高度特异性、敏感性和稳定性受到青睐。

3. 微生物传感器

微生物传感器的测定原理有两种类型：一类是利用微生物在同化底物时消耗氧的呼吸作用，另一类是利用不同的微生物含有不同的酶，和动植物组织一样，作为酶源；微生物有两类，一类是好氧性的，另一类是厌氧性的。好氧性微生物在繁殖时需要消耗大量的氧，从氧浓度的变化来观察微生物与底物的反应情况，可用氧电极来测定。

微生物在利用物质进行呼吸或代谢的过程中，将消耗溶液中的溶解氧或产生一些电活性物质。在微生物数量和活性保持不变的情况下，其所消耗的溶解氧量或所产生的电活性物质的量反映了被检测物质的量，再借助气体敏感膜电极或离子选择电极（如 pH 玻璃电极）以及微生物燃料电池检测溶解氧和电活性物质的变化，就可求得待测物质的量。

4. 组织传感器

组织传感器是以动植物组织薄片材料作为生物敏感膜的电化学传感器，是利用天然组织中酶的特异性催化作用，产生生物活性物质，引起基础电极的响应。催化生物活性物质的这种酶存在于天然的动物（如肝、肾、肠、肌肉等）、植物（如叶、茎、花、果等）组织内，有其他生物分子的协同作用，因而十分稳定，制备成的传感器寿命较长，人工提取后纯化过的酶价格昂贵；酶蛋白分子一旦离开了天然的生物环境，其寿命也大大缩短，用动植物组织代替纯酶，取材容易，宜于推广应用。

5. 细胞传感器

细胞传感器以细胞作为敏感元件来研究信号识别、传导和指示的过程，可以用于细胞的信息功能及目的物质的检测，具有快速、敏感和特异的特点，已被广泛用于食品安全、农药残留、环境污染、病原微生物及生物安全检测等方面。细胞传感器按功能分种类较多。

1）仿生嗅觉受体细胞传感器。鉴于嗅觉受体蛋白与气味分子的特异性识别作用，利用嗅觉受体蛋白作为传感器的敏感元件，通过仿生嗅觉分子传感器用于气味物质的检测分析。即利用石英晶体微天平作为二级传感器检测嗅觉受体蛋白与气味分子的结合引起的质量改变。

2）微电极细胞传感器。体外培养细胞所具有的黏附性，使得贴壁生长在金属微电极上的细胞数量以及形态改变，引起贴壁电极界面阻抗的改变。由于被培养液生长在其表面的细胞所覆盖，通过参比电极和工作电极，采用微电极阵列，测得相应阻值变化，如图 10-7 所示。

3）表面等离子体共振细胞传感器，是生物化学分析领域常用的分析手段和研究工具，与其相关的研究和成果较多，包括传感机理、制作结构、数据采集及分析等。

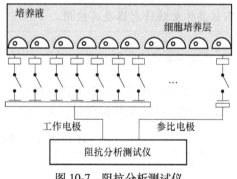

图 10-7　阻抗分析测试仪

从传感机理分析，该传感器可通过强度调制、角度调制、波长调制和相位调制型等方法开展测量；从光源光路信号分析，有棱镜耦合、光栅耦合、波导耦合和光纤耦合型。

6. 基因传感器（DNA 传感器，核酸生物传感器）

基因传感器（也称为 DNA 传感器或核酸生物传感器）已成为生物传感器技术的研究热点。它以简易、快捷、价廉的独特优越性，在分子生物学、医学检验和环境监测等领域具有广泛的应用前景，除基因序列分析、基因突变、基因检测和诊断外，还涉及 DNA 与药物、蛋白分子间相互作用的研究等。

基因传感器的基础是杂交高特异性，一般基因传感器上有 30 个左右的核苷酸单链核酸分子，通过和靶序列杂交测定目标核酸分子。现在研究和使用较多的基因传感器是 DNA 传感器，主要用于结核杆菌、艾滋病毒和乙肝病毒等的检测，从而达到诊断疾病的目的。

根据检测对象的不同，基因传感器可分为 DNA 生物传感器和 RNA 生物传感器两大类，主要为 DNA 传感器。根据转换器种类分为电化学型、光学型和质量型 DNA 传感器等。

注：DNA 即 deoxyribonucleic acid，脱氧核糖核酸。RNA 即 ribonucleic acid，核糖核酸，存在于生物细胞以及部分病毒、类病毒中的遗传信息载体。

10.2.3 生物传感器应用

在国民经济的各个部门，如食品、制药、化工、临床检验、生物医学、环境监测等方面，特别是分子生物学与微电子学、光电子学、微细加工技术及纳米技术等新学科、新技术相结合，生物传感器正改变着传统医学、环境科学、动植物学的面貌。

1）生物传感器在食品分析中的应用包括食品成分、食品添加剂、农药残留量、有害毒物及食品鲜度等的测定分析。

2）生物传感器在环境监测的应用包括水环境污染监测和大气环境监测等。

3）在各种生物传感器中，微生物传感器具有成本低、设备简单、不受发酵液混浊程度的限制、可能消除发酵过程中干扰物质的干扰等特点。因此在发酵工业中广泛地采用微生物传感器作为测量工具，如原材料及代谢产物的测定和微生物细胞数目的测定等。

4）医学领域的生物传感器发挥着越来越大的作用，生物传感技术不仅为基础医学研究及临床诊断提供了一种快速简便的新型方法，而且其专一、灵敏、响应快等特点在军事医学方面也具有广阔的应用前景。

> 【问题 03】 生物传感器不仅在食品工业、环境监测、发酵工业和医学领域等有广泛应用，其光纤技术和压电晶体等也有大量应用，试网络查询光纤生物传感器及其应用、压电晶体生物传感器及其应用。

> 【实例 05】 生物传感器用于机器人味觉感知及电子舌。

味觉是指食物在人的口腔内对味觉器官化学感受系统的刺激并产生的一种感觉。就生理上来说，基本的味觉仅包含咸、甜、苦、酸、鲜五种。目前味觉传感器应用见表 10-2。

表 10-2　味觉测量系统部分应用及味觉指标

味项目		味特征	主要样品	味觉传感器
先味	酸味	柠檬酸、酒石酸酸味	啤酒、咖啡	酸味传感器
	咸味	食盐等无机盐引起的咸	酱油、调味汁、汤	咸味传感器
	苦味	呈现苦味物质引起的味道 低浓度会被感知为丰富性	豆腐、汤	苦味传感器
	涩味	涩味物质引起的刺激性味道 低浓度下会被感知为刺激性回味	果实	涩味传感器
	鲜味	氨基酸、核酸引起的鲜	汤、调味汁、肉	鲜味传感器
	甜味	糖或糖醇产生的甜味	饮料、点心	甜味传感器
回味	酸苦味	食品中苦味物质引起	啤酒、咖啡	苦味传感器
	盐酸盐苦味	医药品苦味	医药品	苦味传感器（医药品用）
	矿物性苦味	医药品苦味	卤水、矿泉水	苦味传感器（矿物性苦味用）
	涩味	单宁酸引起的涩味	葡萄酒、茶	涩味传感器
	鲜味	鲜味回味、丰富性	汤、调味汁、肉	鲜味传感器

机器人味觉的感知是一种模拟生物味觉工作原理的新颖仿生检测技术，也称为味觉传感器，通常由交叉敏感的味觉化学传感器阵列和适当的模式识别算法组成，可用于检测、分析和鉴别各种味觉。机器味觉感知传感器主要就是电子舌。

电子舌主要由味觉传感器阵列、信号采集系统和模式识别系统三部分组成。味觉传感器阵列模拟生物系统中的舌头，对不同"味道"的被测溶液进行感应；信号采集系统模拟神经感觉系统采集，被激发的信号传递到计算机模式识别系统中；模式识别系统即发挥生物系统中大脑的作用对信号进行特征提取，建立模式识别模型，并对不同被测溶液进行区分辨识。因此，电子舌也称为智能味觉仿生系统，是一类新型的分析检测仪器。

电子舌是应用于分辨液体中味道判定及成分分析的传感器，可以在短时间内分辨和定量溶液中不同的味觉或化学成分，因此电子舌是仿生感测科技的一种，它模仿人的舌头及味觉判定，多用于定性及定量溶液中的化学成分。

味觉传感器阵列是电子舌系统的核心组成部分，由传感器阵列工作原理的不同可分为电位型、伏安型、阻抗谱型、光寻址型、物理型以及生物传感器等种类。目前国内外研究较多的味觉传感器阵列主要为电位型、伏安型与阻抗谱型。但由于电子舌技术受传感器阵列的局限，不可能对所有检测对象均有很强的响应信号。

【实例06】　生物传感器、机器人味觉感知及电子舌用于药物的识别应用。

在生物进化过程中，味觉是人择食的主要手段，我国中医很早就利用舌作为诊断疾病和检测药性的工具。血糖和水分过低能很快在饥饿感上表示，蛋白质、食盐短缺会很快发展成为相应的贪食味感，过多则厌食。且不仅饮食时有味觉，注射某些药也能很快产生味觉。

中医的用药理论是以四气、五味、归经为基础：四气是寒、热、温、凉；五味是酸、甜、苦、辣、咸，是中医根据药物作用于人体所发生的反应，获得不同的疗效来进行药物的识别。甜是补药，供给营养和能量，促进新陈代谢；酸能收敛固涩，中和碱性胺为胺盐，增加静电引力；苦剂增高生物膜的表面张力和它的相变温度；辣剂减少生物膜表面引力，增高其热运动；咸剂增高体液渗透压，具有溶化、解凝、稀释和消散等作用。

传统中药药性的分析多以人的品尝或动物试验进行，这对于现代中草药研究而言是有一定限制的。采用味觉传感技术揭示中草药性的内在规律势在必行。

由生物材料或人造类脂材料作为味觉传感器的敏感材料，通过对这些类脂材料的提取、成膜技术运用聚合物的薄膜固定及增加其可塑性和生物活性，制作成多通道阵列式味觉传感器，用于对五种基本味道(酸、甜、苦、辣、咸)敏感机理的研究。味觉阵列响应模式的应用，利用了单元类脂传感器对多种味觉物质的响应模式、多单元传感器的最佳组合及信息融合技术。因为类脂敏感材料存在对味觉物质的非单一选择性，因此要合理利用传感器阵列结构以及选择最佳的输出模式特征，以便于多种味觉物质的分离与识别。

用生物膜制成味觉传感器，实现药物分子结构的识别。同时，由于用味道识别药性具有模糊性、不确定性及非定量性，因而用现代的识别算法和方法，通过对药物外部味道的识别，辨识出其内部分子结构及其参数，实现药物味道与药性之间的定量描述，构成模拟人类识别中草药的智能分析及识别系统。

【实例07】　机器人嗅觉、味觉感知及电子鼻、电子舌用于"品酒师"。

智能"品酒师"检测系统主要是实现对酒的分类描述过程。而酒类信息的感知，是系统模拟"品酒师"对酒的感知过程，观察酒的外部信息：即颜色、透明度等为视觉信息；闻酒的气味信息：气味的不同、气味浓烈程度等为酒的嗅觉信息；品尝酒的味道：苦、甜、辛辣等为酒的味觉信息；所有感知信息融合在一起构成了对酒的感知过程。检测系统实现了味觉和嗅觉感知信息融合的酒的分类描述。而不同的品酒师，因为所拥有的知识体系不同，对同样事物的敏感程度不同，得出的信息也必定不同。

10.3 生物医学传感器

能将各种被探测的生物医学中的非电量信号转换为蕴含深度信息的电学量输出的一类特殊电子器件、装置乃至系统（如 B 超、CT），统称为生物医学传感器。

由于专指生物医学领域，其非电量参数就是人体生理信息，包括物理信息、化学信息和生理信息，涉及信号的特点是非电量、幅度低、信噪比低、频率低和无创检测，选用针对性敏感元件，构成医学传感器；输出可处理、可辨识的电信号。

生物医学传感器输出的信息蕴含了人体诸多参数，这些参数能提供人体各类临床生化信息和健康状态，为医生提供可诊断、可监护以及可控信息。因此生物医学传感技术是获取人体生化信息的最关键技术，是生物医学工程学的重要分支学科，是与物理技术（前述各节）深度交叉的学科，为生命科学深层次的研究、分子识别、基因探究、神经传递和神经调控提供重要技术手段。本节不做全部涉猎，将前述各节涉及的传感技术覆盖到生物传感器、化学传感器及医学传感器，包括静态指标、动态特性等。

生物医学传感器需要更高的特性要求和特殊要求，不仅需要传感器能够满足生物相容性、物理适形性、用电安全性和使用方便性，还具有足够高的灵敏度、尽可能高的信噪比、良好的精确性、足够快的响应速度、良好的稳定性和较好的互换性等。

1. 根据人体探测的变化量性质分类

1）位移传感器。利用测量人体的器官和组织的大小、形状、位置的变化来判断这些器官的功能是否正常的装置。例如：测得大血管的周长变化和血压变化之间的关系，可以算出血管的阻力和血管壁的弹性；测量胸围变化来描记呼吸；测量肠蠕动、胃收缩以了解消化道功能；它不仅用于直接的位移测量，更重要用于间接位移的测量，它往往是其他类型传感器（如膜片压力传感器、力敏传感器）的二次传感元件。

2）振动传感器。利用人体中的各类振动量变化，判断这些器官的功能是否正常。如根据心脏的搏动、大动脉中的机械振动传到人体胸壁表面的可听部位的声音，判断出心脏的功能、人体震颤等。

3）压力传感器。利用人体的各部位压力变化，判断这些器官的功能是否正常。如测量血压、心内压、眼压、颅内压、胃内压、食道压、膀胱压及子宫内压等。

4）流量传感器。利用人体中某部位的流量变化，判断这些器官的功能是否正常。如根据无名指里血液容量在血循环过程中的搏动性充血变化，借助透光的多少，判断脉搏变化情况。无名指中的血液对光的吸收系数在波长为 $6500 \sim 7000Å$ 之间有个最小值，所以选择波长为 $7000Å$ 的光作检测光，这样的光被指动脉血液吸收最少，使传感器的灵敏度得以提高。

2. 根据医用传感器的作用原理分类

1）电阻式位移传感器，是一种将位移转换成电阻变化的传感器；常用的有电位器式、应变片式和弹性应变计等。如测量肌肉收缩线度的电位器，是一种特殊的双脚规，电位器作为它的中心轴，双脚规的两臂包围肌腹部分；肌肉收缩时，双脚规两臂分开带动电位器中心点移动，从而记录下肌肉的收缩曲线。又如应变片，当弹性元件在位移作用下变形时，粘贴在弹性元件上的应变片，感受应变而使其电阻值变化，把应变片接入电桥，由输出电压（或电流）就可以知道位移大小。另外，还有电阻式压力传感器等。

2）电感式位移传感器，是用位移来改变单线圈的自感或双线圈的互感。如用来测量机体内部各器官的大小、尺寸变化，测左心室主动脉及腔静脉的尺寸变化，测定血管内外径以及监测早生婴儿呼吸等。

3）电容式压力传感器，利用压力来改变电容量，从而判断器官的功能是否正常，如压力计、压差计等。

4）光电式传感器，指动脉脉搏的监测。利用光电容积描记法及光强度变化产生的电强度的变化，来测出脉搏波。

5）压电式传感器，测血压时，用力敏元件根据脉搏搏动时表现出来的压力不同而测出血压。

6）热电式传感器，测呼吸数时可用热敏电阻。将热敏电阻放在鼻孔附近，即可达到测量目的，用此种仪器，需注意季节的温度影响，一定在有温差的情况下方可使用。

3. 根据变换的电学量分类

1）有源型传感器，即将被测非电学量变换为电压（或电流）信号，如光电传感器、热电传感器、压电型传感器、电磁感应型传感器等。因用被测对象本身能量产生输出信号，也常被称为发生传感器。

2）无源型传感器，将被测非电学量变换为电阻、电感及电容等电学量，因需接收外部信号源的能量，通过被测对象改变外部能量形成输出信号，也常常被称为调制传感器。

生物医学传感器应用越来越广，仅压力传感器来讲，就有如下主要应用：①临床检查通过心室和心脏瓣膜口的压力测量，可诊断先天性心脏病；②病人监护呼吸压的测量是评价肺功能有效的方法，监视中心静脉压等是防止输血时心脏负担过重的重要测量；③人体控制，如体外循环、自动呼吸器、电子假肢等；④体检，如测量血压和脉搏波等；⑤生物实验研究，如用位移传感器在动物体或离体血管上测量心脏大小、大血管的直径及其变化，从而判断出心脏的功能是否正常；又如同时测量心室的压力和体积的变化，可以了解心泵的功能，在环境测量上也有很多应用。表10-3所示为生物医学用部分物理化学传感器分类与应用。

表 10-3　生物医学用物理化学传感器分类与应用

传感器类型	主 要 应 用
位移	结石的位置、皮肤厚度、皮下脂肪厚度、心脏位移
振动	心音、声音、呼吸音、血管音等
力	血压、心肌力、眼球内压、胃内压等
流量	血流量、呼吸气体流量、出血量、尿流量等
温度	皮肤温度、直肠温度、呼吸温度、血液温度等
化学成分	O_2、CO_2、CO、H_2O、NH_3、Na^+、K^+等
生物成分	蛋白质、细菌、病毒等
放射线	X射线、同位素剂量等
生物电	心电、脑电、肌电、眼电、胃电等

近年来医学无损传感器逐渐代替了损伤性的传感器，还有新型功能材料的探索、光学信号的耦合、集成化多功能化的融合以及生化信号的软件处理技术的逐渐提升，甚至模拟人类大脑的仪器，都在研究和开发。

> **【问题04】** 生物医学传感器涉及领域很多，还包括了化学传感器和生物传感器，侧重在人体生化参数。随着近年来生命科学的发展层次不断提高，请设想生物医学传感器的发展趋势。

本章小结

本章涉及的检测对象已经拓宽到非物理信号，生物、动植物、化学、医学等信号，不仅是信号的大小，还涉及信号的成分含量、浓度及其百分比等。

本章介绍的内容，基本上围绕图 10-1 所示的左侧部分，包括本章的化学传感器、生物传感器和医学传感器；最后由转换元件转换成电信号，转换元件采用的就是物理传感器，如电阻类、电容类、电感类、压电类、光电类和热电类传感器等。

机器人感知传感器中的嗅觉感知和味觉感知也是隶属生物和化学传感器。

本章介绍的化学传感器、生物传感器和医学传感器，并不是全部，但要建立一个概念，就是这类传感器的作用和地位会越来越高。

思考题与习题

10-1　掌握各节传感器基本概念、定义、特点，掌握各自应用。

10-2　什么是化学传感器？有什么分类？应用领域如何？

10-3　请介绍化学传感器的结构组成和工作原理过程。

10-4　什么是嗅觉、生物嗅觉和机器嗅觉（含电子鼻）？

10-5　气敏传感器有哪些分类？并简单介绍。

10-6　请介绍红外气体分析仪的工作原理。

10-7　什么是生物传感器？有什么特点与分类？应用领域如何？

10-8　请介绍生物传感器的结构组成和工作原理过程。

10-9　什么是味觉？介绍味觉产生机理与阈值、味蕾分布和味觉作用。

10-10　请介绍电子舌的工作机理和分类。

10-11　什么是生物医学传感器？有什么特点和分类？

10-12　补充题1：化学传感器应用广泛，请网络查询完善离子敏和湿敏传感器的内容。

10-13　补充题2：请网络查询光纤生物传感器、压电晶体生物传感器的应用。

10-14　补充题3：请网络查询生物医学传感器的发展趋势。

10-15　思考题：试网络查询几款生物医学设备的型号和原理。

10-16　设计题：一城市有三家医院，都有一样型号的医学设备，如何实现三台同一型号的设备数据共享？（提示：智能功能和网络功能）

第 **11** 章

辐射与波式传感器

辐射与波式传感器所涉及的被测对象，按照电磁波谱的展开，涵盖无线电波侧的微波、红外以及紫外、射线区域，因此，除去已经在前面章介绍的红外传感器和超声波传感器，本章介绍核辐射传感器、紫外传感器和微波、雷达等波谱传感器。

11.1 核辐射式传感器

11.1.1 核辐射基本概念

1. 定义

众所周知，各种物质都是由一些最基本的物质所组成，人们称这些最基本的物质为元素。组成每种元素的最基本单元就是原子，每种元素的原子都不是只存在一种。具有相同的核电荷数 Z 而有不同的质量数 A 的原子所构成的元素称为同位素。

假设某种同位素的原子核在没有外力作用下，自动发生衰变，衰变中释放出 α 射线、β 射线、γ 射线、X 射线等，这种现象称为核辐射，放出射线的同位素称为放射性同位素，又称放射源。核辐射探测器又称核辐射接收器，它是核辐射传感器的重要组成部分。

放射性同位素衰变时，放出一种特殊的带有一定能量的粒子或射线，这种现象称为"核辐射"。放射性同位素在衰变过程中能放出 α、β、γ 三种射线。α 射线由带正电的 α 粒子组成（如 ^4_2He 氦核）；β 射线由带负电的 β 粒子组成（电子）；γ 射线由中性的光子组成。

一般用单位时间内发生衰变的次数来表示放射性的强弱，称为放射性强度。放射性强度也是随时间按指数规律减小：

$$I = I_0 e^{-\lambda t} \tag{11-1}$$

式中，I_0 是初始强度；I 是时间 t 后的强度。

2. 衰变

当一个氦原子核放出 α 粒子时，它的原子序数 Z 减小 2，质量数 A 减小 4，该原子核变成另一种原子核，这就是 α 衰变。α 衰变产生的 α 粒子来自原子核，α 粒子在核内受到很强的核力吸引（负势能）；但在核外将受核库仑场的排斥，这样对 α 粒子而言，在核表面形成一个势垒。放射性原子核的 α 衰变过程就是 α 粒子穿过势垒从原子核放射出去的一个隧道效应过程。在自然界内大部分的重元素（原子序数为 82 或以上，如铀和镭）都会在衰变时释放 α 粒子；由于 α 粒子的体积较大，又带两个正电荷，很容易电离其他物质，因此它的能量散失得较快，穿透能力在众多电离辐射中是最弱的。人类的皮肤或一张纸已能阻隔 α

粒子。然而，它们一旦被吸入或注入，那将是十分危险的，它能直接破坏人体的内脏细胞。

β粒子就是电子（正电子流或负电子流），当一个原子核发出一个β粒子后，原子核的原子序数 Z 增加1，而质量数不变，这就是β衰变。

原子核放出光子的过程称为γ衰变。当原子核发生α、β衰变时，往往衰变到核的激发态，处于激发态的原子核是不稳定的，它要向低激发态或基态跃迁，同时放出γ光子，产生γ射线。医学上常用γ射线治疗肿瘤，最常用的放射源是钴^{60}Co。钴^{60}Co以β衰变到镍^{60}Ni的2.5MeV激发态，^{60}Ni的激发态寿命极短，它很快跃迁到基态并放出能量分别为1.17MeV和1.33MeV的两种γ射线。由于核的能级间隔为100keV到1MeV，因此γ射线的光子能量非常大，其波长比X射线更短。

放射性物质在单位时间内发生衰变的原子核数目称为放射性强度。

3. 核辐射与物质间的相互作用

1) 电离作用。具有一定能量的带电粒子在穿透物质时会产生电离作用，在它们经过的路程上形成许多离子对。其中，α粒子能量大，电离最强，但射程短；β粒子质量小，电离较弱；γ粒子没有直接电离作用。

2) 吸收、穿透。α、β、γ射线穿透物质时，由于磁场作用，原子中的电子会产生共振，振动的电子形成散射的电磁波源，使粒子和射线能量被吸收和衰减。其中，α射线穿透能力最弱；β射线次之，穿行时易改变方向，产生散射形成反射；γ射线穿透能力最强，能穿透几十厘米厚的固体物质，在气体中可穿透几百米，因此γ射线广泛用于金属探伤。

4. α、β、γ射线应用领域

α射线可实现气体分析，如气体压力、流量测量；β射线可进行带材厚度、密度检测；γ射线可探测材料缺陷，进行位置、密度与厚度测量。

11.1.2 核辐射传感器

核辐射探测器是核辐射传感器的重要组成部分，其作用是将核辐射信号转换成电信号，从而探测出射线的强弱和变化。由于射线的强弱和变化与测量参数有关，它可以探测出被测参数的大小及变化。这种探测器的工作原理是根据在核辐射作用下某些物质的发光效应，或是根据当核辐射穿过它们时发生的气体电离效应。

核辐射传感器通常有两种主要形式：一种是测量天然或自然的放射线，例如测量天然放射性的总量；另一种方式是利用放射性同位素测量非放射性物质，根据被测物质对辐射线的吸收、反射进行检测，或者利用射线对被测物质的电离激发作用。后者射线式传感器主要由放射源、探测器和测量电路组成，如图11-1所示。

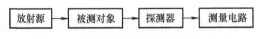

图 11-1 核辐射传感器结构组成示意图

1. 辐射源

利用射线进行测量必须有辐射源发出α、β、γ射线。辐射源的种类很多，一般选用半衰期较长的同位素、强度合适的辐射源。如常用同位素源有：^{137}Cs（铯）：β、γ；^{241}Am（镅）：α、γ；^{238}Pu（钚）：X；^{60}Co（钴）：β、γ；^{90}Sr（锶）：β；^{55}Fe（铁）：X。辐射源的结构应使射线从测量方向射出，其他方向应尽量减少计量，减少对人体的危害。其他方向可以用铅进行屏蔽，铅有极强的抗辐射穿透能力。射线源结构一般为丝状、圆柱状、圆片状。

2. 探测器

探测器是辐射的接收器，是核辐射传感器的关键部件，常用的有电离室、盖格计数管、闪烁计数器、正比计数器、半导体探测器。

（1）电离室

电离室是在空气中或充有惰性气体的装置中，设置一个平行极板电容器，加几百伏高压。高压在极板间产生电场，当粒子或射线射向两极板之间的空气时，在电场作用下，正离子趋向负极板，电子趋向正极板，产生电离电流。若在外电路接一电阻 R，就可形成响应电压，电阻 R 的电压降代表辐射的强度。电离室主要用于探测 α、β 射线。电离室一般成本低、寿命长，但检出电流小，如图 11-2a 所示。

在核辐射检测仪表中，有时用两个电离室，构成差分结构。差分电离室如图 11-2b 所示。两个电离室的特性一样，测量时一个电离室接收射线及其他干扰量，另一个电离室接收干扰量，在电阻 R 上流过的电流为两个电离室收集的电流之差，这样可以避免电阻、放大器、环境温度等变化而引起的测量误差。

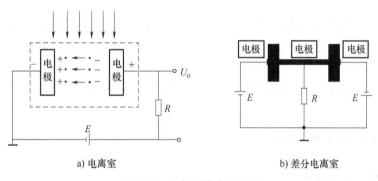

a) 电离室　　　　　　　　　　　b) 差分电离室

图 11-2　电离室构成原理图

（2）盖格计数管

盖格计数管也称气体放电计数器。一个密封玻璃管，中间是用钨丝材料制作的阳极，玻璃管内壁涂一层导电物质，或是一个金属圆管作阴极，内部抽空充惰性气体（氖、氩）、卤族气体。射线进入计数管后气体被电离，负离子被阳极吸引移向阳极过程中，不断与其他气体分子碰撞后产生次级电子，快到阳极时次级电子急剧倍增产生雪崩现象而引起阳极放电。放电后空间电子被中和，剩下许多正离子包围阳极，形成正离子鞘。正离子鞘和阳极间的电场因正离子的存在而减弱。正离子打到阴极时会产生逸出电子，电子被电场加速，又引起计数管放电产生正离子鞘，这一过程循环出现。盖格计数管主要用于探测 β 粒子和 γ 射线。

（3）闪烁计数器

闪烁计数器由闪烁体和光电倍增管（基于外光电效应）组成，当闪烁体受到辐射时闪烁体的原子受激发光，光透过闪烁体射到光电倍增管的阴极上，激发出电子在光电倍增管中倍增，在阳极上形成电流。

荧光物质受放射线的辐射作用其原子被激发到受激态，受激态不稳定跃迁到基态的过程中，发出荧光的现象称为闪烁现象。以闪烁现象发光的物质称为闪烁体，闪烁体是一种辐射受激发光物质，其形态有固态、液态、气态三种；分为有机和无机两类。

（4）正比计数器

正比计数器是一种充气型辐射探测器，工作在气体电离放电伏安特性曲线的正比区，为获得好的能量分辨率，大多数采用圆筒形、鼓形，有均匀的电场分布，可使射线入射窗做得很大。阳极丝加正高压，金属壳为阴极，面对入射窗设置一个出射窗，让未被气体吸收的光子穿出。正比计数器接收一个 X、γ 光子后就输出一个电脉冲，幅度与光子能量成正比，输出脉冲的大小正比于入射产生的电子和正离子对数目，电子和正离子对数目正比于气体吸收的放射线的能量。放射线能量越大，电离电子获得能量越大，碰撞产生的离子对越多。

（5）半导体探测器

荷电粒子入射到半导体中时，会产生电子-空穴对，X 射线、γ 射线由于光电效应、康普顿效应、电子对生成等产生二次电子；高速二次电子产生更多电子-空穴对，将电荷转换为电信号输出。在 PN 结空间电荷区加足够高的偏压，因射线而电离的载流子加速产生的电子-空穴使载流子不断倍增，在输出端形成一个放大了的脉冲信号。

半导体探测器的特点：输出信号小，分辨率高。其类型主要有 Si(硅)、Ge(锗)探测器，分别测量不同能量段的放射线。

半导体探测器仍处在迅速发展之中，无论是探测器的种类或应用都在不断增加，性能也在进一步提高，如高纯锗探测器、化合物半导体探测器、位置灵敏探测器等。

3. 测量电路

探测器的输出通过一系列对应电路(模电、数电、IC 电路等)完成探测器输出信号的处理。

11.1.3 核辐射传感器应用

【实例 01】 透射式测厚。

透射式测厚常用电离室做探测器，γ 射线穿透能力较强，输出电流与辐射强度成正比。在辐射穿过物质时，物体吸收作用损失部分能量，能量的强度按指数规律变化：根据测量厚度 x 可得厚度 h，如图 11-3 所示。

【实例 02】 散射式测厚。

散射式测厚时 β 放射源与探测器在同一侧，利用核辐射被物体后向散射的效应。散射强度与被测距离、物质成分、密度、厚度表面状态等因素成函数关系，如图 11-4 所示。

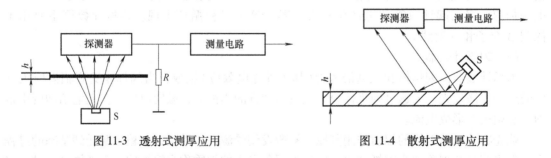

图 11-3　透射式测厚应用　　　　　　图 11-4　散射式测厚应用

【实例03】　物位测量。

利用介质对 γ 射线的吸收作用，不同介质对 γ 射线的吸收能力不同，固体吸收能力最强，液体居中，气体最弱。辐射源与被测介质一定，被测介质高度 H 与穿过被测介质的射线强度 I 成正比关系，如图 11-5 所示。

【实例04】　探伤。

探测器与放射源放在管道内，沿焊接缝同步移动，当焊缝存在问题时，穿透管道的 γ 射线会产生突变，正常时输出曲线趋于直线，如图 11-6 所示。

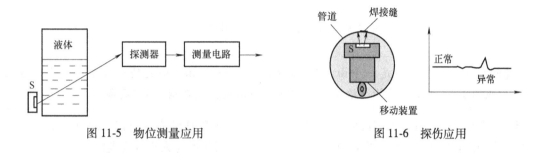

图 11-5　物位测量应用　　　　　图 11-6　探伤应用

【实例05】　光纤辐射计。

由于射线辐射可以在特种光纤中产生荧光效应或着色中心，根据荧光大小或着色中心引起光纤变黑而使吸收增大的程度来检测射线辐射的强度。

光纤辐射计是利用 X 射线或 γ 射线照射下产生着色中心，改变光纤对光的吸收特性而制成的仪器，其工作原理如图 11-7 所示。发光二极管发出稳定的光通量，经耦合器输入光纤探测环，探测环在射线辐射照射下透光性发生变化，输出带有射线强度变化信息的光信号，经耦合器由光电探测器接收并转换为电信号，经放大后由指示器显示。

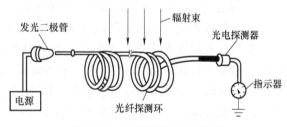

图 11-7　光纤辐射计工作原理

改变光纤材料的组分，可对不同射线辐射敏感。增加光纤探测环的总长度可提高接收射线的量，提高其传感灵敏度。这种方法的灵敏度可比一般测定射线辐射的方法高 10^4 倍，其线性范围为 $10^{-2} \sim 10^{-6}$。

【实例06】　环境监测。

核辐射监测已经成为一个重要的环境问题。核辐射恐怖事件、核辐射军事战争以及核泄漏等迫使各国必须建立有效地核辐射环境监测平台，如图 11-8 所示。从区域环境核辐射监测的角度出发，建立一个科学、可靠的无线传感器监测网络，研究沾染区的核辐射情况，对及时、准确地掌握核辐射状况、核事故应急防护、降低核事故发生率以及确保核安全具有重大的现实意义。

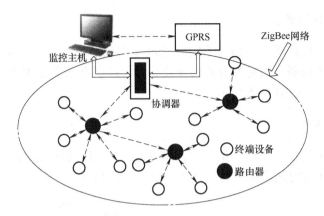

图 11-8　核辐射环境监测的现代传感系统

> **【问题 01】**　图 11-8 是一个由上位机-电信网络和 ZigBee 构成的核辐射环境监测系统。按照图 11-8 所示的结构，绘制网络信息传递结构；试介绍"终端设备"。

核辐射传感器的应用还有许多，如气体力量测量、X 射线荧光分析仪、灰分测量、中子活化分析、中子测井、医学 CT 应用、核子秤、X 射线探测器与太空环境监测等。

11.1.4　核辐射传感器应用防护

由于辐射性传感器有"辐射源"，如果放射性辐射过度照射人体，能够引起人体发生多种放射性疾病，如皮炎、白细胞减少、破坏人体的干细胞（包括造血干细胞、白血病、血癌）等。因此，在辐射传感器应用中，必须考虑"辐射源"的存放和运行防护问题。

物质在射线照射下发生反应（如照射人体所引起的生物反应）与吸收射线的能量有关，一般与吸收射线能量成正比的剂量确定射线对人体的生物效应的被吸收剂量，简称剂量。它是指某个体积内物质最终（产生生物效应）吸收的能量。当确定了吸收物质后，一定数量的剂量只取决于射线的强度及能量，因而是一个确定量，它可以反映（对）人体一定的伤害程度。我国规定：安全剂量为 0.05R/d（伦琴/日）、0.3R/w（伦琴/周）。在实际应用中要采取多种方式来减少射线的照射强度和照射时间。

目前常规的防护措施是采用屏蔽、防护罩、利用辅助工具远离放射源等。对辐射照射的防护，采用下列措施：

1）距离防护：工业核仪器所使用的放射源很小，可以近似看成是点放射源，在其他条件不变时操作人员所受剂量的大小与人到放射源距离的二次方成反比，也就是说，人在离放射源 2m 处所受到剂量是人离放射源 1m 处所受剂量的 1/4，3m 处所受剂量是 1m 处所受剂量的 1/9，其他距离可依此类推。由此可见，凡实际操作允许情况下，应尽量远离放射源。

2）时间防护：人所受剂量的大小与工作人员操作放射源的时间成正比，如果其他条件都相同，则人在放射源周围时间越长，所受剂量也就越大。因此，工作人员必须为专业熟练人员，熟悉相关知识、流程和规定。平时没有操作任务时，绝不要在放射源周围停留。

3）屏蔽防护：7cm 厚的铅基本可以把核仪器所使用的核源的射线屏蔽掉了。人在接触放射源时，穿着铅制的防护服加以防护。在核仪表使用过程中，综合采用这些措施，完全能确保工作人员所受照射剂量当量低于国家标准规定的限值。

11.2　紫外传感器

11.2.1　紫外线基本概念

紫外线是指电磁波谱中 10～400nm 波长的一段。在此区域内，ISO-DIS-21348 对紫外辐射波段划分见表 11-1。在实际应用时，把紫外辐射划分为四个波长范围：

1）长波紫外线：波长范围 320～380nm，也称为近紫外线。长波紫外线区域是紫外线成像中，不同照相镜头在卤化银乳剂上照相的重要区域。

2）中波紫外线：波长范围 280～320nm，普通照相镜头吸收中波紫外线，普通卤化银在中波紫外区敏感度很低，中波紫外线照射肌体后，会引起皮肤发红，称为红斑效应。

3）短波紫外线：波长范围 200～280nm，也称为远紫外线、"日盲"区。普通光学玻璃和明胶强烈吸收短波紫外线。短波紫外线可改变细胞的基因导致细菌等无法繁殖而死亡，医学、生化、工业常用于杀菌消毒，非常有效。

4）真空紫外线：波长范围 10～200nm，在真空中传播。真空紫外线波长短、能量高，用于在集成硅工艺中进行光刻加工。

表 11-1　紫外辐射波段划分

波长范围/nm	编　号	名　　称	光子能量/eV
400～320	UVA	UVA（长波）	3.10～3.94
400～300	NUV	近紫外	3.10～4.13
320～280	UVB	UVB（中波）	3.94～4.43
300～200	MUV	中紫外	4.13～6.20
280～100	UVC	UVC（短波）	4.43～12.4
200～122	FUV	远紫外	6.20～10.2
200～10	VUV	真空紫外	6.20～124
122～10	EUV	极紫外	10.2～124

紫外辐射通过地球大气传输时，由于大气中的分子及粒子的散射和吸收而衰减。当波长 $\lambda < 300nm$ 时，太阳紫外光子就开始被 O_3（臭氧）吸收。UVC（280～100nm）辐射在海拔 35km 处被 O_3 完全吸收。$\lambda < 290nm$ 的紫外辐射被 O_3 层吸收强烈，其强度在地球表面仅是大气层顶部的 3500 亿分之一。而大多数 UVA（400～320nm）会到达地球表面。目前，同温层由于 O_3 的减少，降低了对太阳紫外光子的吸收。

大气对中紫外传输的衰减系数随波长不同而不同。短波长时，O_3 的吸收占主导地位；中波时，O_3 的吸收系数较大，气溶胶系数变化平缓，随波长的增加而变大。当高度增加时，O_2 的浓度减小，气溶胶密度数减小，O_3 的浓度增加，O_3 的吸收成为主要的衰减因素。O_3 浓度在高度为 20km 处最大，此时衰减系数最大。紫外辐射的传输损耗远大于其他光谱区，其中气溶胶和臭氧是辐射重要的散射体和吸收体。

根据紫外线的波长以及其大气传播特性，紫外辐射具有以下特点：

1）穿透能力弱：紫外辐射波长短，当入射到物体表面时容易被物体吸收，所以其穿透能力比可见光、红外辐射弱。尤其是波长在 200nm 以下的紫外辐射，只能在真空中传输。

2）紫外辐射荧光效应：汗渍、血液、荧光粉、蛋白质、人造纤维等物质受到紫外辐射照射后，可发射出不同波长和不同强度的可见光（或者紫外光），即紫外辐射的荧光效应。如荧光灯的汞蒸气放电产生的紫外辐射照到管壁上的荧光粉材料时即可激发出可见光，若荧光管壁所涂荧光粉的成分不同，可呈现暖色、日光色等。

3）紫外辐射光电效应：材料受到紫外辐射照射后，其电学性能发生变化，如发射光电子、电阻率变化以及产生光伏效应等。

11.2.2 紫外探测技术

紫外传感器的探测器依据各波长区域的吸收率，配置针对的波长滤波，就能获得被测对象的紫外波谱特性，再通过转换电路输出特征电信号。

紫外传感器的探测，在机理上与核辐射传感器相似，按照图 11-9 所示，紫外传感器的关键部件依然是"探测器"。紫外传感器的"探测器"与核辐射传感器不同的是接收 10～400nm 区域的紫外光谱。根据紫外线传输特点，探测器在紫外线各波长区域有选择应用。

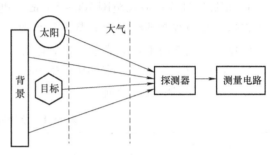

图 11-9　紫外传感器结构图

紫外线在通过大气层时受到氧元素不同程度的衰减，形成不同的紫外背景：

1）大气中的 O_3 强烈吸收波长<200nm 的紫外光，该波段的紫外线不能在大气中传播，又被称为真空紫外。

2）平流层（10～50km）中的臭氧强烈吸收 200～280nm 范围内的紫外线，近地面对该波段的吸收作用相对并不明显，因此该波段又称为"日盲"波段。空间飞行器的尾焰在"日盲区"的紫外辐射强于太阳的紫外辐射，在大气背景下是一个"亮点"。

3）300～400nm 的近紫外能够较多地透过大气层，并发生强烈的散射作用，均匀分布在大气层中，被称为"紫外窗口"。在近紫外区，近地面的被测目标挡住了大气散射的太阳紫外光，在均匀的紫外光背景上形成一个"暗点"。

真空紫外（10～200nm）和中紫外（200～300nm）的辐射都被大气吸收，自然界中该波段的主要辐射源是气辉和闪电。气辉是地球中高层大气吸收了电磁辐射后产生的一种微弱光辐射，覆盖了 100～390nm 的整个紫外光谱，但其辐射量可以忽略不计。气辉辐射闪电也是大气中重要的日盲紫外辐射源，在放电过程中气体温度达到 20000K 以上；根据黑体辐射定律，大气分子会辐射出大量的紫外线（包括真空紫外和中紫外）。

阳光中只有近紫外辐射能够达到地球表面。但人类活动会造成紫外光学杂波，给紫外探测带来干扰。工业生产过程中的各种弧光放电光源，如电焊、高压汞灯和钠灯、大面积火源等都是日盲紫外探测中的干扰源。

紫外辐射传输过程存在两个基本的关系式。

1）距离二次方反比定律。点源在微面源上产生的照度与点光源的发光强度 I 和大气透射比 τ_a 成正比，与距离 L 二次方成反比

$$E = I \frac{\tau_a}{L^2} \tag{11-2}$$

2）波盖尔定律。辐射通过大气的衰减过程中，吸收和散射是两种主要机制。经过路径 L 的大气投射比服从指数分布，即

$$\tau_a = e^{-aL} \tag{11-3}$$

式中，a 为衰减系数。吸收、反射（包括散射）及入射辐射投射的全部数值之和须等于 1。

图 11-10 所示是紫外辐射照度计的构成示意图，图中，干涉滤光片根据波段不同，截止其他不相关波长；探测器一般是紫敏硅光二极管或硅光电池。

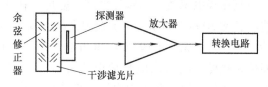

图 11-10　紫外辐射照度计构成示意图

11.2.3　紫外成像技术

作为紫外探测技术的重要分支，紫外成像技术以紫外成像探测器件为核心，接收来自辐射目标或者是目标对紫外辐射反射的信号，经紫外成像探测器件的光电转化、信号增强，输出图像信号。成像系统如图 11-11 所示。

成像光束经过紫外成像镜头后，由"日盲"滤光片，达到紫外探测器（由像增强器、中继光学系统和 CCD 阵列组成），信号被增强并被转化为可见光信号输出，然后成像光束输入给 CCD 成像，得到最终有效图像。

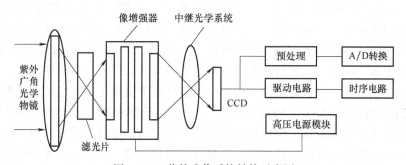

图 11-11　紫外成像系统结构示意图

11.2.4　紫外传感器应用

紫外辐射的测量数据信息主要包括光谱、时间和空间三个方面。相应的主要测量仪器包括光谱辐射计、辐射计和成像仪。三种基本类型的设备还可综合使用，如超光谱仪可同时产生光谱和空间信息等。表 11-2 归纳了三种类型的紫外测试设备。

表 11-2　三种类型的紫外测试设备

设备类型	范围	测量原理	典型数据分析
辐射计	时间（瞬间）	幅值（电压或电流）与时间的函数关系	辐射强度（固定光谱通带内）与时间辐射；强度（固定光谱通带内）与方位角
光谱辐射计	波长（光谱）	幅值与波长的函数关系	光谱辐射强度
成像仪	位置（空间）	幅值与目标位置的函数关系	辐射与目标半径的轴距

【实例 07】 高压线电晕紫外辐射探测。

研究表明：当电晕放电发生在固体表面时，放电的光谱与放电区域的气体组成、固体材料的性质、表面状态及极间电压等有关。在空气中，电晕放电放出的光谱与氮气中放电放出的光谱相似。对于各种放电发出的光波长不同，比较弱小的电晕放电所发出的光波长较短，不超过 400nm，呈紫色，属于紫外线范围。对于较强的火花放电，在可见光范围。

高压线电晕放电的紫外光谱主要集中在 200~300nm 的波段。空气中太阳紫外光谱的峰值波长在 300~360nm。由于太阳光谱中这个波段的紫外光在穿越大气层时会被臭氧层吸收殆尽，在日盲紫外波段 200~300nm 之间进行电晕检测可以很好地避免太阳光的背景干扰，漏检率极低。高压线电晕放电紫外区辐射具有三个特征：①辐射场强受空气湿度影响较大；②辐射频谱不随输电电压的变化而变化；③电晕区紫外辐射场强随距离增加而减弱。

【实例 08】 人工紫外源应用。

人工紫外辐射源是人们为了满足科研、生产等活动需要，通过人工设计的方式产生的能够辐射紫外波谱的特殊的辐射源，人工紫外辐射源主要有以下几种：

1）长波紫外辐射源（UVA，波长 320~400nm）：主要有长波紫外线灯、紫外线高压汞灯、紫外线氙灯、紫外线金属卤化物灯和紫外线 LED 发光二极管。长波紫外辐射源广泛应用于重氮复印、静电复印、印刷制版，机械工业中的荧光探伤，化学工业中的光合成、光固化、光氧化，农业上的捕鱼、诱虫，公安方面的检查、鉴别，以及某些皮肤病的治疗等方面。此外，在装饰照明、广告照明、舞台效果方面，长波紫外辐射源也日益受到重视。

2）中波紫外辐射源（UVB，280~320nm）：主要指紫外线荧光灯。它具有红斑效应和保健作用，适用于医疗保健。这种灯的玻管用能截止短波紫外线的钠钙玻璃制作，与普通照明荧光灯的区别仅在于辐射波长的范围不同。中波紫外线金属卤化物灯也可用于医疗保健。

3）短波紫外辐射源（UVC，100~280nm）：主要指冷阴极低压汞灯和热阴极低压汞灯。冷阴极低压汞灯用于荧光分析、医疗和光化学反应等方面，这种灯紫外辐射强度高，但需用漏磁变压器启动，使用不方便。热阴极低压汞灯即消毒灭菌灯，是生产和应用量最大的紫外辐射源，在各医院得到广泛应用。

4）真空紫外辐射源（VUV，10~200nm）：主要用作光电子能谱仪的激发源、臭氧发生源和真空紫外波长标准。

【实例 09】 紫外指纹识别。

当紫外光照射到物体表面上时，由于指纹痕迹（主要指汗液所形成的汗潜指纹）和物体表面对紫外光反射、吸收的差异，就在成像物镜上形成了指纹的反射式紫外光图像，成像物镜输出的紫外光图像经图像增强器、摄像机和图像处理系统，最后形成清晰的可见光图像。

【实例 10】 海洋油污检测。

海洋溢油污染是各种海洋污染中影响范围最广、危害时间最长、对生态环境破坏最大的一种，因此，对海洋溢油的监测就成为了海洋环境监测的重要环节。

在不同的光照条件下（第一次为背向反射，第二次为正向反射），海上油膜在紫外波段的反射最为明显，而且在多云的条件下紫外监测的效果更好。因为有云可使太阳段波辐射发生强烈散射，使太阳辐射中的紫外成分大大减少，所以，在紫外光谱段的摄影照片上，由太阳直接辐射所造成的阴影就基本消失，而阴影中的油膜清晰可见。另外，油膜在紫外光谱区具有较强的反射，这是因为油膜在这一光谱区具有一定的荧光效应所致，因此，在紫外摄影照片上，油膜比海水要亮些。利用这一原理制成的紫外监测系统可以方便地监测海上扩散的燃油。

燃油的扩散速度惊人，不仅要能够探知燃油的泄漏，还要准确知道燃油扩散的面积，通过加装紫外成像系统，就能够实时探测燃油的扩散情况。

> **【问题 02】**　紫外传感器的应用已越来越多，请网络查询高压电晕监测的重要性。

紫外传感器近几年来已经在民用市场逐渐得到推广应用，如在荧光分析技术、生物化学技术、环境监测、公安刑侦、光信息高密度存储、火灾报警和伪钞鉴别以及医疗保健等领域。

紫外图像中带有可见光中没有的信息，利用该技术可以观察到许多传统光学仪器观察不到的物理、化学、生物现象；在距地球表面 12km 范围内"日盲"波段具有极低背景，干扰小，可得到干净的目标图像，工作可靠，因此紫外成像在军事、航天、科研、医药卫生、刑侦、文物鉴定、事故探测等领域都有广泛的应用前景。

11.3　其他波谱传感器

除了核辐射传感器、紫外传感器及前面介绍的红外传感器和超声波传感器，波谱类传感器还有微波、雷达、激光等传感器，信号特征均属于电磁波谱区域。电磁波谱的相关物理特性相似，传感器的结构也相似。

11.3.1　微波型传感器

微波是频率在 300MHz～300GHz，相应波长为 1m～1mm 的电磁波。与无线电波相比，微波具有频率高、频带宽、信息容量大、波长短、能穿透电离层和方向性好等特点。

微波传感器的测量方法有穿透法（微波穿透被测介质）、反射法、散射法、干涉法、涡流法和层析法（计算机辅助断层成像法）。

1）穿透法，图 11-12 所示为一种穿透法。在材料内传输的微波，依照材料内部状态和介质特性不同而相应发生透射、散射和部分反射等变化。用于测厚、密度、湿度、介电常数、固化度、热老化度、化学成分、混合物含量、纤维含量、气孔含量、夹杂以及聚合、氧化、酯化、蒸馏、硫分的测量。

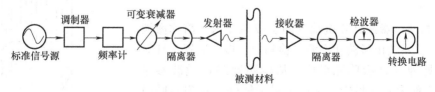

图 11-12　微波传感器穿透法

2）反射法，图 11-13 所示为一种反射法。由材料表面和内部反射的微波，其幅度、相位或频率随表面或内部状态（介质特性）而相应变化。用于检测各类玻璃钢材料，宇航防热用铝基厚聚氨酯泡沫、胶接工件等的裂纹、脱粘、分层、气孔、夹杂、疏松；测定金属板材、带材表面的裂纹，划痕深度；测厚，测位移距离、方位以及测湿、测密度、测混合物含量。

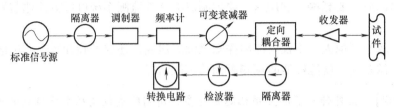

图 11-13　微波传感器反射法

3）散射法，图 11-14 所示为一种散射法。贯穿材料的微波随材料内部散射中心（气孔、夹杂、空洞）而随机地发生散射。用于检测气孔、夹杂、空洞、裂纹。

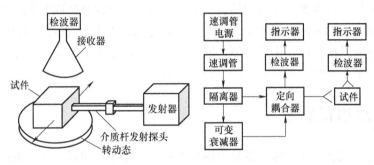

图 11-14　微波传感器散射法

4）干涉法，图 11-15 所示为一种驻波干涉法。两个或两个以上微波波束同时以相同或相反方向传播，彼此产生干涉，监视驻波相位或幅度变化，或建立微波全息图像。用于检测不连续性缺陷（如分层、脱粘、裂缝）、检测结果图像显示。

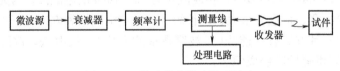

图 11-15　微波传感器驻波干涉法

5）涡流法。基于涡流效应，利用入射极化波、微波电桥或模式转换系统，测定散射、相位信号，探知裂缝。用于检测金属表面裂缝，其深度取决于频率和传播微波的模式。

6）层析法。微波计算机辅助断层成像技术，简称微波 CT。微波 CT 系统由微波功率源、检测器、接收装置、计算机及图像处理与显示单元组成。从检测器测得微波参量的一维变化称为一维投影，然后发射天线阵和检测器同时平移（或旋转一个角度）测得另一处的一维投影，依次测得许多不同点的一维投影后，借助计算机就可以得到所需断面上的图像，如图 11-16 所示。

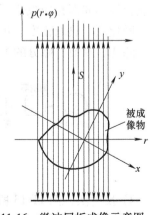

图 11-16　微波层析成像示意图

微波计算机辅助断层成像技术是指在不破坏物体的前提条件下，根据在物体外部获取的某种物理量的一维投影，重建物体特定断面上的无重叠二维图像，如此依次获得相继的一系列二维图像后，进而构成三维图像。这是微波检测很有发展前途的技术。

微波传感器已有较多应用，如下几个仅为部分应用：

1）用于寻找和救护：微波探测可寻找被地震、滑坡、建筑物倒塌而掩埋的生命。微波对微小运动和标示生命存在的呼吸运动等信息很敏感，即使是失去意识的生命，也能探测到。

2）利用反射波检测物位、液位：冶金工业中常常需要对高炉料位，平炉、转炉钢水液位、连续浇铸的钢水液面的厚度或高度进行测量，采用微波技术进行测量特别适合。

3）用微波实现大气遥感：遥感是获得大气形成过程中瞬间状态的唯一途径。在分米、毫米和亚毫米波段能使空间大气的感知成为可能。微波接收器可以精确描述大气的发散路径，可以提供所有的天气测量参数，并且是唯一可以直接观测到云中水的含量。

4）新型微波车辆感知器：微波车辆感知器设置在道路上，利用汽车反射回的微波，确定汽车的位置；并根据多普勒频移确定汽车的运动速度。

11.3.2 激光传感器

在组成物质的原子中，有不同数量的粒子（电子）分布在不同的能级上，在高能级上的粒子受到某种光子的激发，会从高能级跳（跃迁）到低能级上，这时会辐射出与激发它的光相同性质的光，而且在某种状态下，能出现一个弱光激发出一个强光的现象。这就叫作"受激辐射的光放大"，简称激光。激光既有可见光也有不可见光，也有各种颜色，从微波受激辐射到红外激光、紫外激光、X线激光等都已有实际应用。

利用激光技术进行测量的传感器称为激光传感器。激光传感器由激光器、激光检测器和测量电路组成，如图 11-17 所示。激光束从发射器中发射，对被测介质穿透（透光介质）/反射（镜面介质）/遮挡（实体介质）等后，由接收器接收，通过后续电路完成激光检测。

图 11-17　激光传感器原理结构框图

图 11-17 中，关键部件是"激光器"。自 1954 年问世以来发展迅速，从红宝石激光器、氦氖激光器、砷化镓激光器到现在，激光器种类越来越多。近来还发展了自由电子激光器，其工作介质是在周期性磁场中运动的高速电子束，激光波长可覆盖微波到 X 射线整个波段。图 11-18 所示为固体激光器的基本结构。固体激光器主要由工作介质、泵浦系统、聚光系统、光学谐振腔及冷却与滤光系统等五个部分组成。高效、

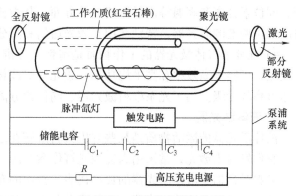

图 11-18　固体激光器结构图

高功率激光二极管(激光器)的出现及新型激光晶体和频率变换技术的日益成熟，促使激光二极管泵浦的固体激光器(diode pump solid state laser，DPSSL)迅猛发展。经过倍频、混频和参量振荡等技术，DPSSL在红、绿、蓝、紫等各波段均已获得激光输出，而且多数连续波激光输出功率都在瓦级以上。由于它们在信息、娱乐等产业及军事、科研等领域的重要作用，因此近几年已经成为国际上竞相研究的热点。

按照工作介质分类，激光器有固体激光器、气体激光器(如氦氖、氩离子、CO_2、氦镉和铜蒸气等)、液体激光器(也称为燃料激光器)、半导体激光器和自由电子激光器。

1. 固体激光器

固体激光器的工作物质：由光学透明的晶体或玻璃(如红宝石)作为固体激光器基质材料。红宝石激光器的工作物质是红宝石，释放激光的波长为694.3nm，属于红光的可见光波段。红宝石激光器机械强度好、功率密度高、晶体尺寸大、亚稳态寿命长、高能量单模输出；但温度效应比较严重，发热量大，转换效率相对较低。在军事、加工、医疗和科学研究领域有广泛的用途，特别在玉石上打孔有突出优点。

2. 气体激光器

以气体为工作物质的激光器。该气体可以是纯气体或混合气体，可以是原子气体或分子气体，可以是离子气体或金属蒸气等，多数采用高压放电方式泵浦。最常见的有氦-氖激光器、氩离子激光器、二氧化碳激光器、氦-镉激光器和铜蒸气激光器。

气体激光器是利用气体或蒸气作为工作物质产生激光的器件。它由放电管内的激活气体(如原子气体、离子气体、分子气体和准分子气体)、一对反射镜构成的谐振腔和激励源三个部分组成。主要激励方式有电激励、气动激励、光激励和化学激励等。其中电激励方式最常用。

1)原子气体(如氦氖和铜蒸气)激光器，单色性好、方向性强、使用简便、结构紧凑坚固；平均功率高、重复率高；能精密测量、准直和测距。

2)离子气体激光器选用惰性气体和金属蒸气的离子的电子态能级之间建立粒子数反转，其激光波长大多在紫外和可见光区域。工作物质为氩离子(应用最多)、氪离子和氦镉，输出激光功率较大。应用于光谱学、光泵染料激光器、激光化学和医学等。

3)分子气体激光器的工作物质是中性分子气体，如氮、一氧化碳、二氧化碳、水蒸气等。该激光器波长范围很广、效率高，可以获得很高激光功率，连续输出功率高达万瓦，脉冲器件输出可达万焦耳每脉冲级。用于加工和处理(如焊接、切割和热处理)、光通信、测距、同位素分离和高温等离子体研究等方面。其中波导二氧化碳激光器是一种结构紧凑、增益高和可调谐的激光器，特别适用于激光通信和高分辨光谱学。

4)准分子气体激光器的工作物质是惰性气体准分子和惰性气体卤化物准分子。基态寿命极短，可实现高效率和高平均功率。激光发射波长主要在紫外和真空紫外区域，输出能量已达百焦耳量级。用于光泵染料激光器、同位素分离和激光化学。

3. 液体激光器

液体激光器的激活物质是某些有机染料溶解在乙醇、甲醇或水等液体中形成的溶液。为激发它们发射出激光，常采用高速闪光灯作激光源，或者由其他激光器发出很短的光脉冲。

染料激光器是液体激光器的典型代表。常用的有机染料有吐吨类染料、香豆素类激光染料、花菁类染料。液体激光器的波长覆盖范围为紫外到红外波段，激光波长连续可调是染料激光器最重要的输出特性。结构简单、价格低廉，但稳定性比较差。

液体激光器应用广泛，如工业应用(切割、焊接)、医疗(肿瘤治疗、眼科手术、视网膜焊接、近视治疗、美容、外科手术等)、科研(如全息成像、非线性光学等需要高相干性、大功率光源的项目，可控核聚变，光镊、冷冻原子等)。

4. 半导体激光器

半导体激光器是用半导体材料作为工作物质的激光器。具有发光颜色种类多、体积小、重量轻、效率高、寿命长、结构简单、应用最广等优点，但激光性能受温度影响大，光束发射角较大，所以方向性、单色性和相干性等方面较差。在激光雷达、大气窗口、自由空间通信、大气监视和化学光谱学光盘、打印机、显示器中有着很重要的应用。

5. 自由电子激光器

自由电子激光器是一种利用自由电子的受激辐射，把相对论电子束的能量转换成相干辐射的激光器件，它利用通过周期性摆动磁场的高速电子束和光辐射场之间的相互作用，使电子的动能传递给光辐射而使其辐射强度增大。

自由电子激光器在短波长、大功率、高效率和波长可调节这四大主攻方向上为激光学科的研究开辟了一条新途径。它可用领域较广，如凝聚态物理学、材料特征、激光武器、激光反导弹、雷达、激光聚变、等离子体诊断、表面特性、非线性以及瞬态现象的研究，在通信、激光推进器、光谱学、激光分子化学、光化学、同位素分离、遥感等领域有广泛应用。

> 【问题03】　激光传感器在工业应用中较多，请网络查询测长、测距、测速、测振等应用。

激光成像技术是利用激光束扫描物体，将反射光束反射回来，得到的排布顺序不同而成像。用图像落差来反映所成的像。激光成像具有超视距的探测能力，可用于卫星激光扫描成像，未来用于遥感测绘、激光解析电离成像技术、激光扫描显示等科技领域。

激光成像技术是一项各国都在大力开展研究的先进成像技术。与红外和可见光等光学成像技术相比，它有独特的优势：①可以获取目标的三维信息；②用于成像的激光信号带有时间信息；③主动照明下的成像效果不依赖背景光照条件。

激光成像技术的特点：①抗电磁干扰能力强，且对地物和背景有极强的抑制能力，不像红外和可见光成像那样易受环境温度及阳光变化的影响；②抗隐身能力强，能穿透一定的遮蔽物、伪装和掩体，并可对散射截面很小的目标尤其是红外隐身目标进行有效探测；③具有高的距离、角度和速度分辨率；能同时获得目标的多种图像(如距离像、强度像、距离-角度像等)，图像信息量丰富，自动目标识别算法大为简化，目标区分能力突出，易于判别目标类型，特别是目标的易损部位。

> 【问题04】　激光成像技术涉及较多知识，请网络查询相关内容。

11.3.3　雷达探测技术

雷达探测技术实质上是一种高频电磁波发射与接收技术。雷达波由自身激振产生，直接向被测对象方向发射射频电磁波，通过波的反射与接收获得被测对象的采样信号，再经过硬件、软件及图文显示系统得到检测结果。雷达所用的采样频率一般为数兆赫(MHz)，而发射与接收的射频频率有的要达到吉赫(GHz)以上。

雷达探测技术应用颇多，智能交通中无人驾驶的最主要依靠技术就是雷达。雷达传感器可单点测量、扫描测量、雷达成像，可测距、测速、定位，应用领域已普及；常规应用多见报道，典型应用是合成孔径雷达成像技术。

合成孔径雷达是利用一个小天线沿着长线阵的轨迹等速移动并辐射相参信号，把在不同位置接收的回波进行相干处理，从而获得较高分辨率的成像雷达，可分为聚焦型和非聚焦型两类。与其他大多数雷达一样，合成孔径雷达通过发射电磁脉冲和接收目标回波之间的时间差测定距离，其分辨率与脉冲宽度或脉冲持续时间有关，脉宽越窄分辨率越高。

合成孔径雷达按平台的运动航迹来测距和二维成像，其二维坐标信息分别为距离信息和垂直于距离上的方位信息；方位分辨率与波束宽度成正比，与天线尺寸成反比，就像光学系统需要大型透镜或反射镜来实现高精度一样，雷达在低频工作时也需要大的天线或孔径来获得清晰的图像。因此，合成孔径雷达成像必须以侧视方式工作，在一个合成孔径长度内，发射相干信号，接收后经相干处理从而得到一幅电子镶嵌图。雷达所成图像像素的亮度正比于目标区上对应区域反射的能量。总量就是雷达截面积，它以面积为单位。

合成孔径雷达是一种高分辨率成像雷达，可以在能见度极低的气象条件下得到类似光学照相的高分辨率雷达图像。利用雷达与目标的相对运动把尺寸较小的真实天线孔径用数据处理的方法合成一较大的等效天线孔径的雷达，也称综合孔径雷达。

> **【问题 05】** 雷达探测技术可隶属于微波探测，也属于无线电探测领域。信号范围不仅具有高频电磁波特性，还具有波谱各项参数，展开内容已是一门学科知识。相关知识可参阅相关文献书籍。

合成孔径雷达的特点是分辨率高，能全天候工作，能有效地识别伪装和穿透掩盖物。这些特点使其在农、林、水或地质、自然灾害等民用领域具有广泛的应用前景，在军事领域更具有独特的优势。所得到的高方位分辨力相当于一个大孔径天线所能提供的方位分辨力。

本章小结

本章介绍的知识是信号媒介符合"波式"（即电磁波）范畴的内容，鉴于在前述章中已经介绍了可见光为主的 CCD 成像传感器、红外传感器和超声波传感器，所以本章介绍核辐射传感器、紫外传感器和微波、激光、雷达等波谱类传感器。

本章介绍的核辐射传感器、紫外传感器和微波、激光、雷达等波谱类传感器都可以分为主动式和被动式结构模式。如核辐射传感器，探测宇宙射线就是主动式，传感器直接用敏感探测器接收；若采用核辐射去测量被测对象，可归纳为被动式。

掌握本章知识的核心内容包括三个环节，最为省略的是"转换电路"实现有效信号输出，在前述各节都有介绍，强调的是这一类"转换电路"均为智能型电路，甚至还包括计算机系统。其次为"激励源"，如"辐射源""紫外线源""电磁波源"（微波、激光、雷达等），一旦需要，也属于现存条件，如同在"光电式传感器"章中未介绍"光源"。最关键的就是"探测器"是本章每一节关注的关键知识点。

本章以基础知识和传感器基本结构框图为主，每一种传感器都已经成为目前应用愈见普及的热门技术，需要深度学习。

本章最需要关注的是，核辐射传感器在应用时，切记要做到"防护"。

思考题与习题

11-1　掌握各节传感器基本概念、定义、特点和特性；掌握各自应用。

11-2　了解电磁波谱及其电磁波谱各自波长的区分含义。

11-3　请介绍 α、β、γ 射线基本特性。

11-4　介绍核辐射传感器结构组成原理。

11-5　介绍核辐射传感器的探测器。

11-6　请介绍核辐射测量时的应用防护重要性。

11-7　请介绍紫外线的波长区分。

11-8　介绍紫外线传感器结构组成原理。

11-9　请详细介绍微波传感器的测量方法。

11-10　请详细介绍激光传感器的"激光源"。

11-11　补充题1：请网络查询核辐射传感器的应用。

11-12　补充题2：请网络查询紫外线成像过程。

11-13　补充题3：请网络查询微波传感器的应用。

11-14　补充题4：请网络查询激光成像过程。

11-15　思考题：雷达成像与CCD成像的异同点。

11-16　设计题：请（详细）介绍（设计）核辐射环境监测的现代传感系统。

第 12 章

新型传感器

本章介绍"最新"传感器，表明了传感器的发展永远跟随科技的进步、市场的需求和最新材料的应用，或以一个时代为界。所谓的"最新"，表示新型传感器已经有了需求而正在普及，表示基于现代传感器的进一步提升，表明多科技手段的合成（或组合、或融合等）。

依照现今传感器的"最新"功能、性能和应用领域，本章介绍微机电系统（MEMS）、集成传感器、智能传感器和网络传感器等；以"机器人传感器"作为最终关联性实例。

12.1 微机电系统（MEMS）

12.1.1 MEMS 基本概念

MEMS，全称 micro electromechanical system，即微机电系统，也叫作微电子机械系统、微系统、微机械等，指尺寸为几毫米乃至更小的高科技装置。MEMS 其内部结构一般在微米甚至纳米量级，是一个独立的智能系统；可大批量生产。

MEMS 主要由传感器、动作器（执行器）和微能源三大部分组成。MEMS 涉及物理学、半导体、光学、电子工程、化学、材料工程、机械工程、医学、信息工程及生物工程等多种学科和工程技术，为智能系统、消费电子、可穿戴设备、智能家居、系统生物技术的合成、生物学与微流控技术等领域开拓了广阔的应用领域。常见的产品包括 MEMS 加速度计、MEMS 传声器、微马达、微泵、微振子、MEMS 压力传感器、MEMS 陀螺仪、MEMS 湿度传感器等以及它们的集成产品。

MEMS 具有微型化、智能化、多功能、高集成度和适于大批量生产等特点，其研究内容一般可以归纳为以下三个基本方面：

1）理论基础。MEMS 内在敏感元件的物理效应仍然存在；但尺度变小，许多原来的物理效应会发生变化，如力的尺寸效应、微结构的表面效应、微观摩擦机理等，因此有必要对微动力学、微流体力学、微热力学、微摩擦学、微光学和微结构学进行深入的研究。

MEMS 内在敏感元件的物理效应有半导体的电导率、压电效应、电磁学诸效应等。

2）技术基础研究。主要包括微机械设计、微机械材料、微细加工、微装配与封装、集成技术、微测量等技术基础研究。

3）微机械在各学科领域的应用研究。如材料力学、动力学、流体力学等应用研究。

MEMS 最初大量用于汽车安全气囊，而后以 MEMS 传感器的形式和具有"轻、薄、短、小"的特点，产品需求增势迅猛，消费电子、医疗等领域都有了 MEMS 产品。

MEMS 技术研究内容极为广泛，它的关键技术包括设计技术、材料的选择技术、制作和加工工艺、封装和测试技术、多传感信息融合技术、微能源技术、微驱动技术。还涉及智能技术，是一个全新的多学科边缘交叉研究领域，并集成了这些学科的许多尖端成果技术。

目前在整个 MEMS 制作之前，已经能够通过 CAD(计算机辅助设计)进行制造过程模拟、器件操作模拟及封装后的微系统行为仿真等一系列操作，对 MEMS 的各种参数进行优化，即在设计阶段就能够对各种设计方案进行分析、比较和验证。尤其是引入了面向微机电系统的多学科设计优化系统，如图 12-1 所示。

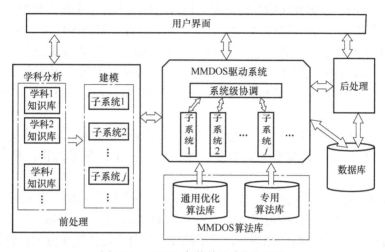

图 12-1　MEMS 多学科设计优化系统

微机电系统的多学科设计优化系统 MMDOS 的基本功能为：对复杂系统进行学科分解，得到若干个分属于不同学科的子系统，子系统具有相对的独立性，分别由相应学科的专家在前处理模块中采用该学科的分析工具对子系统进行分析建模，并通过驱动系统，调用算法库中相应的多学科设计优化专用算法和用于子系统优化的通用算法，在系统的协调控制下，使各子系统在独立优化的基础上满足相互之间的耦合关系，最终达到系统总体性能的最优化，将结果输出到后处理模块中做进一步处理。

【问题 01】　MEMS 多学科设计优化系统有诸多特点，请查询总结。

12.1.2　MEMS 基本物理效应

按照被测量物体的物理性质，可以将微型传感器分为化学微传感器、物理微传感器、生物微传感器等，由于体积很小，各个部分集中在一个元件，可以将微传感器的基本物理效应按照"介观"理解。

"介观"指介于宏观与微观体系之间的一种领域，其物体在尺寸上算作是宏观，所以具有宏观体系的所有特点；但在物体中的电子在运动时具有相干性，导致电子之间会产生微观的一些干涉现象。所以，处于介观的物体的分析规律，不能单纯地用宏观的计算方式去计算，又不能简单地用微观的物理规律去分析，所以处于这类体系的物体，称之为"介观"物体。

介观物理学(又称纳米科学)，是物理学的一个全新分支，是在介观尺度上进行研究的一种全新物理分支。与介观物理学相关联的一些效应，称为介观物理效应，如介观压阻效应、介观压光效应、介观光电效应、介观声光效应以及介观温光效应等。

1）介观压阻效应。电子在共振隧穿时，等效电阻大小随应变的变化而发生急剧变化的现象。介观压阻效应通过四个物理过程来实现。当外加应力作用于纳米材料上时，材料会产生一个内建电场，同时纳米结构的量子能态会发生变化，同时共振隧穿的电流将会发生变化；通过外接电路，测量这个电流的变化，即可得到外加应力的大小变化，从而测得一些想要测得的数据，例如，加速度、力及光的透射率等。介观压阻效应突破了传统测量的方法，例如机电转换、压电、压容及压阻等的局限，使得测量技术有了全新的理论支持。

2）介观压光效应。当纳米材料受到外界应力时，会改变材料的厚度，导致有光照射时，材料的透射率和折射率会发生改变的一种现象。在已知一些参量的基础上，利用传输矩阵法，可以算出纳米材料的透射率，利用 MATLAB 进行模拟，就可以得出应力与透射率的关系。这个效应是介观压阻效应的横向延伸，可以应用在设计高灵敏度传感器及光学滤波器等。

3）介观光电效应。光电效应在介观范围发生的现象，是介观压阻效应的横向延伸。这个理论是在介观理论发展的基础上进行研究的，属于源头性基础理论，具有深远的科学意义。

4）介观温光效应。当温度改变时，引起材料透射率急剧变化的一种现象。光子晶体通过一些手段可产生一条明显的透射缝，改变光子晶体的温度时，由于热膨胀效应，材料厚度会发生变化，同时由于材料的弹光效应，光子晶体的折射率也会发生变化；材料厚度和折射率的变化导致光子晶体的透射率发生剧烈变化，而这两种变化都是由于温度变化引起的，即温度的变化引起的光子晶体透射率的变化。反过来，通过检测透射率，可计算出温度变化，为温度传感器的设计提供了理论基础。

12.1.3　MEMS 应用

MEMS 传感器是新型传感器应用中非常受到重视并较为迅速予以实施的，在一些重要领域已经有成熟应用，如惯性导航系统(含 GPS)、姿态测控系统、区域定位系统等。

按照 MEMS 被测量的物理性质分为化学微传感器、生物微传感器、物理微传感器等。

1）离子传感器(化学型)：将溶液中的离子活度转换为电信号的传感器。基本原理是利用固定在敏感膜上的离子识别材料有选择性地结合被传感的离子，从而发生膜电位或膜电压的改变，达到检测目的。离子敏传感器广泛用在化学、医药、食品以及生物工程等行业中。

2）基因传感器(生物型，也称 DNA 传感器)：通过固定在感受器表面上的已知核苷酸序列的单链脱氧核糖核酸(DNA)分子(也称为 ssDNA 探针)，和另一条互补的 ssDNA 分子(也称为 DNA 或靶 DNA)杂交，形成双链 DNA，换能器将杂交过程或结果所产生的变化转换成电、光、声等物理信号，通过解析这些响应信号，给出相关基因的信息。

3）声表面波传感器(物理型)：利用声表面波技术和微机电系统技术，将各种非电量信息，如压力、温度、流量、磁场强度、加速度、角速度等的变化转换为声表面波谐振器振荡频率的变化的装置。

【实例 01】　MEMS 压力传感器。

图 12-2 所示为 MEMS 压力传感器原理示意图。MEMS 压力传感器分为三种：

1）压阻式压力传感器（图 12-2a），压敏电阻扩散在硅膜片上，并连成惠斯通电桥，当被测压力作用在膜片上时，膜片产生形变，引起压敏电阻阻值的变化，电桥失衡，该失衡量与被测压力成比例。

2）电容式压力传感器（图 12-2b），淀积在膜片下表面上的金属层形成电容器的活动电极，另一电极淀积在硅衬底表面上，二者构成平行板式电容器。当膜片感受压力作用发生弯曲时，电容器的极板间距发生变化，从而引起电容量的变化，该变化量与被测压力相对应。

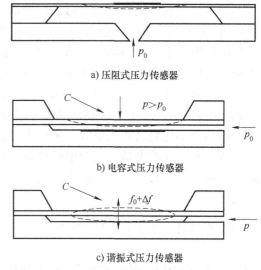

a）压阻式压力传感器

b）电容式压力传感器

c）谐振式压力传感器

图 12-2　MEMS 压力传感器原理示意图

3）谐振式压力传感器（图 12-2c），硅膜片或梁由静电或其他方法激励而产生谐振动，谐振频率为 f_0，当膜片（梁）受被测压力直接（间接）作用时，刚度发生改变，从而导致谐振频率的变化，该变化量与被测压力相对应。

【实例 02】 微机械热加速度传感器。

图 12-3 所示为微机械热对流式加速度传感器结构示意图。在悬臂梁的端部有一扩散加热电阻，加热电阻通电后所产生的热量全部沿梁和上下两个散热板传递。向上下两个散热板传导热量的速率取决于加热电阻与散热板间的距离，沿悬臂梁的温度分布由悬臂梁与散热板间的相对位置来确定。通过分布在悬臂梁上的 P 型硅/铝热电偶对悬臂梁温度的测量来测定悬臂梁与两个散热板的相对位置，实现对加速度的测量。

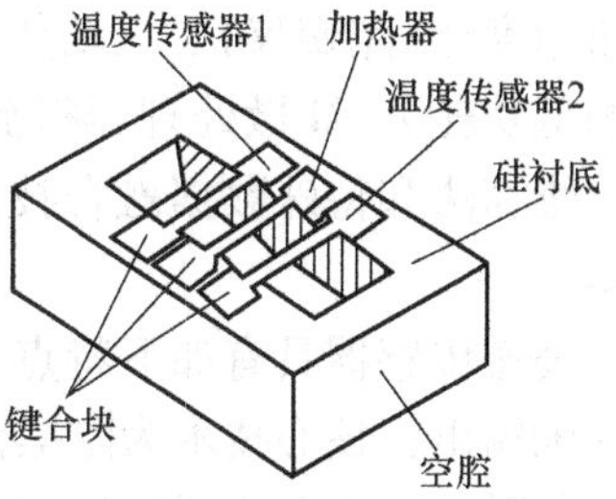

图 12-3　微机械热对流式加速度传感器结构示意图

这类温度传感器具有很高的灵敏度，能够直接输出电压信号，省去复杂的信号处理电路，并且对电磁干扰不敏感。由于结构中没有大的质量块，微机械热对流式加速度传感器具有很强的抗冲击能力，但其频率响应范围很窄。

【实例 03】 微型光电传感器。

微型光电传感器是利用光电二极管对所测目标的位移进行测量。测量原理是利用激光二极管发出的激光光束，然后通过光电二极管进行反射，只要物体移动，通过反射出的光斑也会随之移动，根据一些光学原理推出反射光斑与物体移动位移之间的关系，就可以求出被测物体的位移了。这种测量方法比起普通的测量手段精度高，适用于很多的场合。

【实例 04】 微型电场传感器。

微型电场传感器的工作原理是应用导体在电场中产生电荷的物理效应制成的。传感

器由振动部分和感应部分组成，如图 12-4 所示。振动部分有振动膜，沿着竖直方向进行振动，而感应部分则是由图中的其余部分组成。由图可知，屏蔽电极上有一排孔阵，当传感器工作时，与振动膜对应的激振电极对将连接交流电压源，这时由于库仑力的作用，会引起振动膜的垂直振动。调节电压频率就可以控制振动膜的振动频率，当振动频率达到谐振频率时，感应电极就会接收经过屏蔽电极的电场，这个电场是周期性被屏蔽的电场，这时会产生一个感应电流，该电流会输出到转换电路。

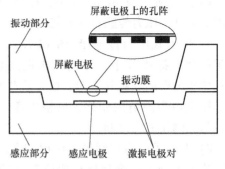

图 12-4　微型电场传感器结构图

【问题 02】　网络查询 MEMS 微型倾角、微型称重、微型温度和微型气体传感器。

12.1.4　MEMS 陀螺仪与机器人运动感知

机器人运动感知需要配置姿态传感器（attitude sensor），姿态传感器是用来检测机器人与地面之间的相对关系的传感器。当机器人被固定在车间的某地面时，不需要姿态传感器，大多数自动生产线上的工业机器人都是固定台位。当机器人能移动时，就需要姿态传感器。它安置在机器人内部，用于检测移动中的姿态和方位变化，保持机器人的正确姿态。

目前的姿态传感器是基于 MEMS 技术的高性能三维运动姿态综合测量系统。它包含三轴角速度计（陀螺仪）、三轴加速度计、三轴磁场强度计（电子罗盘）等运动传感器，通过内嵌的低功耗 ARM 微处理器得到经过温度补偿的三维姿态与方位等数据。利用基于四元数的三维算法和特殊数据融合技术，实时输出以四元数、欧拉角表示的零漂移三维姿态方位数据。

姿态传感器具有如下特点：①由陀螺仪、加速度计和电子罗盘构成的高度集成 MEMS 有 9 轴输出；核心技术为陀螺仪；②能跌落检测与输出、超动态检测与输出；核心输出为加速度信号；③全角度无盲区三维姿态方位数据输出，以地球磁场方向为准输出绝对磁场方向；④欧拉角、四元数、旋转矩阵等多种数据输出形式选择；⑤提供灵活的数据输出通信协议（I^2C、SPI 等），高速数据输出率（最高 500Hz）；⑥可在动态环境下启动，启动稳定时间快速（0.1s），并能高动态响应与长时间稳定性相结合；⑦有效的滤波和数据融合计算，具有软件开发编程接口和演示程序；⑧运行能耗较低，实测电流不大于 20mA。

绕一个支点高速转动的刚体称为陀螺。这里所说的陀螺是特指对称陀螺，它是一个质量均匀分布、具有轴对称形状的刚体，其几何对称轴就是它的自转轴。在一定的初始条件和一定的外在力矩作用下，陀螺会在不停自转的同时，还绕着另一个固定的转轴不停地旋转，这就是陀螺的旋进，也称为回转效应。人们利用陀螺的力学性质所制成的陀螺装置都称为陀螺仪，如机械陀螺仪、压电陀螺仪（压电效应型）、光纤陀螺仪、激光陀螺仪（LPMS 型：激光功率测量系统）、MEMS 陀螺仪等。

MEMS 陀螺仪融合微机械技术、微电子技术和智能技术，其产品达到的性能指标已经超出激光陀螺仪和光纤陀螺仪，成为目前最主要的陀螺仪选型，并有诸多分类，如图 12-5 所示。

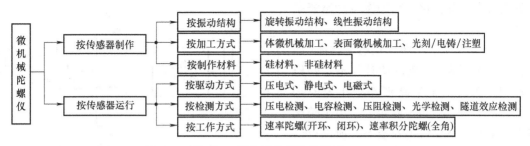

图 12-5　微机械陀螺仪分类图

姿态传感器中最关键的就是陀螺仪；陀螺仪是一种传感器，具有旋转盘或轮机构装置，是利用高速回转体的动量矩敏感壳体相对惯性空间绕正交于自转轴的一个或两个轴的角运动检测装置。陀螺仪在智能机械装置、飞行体等移动/运动/飞行的自动控制系统中，作为水平、垂直、俯仰、航向和角速度传感器。图 12-6 所示的就是最具代表的 MEMS 陀螺仪。

图 12-6　MEMS 陀螺仪

MEMS 陀螺仪内部通过由硅制成的振动微机械部件来检测角速度，因此优点显著，如功耗低、体积小、重量轻、反应快、可靠性高、动态范围大、测量量程宽，易于数字化、智能化及与智能电路连接方便、能适应恶劣环境、小型化和适于批量生产等。

MEMS 陀螺仪利用科里奥利力——旋转物体在有径向运动时所受到的切向力如图 12-7 所示。假设旋转物体有径向速度 v_r，那么将会产生切向科里奥利加速度 a_c。

$$a_c = -2v_r \overrightarrow{r_0} \overrightarrow{\omega} \qquad (12\text{-}1)$$

从式（12-1）中可以看到，科里奥利加速度的大小正比于物体旋转的角速度。如果在切向安装一个加速度计测出科里奥利加速度，就可以间接得到物体旋转的角速度。

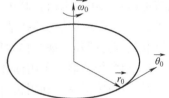

图 12-7　空间动态坐标系

实际的 MEMS 陀螺仪原理是：如果被测物体在空间坐标系中没有径向运动，科里奥利力就不会产生。如果被测物体被驱动，不停地来回做径向运动或者振荡，与此对应的科里奥利力就不停地在横向来回变化，使被测物体在横向做微小振荡，相位正好与驱动力差 90°，如图 12-8 所示。

MEMS 陀螺仪通常有两个方向的可移动电容板，径向的电容板加振荡电压迫使被测物体做径向运动，横向的电容板测量由于横向科里奥利运动带来的电容变化。因为科里奥利力正比于角速度，所以由电容的变化可以计算出角速度。测量过程如图 12-9 所示。

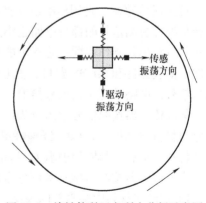

图 12-8　旋转体科里奥利力分析示意图

目前 MEMS 陀螺仪的主要应用有：

1）惯性稳定平台。惯性稳定平台由于能够隔离载体（飞行器、车辆和舰船）的运动干扰，根据陀螺测得的惯性角速率，输出一个反向作用力以抵消载体运动的影响，不断调整平

261

台的姿态和位置变化，精确保持动态姿态基准。

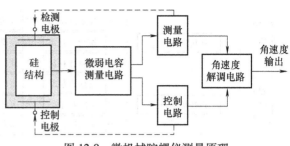

图 12-9 微机械陀螺仪测量原理

2）姿态平衡。陀螺仪在运动物体（如飞行器、机器人）快速运动时并不是起稳定作用，而是指示运动姿态，作为姿态仪，显示仰角、俯角、倾角等。由于陀螺仪在运动状态下保持绝对姿态，所以可以显示运动姿态，保证运动物体能控制运动姿态，实现物体正常运动。

3）电子设备。MEMS 陀螺仪不断深化在电子市场的应用，如在智能玩具、运动器械、数码相机和手机等领域，手机中运用陀螺仪，极大地提高了轨迹导航能力和手机拍摄防震防抖。

【问题 03】 网络查询机械式、压电式、光纤式和激光式陀螺仪的工作原理。

12.2 集成传感器

集成传感器是以集成电路的制作理念将某功能传感器以组合模式、模块模式乃至集成模式按电信号输出要求组合制作成单功能或有限多功能的传感器，因信号采集、应用和安装的要求，每一类集成传感器在结构上有所差异，由此可分为陶瓷传感器、厚膜传感器、薄膜传感器和集成传感器，现统称为集成传感器。

1）陶瓷传感器：采用标准的陶瓷工艺或某种变种工艺生产。

2）厚膜传感器：利用相应材料的浆料，涂覆在陶瓷基片上制成，基片通常是 Al_2O_3 制成的，然后进行热处理，使厚膜成形。

3）薄膜传感器：是通过沉积在介质衬底（基板）上的、相应敏感材料的薄膜形成的。使用混合工艺时，同时可将部分电路制造在此基板上。

4）集成传感器：是用标准的生产硅基半导体集成电路的工艺技术制造的，通常还将用于初步处理被测信号的部分电路也集成在同一芯片上。就是指利用现代微加工技术，将敏感单元和电路单元制作在同一芯片上的换能和电信号处理系统。其中敏感单元包括各种半导体器件、薄膜器件和 MEMS 器件，其功能是将被测的力、声、光、磁、热、化学等信号转换成电信号；电路单元包括信号拾取、放大、滤波、补偿、模/数转换等电路。

集成传感器按照信号输出分为模拟传感器、数字传感器和开关传感器。按照所选用的材料分为材料类别型（有金属聚合物和混合物）、材料物理性质型（有导体、绝缘体、半导体和磁性材料）和材料晶体结构型（如单晶、多晶和非晶材料）。

集成传感器按照新型技术可分为以下几类：

1）在已知材料中探索新的现象、效应和反应，使它们能在传感器技术中得到实际使用。

2）探索新的材料，应用那些已知的现象、效应和反应来改进传感器技术。

3）在研究新型材料的基础上探索新现象、效应和反应，在传感器技术中加以具体实施。

因此，集成传感器具有测量误差小、响应速度快、体积小、功耗低、成本少和传输距离远等优点，外围电路简单，不需要非线性校准。

1. 集成温度传感器

集成温度传感器是将温度传感器集成在一个芯片上，可完成温度测量及信号输出的专用IC。集成温度传感器包括模拟集成温度传感器、数字温度传感器和逻辑输出型温度传感器。

（1）模拟集成温度传感器

模拟集成温度传感器功能单一、测温误差小、价格低、响应速度快、传输距离远、体积小、微功耗等，适合远距离测温、控温，不需要进行非线性校准，外围电路简单。它是目前在国内外应用最为普遍的一种集成传感器，典型产品有 AD590、AD592、TMP17、LM135等。某些增强型集成温度控制器（例如 TC652/653）还包含了 A/D 转换器以及固化好的程序。

（2）数字温度传感器

数字温度传感器是微电子技术、计算机技术和自动测试技术的结晶。该传感器包含温度传感器、A/D 转换器、信号处理器、存储器（或寄存器）和接口电路。有的产品还带多路选择器、中央控制器（CPU）、存储器。其特点是能输出温度数据及相关的温度控制量，适配各种微控制器；并且它是在硬件的基础上通过软件来实现测试功能的。

DS18B20 是常用的数字温度传感器，具有体积小、硬件开销低、抗干扰能力强、精度高等优点，它接线方便，封装后可应用于多种场合，型号多种多样。封装后的 DS18B20 可用于电缆沟测温、高炉水循环测温、锅炉测温、机房测温、农业大棚测温、洁净室测温、弹药库测温等各种非极限温度场合。DS18B20 耐磨耐碰、体积小、使用方便、封装形式多样，适用于各种狭小空间设备数字测温和控制领域。

（3）逻辑输出型温度传感器

在许多应用中并不需要严格测量温度值，只关心温度是否超出了一个设定范围，一旦温度超出所规定的范围，则发出报警信号，并启动或关闭风扇、空调、加热器或其他控制设备，此时可选用逻辑输出式温度传感器。典型的有 LM56、MAX65 系列等。

2. 集成压力传感器

压力传感器是工业实践中最为常用的一种传感器，集成压力传感器就是通过集成电路（IC）技术将压力传感器与后续的放大器等电路制作在半导体表面，使其变得测量精度高、使用方便。

图 12-10 所示为压阻式压力传感器。压阻式压力传感器采用集成工艺将电阻条集成在单晶硅膜片上，制成硅压阻芯片，并将此芯片的周边固定封装于外壳之内，引出电极引线。

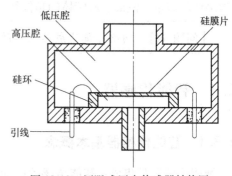

图 12-10　压阻式压力传感器结构图

压阻式压力传感器又称为固态压力传感器，它不同于粘贴式应变计需通过弹性敏感元件间接感受外力，而是直接通过硅膜片感受被测压力的。硅膜片的一面是与被测压力连通的高压腔，另一面是与大气连通的低压腔。硅膜片一般设计成周边固支的圆形，直径与厚度比约为 $20\sim60$。在圆形硅膜片（N 型）定域扩散 4 条 P杂质电阻条，并接成全桥，其中两条位于压应力区，另两条处于拉应力区，相对于膜片中心对称。硅柱形敏感元件也是在硅柱面某一晶面的一定方向上扩散制作电阻条，两条受拉应力的电阻条与另两条受压应力的电阻条构成全桥。

集成压力传感器有很好的发展方向：①小型化。小型化能使传感器重量轻、体积小、分辨率高，可安装在更小场所，对周围环境影响小；也利于微型仪器仪表的配套使用。②集成

263

化。利用现有生产工艺和成熟集成技术，把电路与传感器制作在一体；减少工艺流程以降低生产成本，而且不易损坏。③智能化。由于集成化的出现，在集成电路部分制作一些微处理器，使得其具有记忆、思维、处理、判断的能力。④多功能化。对多种器件进行集成，使传感器的产品拥有多样的功能，能够适应更多的环境，满足更多的要求。

集成压力传感器广泛地应用于航天、航空、航海、石油化工、动力机械、生物医学工程、气象、地质、地震测量等各个领域。特别是在医学方面，如扩散硅膜 $10\mu m$ 厚、外径 $0.5mm$ 的注射针型压阻式压力传感器和能测量心血管、颅内、尿道、子宫和眼球内压力的传感器。

3. 集成硅电容传感器

图 12-11 所示为电容式压力传感器。电容器的两个极板，固定极板安置在玻璃上，活动极板安置在硅膜片的表面上；硅膜片由腐蚀硅片的正面和反面形成，当硅膜片和玻璃键合在一起之后，就形成有一定间隙的空气（或真空）电容器。当硅膜片受压力作用变形时，电容器两电极间的距离便发生变化，导致电容的变化。即电容的变化量与压力成函数关系。

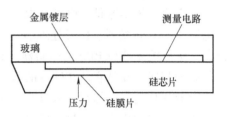

图 12-11　电容式压力传感器结构图

4. 集成霍尔传感器

利用硅集成电路工艺把霍尔元件和功能线路集成在同一硅片上制成的磁敏器件，分为霍尔开关集成电路和霍尔线性集成电路。霍尔开关集成电路由霍尔元件、差分放大器、施密特触发器和输出级四个环节组成。它可靠性高、工作频带宽（从直流到 100kHz 左右）、温度性能好，易实现数字化、结构简单、体积小、耐冲击。它可作为无触点开关，如键盘开关、接近开关、行程开关、限位开关等，可检测带有磁钢或导磁体的物体直线运动时的位置和速度，因而能检测产品数量、液面、旋转体的角位移、角速度、风速、流速，也可用于磁头编码。

> **【问题 04】**　网络查询集成传感器的优点和发展趋势。

12.3　智能传感器

12.3.1　智能传感器基本概念

智能传感器是集成化智能传感器的简称。智能传感器，就是"具有微处理器"、信息检测和信息处理功能的传感器。智能传感器是将传感器检测信息的功能和微处理器的信息处理功能有机地融合在一起。从一定意义上讲，它具有类似于人工智能的作用。

需要指出，"具有微处理器"包含两点：①将传感器与微处理器集成在一个芯片上构成"单片智能传感器"，如图 12-12 所示；②传感器能够配微处理器，如图 12-13 所示。两图均基于微处理器技术、传感技术、集成制作技术和应用要求，合理分配智能传感器的硬件和软件。

图 12-12 所示为集成式智能传感器功能硬件结构示意图，由多信号输入电路、微处理器电路、输出通道、通信接口以及显示键盘电路组成，其中微处理器电路是核心。被测信号由敏感元件和信号调理电路产生与 A/D 量程匹配的有效信号，A/D 转换后微处理器发挥"智能"功能，根据应用要求进行键盘设置、存储、显示、通信乃至输出控制。

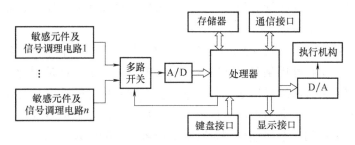

图 12-12 集成式智能传感器功能硬件结构示意图

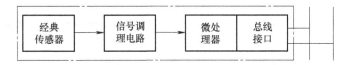

图 12-13 非集成式智能传感器功能硬件结构示意图

集成式智能传感器，以硅材料为基础，采用微米级的微机械加工技术和大规模集成电路工艺来实现各种仪表传感器系统的微米级尺寸化，一旦集成后，成为专用功能的集成微型传感器。由此制作的智能传感器具有微型化、一体化、精度高、多功能、易操作等特点。

图 12-13 所示为非集成式智能传感器硬件结构示意图，即"经典传感器""信号调理电路"和"微处理器系统"均为相对独立的功能硬件模块，根据应用要求，三大独立模块灵活"组合"成智能传感器。特别是可以选配合适的微处理器系统，符合现今嵌入式技术的发展需求。

硬件的构成完成后，软件设计成为智能传感器的主要设计工作。软件设计的方法非常多，软件可以实现的功能也非常多。这里主要是应用级别的软件设计，即应用系统软件设计。

在智能传感器总体设计时就确定了软件与硬件的界面，当这个界面确定之后，软件设计的内容也就确定了，软件设计没有一个通用的设计内容，而且与硬件紧密结合。

软件设计一般包括五个方面：

1）键盘显示程序：这是系统设计必需的程序。

2）系统监控程序：监控程序用于接收和分析各种指令，管理和协调整个系统各个程序的执行，主要包括自检程序、自诊断程序、系统的初始化等。

3）各种数据处理程序：完成系统数据处理和各种控制功能的程序，如标度变换程序、采样程序、补偿程序等。

4）各种中断程序：中断处理程序是用于人机交互或者产生中断请求以后转去执行并及时完成实时处理任务的程序。

5）各种功能模块程序：不同的系统要求实现不同的功能，如步进电机的控制程序、语音识别程序等。

12.3.2 智能传感器特性和特点

1. 智能传感器性能指标

1）传感器的静态特性。传感器的静态特性是指在静态输入信号下，传感器的输出量和输入量之间所存在的关系。由于这时的输入量和输出量都与时间无关，因此传感器的静态特性可用一个不含时间变量的数学方程式来表示，或用特性曲线来描述。表征传感器静态特性的主要参数有线性度、灵敏度、分辨力、迟滞等。

2）传感器的动态特性。动态特性是指输入变化时，传感器所具有的输出特性。在实际应用中，传感器的动态特性用某些标准输入信号的响应来表示。这是因为传感器对标准输入信号的响应容易用实验方法测量出来，并且它对标准输入信号的响应与对任意输入信号的响应之间存在一定的关系，根据前者即可推定后者。通常采用阶跃信号或者正弦信号作为标准输入信号，因此传感器的动态特性可用阶跃响应或者频率响应来表示。

3）准确度：传感器的准确度表示测量结果与真值的偏离程度，它反映了系统误差的大小。

4）传感器的迟滞特性：迟滞特性表征传感器所加的被测量先是逐渐增大、然后又逐渐减小时，输出-输入特性的曲线的不一致程度。

5）传感器的阶跃响应：当输入量从某一数值跃变到另一个定值时传感器的响应。

6）传感器的时间常数：当测量值发生阶跃变化时，从输出开始变化的瞬间至达到稳定输出值的 63.2% 所需要的时间。

7）传感器的频率响应：在正弦信号的激励下，传感器输出信号的幅值和相位随输入量的频率而变化的特性。

8）传感器的谐振频率：使传感器产生共振时的频率，通常指最低共振频率。

9）传感器的校准：通过一定的实验方法，确定传感器输出-输入特性及准确度的过程。

2. 智能传感器的分类

1）按照传感器的物理量分类，可分为温度、湿度、位移、力、转速、角速度、加速度、液位、流量、气体成分等传感器。

2）按照传感器工作原理分类，可分为电阻、电容、电感、电流、磁场、光电、光栅、热电偶、铂电阻传感器等。

3）按照传感器输出信号的性质分类，可分为模拟传感器、数字传感器和开关传感器。

3. 智能传感器的功能

智能传感器可实现的功能如同智能数据采集系统，使之能够对多种类信号进行采集，适用面宽；按照应用要求，可有选择地采取硬件和软件模块的组态，灵活方便；构成的智能传感器具有智能调零、调平衡、校准和标定功能；具有自诊断功能，诊断出故障的原因和位置并作出必要的调控输出；软件选择的多样性、可移植性和在线编程、设置和数据处理，扩大了智能传感器的应用领域；且运行数据能良好地存储和记忆数据，不丢失；最重要的是智能传感器具有双向通信功能，通过 RS-232、RS-485、USB、I^2C、蓝牙以及现场总线等总线接口，可直接与其他智能传感器或上位机通信。

4. 智能传感器的特点

智能传感器采取了模块组态或直接通过集成技术组成，性能指标有极大的提高，使可靠性得到极大的提升；由于是功能组合，因此能采集宽量程或多种类信号；通过软件的选择，可实现的功能多样化，特别是显示类型、通信方式和距离方面。

因此智能传感器有如下特点：由于智能传感器采用了自动调零、自动补偿、自动校准等多项新技术，自适应能力加强，其测量精度及分辨力都得到大幅度提高；而集成化技术实现了智能传感器尺寸小、低功耗、高信噪比及较高的性价比。

5. 智能传感器发展

1）微处理器技术的发展决定了智能传感器的发展。

2）功耗越来越低。智能传感器在不工作状态的自我关闭模式下降低能耗。在很多情况下，系统功耗是延长便携式或者远程应用中电池寿命的关键因素，可以采用将芯片供电电压降低到 3.3V 甚至更低的方法。这个问题会随着越来越多的系统采用低电压而淡化，但在目前的设计中必须考虑它。

3）尺寸不断缩小，智能传感器在要求降低功耗的同时，系统的尺寸会更加精简。

4）随着通信技术而发展。通信技术的发展会推动智能传感器应用的显著增长，特别是微小型和其他的小型传感器，通过自组织分组无线网络实现相邻传感器之间的信号通信，逐渐取代有线信号传送。

12.3.3　智能传感器应用

【**实例 05**】　DS18B20 型智能温度采集系统。

DS18B20 采用 3 脚 PR-35 封装，内部包括 7 部分：①寄生电源；②温度传感器；③64 位 ROM 与单线接口；④高速暂存器，用于存放中间数据；⑤T_H 和 T_L 触发寄存器，分别用来存储用户设定的温度上、下限 T_H、T_L 值；⑥存储与控制逻辑；⑦8 位循环冗余校验码（CRC）发生器。由 6 片 DS18B20 构成的 6 通道温控系统如图 12-14 所示。

随着微电子技术和计算机技术的进步，结合集成传感器的发展，智能传感器的应用将越来越受到重视。众所周知的指纹采集与识别、图像采集与识别、通信平台等，展示了智能传感系统的应用前景。智能传感器在汽车制造、气体分析、航空航天、土木工程、海洋监测、工业、医学、农业、军事与国防等诸多领域都已有应用。

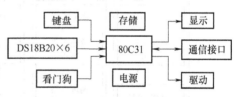

图 12-14　6 通道电路温控系统结构图

12.4　网络传感器

网络传感器的问世必定建立在智能传感器和通信技术的基础上，也建立在非单一参数的测控系统中。自动化控制系统中，单一参数的控制已经难以适应大系统的控制要求。无论是生产线的连续控制、农业生产的多参数建模、多智能体的信号融合等，还是磁场、温度场以及电磁波谱场，都需要规模性的数据。智能交通、能源生产等应用领域中的各被控对象、变量和相关参数均处于同一个网络平台上，通信是手段，联网是条件，而数据来源就需要传感器。所以能提供实时数据在同一个网络平台上共享的设备就是网络传感器。

如图 12-15 所示，由多智能传感器构成多参数传感系统，图 e 为集成式智能传感器，其余为非集成式，即根据应用需要将系统各个集成化环节，如敏感单元、信号调理电路、微处理器单元、数字总线接口等，以不同的组合方式集成在两块或三块芯片上，并封装在一个外壳里。如图 12-15a 中，三块集成化芯片封装在一个外壳里，以此类推。

设定图 12-15 中所有 5 个智能传感器均为 DS18B20（见【实例 05】），成为有 5 个重要温度参数构成的温度采集系统，通过一个单片机集中数据、并做出统一调控，如设定为智能家

267

居中一个微小规模的中央空调温控系统。

再设定图 12-15 中的 5 个智能传感器分别用于室内住宅温度、公共室内活动场所空气流通、办公大厅照明、露天运动场所湿度和气压，形成生活环境质量监控系统，所有数据通过通信总线(BUS)实现数据传送。若点数增加，甚至彼此测量点距离变远，成为远程数据传送，网络成为最为重要的关键技术，智能传感器成为具有通信功能的网络传感器。

网络通信还有一个优势技术，就是能实现传感器信号的无线传送，电信网络的 5G 就是一个平台条件，也是一种标准模式。网络传感器也可以是无线网络传感器节点。

网络化智能传感器是传感器技术与计算机通信技术相结合的产物。随着计算机技术、网络技术和通信技术的高速发展，出现了网络化的自动测试技术。网络化测试系统实现了大量复杂的远程测试，是信息时代测试的必然趋势。网络化智能传感器致力于研究智能传感器的网络通信功能。目前，根据网络通信方式分为有线和无线网络化传感系统两大类。

工业应用中，有线的网络化智能传感器，常常是基于各种现场总线的网络化传感系统。无线的网络化智能传感器，目前又称为无线传感器网络，主要是基于无线通信协议(蓝牙、ZigBee……)的网络化传感系统。

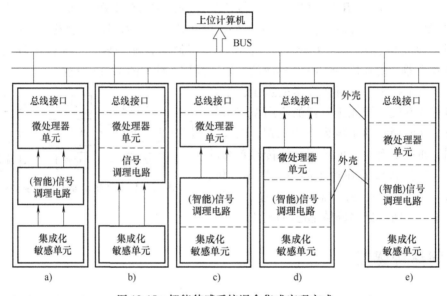

图 12-15　智能传感系统混合集成实现方式

12.4.1　网络适配标准与平台

1. IEEE1451 标准

IEEE1451 传感器/执行器智能变送器接口标准，是为了解决网络和传感器不匹配的问题，同时也为网络化智能传感技术的发展提供的一种标准。作为一种国际性技术标准，IEEE1451 在变送器接口、变送器数据格式、有线和无线方式实现主机与网络之间的无缝传输等方面给出了标准化建议。IEEE1451 是一个内容广泛的标准族。

IEEEP1451.0：智能变送器接口标准；

IEEEP1451.1(修订)：网络适配处理器信息模型；

IEEEP1451.2(修订)：变送器与微处理器通信协议和 TEDS 格式；

IEEE1451.3：分布式多点系统数字通信与 TEDS 格式；

IEEE1451.4：混合模式通信协议与 TEDS 格式；

IEEEP1451.5：无线通信协议与 TEDS 格式；

IEEEP1451.6：CAN 开发协议变送器网络接口；

IEEEP1451.7：变送器和 RFID 系统之间接口和通信协议。

上述系列标准中非常清晰地显现出智能传感器（变送器）和网络适配器（networked capable application processor，NCAP）的基本结构模式，如图 12-16 所示。

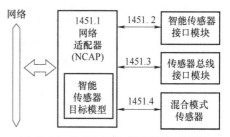

图 12-16 IEEE 1451 标准结构示意图

标准中的"TEDS"为 transducer electronic data sheet，传感器电子数据表格，为网络适配器服务，保证传感器的数据符合网络传输要求。TEDS 是 1451.2 最重要的技术革新之一，它是一个通用传感器模型，可以支持很多种类的传感器与执行器，使传感器具有了自我描述能力和自我识别能力。它可以充分描述传感器的类型、行为、性能属性和相关的参数。TEDS 由一些域组成，它们被嵌入传感器，和传感器一起移动，这样一来，使用一个传感器所需的所有信息总是随时可得的。

IEEE1451 定义了传感器（变送器）或执行器的软硬件接口标准，为传感器或执行器提供了标准化的通信接口和软硬件的定义，使不同的现场网络之间可以通过应用 IEEE1451 定义的接口标准互连，可以互操作，使传感器的厂家、系统集成者和最终用户有能力以低成本去支持多种网络和传感器家族，简化连线，降低了系统总的成本；由于 IEEE1451 为传感器到微处理器、到网络建立了一个通用的接口标准，以及通过通用的 TEDS，建立了一个面向对象的信息模型，简化了传感器到微处理器、网络的连接，使软件容易移植和维护，使得基于 IEEE1451 的传感器在多种现场网络的不同设备之间能够即插即用，与具体的网络无关。

基于 IEEE1451 的网络化智能传感器，不仅包括各种现场总线，也包括 Internet 等网络，因而具有广泛的应用范围。

2. 现场总线

IEEEP1451.6：CAN 开发协议变送器网络接口中的"CAN"（controller area network，控制器局域网）是现场总线中的一种。按照国际电工委员会 IEC61158 标准的定义，现场总线是应用在制造或过程区域现场装置与控制室内自动控制装置之间的数字式、串行、多节点通信的数据总线。以现场总线为技术核心的工业控制系统，称为现场总线控制系统（被誉为工业自动化控制领域中的计算机局域网），是新型的全分布采集与控制系统。

现场总线的网络通信模型由物理层、数据链路层和应用层组成，如图 12-17 所示，应用层上可加用户层，用来定义在现场设备内完全分散的数据采集和控制功能。这是针对工业过程的特点，使数据在网络流动中尽量减少中间环节，加快数据的传递速度，提高网络通信及数据处理的实时性。

由于现场总线用数字信号取代模拟信号，因此提

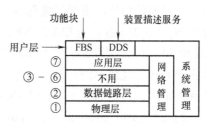

图 12-17 现场总线的网络通信模型

高了系统的可靠性、精确度和抗干扰能力，延长了信息传输距离。现场总线网络的每一个节

点都具备自诊断、自维护和控制功能，遵循统一的标准化和规范，同时具有双向通信的能力；另一方面现场总线又有许多新的特点和优势，是分散型控制系统的继承、延伸和进一步的发展，更适合于工厂综合自动化的要求。

现场总线已成为世界上自动化技术的热点，也是国际标准 IEC61158，见表 12-1。

表 12-1　IEC61158 标准系列

类　　型	标 准 名 称	类　　型	标 准 名 称
Type1	TS61158 现场总线	Type11	TCnet 实时以太网
Type2	CIP 现场总线	Type12	EtherCAT 实时以太网
Type3	Profibus 现场总线	Type13	Ethernet Powerlink 实时以太网
Type4	P-NET 现场总线	Type14	EPA 实时以太网
Type5	FF HSE 高速以太网	Type15	Modbus-RTPS 实时以太网
Type6	Swiftnet 被撤销	Type16	SERCOS Ⅰ、Ⅱ 现场总线
Type7	WorldFIP 现场总线	Type17	VNET/IP 实时以太网
Type8	Interbus 现场总线	Type18	CC_ Link 现场总线
Type9	FF H1 现场总线	Type19	SERCOS Ⅲ实时以太网
Type10	Profinet 实时以太网	Type20	HART 现场总线

3. IEEE802 系列标准

对于不同传输介质的不同局域网，IEEE 局域网标准委员会制定了不同的 IEEE802 系列标准，适用于不同的网络环境。其中，IEEE802.11 标准是无线局域网目前最常用的传输协议，是第一个被国际认可的协议。IEEE802.11 支持无线电波和红外线，工作在 2.4GHz ISM 信道，物理层可选择采用跳频扩频、直接序列扩频技术，速率最高能达到 2Mbit/s。

4. ZigBee

ZigBee 是 IEEE802.15.4 协议的代名词。根据这个协议规定的技术是一种短距离、低功耗的新兴无线通信技术。这一名称来源于蜜蜂的八字舞，由于蜜蜂（bee）是靠飞翔和"嗡嗡"（zig）地抖动翅膀的"舞蹈"来与同伴传递花粉所在方位信息，也就是说蜜蜂依靠这样的方式构成了群体中的通信网络。其特点是近距离、低复杂度、自组织、低功耗、低数据速率、低成本。主要适合用于自动控制和远程控制领域，可以嵌入各种设备。简而言之，ZigBee 就是一种便宜的、低功耗的近距离无线组网通信技术。

5. 其他通信标准

1）RS 系列。RS 系列（RS-232C、RS-422 和 RS-485）在串行通信中是物理上的电气接口标准，是通信协议的重要组成部分。RS 系列串行数据接口标准由电子工业协会（EIA）制定并发布。RS-232 命名为 EIA-232-E，作为工业标准，以保证不同厂家产品之间的兼容。RS-422 由 RS-232 发展而来，弥补 RS-232 不足。RS-485 标准增加了多点、双向通信能力，即允许多个发送器连接到同一条总线上，同时增加了发送器驱动能力和冲突保护特性，扩展了总线共模范围，后命名为 TIA/EIA-485-A 标准。

2）I^2C。I^2C（inter-integrated circuit）总线最初为音频和视频设备开发所用。主要优点是简单性和有效性。由于接口直接在组件之上，因此 I^2C 总线占用的空间非常小，减少了电路板的空间和芯片引脚的数量，降低了互联成本。I^2C 总线长度可高达 25ft（7.62m），能以

100kbit/s 的传输速率支持 40 个组件；任何能够进行发送和接收的仪表（部件）都可以成为主总线。

3）USB。USB（universal serial bus）是"通用串行总线"接口，是一种串行总线系统，支持即插即用和热拔插功能，最多能同时连入 127 个 USB 设备，由各个设备均分带宽。对于高速且需要高带宽的外设，USB 以全速 12Mbit/s 的传输速率传输数据；对于低速外设，USB 则以 1.5Mbit/s 的传输速率来传输数据。但 USB 的传输距离较短，一般只有 5m（Hub 30m）。

4）蓝牙技术。即 IEEE802.15 技术，是一种比较流行的短距离无线通信技术标准，是一种无线数据与语音通信的开放性全球规范。其工作频段为全球通用的 2.4GHz ISM 频段，数据传输速率约为 1Mbit/s，采用时分双工方案来实现全双工传输。相对于 IEEE802.11 来说，可以说是一种补充，最高可以实现 1Mbit/s 的速率，传输距离为 10cm 到 10m，但是通过增加发射功率可达到 100m。较之 IEEE802.11，蓝牙更具移动性。

5）射频技术。射频（HomeRF）采用 50 跳/s 的跳频速率从而最大限度地减小干扰，此跳频速率比 IEEE802.11b 的跳频速率高得多，但在物理层上则较 IEEE802.11b 规范有所放宽。HomeRF 最大发射功率为 100mW，采用 FSK 调制，通信距离约 50m。

> 【问题 05】 网络传感器的关键技术是网络适配器的功能实现。可网络查询 IEEE1451、IEC802、现场总线、ZigBee 以及 RS 系列、I^2C、USB、蓝牙和射频等；还有以太网及其 TCP/IP。

12.4.2 网络传感器应用

网络传感器已经涉及经典传感技术、新型传感技术、新型材料、集成技术、低能耗、数据处理、智能技术（涵盖智能系列芯片、嵌入式技术）以及有线、无线通信技术等，是一门应用技术性强、适用领域宽、专业知识系统化的学科。

> 【实例 06】 基于 IEEE1451 标准的智能加速度传感器系统。

按照图 12-13 所示构建非集成式智能加速度传感器系统，具体包括传感器部件、调理电路部件、智能芯片部件及其网络适配器。完成网络适配器必须满足 IEEE1451 设计要求。上述介绍的能满足网络适配器的网络平台都能搭建，根据应用要求进行选择；按照应用要求，特别是通信的协议、速度、传输距离、传输内容等，需要由智能芯片来实现。

智能芯片，也就是单片机。符合应用要求的单片机均能实现，按照数据长度有 8 位单片机（品种齐全、片内资源丰富、控制功能较强）、16 位单片机（寻址能力高达 1MB、片内含有 A/D 和 D/A 转换电路、支持高级语言）和 32 位单片机（单片机的顶级产品、具有极高的运算速度）；也可按照细节要求选择，低功耗要求者建议 MSP430 系列；数据处理算法者建议 DSP 系列；执行驱动控制者建议 ARM 系列……。

单片机均有通信接口，选配适用的芯片就能实现相应的通信要求。若为 RS-232 模式，MAX232 芯片是专为 RS-232 标准串口设计的单电源（+5V）电平转换芯片之一；若为 CAN 现场总线模式，不仅有 ISO-IS 11898 标准，还有高速 CAN 收发器系列适配芯片。

调理电路根据敏感元件和信号转换（ADC）要求设计，则作为敏感元件的加速度传感器配置具有调理电路的智能芯片和满足 IEEE1451 标准的网络适配器，就能实现设计要求。如果采用无线通信，nRF401 是在频段 433.92/434.33MHz 工作的单片无线收/发一体芯片，包括高频发

271

射/接收、PLL 合成、FSK 调制/解调、双频道切换等单元的高集成度无线数传产品。

而加速度敏感元件的芯片，如常见的 MEMS 加速度传感器芯片 MMA7260、MMA7455 和 ADXL335、ADXL345 等，还有二轴和三轴输出的敏感元件。

【实例 07】 自组网温湿度监测系统。

温湿度监测在许多行业均需要，如各类工厂车间、净化间、冷链、医院、实验室、机房、办公楼、机场、车站、博物馆、体育馆等，还有宾馆酒店、生活小区、石油化工基地、温室大棚、农业研究基地、卫生防疫站、环保部门，更包括大型粮库等。温湿度监测系统一般均为 24 小时连续运行，所有监测的温湿度数据除了存储，还需要实时显示、传送、趋势预判和调控。最重要的是温湿度监测的对象不是一个点位，而是一个空间。

由于监测空间的大小不一、监测点位的设置随机而定，因此温湿度监测系统中的总点位数是可变的。另外，监测过程中根据监测对象的变化，监测点位也随时增删。其增删的温湿度监测点位在所处的温湿度监控区域网内同步增删，即温湿度监控区域网对所辖区域动态调整，在点位总数范围内随时调整监测点数，相对独立地构成温湿度监测网络。

图 12-18 所示为某存放智能电表的仓库温湿度监测系统功能构成图。"温湿度采集模块"监测点位数可变；选用专用的单片温湿度一体集成式传感器，将温度感测、湿度感测、信号变换、A/D 转换和加热器等功能集成到一个芯片上，非常方便实用；其数据通过 CC2520 模块完成"无线网络"数据传送。CC2520 是具有 2.4GHz 的、专用的第 2 代 ZigBee/IEEE802.15.4 无线射频收发

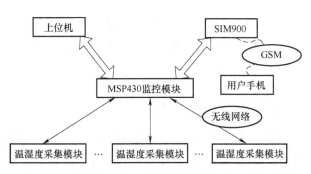

图 12-18　某智能电表仓库温湿度监测系统功能构成图

器，有非常高的稳定性。CC2520 提供丰富的硬件支持电路，如封包处理、数据缓冲、爆发传输、数据加密、数据验证、净信道评估（CCA）、链路质量指示和封包时间信息，大幅减轻主机控制器的作业负荷。

SIM900A 采用工业标准接口，工作频率为 GSM/GPRS 850/900/1800/1900MHz，可以低功耗实现语音、SMS、数据和传真信息的传输。MSP430 与上位机通过 RS-232C 通信连接（MSP430 与上位机的软件在此不赘述）。

【实例 08】 机器人传感器网络。

机器人运行时离不开诸多传感器。作为类人的、能自动完成人们事先设计的、替代人们工作的机械装置，传感器的配置是机器人不可缺少的配置。

机器人是一个高端人工智能体，在实时发挥设定功能时，就要有相应的传感体系，形成机器人传感器网络，如图 12-19 所示。网络节点的设计是整个传感器网络设计的核心，其性能直接决定了整

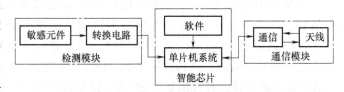

图 12-19　机器人传感器网络节点组成

个机器人传感器网络的效能和稳定性。图中各环节均需要电源，而单片机系统集成了 ADC。

机器人传感器一般可分为外部传感器和内部传感器，内部传感器的功能是检测运动学和力学参数，让机器人按规定进行工作。

外部传感器，就是感觉传感器，模拟再现人的视觉、触觉、听觉、嗅觉和味觉等感觉。

1）视觉传感器。视觉传感器主要检测被敏感对象的明暗度、位置、运动方向、形状特征等。通过明暗觉传感器判别对象物体的有无，检测其轮廓；通过形状觉传感器检测物体的面、棱、顶点，二维或三维形状，达到提取物体轮廓，识别物体及提取物体固有特征的目的。位置传感器可以检测物体的平面位置、角度、到达物体的距离，达到确定物体空间位置、识别物体方向和移动范围等目的。通过色觉传感器检测物体的色彩，达到根据颜色选择物体进行正常工作的目的。视觉传感器（成像技术）在前面章已经介绍，视觉传感器的工作过程包括检测、分析、识别和再现等主要步骤。

2）听觉传感器。听觉传感器是人工智能装置。包括声音检测转换和语音信号处理两部分，它能使机器人实现"人-机"对话。具有语音识别功能的传感器称为听觉传感器，实现语音识别技术的大规模集成芯片已有应用报道。

3）触觉传感器。触觉传感器用来感知被接触物体的特性和接触对象物体后自身的状况，触觉传感器能感知物体表面特征和物理性能，如柔软性、弹性、硬度、粗糙度、材质等。如触觉传感器采用各种压电材料受压后引起电荷发生变化，把它们制成类似人的皮肤的压电薄膜，感知外界压力；在制作工艺上利用半导体集成工艺，把感压源信号通过转换电路获得高输入阻抗和较高的抗干扰能力。

4）嗅觉传感器。嗅觉传感器主要用来检测运行环境中的气味，并转换成与之对应的电信号，即人工嗅觉。由于嗅觉元件收到的信号非常复杂，含有成百上千种化学物质，这就使人工嗅觉系统处理这些信号非常错综复杂。人工嗅觉传感系统的典型产品是功能各异的电子鼻；电子鼻系统通常由一个交叉选择式气体传感器阵列和智能数据处理环节组成，配以恰当的模式识别系统，具有识别简单和复杂气味的能力。

电子鼻系统是气体传感器技术和信息处理技术进行有效结合的高科技产物，其气体传感器的体积很小，功耗也很低，能够方便地捕获并处理气味信号。

5）味觉传感器。味觉是指酸、咸、甜、苦、鲜等人类味觉器官的感觉。酸味是由氢离子引起的。比如盐酸、氨基酸、柠檬酸；咸味主要是由 NaCl 引起的；甜味主要是由蔗糖、葡萄糖等引起的；苦味是由奎宁、咖啡因等引起的；鲜味是由海藻中的谷氨酸钠、鱼和肉中的肌酐酸二钠、蘑菇中的鸟苷酸二钠等引起的。人的舌头表面味蕾上的味觉细胞的生物膜可以感受味觉。

实现味觉传感器的一种有效方法是使用类似于生物系统的材料做传感器的敏感膜，电子舌是用类脂膜作为味觉传感器，能够以类似人的味觉感受方式检测味觉物质。

从不同的机理看，味觉传感器大致分为多通道类脂膜技术、基于表面等离子体共振技术、表面光伏电压技术等，味觉模式识别是由最初神经网络模式发展到混沌识别。混沌是一种遵循一定非线性规律的随机运动，它对初始条件敏感，混沌识别具有很高的灵敏度，因此应用越来越广。目前较典型的电子舌系统有新型味觉传感器芯片和 SH—SAW 味觉传感器。

【问题06】　仿生机器人涉及的传感器不仅有视觉、听觉、触觉、嗅觉和味觉，还有微表情、冷热觉等诸多类人感觉，包括前述诸多领域知识。网络查阅仿生传感器。

本章小结

本章主要讲授"新型"传感器，所谓的"最新"，表示新型传感器已经有了需求而正在普及，表示基于现代传感器的进一步提升，表明多科技手段的合成（或组合、或融合等）。整章的核心技术围绕"智能"和"集成"两个环节；而智能环节因采用智能芯片，网络通信是新型传感器的标配功能。两个环节中更关注"集成"技术，集成技术涉及微电子电路的集成、融合微机械器件的 MEMS 集成和融合软件技术的集成；根据应用，又分为集成式传感器、非集成式传感器和混合式传感器。

MEMS 集成技术中介绍了 MEMS 陀螺仪。

在智能传感器的介绍中，没有更多介绍软件技术，因为有智能芯片，为采集到的信息数据进行算法处理，必然用到软件技术。仅仅信号处理的软件设计已经几乎包罗万象，因此软件技术简略了。网络传感器的介绍也比较简单，这方面的知识已经有专门书籍和课程。

新型传感器的更新理念是其传感器的信号输出不再局限于被测对象实时现场，通过网络平台使之成为相关联环节（包括同类系统、同区域系统和远距离关联系统），成为综合学科知识"集成"在一起的高新技术。因此本章仅仅是抛砖引玉，期望读者进一步学习和研究。

思考题与习题

12-1　掌握各节传感器基本概念、定义、特点；掌握各自应用。

12-2　请介绍 MEMS 的基本概念和基本物理效应。

12-3　MEMS 多学科设计优化系统有诸多特点，请完善总结。

12-4　请介绍姿态传感器的定义、特点、参数、应用领域和数据处理方法。

12-5　请介绍 MEMS 陀螺仪的工作原理和主要应用。

12-6　请介绍集成传感器的基本概念和应用。

12-7　请介绍智能传感器的基本概念及其软件内容。

12-8　请介绍智能传感器的特性指标、功能和特点。

12-9　请介绍智能传感系统的集成实现方法。

12-10　请介绍网络传感器的基本概念。

12-11　请介绍网络传感器涉及的各网络媒介及其应用。

12-12　补充题1：请介绍 MEMS 在机器人传感器中的应用。

12-13　补充题2：请介绍集成传感器在机器人传感器中的应用。

12-14　补充题3：请介绍 DS18B20 及其应用。

12-15　补充题4：请网络查阅 IEEE1451 标准族。

12-16　补充题5：请网络查阅 IEC61158 标准族。

12-17　补充题6：请网络查阅 IEC61158 标准中的 EPA 实时以太网。

12-18　补充题7：请网络查阅 IEC802 标准族。

12-19　补充题8：请网络查阅机器人仿生传感器。

12-20　思考1：网络传感器中的网络媒介中没有介绍以太网以及 TCP/IP，请补充。

12-21　思考2：某企业有 6 条包装生产线，其中 2 条配置 2 台 50kg 箱式码垛机器人、

4条配置4台50kg袋式码垛机器人，垛放高度6层，垛放结束后发出搬运信息给无人叉车。试用一台计算机监控6台码垛机器人运行状况，请搭建码垛数据获取过程框图，并解释。

12-22　设计题1：试设计出高速公路ETC收费系统中"网络传感器"应用功能实现框图。

12-23　设计题2：某环境检测部门需要实时获取本地各景区(假设有16个)的污水处理系统运行数据，如何实现？试设计出功能实现详细框图，并解释采用到的实现技术。

12-24　拓展题1：题12-23中，将景区改为净水厂、城市污水处理厂等，可否？试解释。

12-25　拓展题2：若空中同时有64架旋翼飞行器，如何获得其空中位置信息？

第 13 章

传感信号处理技术

任何传感器的测量结果都存在误差。从传感器的选择开始就在努力减少测量误差，如传感器的动态和静态性能指标、安装方式、抗干扰措施等。一旦传感器选定并已在实时运行，为保证传感器输出信号的品质，还要配合相关的信号处理方法。

现在传感器的实际应用，不包含智能传感器，绝大多数传感器的输出信号转换成数字信号输入到微处理器中，使传感器的信号处理不再仅仅依赖硬件电路。另外对于传感器的信号处理还能够依赖历史数据、同类传感器数据、建模等一系列适用方法。

所有传感器处理方法需要根据实际应用需要，本章仅仅以共性处理方法介绍为主。

13.1 基本抗干扰方法

传感器实时运行过程中，为保证输出信号的品质，在传感器投运之前，要分析实时运行环境对传感器的影响。传感器运行时的干扰主要来自外部环境和内部环境。

外部环境干扰有气候环境条件(温度、湿度、气压、沙尘等)、机械环境条件(振动、冲击、离心、碰撞、失重等)、辐射条件(太阳辐射、核辐射、紫外线辐射等)、生物条件(霉菌、啮齿动物等)、电磁环境(电场、磁场、闪电、雷击等)和人为因素等。内部环境干扰有元器件干扰、信号回路干扰、负载回路干扰、数字回路干扰和电源电路干扰等。

各种干扰因素会通过耦合途径(如分布电容、互感因素、公共阻抗等)影响到传感器，因而需要采取抗干扰措施。

1. 电磁兼容性

电磁兼容性是指装置能在规定的电磁环境中正常工作而不对该环境或其他设备造成不允许的扰动的能力。换言之就是以电为能源的电气设备(统称)及其系统在其使用时，自身的电磁信号不影响周边环境，也不受外界电磁干扰的影响，更不会因此发生误动作或遭到损坏，并能够完成预定所设计的功能的能力。

要满足电磁兼容性，要做到：

1) 要分析电磁干扰的频谱、周期、幅值、强度分布等物理特性。

2) 要分析传感器在这些干扰下的受扰反应，利用可靠的电路或测量技术，结合成熟的经验，在一定的范围内估算出传感器抵抗电磁干扰的能力以及感受电磁干扰的敏感度(亦称噪声敏感度)。

3) 要根据传感器功能、应用场合与环境，采取合适方法。

2. 屏蔽技术

屏蔽技术是利用金属材料对于电磁波具有较好的吸收和反射能力来进行抗干扰的。根据电磁干扰的特点选择良好的低电阻导电材料或导磁材料，构成一个合适的屏蔽体，能起到较好的屏蔽效果。屏蔽体所起的作用好比是在一个等效电阻两端并联上一根短路线，当无用信号串入时直接通过短路线，对等效电阻几乎无影响。

屏蔽一般分为三种：静电屏蔽（防止变化电场的干扰）、磁屏蔽（防止变化磁场的干扰）和电磁屏蔽。电磁屏蔽是用一定厚度的导电材料做成的外壳放在外界的交变电磁场中，由于进入导电材料内的交变电磁场将产生感应电流，导致电磁场在材料中按指数规律衰减，而很难深入到导体内部，不使壳内的仪表受到影响。

传感器信号采用有线传输时，导线是信号唯一通道，因此导线的选取要考虑到电场屏蔽和磁场屏蔽，可用同轴线缆。屏蔽体要良好接地，同时要求导线的中心抽出线尽可能短。屏蔽体原则上采用单点接地，在传感器内部选择一个专用的屏蔽接地端子，所有屏蔽体都单独引线到该端子，而用于连接屏蔽体的线缆必须具有绝缘护套。在信号波长为线缆长度的 4 倍时，信号会在屏蔽层产生驻波，形成噪声发射天线，因此要两端接地；对于高频而敏感的信号线缆，不仅需要两端接地，而且还必须贴近地线敷设。

3. 隔离技术

信号输入时，会由于外界干扰而耦合进噪声信号，如共模干扰、串模干扰等，隔离技术是抑制其干扰的有效手段之一。传感器采用的隔离技术分为两类：空间隔离及器件性隔离。

空间隔离技术包括：①上述屏蔽技术的延伸。②传感器器件之间的合理布局，彼此之间相距较近时会产生"互扰"。③信号之间的独立性。如多传感器采集通道同时输出信号，为防止信号之间"互扰"，可在信号之间用地线进行隔离。

器件性隔离一般有信号隔离放大器、信号隔离变压器和光电耦合器，这些是通过"电-磁-电""电-光-电"的转换达到有效信号与干扰信号的隔离。特别是光电耦合器具有较强的抗干扰能力：①光电耦合器的输入阻抗较小，通常为 100Ω 左右，干扰源的内阻较大，一般不小于 $k\Omega$ 级，或为 $M\Omega$ 级；干扰电压串入时，作用于光电耦合器输入端上的干扰电压因两个阻抗的分压而极大地衰减；②光电耦合器在进行"电-光"转换时需要输入信号具有一定的信号强度和有效保持时间，而干扰的瞬间性不足以使光电耦合器进行转换；③密闭性的封装方式隔绝了外光的干扰；④光电耦合器输入输出之间的绝缘电阻为 $10^{11} \sim 10^{13}\,\Omega$，分布电容为 2pF。

4. 接地技术

接地技术是传感器有效抑制干扰的重要技术之一，是屏蔽技术的有效保证。正确的接地能够有效抑制外来干扰，同时可提高传感器自身的可靠性。

接地技术是关于"地线"的各种连接方法。传感器中所谓的"地"，是一个公共基准电位点，可以理解为一个等电位点或等电位面。该公共基准点处于不同的领域，就有了不同的名称，如大地、系统（基准）地、模拟（信号）地、数字（信号）地等，另外还有浮地系统、共地系统等，每一个名称，均有相应的接地要求和接地技术。

接地的目的是为了安全性和抑制干扰。传感器一般采取信号"一点接地"技术。

"一点接地"法（如图 13-1 所示）有两种方式：放射式接地（图 13-1a）是电路中各功能电路的"地"直接用接地导线与零电位基准点连接；母线式接地（图 13-1b）是采用具有一定截面

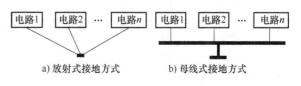

a) 放射式接地方式　　b) 母线式接地方式

图 13-1　"一点接地"法

277

积(越大越好)的优质导电体(内阻极小)作为接地母线,直接接至零电位基准点,电路中的各功能块的地可就近接至该母线上。如果采用多点接地,则在电路中形成多个接地回路,当低频信号或脉冲磁场经过这些回路时,会引发电磁感应噪声,由于每个接地回路的特性不一,在不同的回路闭合点产生电位差,形成干扰。

5. 滤波技术

共模干扰并不直接对电路引起干扰,而是通过输入信号回路的不平衡转换成串模干扰对电路造成影响的。信号进行滤波是抑制串模干扰的常用方法之一。根据串模干扰的频率与被测信号频率的分布特性,选用低通、高通或带通滤波器等。滤波器的总体结构有两种:一是由电阻、电容、电感构成的无源滤波器,对信号有衰减作用;二是基于反馈式运算放大器的有源滤波器。后者尤其适合于微弱信号,不仅可提高增益,还可提供频率特性。一般串模干扰的频率比实际信号大,因此可采用无源阻容低通滤波器或有源低通滤波器。

6. 软件抗干扰技术

这是利用传感器中的"智能芯片"和软件优势开展的抑制干扰方法。利用软件进行抗干扰处理的方法可以归纳成两种:一种方法是利用数字滤波器来滤除干扰;另一种方法是采用软件看门狗、指令冗余、软件陷阱、多次采样技术、延时防止抖动、定时刷新输出口等技术来抑制干扰。如果信号的频谱和噪声的频谱不重合,则可用滤波器消除噪声;当信号和噪声频带重叠或噪声的幅值比信号大时就需采用其他的噪声抑制方法,如相关技术、平均技术等。

13.2 基本算法处理

输出为标准信号的传感器称为变送器,除了输出 $0\sim10\mathrm{mA}(4\sim20\mathrm{mA})$ 标准信号外,还有一个基本特征就是输入输出关系满足线性化要求,即输入量程与 $0\sim10\mathrm{mA}$ 输出信号呈线性变化函数关系。为达到较好的线性化要求,对传感器的输出信号还进行滤波处理(这里指数字滤波技术)。

1. 数字滤波技术

运用单片机对采集到的被控对象参数进行有效的数字滤波是一个突出优点之一。数字滤波器几乎是一个滤波数据库,库里存放着许多滤波算法,当一个对象采用某种滤波不能达到理想效果时,可以再选择一个进行试验。或者是几个滤波法顺序使用,以达到最佳效果。数字滤波主要是针对耦合随机误差的信号。

(1)一阶惯性滤波

取一阶 RC 滤波器,输入输出关系为

$$RC\frac{\mathrm{d}y(t)}{\mathrm{d}t}+y(t)=x(t) \tag{13-1}$$

数字化后:
$$y_n=ax_n+by_{n-1} \tag{13-2}$$

式中, $a=\dfrac{1}{1+\dfrac{RC}{\Delta t}}$, $b=\dfrac{\dfrac{RC}{\Delta t}}{1+\dfrac{RC}{\Delta t}}$, $a+b=1$ 。截止频率为: $f=\dfrac{1}{2\pi RC}\approx\dfrac{a}{2\pi\Delta t}$ 。

(2)限幅滤波

通过程序判断被测信号的变化幅度,从而消除缓变信号中的尖脉冲干扰。其基本方法是

比较相邻的两个采样值 y_n 和 y_{n-1}，如果这两次采样值的差值超过了允许的最大偏差范围，则认为 y_n 为非法值，并剔除。

若本次采样值为 y_n，设 $\Delta y_n = |y_n - y_{n-1}|$，则本次滤波的结果由下式确定：

$$y_n = \begin{cases} y_n & \Delta y_n \leqslant a \\ y_{n-1}(或 2y_{n-1} - y_{n-2}) & \Delta y_n > a \end{cases} \tag{13-3}$$

a 是相邻两个采样值的最大允许增量，其数值可根据 y 的最大变化速率 $V_{\max}$ 及采样周期 T 确定，即 $a = V_{\max}T$，实现本算法的关键是设定被测参量相邻两次采样值的最大允许误差 a，要求准确估计 $V_{\max}$ 和采样周期 T。

（3）中位值滤波

中位值滤波是一种典型的非线性滤波器，它运算简单，在滤除脉冲噪声的同时可以很好地保护信号的细节信息。对某一被测参数连续采样 n 次（n 为奇数），然后将这些采样值进行排序，选取最中间值为本次采样值。这种方法对温度、液位等缓慢变化的被测参数较为合适。

（4）算术平均值滤波

平均值滤波是对多个采样值进行平均算法，这是消除随机误差最常用的方法。算术平均值滤波是要寻找一个 Y，使该值与各采样值 $X(K)$，$X = (1 \sim N)$ 之间误差的二次方和为最小：

$$E = \min\left[\sum_{K=1}^{N} e_K^2 \right] = \min\left[\sum_{K=1}^{N} (Y - X(K))^2 \right] \tag{13-4}$$

式中，E 为误差二次方和；$X(K)$ 为采样值；N 为采样个数；Y 可以由一元函数求极限原理得到算术平均值滤波算法：

$$Y = \frac{1}{N} \sum_{K=1}^{N} X(K) \tag{13-5}$$

（5）滑动平均值滤波

对于采样速度较慢或要求数据更新率较高的实时系统，算术平均值滤波法无法使用，可采用滑动平均值滤波法。

把 N 个测量数据看成一个队列，队列的长度固定为 N，每进行一次新的采样，把测量结果放入队尾，而去掉原来队首的一个数据，这样在队列中始终有 N 个"最新"的数据。

$$\overline{X_n} = \frac{1}{N} \sum_{i=0}^{N-1} X_{n-i} \tag{13-6}$$

式中，$\overline{X_n}$ 为第 n 次采样经滤波后的输出；X_{n-i} 为未经滤波的第 $n-i$ 次采样值。

（6）加权滑动平均滤波

在滑动平均滤波法中增加新的采样数据在滑动平均中的比重，以提高系统对当前采样值的灵敏度，即对不同时刻的数据加以不同的权。通常越接近现时刻的数据，权取得越大。

$$\overline{X_n} = \frac{1}{N} \sum_{i=0}^{N-1} C_i X_{n-i} \tag{13-7}$$

式中，$C_0 + C_1 + \cdots + C_{N-1} = 1$，$C_0 > C_1 > \cdots > C_{N-1} > 0$。

加权滑动平均滤波算法适用于有较大纯滞后时间常数的对象和采样周期较短的系统。

（7）复合滤波法

传感器在实际应用中所受到的随机扰动往往不是单一的，需要两种以上的滤波方法结合起来，形成复合滤波，例如防脉冲扰动平均值滤波算法：先用中位值滤波算法滤除采样值中的脉冲干扰，把剩余的各采样值进行平均滤波。连续采样 N 次，剔除其最大值和最小值，再求余下 $N-2$ 个采样的平均值。显然，这种方法既能抑制随机干扰，又能滤除明显的脉冲干扰。

（8）其他滤波法

数字滤波算法很多，特别是单片机的运行速度迅速提高之际，可以运行较为复杂的滤波算法，包括频域滤波、二维滤波等，小波算法也是其一。

2. 非线性自校正

非线性是表征传感器输入/输出校准曲线与所选定的拟合直线（作为工作直线）之间的吻合（或偏离）程度的指标。传感器可以通过软件处理的方法来校正由于输入/输出的非线性导致的系统误差，从而提高精度。

1）计算法。计算法就是利用软件编制一段反非线性特性关系表达式的计算程序。当被测参数经过采样、滤波后，直接进入计算程序进行计算，从而得到线性化处理的输出参数，因此，在掌握传感器输入输出特性 $f(x)$ 的情况下，利用编制好的反非线性特性函数，就能快速准确地实现传感器的线性输出。

2）查表法。查表法是将传感器的输出电压由小到大按顺序计算出该电压所对应的被测参数，将输出电压与被测参数的对应关系等分为若干点，将对应关系编写成表格，存入存储器。这样传感器每输出一个电压值，就从存储器中取出一个对应的被测参数值。

3）直线逼近法。如图 13-2 所示为非线性曲线用多段直线方程逼近法。直线方程段越多，输出值 y_i 越接近真实值。图中通过查表可以查得 5 个交点 (x_1,y_1)、(x_2,y_2)、(x_3,y_3)、(x_4,y_4) 和 (x_5,y_5) 的数据，求得 4 根直线方程。随着输入 x 选取对应的直线方程，求得 y_i。

4）曲线拟合法。曲线拟合法是采用 n 次多项式来逼近非线性曲线，该多项式方程的系数由最小二乘法确定。具体步骤如下：

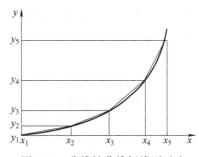

图 13-2　非线性曲线折线逼近法

通过静态试验对传感器及其调理电路进行标定，得到校准曲线。假设取得 N 组标定点的数据，其中，输入为 x_1，x_2，$\cdots$，x_N，输出为 y_1，y_2，$\cdots$，y_N。

假设非线性特性曲线的拟合方程为

$$x_i(y_i) = a_0 + a_1 y_i + a_2 y_i^2 + \cdots + a_N y_i^N \tag{13-8}$$

N 的数值由所要求的精度确定。如果 $N=3$，则

$$x_i(y_i) = a_0 + a_1 y_i + a_2 y_i^2 + a_3 y_i^3 \tag{13-9}$$

根据最小二乘法确定待定常数 a_0，a_1，a_2，a_3。即由拟合方程确定各个 $X_i(U_i)$ 的值，与各个点的标定值 X_i 的均方差最小，解出待定系数 a_0，a_1，a_2，a_3。再由此求取输入被测值 x：

$$x_i(U) = a_0 + a_1 U + a_2 U^2 + a_3 U^3 \tag{13-10}$$

每次只需要将采样值代入式（13-10）中即可求得对应电压 U 的输入被测值 x。

3. 其他基本算法

还有较多的针对数据特性的算法，不再赘述。

【问题01】　传感器输出信号的基本处理方法还有很多，请网络查阅自校正、自调零等。

13.3　软测量技术

软测量理论是随着控制理论、智能科学发展和计算机技术的推广应用而发展起来的，从20世纪90年代起得到了普遍关注和迅速发展，被认为是进行工业过程监测、优化、控制的重要方法。软测量技术是今后控制领域需要研究的几大方向之一，具有广阔的应用前景。

软测量技术是利用易测参数（常称为辅助参数或二次参数）与难以直接测量的待测过程参数（常称为主导参数）之间的数学关系（软测量模型），通过各种数学计算和估计方法，从而实现对待测量过程参数的测量。所以，软测量技术主要包括辅助参数选择、输入数据处理、软测量模型建立和在线校正等步骤。

软测量技术是依据某种最优化准则，利用由辅助参数构成的可测信息，通过软件计算实现对主导参数的测量，软测量的核心是表征辅助参数和主导参数之间的数学关系的软测量模型，如图13-3所示，因此构造软测量的本质就是如何建立软测量模型，即一个数学建模问题。

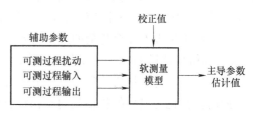

图13-3　软测量基本框架原理图

根据软测量技术的原理，其实现方法包括辅助参数的选择、过程数据处理、软测量模型建立和在线校正四个方面。

1. 辅助参数的选择

辅助参数选择就是在一系列预先给定的自变量集合中找出其中的一个子集，使得这个子集能够对应参数进行最好的描述，或者找出一个变量集的子集，使得这个子集能够包含较少的参数，同时能够尽可能地保持原来的完整数据集的多元结构特征。通过辅助参数的选择，可以使软测量模型得到简化，使模型更加容易理解。

辅助参数的选择通过以下几方面确定：

1）从间接质量指标出发进行中间辅助参数类型的选择，即应该选择对被估参数的输出具有较大影响且变化较大的中间辅助参数，这些中间辅助参数对估计值的影响不能被忽略。

2）根据系统的机理，需要确定中间辅助参数的数量，但在软测量中最优中间辅助参数的数目是很难确定的，应该根据软测量采用的系统建模方法及其机理等进行分析。

3）采用奇异值分解或控制仿真软件等方法进行检测点的选取，在使用软测量技术时，检测位置对模型的动态特性有一定的影响。因此，对输入中间辅助参数的各个检测点的检测方法、位置和采集精度等需要有一定的要求。

2. 过程数据处理

软测量是根据过程测量数据经过数值计算从而实现其功能的。其性能在很大程度上依赖于所获过程测量数据的准确性和有效性。任何测量都不可避免地带有误差，有时甚至还有严重的粗大误差。如果将这些实测数据直接用于软测量，会导致软测量的精度降低，甚至完全失败。测量数据的误差含有随机误差和粗大误差，因此测量必须要对这两类误差进行处理。

1）随机误差处理时，除剔除跳变信号外，还常采用数字滤波方法。随着系统精度要求的提高，提出了数据协调技术。数据协调技术的实现方法有主元分析法、正交分解法等。

2）粗大误差的出现概率很小，但它的存在会严重恶化数据品质，并可能导致软测量甚至整个过程优化的失效。因此，及时剔除和校正这类数据是误差处理的首要任务。常用方法有统计假设检验法、广义似然比法和贝叶斯法等。

3. 软测量模型的建立

软测量模型的建立是软测量技术的核心，在本质上是要完成由辅助参数构成的可测信息集到主导参数估计的映射。通过辅助参数来获得对主导参数的最佳估计，而不是强调各输入输出参数间的关系，因此它不同于一般意义下的数学模型。

软测量的建模方法多种多样，可将其分为机理建模和非机理建模。

1）机理建模通常由代数方程组或微分方程组组成，在对对象的物理、化学过程获得全面清晰的认识后，通过列写过程的各类平衡方程（如物料平衡、能量平衡、动量平衡、相平衡等）和反映流体传热介质等基本规律的动力学方程、物性参数方程和设备特性方程等，确定不可测主导参数和可测辅助参数的数学关系，建立估计主导参数的精确数学模型。其特点是工程背景清晰，便于实际应用，但应用效果依赖于对工艺机理的了解程度，建模的难度较大，不适用于机理不完全清楚的过程对象。

2）非机理建模的方法一般有状态估计法、回归分析法、模式识别法、人工神经网络法、模糊数学法、支持向量机法等。状态估计法适用于系统的状态对于辅助参数完全可观的情况，此时就转化为典型的状态观测器和状态估计问题，当遇到不可测的扰动时，会导致显著误差。回归分析法的特点是简单实用，但需要大量的样本数据，对测量误差较为敏感。在缺乏先验知识的情况下，可以采用模式识别的方法对系统进行处理，从中提取系统特征，建立以模式描述分类为基础的模式识别模型。

4. 在线校正

软测量模型并非固定不变的。受系统工作环境、产品质量、材料属性等因素的影响，被测对象的特性和工作点可能随时间而发生变化，偏离了建立软测量模型时的工作点，此时若继续使用原模型定会产生较大的误差，因此必须考虑模型的在线校正，才能适应新的情况。

软测量的模型校正可表示为模型结构和模型参数的优化过程。实际校正过程中多采用离线测量值进行在线校正；为解决模型结构修正耗时长和在线校正的矛盾，科研人员提出短期学习和长期学习的校正方法。短期校正是在不改变模型结构的情况下，根据新采集的数据对模型的有关系数进行更新。长期校正是在工况发生较大变化时，利用新采集的大量数据重新建立模型。虽然模型校正如此重要，但目前有效的模型校正方法仍不能满足需要。

软测量不仅能够解决许多用传统检测手段无法解决的难题，而且在可实现性、通用性、灵活性和成本、维护等方面更具有巨大优势。目前软测量技术在工业过程中主要应用于实时估计、故障冗余、智能校正和多路复用等方面。经过几十年发展，软测量技术无论是在理论研究还是在实际应用中均取得了较大成功。随着软测量技术在理论研究和实践中的不断完善和发展，它正逐步取得令人满意的经济效益和社会效益。

【问题 02】 请网络查阅软测量的详细机理和应用。

13.4　虚拟仪器与虚拟传感器

虚拟仪器（virtual instrument，VI）的概念最早由美国国家仪器公司（NI，全称为 national instruments corporation）提出，它认为虚拟仪器是由计算机硬件资源、模块化仪表硬件和用于数据分析、过程通信及图形用户界面的软件组成的测控系统，是一种由计算机操纵的模块化仪表系统。如果再进行进一步说明，虚拟仪器是一种运用计算机技术真正全面处理传感器信号的专用工具，将人们自身已有的计算机作为统一硬件平台，配置一定的硬件接口后，充分利用软件技术完成仪器仪表的信号处理和显示功能。由于专业化功能和面板控件都是由软件形成，因此国际上把这类新型的仪表称为"虚拟仪器"，实现了虚拟仪器"软件就是仪表"的概念。虚拟仪器的出现在一定程度上也代表着传感器信号处理的最新方向和潮流。

虚拟仪器配置有较全的硬件接口模块，拥有自身专业处理软件（如虚拟仪器软件体系结构、驱动软件和应用软件），用图形化编程技巧完成功能实现的程序设计。

虚拟传感器是虚拟仪表的重要组成部分，是指在测量中不存在直接的物理传感器实体，而是利用其他由直接物理传感器实体得到的信息，通过数学模型计算等手段得到所需检测信息的一种功能实体。虚拟传感器不仅可以解决工程上某些变量值难以准确检测的问题，而且还可以为用硬件方法能检测到的变量提供校正参考。

虚拟传感器又称为数据传感器，在某种意义上来说是一个数学模型，该模型可以根据有关原始数据，通过一个系统模型及公式来创建。虚拟传感器的原始数据可来自于虚拟加工过程（应考虑制造误差的影响），也可来自测量系统中的真实物理传感器。它有两个作用：①将当前少数分离的传感器的信息映射到空间分布（或较多空间）的信息；②利用映射空间信息预估下一时刻的信息。

虚拟传感器可以仿真各个类型的真实传感器，控制及操作基于虚拟传感的信息，模拟虚拟环境中测控对象的变化，确定虚拟制造环境中某些行为的虚拟传感器触发信号。

虚拟传感器通过硬件技术的软件化，可以实现测试计量的高精度、低功耗、低成本，有利于实现传感器数据处理、分析、判断等的智能化。

> 【问题 03】　虚拟仪器在不断开发和不断升级。请网络查阅虚拟仪器和虚拟传感器的最新功能。

13.5　多传感器数据融合技术

多传感器数据融合系统主要有多传感器融合与数据融合两大部分，涉及信号处理、概率统计、信息论、模式识别、人工智能、模糊数学等多学科理论。

多传感器融合是指多传感器的复合应用和设计，常称多传感器复合。由于采用了多传感器融合，增强了系统的性能，提高了系统效用。多传感器融合系统的系统可靠性和鲁棒性更优越、覆盖面更广、置信度更高、响应时间更短、分辨率更高。

数据融合是关于协同利用多传感器信息，进行多级别、多方面、多层次信息检测、相关估计和综合以获得目标的状态和特征估计以及态势和威胁评估的一种多级自动信息处理过程。它将不同来源、不同模式、不同时间、不同地点、不同表现形式的信息进行融合，最后得出被感知对象的更精确描述。

多传感器数据融合研究的基本目的是：①获得传感器的种类、分辨率、数据类型与精度；②传感器是否被按其位置和功能分布，数据传输通道有无通信约束，数据传输特性和格式如何；③获得的传感器信息的计算能力、系统目标、传感器与融合信号处理算法；④系统构造，包括拓扑布局、信息传递结构以及融合级别。

13.5.1 多传感器数据融合基本原理

多传感器数据融合是人类和其他生物系统中普遍存在的一种基本功能。人类本能地具有将身体上的各种功能器官所探测到的信息与先验知识进行融合的能力，以便对周围的环境和正在发生的事件做出估计。多传感器数据融合的基本原理就像人脑综合处理的信息过程一样，充分利用多个传感器资源，通过对这些传感器及其获得的信息合理支配和使用，把其在时间或空间上的冗余或互补信息依据某种准则来进行综合，以获得被测对象的一致性解释或描述，使该系统由此而获得比它的各组成部分的子集所构成的系统具备更优越的性能。

具体而言，多传感器数据融合基本原理如下：①多个不同类型的传感器获取目标的数据；②对输出数据进行特征提取，从而获得特征矢量；③对特征矢量进行模式识别，完成各传感器关于目标的属性说明；④将各传感器关于目标的属性说明数据按同一目标进行分组，即关联。利用融合算法将每一目标各传感器数据进行合成，得到该目标的一致性解释与描述，多传感器数据融合的一般过程如图 13-4 所示。

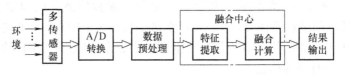

图 13-4　多传感器数据融合的一般过程

由于被测对象多半为具有不同特征的非电量，如压力、温度、色彩和灰度等，因此首先要将它们转换成电信号，其中多传感器的功能是实现信号检测。

13.5.2 多传感器数据融合层次

对于多传感器数据的数据融合，可分为三层：数据层融合、特征层融合和决策层融合，如图 13-5 所示。

1. 数据层融合(图 13-5a)

数据层融合首先将全部传感器的观测数据融合，然后从融合的数据中提取特征向量，并进行判断识别，这要求传感器是同质同类的；如果多个传感器是异质的，那么数据只能在特征层或决策层进行融合。

数据层融合是直接在采集到的原始数据层上进行的融合，在各种传感器的原始测量未经处理之前就进行数据的综合和分析，这是最低层次的融合，如成像传感器对包含若干像素的模糊图像进行处理和模式识别来确认目标属性的过程就属于数据层的融合。这种融合的优点是能保持尽可能多的现场数据，提供其他融合层次所不能提供的细微信息。但它所要处理的传感器数据量大、处理代价高、处理时间长、实时性差。这种融合是在信息的最底层进行，传感器原始信息的不确定性、不完全性和不稳定性要求在融合时有较高的纠错能力。

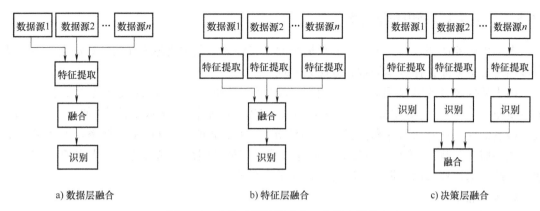

a) 数据层融合　　　　　　　　b) 特征层融合　　　　　　　　c) 决策层融合

图 13-5　多传感器数据融合三种层次结构

2. 特征层融合（图 13-5b）

每种传感器提供从观测数据中提取的有代表性的特征，这些特征融合成单一的特征向量，然后运用模式识别的方法进行处理。这种方法对通信带宽的要求较低，但由于数据的丢失使其准确性有所下降。

3. 决策层融合（图 13-5c）

决策层融合，是将每个传感器采集的信息变换，以建立对所观察目标的初步结论，最后根据一定的准则以及每个判定的可信度做出最优决策。决策层融合从具体决策问题的需求出发，充分利用特征级融合所提取的测量对象的各类特征信息。决策层融合通常采用的方法主要有表决法、贝叶斯方法、广义证据推理理论等。由于对传感器的数据进行了浓缩，因此这种方法产生的结果相对而言最不准确，但它对通信带宽的要求最低。

上述三个层次比较见表 13-1，多传感器数据融合处理模型如图 13-6 所示。

表 13-1　三种融合层次特点比较

融合层次	信息损失	实时性	精度	容错性	抗干扰性	计算量	融合水平
像素级	小	差	高	差	差	大	低
特征级	中	中	中	中	中	中	中
决策级	大	好	低	好	好	小	高

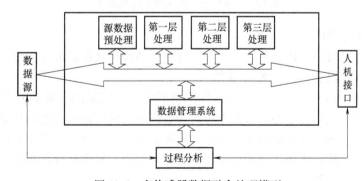

图 13-6　多传感器数据融合处理模型

13.5.3 融合算法和融合结构

多个传感器所获取的关于对象和环境全面、完整的信息主要体现在融合算法上，多传感器数据融合也要靠各种具体的融合方法来实现。

用于数据融合的算法很多，已有不少应用报道，如加权平均法（较适合于动态系统）、卡尔曼滤波法（为融合数据提供一种统计意义下的最优估计）、参数估计法（如最小二乘法、极大似然估计、贝叶斯估计和多贝叶斯估计等）、证据推理法（包括基本概率赋值函数、信任函数和似然函数）、产生式规则、模糊逻辑推理和神经网络等诸多算法。各种算法在相应融合系统中选择性适用，根据实际应用选择融合系统。

1. 基本融合结构

1) 反馈型。当系统的实时性要求很高时，以高精度要求去融合多传感器系统的信息，速度上已不能满足要求；利用信息的相对稳定性和原始积累对融合信息进行反馈后再进行处理是一种有效方法。图 13-7a 中，数据融合不仅接收来自传感器的原始信息，而且接收已经获得的融合信息，这样就能够较快地提高融合处理速度。

2) 串行型，如图 13-7b 所示。由图可知，i 个局部传感器分别接收各自的观测数据 $y_i(i=1,2,\cdots)$；传感器 1 做出局部检验判决 u_1，传递给传感器 2，传感器 2 将自身的观测数据与 u_1 融合形成判决 u_2，再传递给下一个传感器，重复该过程，第 i 个传感器的融合判决实际上是对自身观测 y_i 与 u_{i-1} 的融合过程；最后，传感器 i 的判决 u_i 就是融合系统的最终判决。

3) 并行型，如图 13-7c 所示。图中每个传感器将观测数据直接传送到融合中心，实现目标的融合检测。这种结构的优点是信息的损失小，但对系统的通信要求较高，融合中心计算负担较重，系统的生存能力较差。

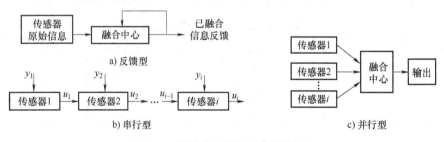

图 13-7 多传感器数据融合结构图 1

2. 组合式融合结构

组合式融合结构较多，特别是引入了人工智能，结构模式更贴近实际应用要求；典型的融合结构有分布式和混合式，如图 13-8 所示。

1) 分布式，如图 13-8a 所示。图中，各传感器完成一定量的计算和处理任务后，将压缩后的传感器数据送到融合中心，融合中心将接收到的多维信息进行组合和推理，最终得到融合结果。这一结构的优点是结构冗余度高、计算负荷分配合理、信道压力轻，但由于各传感器进行局部信息处理，阻断了原始信息间的交流，可能会导致部分信息的丢失，一般适用于远距离配置的多传感器系统。

2) 混合式，混合型多传感器数据融合的结构如图 13-8b 所示。它吸收了分布式和并行式融合结构的优点，既有集中处理，又有分散处理，各传感器信息均可被多次利用。这一结

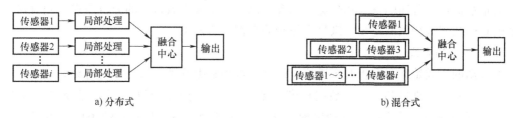

a) 分布式　　　　　　　　　　　　　　　　b) 混合式

图 13-8　多传感器数据融合结构图 2

构能得到比较理想的融合结果，适用于大型的多传感器数据融合，但其结构复杂，计算量很大。

> 【问题 04】　数据融合技术近十几年来有了很大的发展，尤其在当前嵌入式技术、人工智能技术和通信网络技术和大数据时代，更有新的数据融合技术发展。请网络查询数据融合技术发展趋势。

13.6　大数据与数据挖掘

信息时代最具有价值的是信息数据，是基于时间演变下各个状态下的实时数据。这些数据包含了数据对象的所有内涵，一旦这些数据的某些内涵在对应系统中发挥有效作用时，其功效之巨难以估量。这些会进一步发挥功效的数据必然是延续的，与未来某个时刻有机衔接，则数据的规模会越来越大，在越来越大的数据中寻找有用数据就需要特定手段，如"挖掘"。

1. 大数据特征

1）大量化：数据量非常庞大，主要体现在数据存取量大和计算量大。现已突破 TB 级别。

2）多样化：包含结构化的数据表和半结构化、非结构化的文本、视频、图像等信息，不再仅仅局限在传感信息，而且数据之间的交换非常频繁和广泛。

3）快速化：一是数据更新，增长速度快；二是数据存取、传输等处理速度快。

4）价值密度低：数据的价值密度很低。以视频为例，连续不间断监控过程中，可能有用的数据仅仅只有一两秒，甚至仅在几帧图片中。

2. 大数据构成

按照特征分析，大数据的"大"有"海量"含义，涉及三个"海量"工作：

1）海量交易数据。从传统数据应用程序到数据仓库应用程序的在线交易处理与分析系统中，传统的关系数据以及非结构化和半结构化信息仍在继续增长。随着更多的数据和业务流程趋向公共云，这一局面变得更加复杂。内部的经营交易信息主要包括联机交易数据和联机分析数据，是结构化的、通过关系数据库进行管理和访问的静态历史数据。

2）海量交互数据。包括呼叫详细记录、设备和传感信息、GPS 和地理定位映射数据、通过管理文件传输协议传送的海量图像文件、Web 文本和点击流数据、科学信息、电子邮件等。

3）海量数据处理。利用多种轻型数据库来接收发自客户端的数据，并将其导入到一个集中的大型分布式数据库或者分布式存储集群，然后利用分布式数据库来对存储于其内的集

287

中的海量数据进行普通的查询和分类汇总等，以此满足大多数常见的分析需求，同时对基于前面的查询数据进行数据挖掘，满足高级别的数据分析需求。

3. 大数据的挑战

大数据的生成始终存在着两个挑战：硬件条件和数据管理。大数据时时刻刻地产生、存储、保护、归档、维护和交互，数据规模不断扩大、空间要求不断提高、服务速度不断加快，大数据中的"特定"有用信息会出现灵活的特征融合关系。排除硬件条件，更有效的数据应用永远是面对的挑战。

时时刻刻要从大数据中寻找到有用信息，比较常规易懂的技术手段称为"数据挖掘"。

4. 数据挖掘

数据挖掘就是从大量的、不完全的、有噪声的、模糊的、随机的实际应用数据中，提取隐含在其中的、人们事先不知道的但又是潜在有用的信息和知识的过程。与数据挖掘相近的同义词有数据融合、数据分析和决策支持；因此数据挖掘是一门交叉学科，它把人们对数据的应用从低层次的简单查询，提升到从数据中挖掘知识，提供决策支持。

在人工智能领域，数据挖掘又称为数据库中的知识发现，是通过分析每个数据，从大量数据中寻找其规律的技术，主要有数据准备、规律寻找（挖掘）和规律表示（结果表达和解释）三个步骤。数据准备是从相关的数据源中选取所需的数据并整合成用于数据挖掘的数据集；规律寻找是用某种方法将数据集所含的规律找出来；规律表示是尽可能以用户可理解的方式（如可视化）将找出的规律表示出来。

数据挖掘的方法已经越来越多，较为简单的就有分类、归类、聚类、分析、关联等，实施过程中满足下列步骤：①理解数据和数据的来源；②获取相关知识与技术；③整合与检查数据；④去除错误或不一致的数据；⑤建立模型和假设；⑥实际数据挖掘工作；⑦测试和验证挖掘结果；⑧解释和应用。

【问题 05】　请网络查询大数据的最新应用，特别是在智慧能源、智能交通、政务管理等领域。

【问题 06】　数据挖掘技术已有一定的应用年限，请查询网络数据如何挖掘。

本章小结

本章作为信号处理技术的专属章，只算是抛砖引玉，任何一种处理技术都能拓展到一门课程，甚至是一门学科。嵌入式技术、人工智能技术和网络通信中涉及的"传感"信息就没有再介入。本章还是以较为"公共"的处理技术作为主要介绍内容。

本章主要介绍较为公认的基本抗干扰方法（电磁兼容性、屏蔽、隔离、接地、滤波和软件抗干扰）、数据处理基本算法（非线性处理和数字滤波等）；随着测量技术的提高和人工智能的普及应用，软测量技术、虚拟传感器技术、数据融合技术和大数据及其数据挖掘都将有更快的发展；神经网络和深度学习，也使这些技术愈加深入。因此本章对这些技术仅仅简单介绍，其目的表明：信息时代的传感数据来自于整个社会环境，有效数据的内涵具有一定的深度和广度，选用适用的信号处理方法是最科学的，而可选方法都具有自身的知识体系。敬请读者以此为引，拓展学习。

思考题与习题

13-1 掌握各节基本概念、定义、特点和应用。

13-2 请选择或详细介绍传感过程中的电磁兼容性、屏蔽、隔离、接地和滤波技术。

13-3 请详细介绍数字滤波技术。

13-4 请介绍软测量技术的基本原理和实现方法。

13-5 请简单介绍虚拟仪器。

13-6 请介绍多传感器数据融合技术的基本原理、融合层次和融合结构方式。

13-7 请介绍大数据的特征、构成。

13-8 补充题1：传感器输出信号的基本处理算法有哪些？请网络查阅自校正、自调零。

13-9 补充题2：请网络查阅软测量的详细机理和应用。

13-10 补充题3：请网络查阅和完善虚拟传感器的知识。

13-11 补充题4：请网络查询数据融合技术发展趋势。

13-12 补充题5：数据挖掘技术已有一定的应用年限，请查询网络数据如何挖掘。

13-13 思考题：请网络查询大数据的最新应用，特别是在智慧能源、智能交通、政务管理等领域。

13-14 拓展题：请学习"机器学习""深度学习"。

附　　录

附录 A　Pt100 热电阻分度表（ITS-90）

温度/℃	电阻值/Ω									
	0	1	2	3	4	5	6	7	8	9
−200	18.52									
−190	22.825	22.396	21.967	21.538	21.108	20.677	20.246	19.815	19.384	18.952
−180	27.096	26.671	26.245	25.819	25.392	24.965	24.538	24.11	23.682	23.254
−170	31.335	30.913	30.49	30.067	29.643	29.22	28.796	28.371	27.947	27.522
−160	35.543	35.124	34.704	34.284	33.863	33.443	33.022	32.601	32.179	31.757
−150	39.723	39.306	38.889	38.472	38.055	37.637	37.219	36.8	36.381	35.963
−140	43.876	43.462	43.048	42.633	42.218	41.803	41.388	40.972	40.556	40.14
−130	48.005	47.593	47.181	46.769	46.356	45.944	45.531	45.117	44.704	44.29
−120	52.11	51.7	51.291	50.881	50.47	50.06	49.649	49.239	48.828	48.416
−110	56.193	55.786	55.378	54.97	54.562	54.154	53.746	53.337	52.928	52.519
−100	60.256	59.85	59.445	59.039	58.633	58.227	57.821	57.414	57.007	56.6
−90	64.3	63.896	63.492	63.088	62.684	62.28	61.876	61.471	61.066	60.661
−80	68.325	67.924	67.522	67.119	66.717	66.315	65.912	65.509	65.106	64.703
−70	72.335	71.934	71.534	71.134	70.733	70.332	69.931	69.53	69.129	68.727
−60	76.328	75.929	75.53	75.131	74.732	74.333	73.934	73.534	73.134	72.735
−50	80.306	79.909	79.512	79.114	78.717	78.319	77.921	77.523	77.125	76.726
−40	84.271	83.875	83.479	83.083	82.687	82.29	81.894	81.497	81.1	80.703
−30	88.222	87.827	87.432	87.038	86.643	86.248	85.853	85.457	85.062	84.666
−20	92.16	91.767	91.373	90.98	90.586	90.192	89.798	89.404	89.01	88.616
−10	96.086	95.694	95.302	94.909	94.517	94.124	93.732	93.339	92.946	92.553
−0	100	99.609	99.218	98.827	98.436	98.044	97.653	97.261	96.87	96.478
+0	100	103.513	103.123	102.733	102.343	101.953	101.562	101.172	100.781	100.391
10	103.903	107.405	107.016	106.627	106.238	105.849	105.46	105.071	104.682	104.292
20	107.794	111.286	110.898	110.51	110.123	109.735	109.347	108.959	108.57	108.182

（续）

温度/℃	电阻值/Ω									
	0	1	2	3	4	5	6	7	8	9
30	111.673	115.155	114.768	114.382	113.995	113.608	113.221	112.835	112.447	112.06
40	115.541	119.012	118.627	118.241	117.856	117.47	117.085	116.699	116.313	115.927
50	119.397	122.858	122.474	122.09	121.705	121.321	120.936	120.552	120.167	119.782
60	123.242	126.692	126.309	125.926	125.543	125.16	124.777	124.393	124.009	123.626
70	127.075	130.515	130.133	129.752	129.37	128.987	128.605	128.223	127.84	127.458
80	130.897	134.326	133.946	133.565	133.184	132.803	132.422	132.041	131.66	131.278
90	134.707	138.126	137.747	137.367	136.987	136.608	136.228	135.848	135.468	135.087
100	138.506	141.914	141.536	141.158	140.779	140.4	140.022	139.643	139.264	138.885
110	142.293	145.691	145.314	144.937	144.559	144.182	143.804	143.426	143.049	142.671
120	146.068	149.456	149.08	148.704	148.328	147.951	147.575	147.198	146.822	146.445
130	149.832	153.21	152.835	152.46	152.085	151.71	151.334	150.959	150.583	150.208
140	153.584	156.952	156.578	156.204	155.83	155.456	155.082	154.708	154.333	153.959
150	157.325	160.682	160.309	159.937	159.564	159.191	158.818	158.445	158.072	157.699
160	161.054	164.401	164.03	163.658	163.286	162.915	162.543	162.171	161.799	161.427
170	164.772	168.108	167.738	167.368	166.997	166.627	166.256	165.885	165.514	165.143
180	168.478	171.804	171.435	171.066	170.696	170.327	169.958	169.588	169.218	168.848
190	172.173	175.488	175.12	174.752	174.384	174.016	173.648	173.279	172.91	172.542
200	175.856	179.161	178.794	178.427	178.06	177.693	177.326	176.959	176.591	176.224
210	179.528	182.822	182.456	182.091	181.725	181.359	180.993	180.627	180.26	179.894
220	183.188	186.472	186.107	185.743	185.378	185.013	184.648	184.283	183.918	183.553
230	186.836	190.11	189.746	189.383	189.019	188.656	188.292	187.928	187.564	187.2
240	190.473	193.736	193.374	193.012	192.649	192.287	191.924	191.562	191.199	190.836
250	194.098	197.351	196.99	196.629	196.268	195.906	195.545	195.183	194.822	194.46
260	197.712	200.954	200.595	200.235	199.875	199.514	199.154	198.794	198.433	198.073
270	201.314	204.546	204.188	203.829	203.47	203.111	202.752	202.393	202.033	201.674
280	204.905	208.127	207.769	207.411	207.054	206.696	206.338	205.98	205.622	205.263
290	208.484	211.695	211.339	210.982	210.626	210.269	209.912	209.555	209.198	208.841
300	212.052	215.252	214.897	214.542	214.187	213.831	213.475	213.12	212.764	212.408
310	215.608	218.798	218.444	218.09	217.736	217.381	217.027	216.672	216.317	215.962
320	219.152	222.332	221.979	221.626	221.273	220.92	220.567	220.213	219.86	219.506
330	222.685	225.855	225.503	225.151	224.799	224.447	224.095	223.743	223.39	223.038
340	226.206	229.366	229.015	228.664	228.314	227.963	227.612	227.26	226.909	226.558
350	229.716	232.865	232.516	232.166	231.816	231.467	231.117	230.767	230.417	230.066
360	233.214	236.353	236.005	235.656	235.308	234.959	234.61	234.262	233.913	233.564
370	236.701	239.829	239.482	239.135	238.788	238.44	238.093	237.745	237.397	237.049
380	240.176	243.294	242.948	242.602	242.256	241.91	241.563	241.217	240.87	240.523

（续）

温度/℃	电阻值/Ω									
	0	1	2	3	4	5	6	7	8	9
390	243.64	246.747	246.403	246.058	245.713	245.367	245.022	244.677	244.331	243.986
400	247.092	250.189	249.845	249.502	249.158	248.814	248.47	248.125	247.781	247.437
410	250.533	253.619	253.277	252.934	252.591	252.248	251.906	251.562	251.219	250.876
420	253.962	257.038	256.696	256.355	256.013	255.672	255.33	254.988	254.646	254.304
430	257.379	260.445	260.105	259.764	259.424	259.083	258.743	258.402	258.061	257.72
440	260.785	263.84	263.501	263.162	262.823	262.483	262.144	261.804	261.465	261.125
450	264.179	267.224	266.886	266.548	266.21	265.872	265.534	265.195	264.857	264.518
460	267.562	270.597	270.26	269.923	269.586	269.249	268.912	268.574	268.237	267.9
470	270.933	273.957	273.622	273.286	272.95	272.614	272.278	271.942	271.606	271.27
480	274.293	277.307	276.972	276.638	276.303	275.968	275.633	275.298	274.963	274.628
490	277.641	280.644	280.311	279.978	279.644	279.311	278.977	278.643	278.309	277.975
500	280.978	283.971	283.638	283.306	282.974	282.641	282.309	281.976	281.643	281.311
510	284.303	287.285	286.954	286.623	286.292	285.961	285.629	285.298	284.966	284.634
520	287.616	290.588	290.258	289.929	289.599	289.268	288.938	288.608	288.277	287.947
530	290.918	293.88	293.551	293.222	292.894	292.565	292.235	291.906	291.577	291.247
540	294.208	297.16	296.832	296.505	296.177	295.849	295.521	295.193	294.865	294.537
550	297.487	300.428	300.102	299.775	299.449	299.122	298.795	298.469	298.142	297.814
560	300.754	303.685	303.36	303.035	302.709	302.384	302.058	301.732	301.406	301.08
570	304.01	306.93	306.606	306.282	305.958	305.634	305.309	304.985	304.66	304.335
580	307.254	310.164	309.841	309.518	309.195	308.872	308.549	308.225	307.902	307.578
590	310.487	313.386	313.065	312.743	312.421	312.099	311.777	311.454	311.132	310.81
600	313.708	316.597	316.277	315.956	315.635	315.314	314.993	314.672	314.351	314.029
610	316.918	319.796	319.477	319.157	318.838	318.518	318.198	317.878	317.558	317.238
620	320.116	322.984	322.666	322.347	322.029	321.71	321.391	321.073	320.754	320.435
630	323.302	326.16	325.843	325.526	325.208	324.891	324.573	324.256	323.938	323.62
640	326.477	329.324	329.008	328.692	328.376	328.06	327.744	327.427	327.11	326.794
650	329.64	332.477	332.162	331.848	331.533	331.217	330.902	330.587	330.271	329.956
660	332.792	335.619	335.305	334.991	334.677	334.363	334.049	333.735	333.421	333.106
670	335.932	338.748	338.436	338.123	337.811	337.498	337.185	336.872	336.559	336.246
680	339.061	341.867	341.555	341.244	340.932	340.621	340.309	339.997	339.685	339.373
690	342.178	344.973	344.663	344.353	344.043	343.732	343.422	343.111	342.8	342.489
700	345.284	348.069	347.76	347.451	347.141	346.832	346.522	346.213	345.903	345.593
710	348.378	351.152	350.844	350.536	350.228	349.92	349.612	349.303	348.995	348.686
720	351.46	354.224	353.918	353.611	353.304	352.997	352.69	352.382	352.075	351.768
730	354.531	357.285	356.979	356.674	356.368	356.062	355.756	355.45	355.144	354.837
740	357.59	360.334	360.029	359.725	359.42	359.116	358.811	358.506	358.201	357.896

（续）

温度/℃	电阻值/Ω									
	0	1	2	3	4	5	6	7	8	9
750	360.638	363.371	363.068	362.765	362.461	362.158	361.854	361.55	361.246	360.942
760	363.674	366.397	366.095	365.793	365.491	365.188	364.886	364.583	364.28	363.977
770	366.699	369.412	369.111	368.81	368.508	368.207	367.906	367.604	367.303	367.001
780	369.712	372.414	372.115	371.815	371.515	371.215	370.914	370.614	370.314	370.013
790	372.714	375.406	375.107	374.808	374.509	374.21	373.911	373.612	373.313	373.013
800	375.704	378.385	378.088	377.79	377.493	377.195	376.897	376.599	376.301	376.002
810	378.683	381.353	381.057	380.761	380.464	380.167	379.871	379.574	379.277	378.98
820	381.65	384.31	384.015	383.72	383.424	383.129	382.833	382.537	382.242	381.946
830	384.605	387.255	386.961	386.667	386.373	386.078	385.784	385.489	385.195	384.9
840	387.549	390.188	389.896	389.603	389.31	389.016	388.723	388.43	388.136	387.843
850	390.481									

附录 B　Cu100 热电阻分度表（ITS-90）

温度/℃	电阻值/Ω									
	0	1	2	3	4	5	6	7	8	9
−50	78.484									
−40	82.8	82.369	81.937	81.506	81.074	80.643	80.211	79.779	79.348	78.916
−30	87.109	86.679	86.248	85.817	85.386	84.955	84.525	84.094	83.662	83.231
−20	91.412	90.982	90.552	90.122	89.691	89.261	88.831	88.401	87.97	87.54
−10	95.708	95.279	94.849	94.42	93.99	93.561	93.131	92.701	92.271	91.842
−0	100	99.571	99.142	98.713	98.284	97.855	97.426	96.996	96.567	96.138
+0	100	103.859	103.43	103.001	102.573	102.144	101.715	101.287	100.858	100.429
10	104.287	108.143	107.714	107.286	106.858	106.429	106.001	105.573	105.144	104.716
20	108.571	112.424	111.996	111.568	111.14	110.712	110.284	109.855	109.427	108.999
30	112.852	116.703	116.275	115.847	115.419	114.991	114.563	114.136	113.708	113.28
40	117.13	120.98	120.552	120.125	119.697	119.269	118.841	118.414	117.986	117.558
50	121.408	125.257	124.829	124.401	123.974	123.546	123.118	122.691	122.263	121.835
60	125.684	129.534	129.106	128.678	128.25	127.823	127.395	126.967	126.54	126.112
70	129.961	133.811	133.383	132.956	132.528	132.1	131.672	131.244	130.817	130.389
80	134.239	138.09	137.662	137.234	136.806	136.378	135.95	135.523	135.095	134.667
90	138.518	142.372	141.943	141.515	141.087	140.659	140.231	139.803	139.374	138.946
100	142.8	146.656	146.228	145.799	145.37	144.942	144.514	144.085	143.657	143.228
110	147.085	150.944	150.515	150.086	149.657	149.229	148.8	148.371	147.942	147.513
120	151.373	155.237	154.808	154.378	153.949	153.519	153.09	152.661	152.232	151.803
130	155.667	159.535	159.105	158.675	158.245	157.815	157.385	156.956	156.526	156.096
140	159.965	163.839	163.408	162.978	162.547	162.117	161.686	161.256	160.826	160.395
150	164.27									

293

附录 C   S 型(铂铑₁₀-铂)热电偶分度表(ITS-90)

温度/℃	电势值/mV(参考温度 0℃)									
	0	−9	−8	−7	−6	−5	−4	−3	−2	−1
−50	−0.236									
−40	−0.194	−0.232	−0.228	−0.224	−0.219	−0.215	−0.211	−0.207	−0.203	−0.199
−30	−0.15	−0.19	−0.186	−0.181	−0.177	−0.173	−0.168	−0.164	−0.159	−0.155
−20	−0.103	−0.146	−0.141	−0.136	−0.132	−0.127	−0.122	−0.117	−0.113	−0.108
−10	−0.053	−0.098	−0.093	−0.088	−0.083	−0.078	−0.073	−0.068	−0.063	−0.058
0	0	−0.048	−0.042	−0.037	−0.032	−0.027	−0.021	−0.016	−0.011	−0.005

温度/℃	电势值/mV(参考温度 0℃)									
	0	1	2	3	4	5	6	7	8	9
0	0	0.005	0.011	0.016	0.022	0.027	0.033	0.038	0.044	0.05
10	0.055	0.061	0.067	0.072	0.078	0.084	0.09	0.095	0.101	0.107
20	0.113	0.119	0.125	0.131	0.137	0.143	0.149	0.155	0.161	0.167
30	0.173	0.179	0.185	0.191	0.197	0.204	0.21	0.216	0.222	0.229
40	0.235	0.241	0.248	0.254	0.26	0.267	0.273	0.28	0.286	0.292
50	0.299	0.305	0.312	0.319	0.325	0.332	0.338	0.345	0.352	0.358
60	0.365	0.372	0.378	0.385	0.392	0.399	0.405	0.412	0.419	0.426
70	0.433	0.44	0.446	0.453	0.46	0.467	0.474	0.481	0.488	0.495
80	0.502	0.509	0.516	0.523	0.53	0.538	0.545	0.552	0.559	0.566
90	0.573	0.58	0.588	0.595	0.602	0.609	0.617	0.624	0.631	0.639
100	0.646	0.653	0.661	0.668	0.675	0.683	0.69	0.698	0.705	0.713
110	0.72	0.727	0.735	0.743	0.75	0.758	0.765	0.773	0.78	0.788
120	0.795	0.803	0.811	0.818	0.826	0.834	0.841	0.849	0.857	0.865
130	0.872	0.88	0.888	0.896	0.903	0.911	0.919	0.927	0.935	0.942
140	0.95	0.958	0.966	0.974	0.982	0.99	0.998	1.006	1.013	1.021
150	1.029	1.037	1.045	1.053	1.061	1.069	1.077	1.085	1.094	1.102
160	1.11	1.118	1.126	1.134	1.142	1.15	1.158	1.167	1.175	1.183
170	1.191	1.199	1.207	1.216	1.224	1.232	1.24	1.249	1.257	1.265
180	1.273	1.282	1.29	1.298	1.307	1.315	1.323	1.332	1.34	1.348
190	1.357	1.365	1.373	1.382	1.39	1.399	1.407	1.415	1.424	1.432
200	1.441	1.449	1.458	1.466	1.475	1.483	1.492	1.5	1.509	1.517
210	1.526	1.534	1.543	1.551	1.56	1.569	1.577	1.586	1.594	1.603
220	1.612	1.62	1.629	1.638	1.646	1.655	1.663	1.672	1.681	1.69
230	1.698	1.707	1.716	1.724	1.733	1.742	1.751	1.759	1.768	1.777
240	1.786	1.794	1.803	1.812	1.821	1.829	1.838	1.847	1.856	1.865
250	1.874	1.882	1.891	1.9	1.909	1.918	1.927	1.936	1.944	1.953
260	1.962	1.971	1.98	1.989	1.998	2.007	2.016	2.025	2.034	2.043

（续）

温度/℃	电势值/mV（参考温度0℃）									
	0	1	2	3	4	5	6	7	8	9
270	2.052	2.061	2.07	2.078	2.087	2.096	2.105	2.114	2.123	2.132
280	2.141	2.151	2.16	2.169	2.178	2.187	2.196	2.205	2.214	2.223
290	2.232	2.241	2.25	2.259	2.268	2.277	2.287	2.296	2.305	2.314
300	2.323	2.332	2.341	2.35	2.36	2.369	2.378	2.387	2.396	2.405
310	2.415	2.424	2.433	2.442	2.451	2.461	2.47	2.479	2.488	2.497
320	2.507	2.516	2.525	2.534	2.544	2.553	2.562	2.571	2.581	2.59
330	2.599	2.609	2.618	2.627	2.636	2.646	2.655	2.664	2.674	2.683
340	2.692	2.702	2.711	2.72	2.73	2.739	2.748	2.758	2.767	2.776
350	2.786	2.795	2.805	2.814	2.823	2.833	2.842	2.851	2.861	2.87
360	2.88	2.889	2.899	2.908	2.917	2.927	2.936	2.946	2.955	2.965
370	2.974	2.983	2.993	3.002	3.012	3.021	3.031	3.04	3.05	3.059
380	3.069	3.078	3.088	3.097	3.107	3.116	3.126	3.135	3.145	3.154
390	3.164	3.173	3.183	3.192	3.202	3.212	3.221	3.231	3.24	3.25
400	3.259	3.269	3.279	3.288	3.298	3.307	3.317	3.326	3.336	3.346
410	3.355	3.365	3.374	3.384	3.394	3.403	3.413	3.423	3.432	3.442
420	3.451	3.461	3.471	3.48	3.49	3.5	3.509	3.519	3.529	3.538
430	3.548	3.558	3.567	3.577	3.587	3.596	3.606	3.616	3.626	3.635
440	3.645	3.655	3.664	3.674	3.684	3.694	3.703	3.713	3.723	3.732
450	3.742	3.752	3.762	3.771	3.781	3.791	3.801	3.81	3.82	3.83
460	3.84	3.85	3.859	3.869	3.879	3.889	3.898	3.908	3.918	3.928
470	3.938	3.947	3.957	3.967	3.977	3.987	3.997	4.006	4.016	4.026
480	4.036	4.046	4.056	4.065	4.075	4.085	4.095	4.105	4.115	4.125
490	4.134	4.144	4.154	4.164	4.174	4.184	4.194	4.204	4.213	4.223
500	4.233	4.243	4.253	4.263	4.273	4.283	4.293	4.303	4.313	4.323
510	4.332	4.342	4.352	4.362	4.372	4.382	4.392	4.402	4.412	4.422
520	4.432	4.442	4.452	4.462	4.472	4.482	4.492	4.502	4.512	4.522
530	4.532	4.542	4.552	4.562	4.572	4.582	4.592	4.602	4.612	4.622
540	4.632	4.642	4.652	4.662	4.672	4.682	4.692	4.702	4.712	4.722
550	4.732	4.742	4.752	4.762	4.772	4.782	4.793	4.803	4.813	4.823
560	4.833	4.843	4.853	4.863	4.873	4.883	4.893	4.904	4.914	4.924
570	4.934	4.944	4.954	4.964	4.974	4.984	4.995	5.005	5.015	5.025
580	5.035	5.045	5.055	5.066	5.076	5.086	5.096	5.106	5.116	5.127
590	5.137	5.147	5.157	5.167	5.178	5.188	5.198	5.208	5.218	5.228
600	5.239	5.249	5.259	5.269	5.28	5.29	5.3	5.31	5.32	5.331
610	5.341	5.351	5.361	5.372	5.382	5.392	5.402	5.413	5.423	5.433
620	5.443	5.454	5.464	5.474	5.485	5.495	5.505	5.515	5.526	5.536
630	5.546	5.557	5.567	5.577	5.588	5.598	5.608	5.618	5.629	5.639

（续）

温度/℃	电势值/mV（参考温度0℃）									
	0	1	2	3	4	5	6	7	8	9
640	5.649	5.66	5.67	5.68	5.691	5.701	5.712	5.722	5.732	5.743
650	5.753	5.763	5.774	5.784	5.794	5.805	5.815	5.826	5.836	5.846
660	5.857	5.867	5.878	5.888	5.898	5.909	5.919	5.93	5.94	5.95
670	5.961	5.971	5.982	5.992	6.003	6.013	6.024	6.034	6.044	6.055
680	6.065	6.076	6.086	6.097	6.107	6.118	6.128	6.139	6.149	6.16
690	6.17	6.181	6.191	6.202	6.212	6.223	6.233	6.244	6.254	6.265
700	6.275	6.286	6.296	6.307	6.317	6.328	6.338	6.349	6.36	6.37
710	6.381	6.391	6.402	6.412	6.423	6.434	6.444	6.455	6.465	6.476
720	6.486	6.497	6.508	6.518	6.529	6.539	6.55	6.561	6.571	6.582
730	6.593	6.603	6.614	6.624	6.635	6.646	6.656	6.667	6.678	6.688
740	6.699	6.71	6.72	6.731	6.742	6.752	6.763	6.774	6.784	6.795
750	6.806	6.817	6.827	6.838	6.849	6.859	6.87	6.881	6.892	6.902
760	6.913	6.924	6.934	6.945	6.956	6.967	6.977	6.988	6.999	7.01
770	7.02	7.031	7.042	7.053	7.064	7.074	7.085	7.096	7.107	7.117
780	7.128	7.139	7.15	7.161	7.172	7.182	7.193	7.204	7.215	7.226
790	7.236	7.247	7.258	7.269	7.28	7.291	7.302	7.312	7.323	7.334
800	7.345	7.356	7.367	7.378	7.388	7.399	7.41	7.421	7.432	7.443
810	7.454	7.465	7.476	7.487	7.497	7.508	7.519	7.53	7.541	7.552
820	7.563	7.574	7.585	7.596	7.607	7.618	7.629	7.64	7.651	7.662
830	7.673	7.684	7.695	7.706	7.717	7.728	7.739	7.75	7.761	7.772
840	7.783	7.794	7.805	7.816	7.827	7.838	7.849	7.86	7.871	7.882
850	7.893	7.904	7.915	7.926	7.937	7.948	7.959	7.97	7.981	7.992
860	8.003	8.014	8.026	8.037	8.048	8.059	8.07	8.081	8.092	8.103
870	8.114	8.125	8.137	8.148	8.159	8.17	8.181	8.192	8.203	8.214
880	8.226	8.237	8.248	8.259	8.27	8.281	8.293	8.304	8.315	8.326
890	8.337	8.348	8.36	8.371	8.382	8.393	8.404	8.416	8.427	8.438
900	8.449	8.46	8.472	8.483	8.494	8.505	8.517	8.528	8.539	8.55
910	8.562	8.573	8.584	8.595	8.607	8.618	8.629	8.64	8.652	8.663
920	8.674	8.685	8.697	8.708	8.719	8.731	8.742	8.753	8.765	8.776
930	8.787	8.798	8.81	8.821	8.832	8.844	8.855	8.866	8.878	8.889
940	8.9	8.912	8.923	8.935	8.946	8.957	8.969	8.98	8.991	9.003
950	9.014	9.025	9.037	9.048	9.06	9.071	9.082	9.094	9.105	9.117
960	9.128	9.139	9.151	9.162	9.174	9.185	9.197	9.208	9.219	9.231
970	9.242	9.254	9.265	9.277	9.288	9.3	9.311	9.323	9.334	9.345
980	9.357	9.368	9.38	9.391	9.403	9.414	9.426	9.437	9.449	9.46
990	9.472	9.483	9.495	9.506	9.518	9.529	9.541	9.552	9.564	9.576
1000	9.587	9.599	9.61	9.622	9.633	9.645	9.656	9.668	9.68	9.691

（续）

温度/℃	电势值/mV(参考温度0℃)									
	0	1	2	3	4	5	6	7	8	9
1010	9.703	9.714	9.726	9.737	9.749	9.761	9.772	9.784	9.795	9.807
1020	9.819	9.83	9.842	9.853	9.865	9.877	9.888	9.9	9.911	9.923
1030	9.935	9.946	9.958	9.97	9.981	9.993	10.005	10.016	10.028	10.04
1040	10.051	10.063	10.075	10.086	10.098	10.11	10.121	10.133	10.145	10.156
1050	10.168	10.18	10.191	10.203	10.215	10.227	10.238	10.25	10.262	10.273
1060	10.285	10.297	10.309	10.32	10.332	10.344	10.356	10.367	10.379	10.391
1070	10.403	10.414	10.426	10.438	10.45	10.461	10.473	10.485	10.497	10.509
1080	10.52	10.532	10.544	10.556	10.567	10.579	10.591	10.603	10.615	10.626
1090	10.638	10.65	10.662	10.674	10.686	10.697	10.709	10.721	10.733	10.745
1100	10.757	10.768	10.78	10.792	10.804	10.816	10.828	10.839	10.851	10.863
1110	10.875	10.887	10.899	10.911	10.922	10.934	10.946	10.958	10.97	10.982
1120	10.994	11.006	11.017	11.029	11.041	11.053	11.065	11.077	11.089	11.101
1130	11.113	11.125	11.136	11.148	11.16	11.172	11.184	11.196	11.208	11.22
1140	11.232	11.244	11.256	11.268	11.28	11.291	11.303	11.315	11.327	11.339
1150	11.351	11.363	11.375	11.387	11.399	11.411	11.423	11.435	11.447	11.459
1160	11.471	11.483	11.495	11.507	11.519	11.531	11.542	11.554	11.566	11.578
1170	11.59	11.602	11.614	11.626	11.638	11.65	11.662	11.674	11.686	11.698
1180	11.71	11.722	11.734	11.746	11.758	11.77	11.782	11.794	11.806	11.818
1190	11.83	11.842	11.854	11.866	11.878	11.89	11.902	11.914	11.926	11.939
1200	11.951	11.963	11.975	11.987	11.999	12.011	12.023	12.035	12.047	12.059
1210	12.071	12.083	12.095	12.107	12.119	12.131	12.143	12.155	12.167	12.179
1220	12.191	12.203	12.216	12.228	12.24	12.252	12.264	12.276	12.288	12.3
1230	12.312	12.324	12.336	12.348	12.36	12.372	12.384	12.397	12.409	12.421
1240	12.433	12.445	12.457	12.469	12.481	12.493	12.505	12.517	12.529	12.542
1250	12.554	12.566	12.578	12.59	12.602	12.614	12.626	12.638	12.65	12.662
1260	12.675	12.687	12.699	12.711	12.723	12.735	12.747	12.759	12.771	12.783
1270	12.796	12.808	12.82	12.832	12.844	12.856	12.868	12.88	12.892	12.905
1280	12.917	12.929	12.941	12.953	12.965	12.977	12.989	13.001	13.014	13.026
1290	13.038	13.05	13.062	13.074	13.086	13.098	13.111	13.123	13.135	13.147
1300	13.159	13.171	13.183	13.195	13.208	13.22	13.232	13.244	13.256	13.268
1310	13.28	13.292	13.305	13.317	13.329	13.341	13.353	13.365	13.377	13.39
1320	13.402	13.414	13.426	13.438	13.45	13.462	13.474	13.487	13.499	13.511
1330	13.523	13.535	13.547	13.559	13.572	13.584	13.596	13.608	13.62	13.632
1340	13.644	13.657	13.669	13.681	13.693	13.705	13.717	13.729	13.742	13.754
1350	13.766	13.778	13.79	13.802	13.814	13.826	13.839	13.851	13.863	13.875
1360	13.887	13.899	13.911	13.924	13.936	13.948	13.96	13.972	13.984	13.996
1370	14.009	14.021	14.033	14.045	14.057	14.069	14.081	14.094	14.106	14.118
1380	14.13	14.142	14.154	14.166	14.178	14.191	14.203	14.215	14.227	14.239

（续）

温度/℃	电势值/mV（参考温度0℃）									
	0	1	2	3	4	5	6	7	8	9
1390	14.251	14.263	14.276	14.288	14.3	14.312	14.324	14.336	14.348	14.36
1400	14.373	14.385	14.397	14.409	14.421	14.433	14.445	14.457	14.47	14.482
1410	14.494	14.506	14.518	14.53	14.542	14.554	14.567	14.579	14.591	14.603
1420	14.615	14.627	14.639	14.651	14.664	14.676	14.688	14.7	14.712	14.724
1430	14.736	14.748	14.76	14.773	14.785	14.797	14.809	14.821	14.833	14.845
1440	14.857	14.869	14.881	14.894	14.906	14.918	14.93	14.942	14.954	14.966
1450	14.978	14.99	15.002	15.015	15.027	15.039	15.051	15.063	15.075	15.087
1460	15.099	15.111	15.123	15.135	15.148	15.16	15.172	15.184	15.196	15.208
1470	15.22	15.232	15.244	15.256	15.268	15.28	15.292	15.304	15.317	15.329
1480	15.341	15.353	15.365	15.377	15.389	15.401	15.413	15.425	15.437	15.449
1490	15.461	15.473	15.485	15.497	15.509	15.521	15.534	15.546	15.558	15.57
1500	15.582	15.594	15.606	15.618	15.63	15.642	15.654	15.666	15.678	15.69
1510	15.702	15.714	15.726	15.738	15.75	15.762	15.774	15.786	15.798	15.81
1520	15.822	15.834	15.846	15.858	15.87	15.882	15.894	15.906	15.918	15.93
1530	15.942	15.954	15.966	15.978	15.99	16.002	16.014	16.026	16.038	16.05
1540	16.062	16.074	16.086	16.098	16.11	16.122	16.134	16.146	16.158	16.17
1550	16.182	16.194	16.205	16.217	16.229	16.241	16.253	16.265	16.277	16.289
1560	16.301	16.313	16.325	16.337	16.349	16.361	16.373	16.385	16.396	16.408
1570	16.42	16.432	16.444	16.456	16.468	16.48	16.492	16.504	16.516	16.527
1580	16.539	16.551	16.563	16.575	16.587	16.599	16.611	16.623	16.634	16.646
1590	16.658	16.67	16.682	16.694	16.706	16.718	16.729	16.741	16.753	16.765
1600	16.777	16.789	16.801	16.812	16.824	16.836	16.848	16.86	16.872	16.883
1610	16.895	16.907	16.919	16.931	16.943	16.954	16.966	16.978	16.99	17.002
1620	17.013	17.025	17.037	17.049	17.061	17.072	17.084	17.096	17.108	17.12
1630	17.131	17.143	17.155	17.167	17.178	17.19	17.202	17.214	17.225	17.237
1640	17.249	17.261	17.272	17.284	17.296	17.308	17.319	17.331	17.343	17.355
1650	17.366	17.378	17.39	17.401	17.413	17.425	17.437	17.448	17.46	17.472
1660	17.483	17.495	17.507	17.518	17.53	17.542	17.553	17.565	17.577	17.588
1670	17.6	17.612	17.623	17.635	17.647	17.658	17.67	17.682	17.693	17.705
1680	17.717	17.728	17.74	17.751	17.763	17.775	17.786	17.798	17.809	17.821
1690	17.832	17.844	17.855	17.867	17.878	17.89	17.901	17.913	17.924	17.936
1700	17.947	17.959	17.97	17.982	17.993	18.004	18.016	18.027	18.039	18.05
1710	18.061	18.073	18.084	18.095	18.107	18.118	18.129	18.14	18.152	18.163
1720	18.174	18.185	18.196	18.208	18.219	18.23	18.241	18.252	18.263	18.274
1730	18.285	18.297	18.308	18.319	18.33	18.341	18.352	18.362	18.373	18.384
1740	18.395	18.406	18.417	18.428	18.439	18.449	18.46	18.471	18.482	18.493
1750	18.503	18.514	18.525	18.535	18.546	18.557	18.567	18.578	18.588	18.599
1760	18.609	18.62	18.63	18.641	18.651	18.661	18.672	18.682	18.693	

参考文献

[1] 陈荣保. 工业自动化仪表[M]. 北京：中国电力出版社，2011.

[2] 王俊杰，曹丽，等. 传感器与检测技术[M]. 北京：清华大学出版社，2011.

[3] 赵常志，孙伟. 化学与生物传感器[M]. 北京：科学出版社，2012.

[4] 余文勇，石绘. 机器视觉自动检测技术[M]. 北京：化学工业出版社，2013.

[5] 刘伟荣，何云. 物联网与无线传感器网络[M]. 北京：电子工业出版社，2013.

[6] 陈荣保，江琦，李奇越. 电气测试技术[M]. 北京：机械工业出版社，2014.

[7] 张志勇，等. 现代传感器原理及应用[M]. 北京：电子工业出版社，2014.

[8] 黄玉兰. 物联网传感器技术与应用[M]. 北京：人民邮电出版社，2014.

[9] 童敏明. 传感器原理及应用技术[M]. 北京：机械工业出版社，2015.

[10] 费业泰. 误差理论与数据处理[M]. 北京：机械工业出版社，2015.

[11] 杨双华. 无线传感器网络原理设计与应用[M]. 北京：机械工业出版社，2015.

[12] 姜香菊. 传感器原理及应用[M]. 北京：机械工业出版社，2015.

[13] 贾海瀛. 传感器技术与应用[M]. 北京：高等教育出版社，2015.

[14] 宋强，张烨，王瑞. 传感器原理与应用技术[M]. 成都：西南交通大学出版社，2015.

[15] 吴盘龙. 智能传感器技术[M]. 北京：中国电力出版社，2015.

[16] 孟立凡，蓝金辉. 传感器原理与应用[M]. 3版. 北京：电子工业出版社，2015.

[17] 许毅，等. 无线传感器网络技术原理及应用[M]. 北京：清华大学出版社，2015.

[18] 张蕾. 无线传感器网络技术与应用[M]. 北京：机械工业出版社，2016.

[19] 罗俊海，王章静. 多源数据融合和传感器管理[M]. 北京：清华大学出版社，2016.

[20] 徐科军，等. 传感器与检测技术[M]. 5版. 北京：电子工业出版社，2021.

[21] 刘少强. 现代传感器技术[M]. 北京：电子工业出版社，2016.

[22] 陈圣林，王东霞. 图解传感器技术及应用电路[M]. 北京：中国电力出版社，2016.

[23] 刘映群，曾海峰. 传感器技术及应用[M]. 北京：中国铁道出版社，2016.

[24] 海涛. 传感器与检测技术[M]. 重庆：重庆大学出版社，2016.

[25] 王晓鹏. 传感器与检测技术[M]. 北京：北京理工大学出版社，2016.

[26] 陈小平，陈红仙，檀永. 无线传感器[M]. 南京：东南大学出版社，2016.

[27] 熊茂华，熊昕. 无线传感器网络技术及应用[M]. 西安：西安电子科技大学出版社，2016.

[28] 孙晓华，刘晓晖，乌江. 基于虚拟仪器的传感器实践[M]. 北京：机械工业出版社，2017.

[29] 周怀芬. 传感器应用技术[M]. 北京：机械工业出版社，2017.

[30] 刘焕成. 传感器与电测技术[M]. 北京：清华大学出版社，2017.

[31] 阮勇，董永贵. 微型传感器[M]. 2版. 北京：清华大学出版社，2017.

[32] 蒋万翔，张亮亮，金洪吉. 传感器应用及技术[M]. 哈尔滨：哈尔滨工程大学出版社，2018.

[33] 郭彤颖，张辉. 机器人传感器及其信息融合技术[M]. 北京：化学工业出版社，2017.

[34] 张立新，罗忠宝，冯璐. 传感器与检测技术及应用[M]. 北京：机械工业出版社，2018.

[35] 王利强. 无线传感网络[M]. 北京：清华大学出版社，2018.

[36] 郭晓玲. 无线传感器网络[M]. 北京：中国铁道出版社，2018.

[37] 梁福平. 传感器原理及检测技术[M]. 武汉：华中科技大学出版社，2018.

[38] 黎敏，廖延彪. 光纤传感器及其应用技术[M]. 北京：科学出版社，2018.

[39] 李林功. 传感器技术及应用[M]. 北京：科学出版社，2018.

[40] 廖建尚. 基于STM32嵌入式接口与传感器应用开发[M]. 北京：电子工业出版社，2018.

[41] 魏虹. 传感器与物联网技术[M]. 2版. 北京：电子工业出版社，2018.

[42] 郑世才，王晓勇. 数字射线检测技术[M]. 北京：机械工业出版社，2019.

[43] 衣晓，吴斌. 无线传感器网络监视跟踪理论与应用[M]. 北京：国防工业出版社，2019.

[44] 刘婷婷，张开友. 传感器及应用技术[M]. 北京：化学工业出版社，2019.

[45] 张建奇，应亚萍. 检测技术与传感器应用[M]. 北京：清华大学出版社，2019.

[46] 何兆湘，黄兆祥，王楠. 传感器原理与检测技术[M]. 武汉：华中科技大学出版社，2019.

[47] 卢君宜，程涛. 传感器原理与检测技术[M]. 武汉：华中科技大学出版社，2019.

[48] 魏学业. 传感器技术与应用[M]. 2版. 武汉：华中科技大学出版社，2019.

[49] 吴旗，等. 传感器与自动检测技术[M]. 3版. 北京：高等教育出版社，2019.

[50] 雍永亮. 气体传感器理论[M]. 北京：电子工业出版社，2019.

[51] 王庆有. 图像传感器应用技术[M]. 3版. 北京：电子工业出版社，2019.

[52] 乔海晔. 传感器与无线传感网络[M]. 北京：电子工业出版社，2019.

[53] 朱晓青，等. 传感器与检测技术[M]. 2版. 北京：清华大学出版社，2020.

[54] 罗志增，席旭刚，高云园. 智能检测技术与传感器[M]. 西安：西安电子科技大学出版社，2020.

[55] 颜鑫，张霞. 传感器原理及应用[M]. 北京：北京邮电大学出版社，2020.

[56] 秦洪浪，郭俊杰. 传感器与智能检测技术[M]. 北京：机械工业出版社，2020.

[57] 王化祥，崔自强. 传感器原理与应用[M]. 5版. 天津：天津大学出版社，2021.

[58] 朱光明，等. 智能视觉技术及应用[M]. 西安：西安电子科技大学出版社，2021.

[59] 唐文彦，张晓琳. 传感器[M]. 6版. 北京：机械工业出版社，2021.